职业教育双语教材

工程测量装备与应用

李艳双 王素霞 主编

天津大学出版社

图书在版编目(CIP)数据

工程测量装备与应用：汉文、俄文 / 李艳双，王素霞主编. -- 天津：天津大学出版社，2022.6
职业教育双语教材
ISBN 978-7-5618-7230-7

Ⅰ. ①工… Ⅱ. ①李… ②王… Ⅲ. ①工程测量－双语教学－高等职业教育－教材－汉、俄 Ⅳ. ①TB22

中国版本图书馆CIP数据核字(2022)第124398号

出版发行 天津大学出版社
地　　址 天津市卫津路92号天津大学内(邮编:300072)
电　　话 发行部:022-27403647
网　　址 www.tjupress.com.cn
印　　刷 北京盛通商印快线网络科技有限公司
经　　销 全国各地新华书店
开　　本 185mm×260mm
印　　张 34.75
字　　数 940千
版　　次 2022年6月第1版
印　　次 2022年6月第1次
定　　价 80.00元

编委会

主　审: 李清彬

主　编: 李艳双　王素霞

副主编: 聂　明　季佳佳　谭　阳

参　编: 张　筱　胡梦瑶　于　阳

Тешаев Умарджон Риёзидинович

Джалилов Тохир Файзиевич

Муниев Джуракул Дехконович

前言

塔吉克斯坦鲁班工坊由天津城市建设管理职业技术学院与塔吉克斯坦技术大学共同建设，旨在加强中国与塔吉克斯坦在应用技术及职业教育领域的合作，分享中国职业教育优质资源。

本教材立足于塔吉克斯坦鲁班工坊教学与培训的需求，以鲁班工坊智能测绘实训中心工程测量装备为载体，以培养工程测量技术专业高质量技术技能人才为目标，将中国优质工程测量装备与技术应用同世界分享。

本教材按照项目驱动模式和以实际工作任务为导向的职业教育理念开发建设，突出职业教育的特点和实践性教育环节，重视理论和实践相结合，体现理实一体化、模块化教学，并配有信息化教学资源，通过手机扫描书中二维码即可查看。

本教材融入中国国家标准、技能大赛和职业技能鉴定等内容，对接工程测量岗位能力需求，包含工程测量装备的认识与应用、仿真实验软件实训等 11 个教学项目、36 个工程测量典型工作任务，并配套 52 个视频资源。根据学生的认知规律，每个任务都由任务导入、任务准备、任务实施、技能训练、思考与练习等部分组成。项目一、项目三由胡梦瑶编写；项目二、项目四由季佳佳编写；项目五由聂明编写；项目六、项目八由李艳双编写；项目七由王素霞、聂明编写；项目九由张筱、王素霞编写；项目十由于阳编写；项目十一由谭阳编写。塔吉克斯坦技术大学工程测量教研室 Тешаев Умарджон Риёзидинович、Джалилов Тохир Файзиевич、Муниев Джуракул Дехконович 参与了教材的编写。全书由李艳双、王素霞负责策划并统稿。吴海月参与了翻译的校核工作。

本教材采用中俄两种语言编写，适合中文和俄文语言环境国家的各类院校教学使用、职业技能培训，还可作为测量技术人员的参考用书。

本教材由天津城市建设管理职业技术学院工程测量技术专业教师团队与企业技术人员共同编写，得到了广州南方测绘科技股份有限公司的帮助和支持，书中部分内容的编写参考了相关文献，编者在此对其表示衷心感谢。

由于编者水平有限，书中仍不免有一些错误和不足之处，恳请广大读者批评指正。

编者

2022 年 6 月

目录

视频目录

项目一

测量仪器安全使用

【项目描述】

测量仪器是测量人员的工作伙伴，是保障测量任务顺利完成的关键。正确安全使用和科学保养测量仪器可以保证测量结果质量、提高工作效率、延长仪器使用年限，且是每个测量人员必须掌握的基本技能和基本素养。

【项目目标】

认真研读本项目内容，了解测量仪器安全使用要点和注意事项。

任务一　测量仪器安全使用

【任务导入】

为保证测量工作的安全顺利实施，最大限度地保障测量人员及测量仪器的安全，就要认真学习测量仪器的安全使用，增强安全意识，从根源上防范和遏制安全事故的发生。

测量仪器安全使用

【任务准备】

了解测量仪器管理相关规定，熟读测量仪器操作手册或使用说明，熟知各仪器的性能和特点。

【任务实施】

为满足安全作业要求，使测量人员养成文明操作、正确使用测量仪器的良好习惯，本任务从仪器借领，仪器归还，仪器开箱、取放与装箱，仪器架设，仪器操作，仪器故障处理，仪器迁站和电池使用等八方面对测量仪器安全使用进行介绍。

1. 仪器借领

（1）仪器箱检查：检查仪器箱盖是否关好、锁好，锁扣是否牢固，仪器箱背带、提手是否牢固。

（2）脚架检查：检查脚架与仪器是否匹配，脚架是否牢固，各部分是否完好。

（3）仪器检查：检查仪器有无损伤，箱内附件是否齐全，制动螺旋、微动螺旋功能是否正常，照准部是否旋转自如，目镜与物镜调焦功能是否正常，镜头有无污迹，脚螺旋是否间隙适中、旋转自如，对点器功能是否正常，各按键及旋钮功能是否正常等；对于电子类仪器设备，应做通电测试。

（4）附属设备检查：仔细检查附属设备（如棱镜、水准尺、尺垫、钢尺）的功能、质量、件数。

（5）检查无误后，填写借领单，签字后借走仪器。

2. 仪器归还

（1）仪器归还前，应将脚螺旋、微动螺旋置于适中位置，并用软毛刷将仪器上的灰尘掸净，盖好物镜盖。

（2）将脚架上的泥土及灰尘擦拭干净。

（3）仪器在使用时若出现异常情况，应及时主动向指导教师或仪器管理人员说明。

（4）清点仪器及附属设备的件数，如数归还。

（5）电子类仪器设备使用完毕，关机后及时取出电池，交予仪器管理人员管理。

（6）确定仪器使用后状态，在借领单上签字后，将仪器放回原处。

3. 仪器开箱、取放与装箱

（1）将仪器箱平放在地面上或其他平台上进行开箱。

（2）打开仪器箱后，记住仪器在箱中的安放状态，使用完后按原状态装箱。

（3）取仪器时，一手扶住机身，另一手托住基座，轻拿轻放。

（4）避免用手触摸仪器的目镜、物镜、棱镜等光学部件，以免玷污而影响成像质量，严禁用手指或手帕等擦拭仪器的光学部分。

（5）仪器自箱中取出后，应立即关闭仪器箱，以免箱内附件丢失或灰尘等杂物进入箱内。

（6）取出仪器后，应立刻将仪器固定在提前架好的三脚架上。

（7）仪器使用完后，应用专用清洁布将仪器表面擦拭干净，再放入仪器箱内，锁好箱盖，归还仪器。

（8）禁止蹬、坐仪器箱。

4. 仪器架设

（1）三脚架架腿抽出后要把固定螺旋拧紧，防止架腿自行收缩而摔坏仪器，也不可用力过度而造成螺旋损坏。

（2）架设仪器时，架腿分开的角度要适中，角度过大容易滑动，角度过小则不稳定。

（3）将仪器放到三脚架上后，要立即旋紧中心连接螺旋，防止摔坏仪器，旋紧时力度应适中。

（4）安置仪器时，应确保仪器处于安全环境。

5. 仪器操作

（1）将仪器安置在测站上时，必须有人看管。

（2）操作仪器时，用力要适度，避免对仪器造成损伤。

（3）避免仪器受日晒、雨淋或受潮，如遇严寒季节，应使仪器逐渐适应周围的温度后再使用，否则会影响测量精度。

（4）使用激光类仪器时，严禁直视激光束或使用激光束照射他人。

（5）严禁将望远镜照准太阳。

（6）使用钢尺时，不能使尺面扭曲，不得在地面上拖拉和踩踏，使用完后应擦拭干净。

6. 仪器故障处理

（1）如发现仪器设备偏离标准状态或在使用过程中调整不当而失准，必须停用并重新校准。

（2）仪器出现故障时，应查明原因，送有关部门维修，严禁擅自拆卸，在野外不宜进行仪器修理。

7. 仪器迁站

（1）在长距离或通过行走不便的区域迁站时，必须将仪器装入箱内进行搬迁，搬迁时切勿跑步前行，防止摔坏仪器。

（2）在短距离且地势平坦的区域迁站时，首先旋紧仪器制动螺旋，检查连接螺旋是否牢固，然后将三脚架架腿收拢，一手携三脚架于肋下，一手紧握基座置仪器于胸前，严禁单手抓提仪器或将仪器扛在肩上。

（3）每次迁站都要清点所有仪器、附件、器材等，防止丢失。

8. 电池使用

（1）在电源打开时不要将电池从仪器中取出，关闭电源后再取出电池。

（2）不要连续对电池进行充电或放电，避免超长时间充电。

（3）仪器长期不使用时，应取出电池并每月充电一次。

【思考与练习】

（1）架设仪器时的注意事项有哪些？

（2）电池使用的注意事项有哪些？

项目二

钢尺测量技术

【项目描述】

钢尺是常用的丈量工具，在工程测量中应用广泛，一般用于不超过一尺段长度的距离测量。本项目以 50 m 钢卷尺为例，介绍其在距离交会法放样点位和特定角度放样中的应用。

【项目目标】

（1）了解钢尺的类型和特点。

（2）掌握钢尺尺长方程式的运用。

（3）掌握距离交会法放样待定点。

（4）掌握运用钢尺放样特定角度。

任务一　钢尺测量技术

【任务导入】

用钢尺进行距离测量，测量人员需要了解钢尺的性能、尺长方程式的运用以及距离测量的注意事项。

【任务准备】

1. 地面点位的确定

测量是确定地球的形状、大小以及地面点位的技术。测量工作在地球表面进行，其基准面是大地水准面，基准线是铅垂线；测量计算的基准面是参考椭球面，基准线是法线。

测量工作的实质是确定地面点的位置，即确定地面点在空间坐标系中的三个独立量。在常规测量工作中，这三个量通常用该点在参考椭球面上的铅垂投影位置（即平面坐标 x，y）和该点沿投影方向到大地水准面的距离（即高程 H）表示。

在实际工作中，点的平面坐标和高程的确定方法是，先测量待定点与已知点之间的几何关系，即角度、距离和高差，再计算得到待定点的平面坐标和高程。因此，角度测量、距离测量和高差测量是测量的三项基本工作。

工程测量是指在工程规划设计、施工放样和运营管理阶段所进行的各种测量工作，综合应用各类测量仪器设备、技术与方法，为工程建设提供测绘保障。当测区较小或工程对精度要求较低时，可用水平面代替水准面，直接把地面点投影到水平面上，确定其位置。以水平面代替水准面有一定的限度，要求投影后产生的误差不超过测量限差。

当距离为 20 km 时，距离误差仅为 1/300 000，对普通测量而言可以忽略不计，因此在半径为 20 km 范围内的平面位置测量可用水平面代替水准面。而当距离为 200 m 时，高程误差就有 3.1 mm，因此地球曲率对高程影响很大，在高程测量中即使距离很短也应考虑地球曲率的影响。

2. 钢尺的类型及特点

钢尺是用薄钢片制成的带状尺，其厚度约为 0.4 mm，宽度为 10~15 mm，整条钢带以毫米划分，并注记米、分米和厘米。下面介绍长度为 5 m 和 50 m 两种规格的钢尺，5 m 钢尺为自卷式钢卷尺，50 m 钢尺为摇把式钢卷尺，如图 2-1-1 所示。

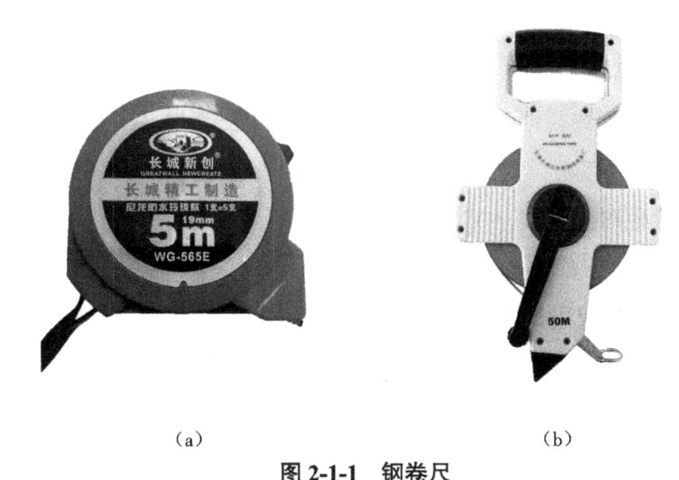

（a）　　（b）

图 2-1-1　钢卷尺

（a）自卷式钢卷尺　（b）摇把式钢卷尺

使用钢尺时，需注意钢尺的零点位置，5 m 钢尺为端点尺，以钢尺的最外端边线作为零点位置；50 m 钢尺为刻线尺，以刻在钢尺前端的“0”刻线作为零点位置，如图 2-1-2 所示。

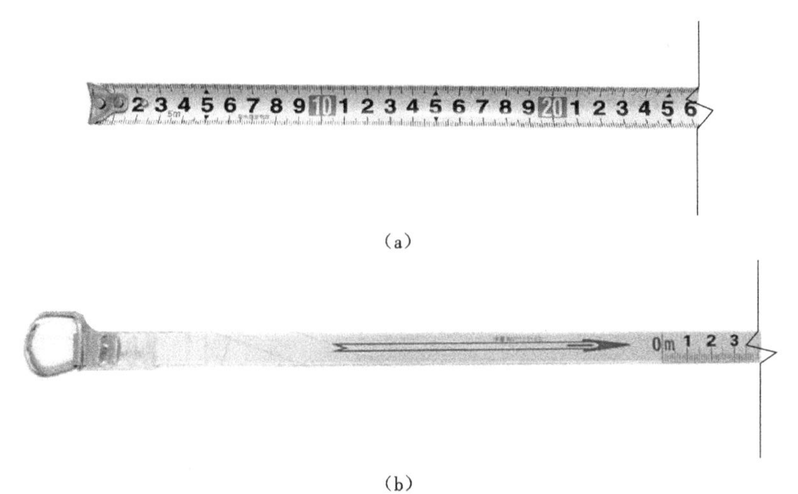

（a）

（b）

图 2-1-2　不同零点的钢尺

（a）端点尺　（b）刻线尺

钢尺抗拉强度高，不易产生拉伸变形，但性脆、易折断、易生锈，使用时要避免扭折、防止受潮。

3. 钢尺的尺长方程式

由于刻划误差、材质不均、使用中的变形及丈量时的温度变化和拉力不同的影响，钢尺的实际长度往往不等于名义长度。因此，通过检定，应求出钢尺在标准温度（20 ℃）和标准拉力（30 m 钢尺的标准拉力为 100 N，50 m 钢尺为 150 N）下的实际长度，得到尺长方程式，以便对丈量结果进行改正。钢尺尺长方程式为

$$l_t = l_0 + \Delta l + \alpha l_0 \left(t - t_0\right) \tag{2-1-1}$$

式中　l_t——钢尺在温度 t 下的实际长度（m）；

l_0——钢尺的名义长度，即标定的规格长度（m）；

Δl——尺长改正数，即钢尺在温度 t_0 时的实际长度与名义长度之差；

α——钢尺膨胀系数，其值一般取 1.25×10^{-5} m/℃；

t——钢尺量距时的温度（℃）；

t_0——钢尺检定时的标准温度（℃）。

4. 精密钢尺量距的尺段计算

精密钢尺量距需按尺段进行尺长改正、温度改正和倾斜改正，求出尺段改正后的水平距离。

1）尺长改正

$$\Delta l_d = \frac{\Delta l}{l_0} l \tag{2-1-2}$$

式中　Δl_d——尺段的尺长改正数；

l——尺段的观测结果。

2）温度改正

$$\Delta l_t = \alpha (t - t_0) l \tag{2-1-3}$$

式中　Δl_t——尺段的温度改正数。

3）倾斜改正

如图 2-1-3 所示，l 和 h 分别为两点间的斜距和高差，d 为水平距离，Δl_h 为尺段的倾斜改正数，且有

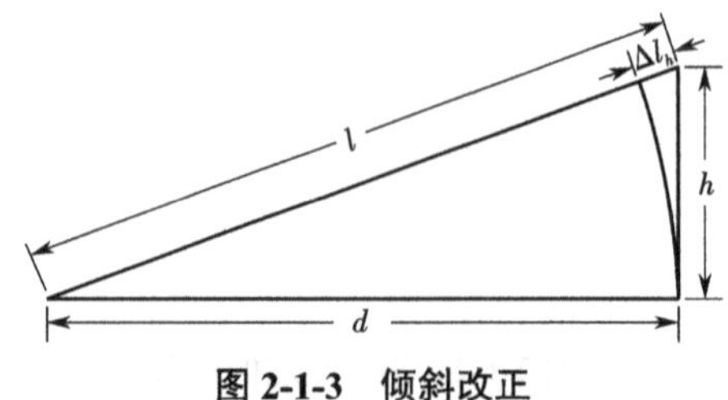

图 2-1-3　倾斜改正

$$\Delta l_h = -\frac{h^2}{2l} \tag{2-1-4}$$

则改正后的水平距离 d 为

$$d = l + \Delta l_d + \Delta l_t + \Delta l_h$$

【任务实施】

1. 距离交会法放样点位

如图 2-1-4 所示，A、B 为控制点，坐标分别为 $(x_A,\ y_A)$、$(x_B,\ y_B)$，现需在地面上标记出放样点 P，坐标为 $(x_P,\ y_P)$。

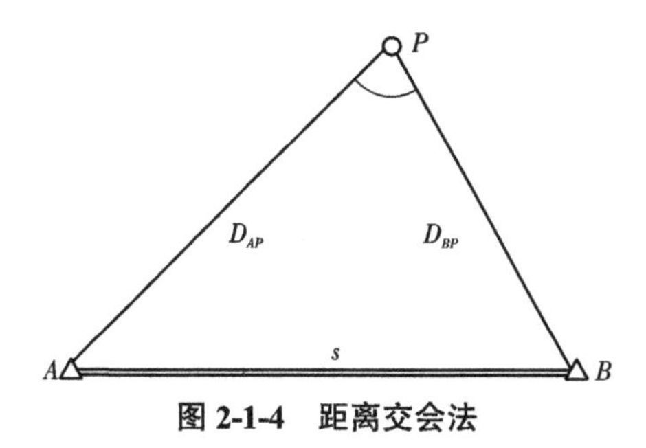

图 2-1-4　距离交会法

用已知坐标计算出 A 和 P、B 和 P 之间的水平距离 D_{AP}、D_{BP}，即

$$D_{AP} = \sqrt{(x_A - x_P)^2 + (y_A - y_P)^2} \tag{2-1-6}$$

$$D_{BP} = \sqrt{(x_B - x_P)^2 + (y_B - y_P)^2} \tag{2-1-7}$$

以地面上的已知点 A 为圆心、水平距离 D_{AP} 为半径在地面上画出圆弧，同理以地面上的已知点 B 为圆心、水平距离 D_{BP} 为半径也在地面上画出圆弧，两圆弧的交点即为放样点 P 的平面位置。

2. 直角的简易放样

直角的简易放样

在工程中常用直角三角形两条直角边的平方和等于斜边的平方的方法简易放样一个直角。已知 AP 边，现需在 A 点放样一个直角，即确定一点 C，使 AC 方向垂直于已知边 AP，如图 2-1-5 所示。

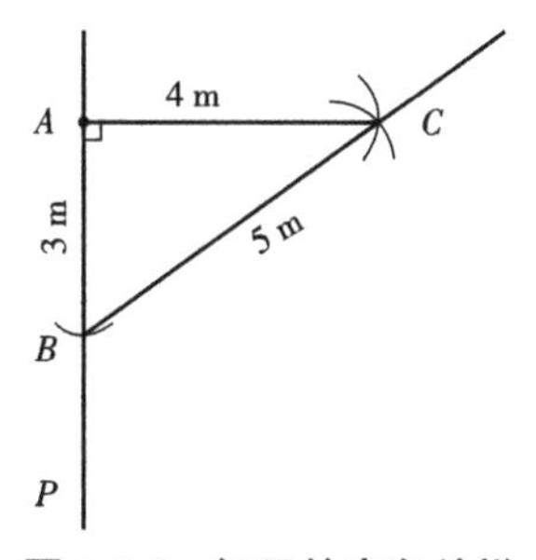

图 2-1-5　钢尺的直角放样

（1）以点 A 为起点，在 AP 边上丈量 3 m 的距离，标定出点 B。

（2）在 AP 边同一侧分别以点 A 为圆心、4 m 为半径画弧，以点 B 为圆心、 5 m 为半径画弧，两圆弧交于点 C。

（3）连接点 A 和点 C，AC 方向垂直于 AP 方向，$\angle CAP$ 即为直角。

【技能训练】

距离交会法放样点位，按照任务实施的步骤完成待定点位放样。

【思考与练习】

（1）将一 30 m 钢尺与标准钢尺比较，发现此钢尺比标准钢尺长 14 mm，已知标准钢尺的尺长方程式为 l_t =30 m+0.003 2 m+1.25×10^{-5}×30×（t−20 ℃）m，钢尺比较时的温度为 11 ℃，求此钢尺的尺长方程式。

（2）某钢尺名义长度为 30 m，膨胀系数为 0.000 015，在 100 N 拉力、温度 20 ℃时的长度为 29.986 m，现用该钢尺在温度 16 ℃时量得 A、B 两点的倾斜距离为 29.987 m，A、B 两点的高差为 0.66 m，求 A、B 两点的水平距离。

（3）影响钢尺量距的主要因素有哪些？如何提高量距精度？

项目三

手持激光测距仪测量技术

【项目描述】

手持激光测距仪是利用激光对目标、距离进行准确测定的仪器。本项目以 PD-510SC 手持激光测距仪为例，介绍手持激光测距仪的基本功能及应用。

【项目目标】

（1）了解手持激光测距仪的工作原理。

（2）掌握手持激光测距仪的操作方法。

（3）掌握手持激光测距仪在房产面积测算中的应用。

任务一　手持激光测距仪基本操作

【任务导入】

手持激光测距仪是目前广泛使用的激光测距仪，其主要功能包括距离测量、面积和体积计算等。

手持测距仪基本操作

【任务准备】

手持激光测距仪的工作原理是向目标物发射出一束很细的激光，由光电元件接收目标物反射的激光束，由计时器测定激光束从发射到接收的时间，从而计算出基准边到目标物的距离。

PD-510SC 手持激光测距仪的按键名称说明和屏幕显示说明分别见表 3-1-1 和表 3-1-2。

表 3-1-1　PD-510SC 手持激光测距仪按键名称说明

测量				
	测量键			
清除	CLEAR			
	清除键			
开关机		OFF		
	开机键	关机键		

续表

功能				
		MENU		
	辅助照准键	菜单键	等于键	梯形键
	+		−	
	加键	面积体积键	减键	基准键
	TIME	%		
	延时键	倾角键	放样键	勾股键

表 3-1-2　PD-510SC 手持激光测距仪屏幕显示说明

激光打开	后基准	前基准	延长片基准	脚架基准
		52.5°	255	5s
电量	蓝牙开启	水平角	故障号	延时测量
单次测量	连续测量	面积测量	体积测量	勾股测量 1
勾股测量 2	勾股测量 3	勾股测量 4	三角形测量	梯形测量
			+m	−m
倾角测量	间接测量	放样	距离加	距离减
$+m^2$	$-m^2$	$+m^3$	$-m^3$	
面积加	面积减	体积加	体积减	读取数据
保存常数	保存设置	不保存	主菜单	数据

续表

单位设置	照明设置	偏移设置	出厂设置	蓝牙设置
m	ft	in	ftin 1/32	′″ 1/32
单位：米	单位：英尺	单位：英寸	单位：英尺英寸	单位：英尺英寸

【任务实施】

1. 仪器初始操作

1）开机和关机

按“开机键”仪器和激光同时启动，仪器进入待测模式。按住“关机键”OFF约1 s关闭仪器。若30 s内未对仪器进行操作，仪器会关闭激光，同时屏幕变暗，此状态下如3 min无操作，仪器会自动关闭。

2）设置基准边

短按“基准键”循环切换基准边。关机后恢复默认的仪器后端设置。

3）菜单设置

长按“菜单键”MENU进入主菜单界面，短按“加键”+或“减键”−把光标移动到所需设置项，短按“菜单键”MENU进入修改参数状态，短按“加键”+或“减键”−修改参数，修改完成后短按“菜单键”MENU确认参数并返回主菜单界面。在主菜单界面，长按“菜单键”MENU保存修改的参数并退出主菜单界面；按“清除键”CLEAR退出主菜单，且不保存修改的参数。

2. 仪器基本功能使用

1）单次测量和连续测量

在仪器开机状态下，短按“测量键”，如激光未亮，则点亮激光并进入测距等待状态，再次短按“测量键”开启“单次测量”；如激光已点亮，则直接开启“单次测量”。

在仪器开机状态下，长按“测量键”，开启“连续测量”，短按“测量键”或“清除键”CLEAR可停止“连续测量”。

2）面积和体积测量

在仪器开机状态下，短按“面积体积键”一次切换到“面积测量”功能，根据显示界面功能图标提示完成对应长、宽边的测量，自动计算面积值。

在仪器开机状态下，短按“面积体积键”两次切换到“体积测量”功能，根据显示界面功能图标提示完成对应长、宽、高边的测量，自动计算体积值。

3）勾股测量和三角形测量

在仪器开机状态下，短按“勾股键”一至四次切换到所需的“勾股测量”功能，根据显示界面功能图标提示完成对应各边的测量，自动计算目标边长。

在仪器开机状态下，短按“勾股键”五次切换到“三角形测量”功能，根据显示界面功能图标提示完成对应各边的测量，自动计算三角形面积。

4）梯形测量

在仪器开机状态下，短按“梯形键”切换到“梯形测量”功能，根据显示界面功能图标提示完成对应各边的测量，自动计算目标边长。

5）倾角测量和间接测量

在仪器开机状态下，短按“倾角键”一次切换到“倾角测量”功能，开启单次测量或连续测量，可测得倾角与距离值。

在仪器开机状态下，短按“倾角键”两次切换到“间接测量”功能，开启单次测量或连续测量，可测得倾角与距离值，自动计算垂直距离和水平距离。

6）放样

在仪器开机状态下，短按“放样键”三次进入“放样”功能，屏幕闪烁提示放样距离，按“加键”、“减键”设置放样距离，按“测量键”确认放样距离并开始测量。前后移动仪器，屏幕显示当前距离、目标距离和距离目标的差值。

7）延时测量

在仪器开机状态下，长按“延时键”TIME进入“延时测量”功能，显示界面会有倒计时提示，可通过短按“加键”或“减键”修改倒计时值。

8）辅助照准

在仪器开机状态下，短按“辅助照准键”打开“辅助照准”功能，此时按“测量键”可进行测量，短按“清除键”CLEAR可退出“辅助照准”功能。

9）加、减计算

仪器可对同类型的测量结果进行加、减计算。例如，距离与距离的值相加。在测得第一个距离值后短按“加键”+，显示界面会出现“距离加”图标，按“测量键”测得第二个距离值，再短按“等于键”=，显示界面会显示相加后的结果。

10）存储

长按“菜单键”MENU进入主菜单界面，选择“数据”，短按“菜单键”MENU进入“读取数据”界面查看常数，短按“加键”+或“减键”-查看历史测量值或计算值，长按“菜单键”MENU可将当前显示的测量值或计算值设置为常数。

常数和所有历史测量值可在“读取数据”界面内短按“等于键”=调出，用于功能测量或加、减计算。

【技能训练】

熟悉 PD-510SC 手持激光测距仪各按键名称并练习基本功能操作。

【思考与练习】

（1）手持激光测距仪是利用______、______、______等原理进行距离测量的仪器。

（2）—表示________键和__________键；□表示____________键。

（3）试分析手持激光测距仪测距与钢尺测距的异同。

任务二　　手持激光测距仪的应用

【任务导入】

手持激光测距仪应用十分广泛，本任务介绍手持激光测距仪在房产面积测算中的应用。

【任务准备】

房产面积测算方法主要有坐标解析法、实地量距法和图解法三大类，本任务主要介绍实地量距法。实地量距法是指实地用测距仪量取边长而计算出图形面积，它是目前房产测量中最普遍的面积测算方法。对于规则图形，如矩形、方形的房屋或房间，可用测距仪直接量取其边长并计算出其面积；对于不规则图形，可将其分解成若干简单的几何图形，分别计算出这些几何图形的面积，进而计算出最终面积。

【任务实施】

以某一教室为例，教室多为矩形，可应用手持激光测距仪直接量取边长测算面积，基本步骤如下。

手持测距仪应用

（1）长按“开机键”，打开手持测距仪。

（2）短按“面积体积键”一次切换到“面积测量”功能，如图 3-2-1 所示。

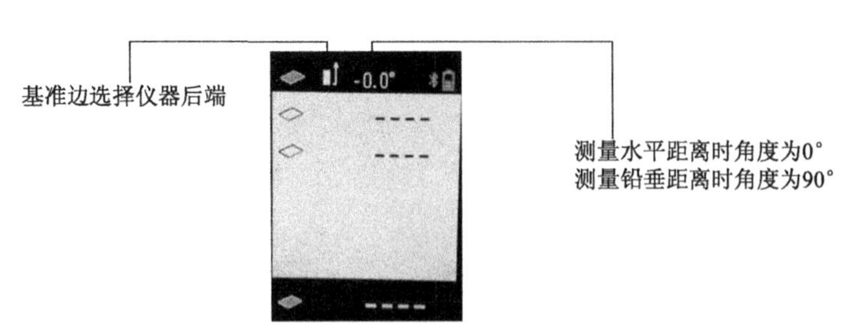

图 3-2-1　面积测量界面 1

（3）测教室一条边的边长，让测距仪头部对准待测墙体，激光束形成红色点状指示，按“测量键”，测出该边边长，仪器自动记录数值。

（4）按照步骤（3）的方法测出另一条边的边长。

（5）两次边长数值记录后，仪器自动计算出面积。

（6）测量完成，在该界面中可以查看边长及面积，如图 3-2-2 所示。

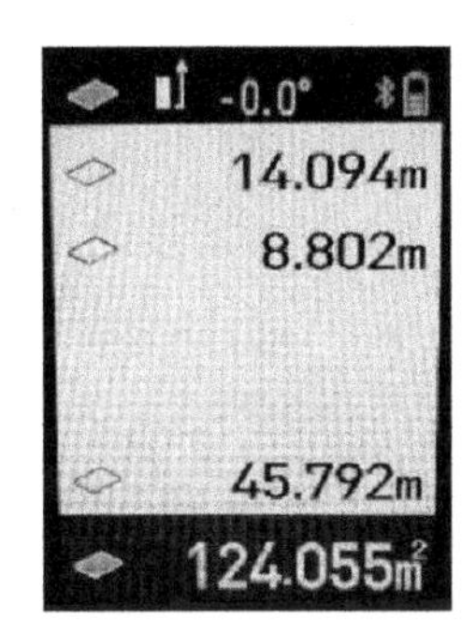

图 3-2-2　面积测量界面 2

【技能训练】

手持激光测距仪应用实训：选择适宜的场地，练习 PD-510SC 手持激光测距仪距离测量和面积测算功能的使用。

【思考与练习】

（1）手持激光测距仪应用领域有哪些？

（2）探索应用手持激光测距仪进行角度测量和放样测量的方法。

项目四

光学水准仪测量技术

【项目描述】

光学水准仪是工程测量中常用的高程测量仪器。本项目以南方 DSZ3 型自动安平水准仪为例，介绍光学水准仪的基本构造及其在三、四、五等水准测量中的应用。

【项目目标】

（1）了解自动安平水准仪的结构、性能、各部件的名称及作用。

（2）掌握自动安平水准仪的使用及测量方法。

（3）掌握三、四、五等水准测量的测量实施和数据处理。

（4）掌握自动安平水准仪的检验与校正。

任务一　光学水准仪基本操作

【任务导入】

水准仪是用水准测量的方法测得地面点高程的仪器。目前，工程测量中常用的自动安平水准仪是通过人工读数进行水准测量的。

【任务准备】

1. 自动安平水准仪

图 4-1-1 所示为南方 DSZ3 型自动安平水准仪，该型号中的 D、S、Z 分别表示“大地测量”“水准仪”和“自动安平”，3 表示该型号水准仪每千米往返测高差的误差值不超过 ±3 mm。

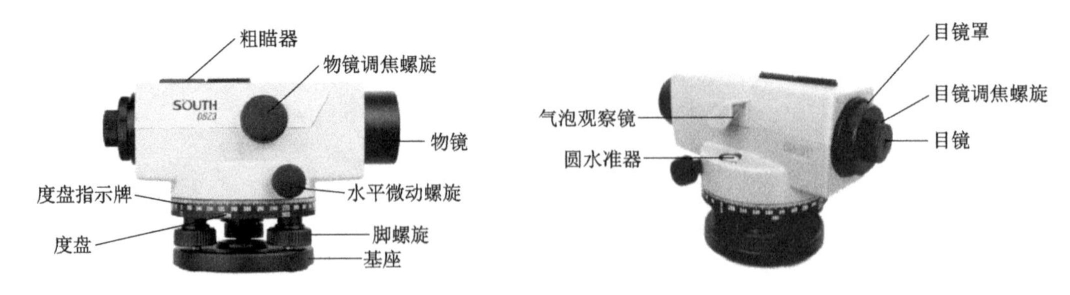

图 4-1-1　南方 DSZ3 型自动安平水准仪

自动安平水准仪主要由基座、望远镜、圆水准器和视线水平补偿器等构成。

基座部分包括轴座、脚螺旋和底板等，其作用是支撑仪器的上部，并与三脚架连接。其中，轴座用于仪器的竖轴在其内旋转，脚螺旋用于调整仪器大致水平。

望远镜是安装在基座上用于照准目标并在水准尺上进行读数的部件，可绕基座的轴座水平旋转，主要由物镜、目镜、调焦透镜和十字丝分划板等组成。其中，物镜用于将远处的目标在十字丝分划板附近形成缩小而明亮的实像；目镜用于将物镜所成的实像与十字丝一起放大，形成虚像；十字丝分划板上有两条相互垂直的长丝，用于照准目标和读数，另有上、下两条对称的短丝（称为视距丝），用于较低精度的距离测量；调焦透镜用于改变焦距，以使目标的影像正好落于十字丝分划板上。物镜光心与十字丝交点的连线称为望远镜的视准轴，视准轴是水准仪上重要的轴线之一。水平微动螺旋可使望远镜做微小旋转，用于准确照准目标。

圆水准器用于衡量仪器是否处于水平状态，若圆水准器气泡居中，则仪器竖轴竖直、视准轴大致水平，此时视线水平补偿器将视准轴自动补偿至水平状态。

2. 水准尺

与 DSZ3 型自动安平水准仪配套使用的尺是双面水准尺，如图 4-1-2 所示。水准尺两面分别绘有黑白和红白相间的区格式厘米分划，黑白相间的一面为黑面尺，也称主尺，底端起点为零；红白相间的一面为红面尺，也称辅尺，一对尺的底端起始读数分别为 4 687 mm 和 4 787 mm。每分米处标有 2 位数字组成的注记，第一位数字表示米，第二位数字表示分米。水准尺侧面装有圆水准器，气泡居中，水准尺竖直。双面尺主要用于三、四、五等水准测量工作。

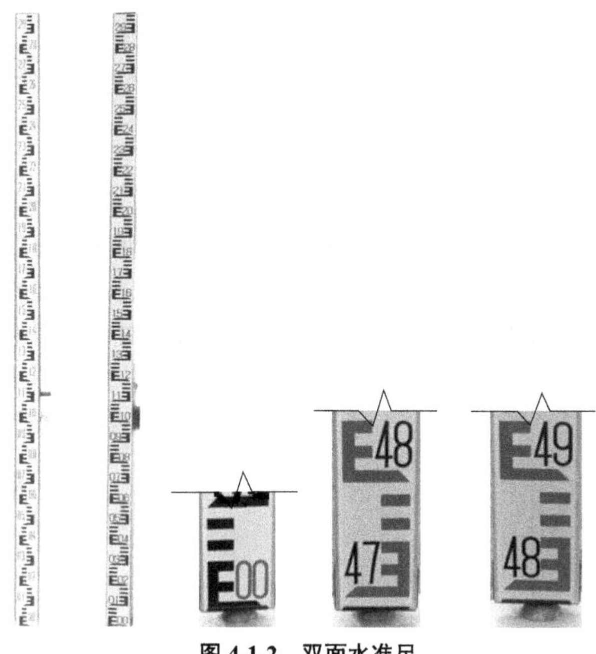

图 4-1-2　双面水准尺

3. 尺垫

尺垫由生铁铸成，上部中间有半球状凸起，下部有三个支脚，如图 4-1-3 所示。尺垫用于多测站连续水准测量的转点处，防止水准尺下沉和立尺点移动。使用时应将尺垫的支脚牢固地压入地下，然后将水准尺立于其半球状凸起顶端。用于国家三、四等水准观测的尺垫质量不小于 1 kg。

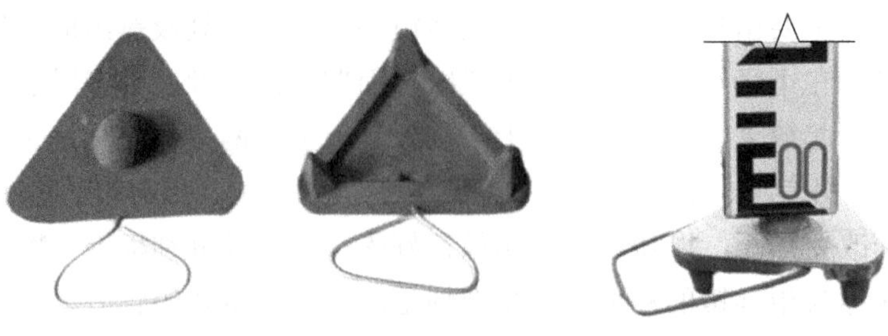

图 4-1-3　尺垫

【任务实施】

水准仪的操作步骤：安置仪器、整平、照准与调焦、读数。

光学水准仪基本操作

1. 安置仪器

（1）松开三脚架架腿的固定螺旋，伸缩三个架腿使高度适中，再拧紧架腿的固定螺旋，将三脚架安置在测站点上。若在比较平坦的地面上，应将三个架腿大致摆成等边三角形，调好三脚架的安放高度，且使三脚架顶面大致水平；若在斜坡上，应将两个架腿平置于坡下，另一个架腿安置在斜坡方向上，用脚踩实架腿安置三脚架。

（2）打开仪器箱，取出仪器，记清仪器在箱中的安放状态，以便使用完后按原状装箱。

（3）将水准仪放在三脚架架头上，一手握住仪器，另一手用连接螺旋将仪器固定连接在三脚架上。

2. 整平

（1）观察气泡中心偏离零点的位置，若气泡处于如图 4-1-4（a）所示的位置 a，则用两手同时相对转动 1、2 两个脚螺旋，使气泡沿与 1、2 两个脚螺旋连线的平行方向移至中间处。气泡的移动规律：气泡移动方向与左手拇指旋转脚螺旋的方向相同。

（2）同理转动第三个脚螺旋，如图 4-1-4（b）所示，使气泡居中。

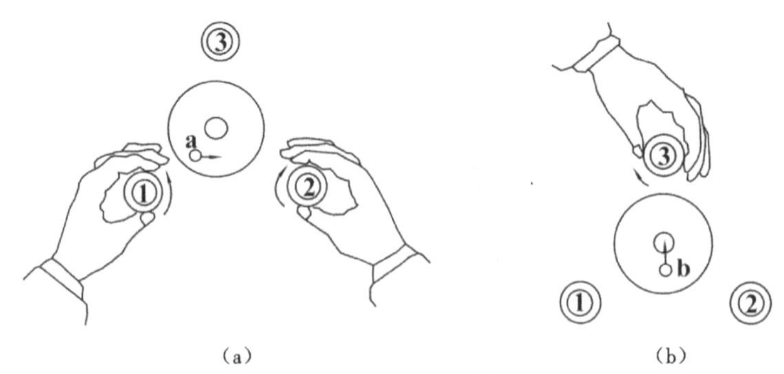

（a）　（b）

图 4-1-4　圆水准器整平

3. 照准与调焦

（1）观察望远镜目镜，旋转目镜调焦螺旋，使十字丝分划板成像清晰。

（2）用仪器上的粗瞄器照准水准尺，旋转调焦螺旋，使水准尺成像清晰，此时眼睛靠近目镜端上、下微动，如果发现十字丝和目标影像也随之变动，则说明存在视差现象。视差的存在将影响读数的准确性，应予消除。消除视差的方法是仔细反复进行目镜和物镜调焦，直到成像和十字丝均处于清晰状态，无论眼睛在哪个位置观察，十字丝横丝所照准的读数始终不变。

（3）旋转水平微动螺旋，使十字丝的竖丝位于水准尺中间。

4. 读数

读取十字丝中丝在水准尺上的读数，依次读出米、分米、厘米、毫米四位数，其中毫米位是估读的。图 4-1-5 所示中丝读数为 1.718 m。观测人员读数后，应由记录人员回读，并立即在手簿上记录相应数据。

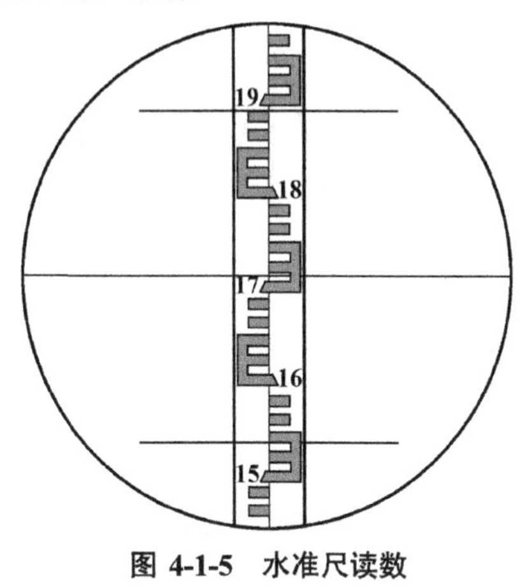

图 4-1-5　水准尺读数

【技能训练】

DSZ3 型光学水准仪的认识及使用实训：按序完成 DSZ3 型自动安平水准仪的安置、整平、照准与调焦以及读数，并提交观测记录手簿和实训报告。

【思考与练习】

（1）简述自动安平水准仪的操作步骤。

（2）怎样判断水准仪有无视差？怎样消除视差？

任务二　　三、四、五等水准测量

【任务导入】

水准测量技术主要应用于建立国家等级水准网和解决工程建设的高程测量问题。《工程测量标准》（GB 50026—2020）中，将水准测量分为二、三、四、五等 4 个等级。

本任务主要介绍DSZ3型水准仪在五等水准测量、三（四）等水准测量中的测量实施及数据处理。

【任务准备】

1. 水准测量原理

如图4-2-1所示，利用水准仪提供的水平视线，读取竖立于A、B两个点上水准尺的读数分别为a和b，通过公式$h_{AB}=a-b$求出地面上两点间的高差h_{AB}，然后根据已知点的高程H_A，计算出待定点的高程H_B，即$H_B=H_A+h_{AB}$。

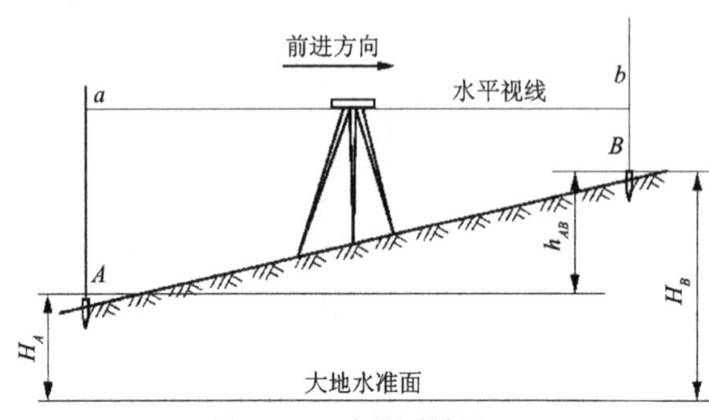

图4-2-1　水准测量原理

2. 水准点

水准点是用水准测量技术测定的高程控制点，一般用BM表示。国家等级的水准点应按要求埋设永久性的标志，如图4-2-2所示，左图为深埋在地面冻土线以下的水准点标志，顶面设有由不锈钢或其他不易腐蚀材料制成的半球形标志；右图为设置在稳定的墙上的水准点标志。临时水准点可在地面上打入木桩，或在坚硬的岩石、建筑物上设置固定标志，并用红色油漆标注记号和编号，如图4-2-3所示。水准点标志埋设完成后，二、三等水准点应绘制点之记，其他等级水准点可视需要而定，必要时还应设置指示桩。

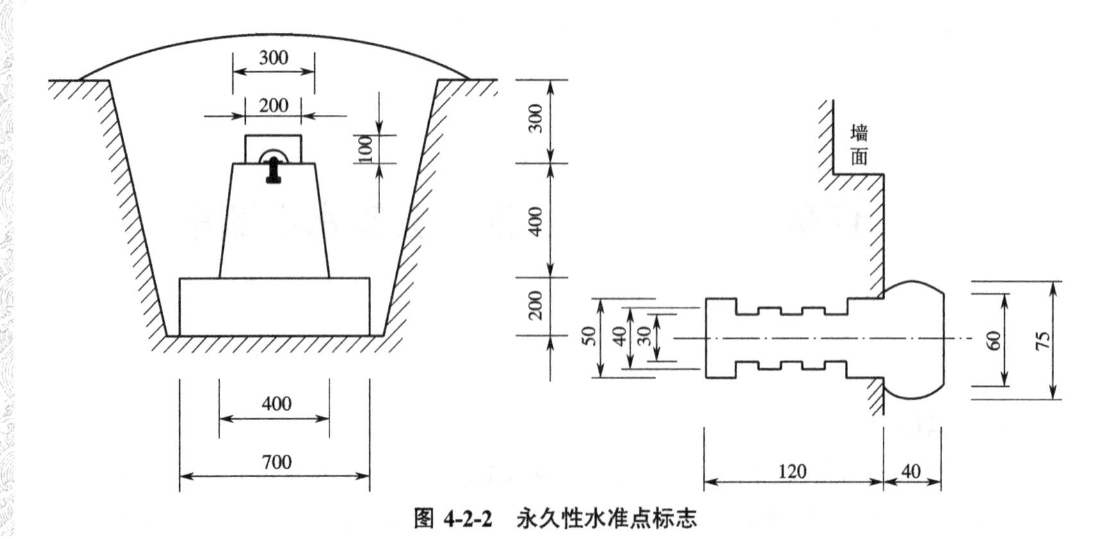

图4-2-2　永久性水准点标志

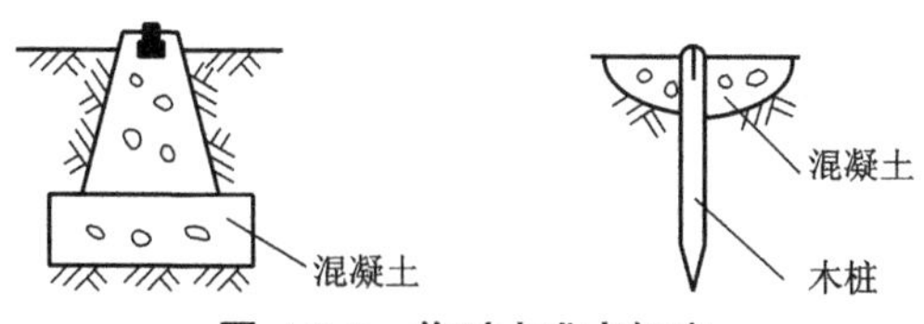

图 4-2-3　临时水准点标志

3. 水准路线

水准测量时，根据水准点分布将高程已知点和相邻待定高程点连成的路线，称为水准路线，其布设形式有闭合水准路线、附合水准路线和支水准路线，见表 4-2-1。水准路线观测时，相邻两个水准点间的观测称为一个测段，测段上每安置一次仪器观测两点间的高差称为一个测站，传递高程的临时立尺点称为转点（*TP*）。

表 4-2-1　水准路线布设形式

名称	路线定义	路线示意图
附合水准路线	从一个已知高程点出发，沿各待测高程点进行水准测量，最后附合到另一个已知高程点上的水准路线	BM_1　h_1　1　h_2　2　h_3　BM_2
闭合水准路线	从已知高程点出发，沿各待测高程点进行水准测量，最后又回到原已知高程点的水准路线	BM_3　h_1　1　h_2　2　h_3　3　h_4
支水准路线	从一个已知高程点出发，沿各待测高程点进行水准测量，最后既不回到原已知高程点，也不附合到另一个已知高程点的水准路线	BM_4　h_1　1　h_2　2

4. 技术要求

《工程测量标准》中对三、四、五等水准测量的技术要求参见表 4-2-2。

表 4-2-2　三、四、五等水准测量的主要技术要求

等级	每千米高差全中误差/mm	路线长度/km	水准仪型号	水准尺	观测次数		往返较差、附合或环线闭合差	
					联测已知点	附合 / 闭合	平地	山地
三	6	≤ 50	DSZ3	双面	往返各一次	往返一次	$12\sqrt{L}$	$4\sqrt{n}$
四	10	≤ 16	DSZ3	双面	往返各一次	往一次	$20\sqrt{L}$	$6\sqrt{n}$
五	15	—	DSZ3	单面	往返各一次	往一次	$30\sqrt{L}$	—

注：1. L 为往返测段附合或闭合的水准路线长度（km），n 为测站数；

2. 当每千米水准路线中测站数超过 16 站时，可认为是山地。

使用 DSZ3 型水准仪实施三、四、五等水准测量时，测站技术要求参见表 4-2-3。

表 4-2-3 三、四、五等水准测量测站技术要求

等级	视线长度 /m	前后视距差 /m	视距累计差 /m	视线离地面最低高度 /m	黑、红面读数差 /mm	黑、红面高差之差 /mm
三	75	3.0	6.0	0.3	2.0	3.0
四	100	5.0	10.0	0.2	3.0	5.0
五	100	近似相等	—	—	—	—

【任务实施】

1. 五等水准测量

水准测量实施是按照相应技术要求，测量得到各测段高差的工作。水准测量实施的成果包含测段高差、测段长度和测站数。水准测量的一测段外业实施如图 4-2-4 所示，已知高程点 A 的高程为 50.118 m，点 B 为待测高程点，两点之间距离较远，现需要在两点之间设置若干个转点，经过连续多测站水准测量，测出 A、B 两点间的高差 h_{AB}，继而推算出点 B 的高程。

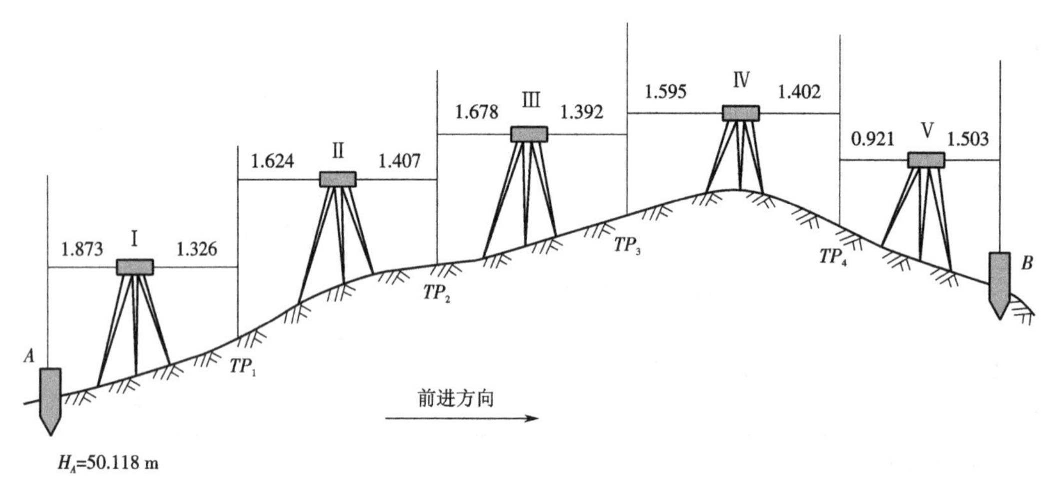

图 4-2-4 五等水准测量

1）测量实施

Ⅰ. 第一测站

（1）在已知高程点 A 上竖立水准尺，作为后视尺。

（2）从点 A 开始沿路线前进方向，采用步幅法量距，在后视距不超限处设测站并安置水准仪，调节脚螺旋使圆水准器的气泡居中，整平水准仪。

（3）从测站处继续向点 B 方向前行，当步幅数与后视距相等时，放置尺垫，在尺垫上竖立水准尺，设置转点 TP_1，作为前视尺。

（4）照准后视尺黑面，确认消除视差后，用十字丝中丝读取后视尺黑面读数 a_1（1.873 m），并记入手簿。

（5）旋转望远镜，照准前视点 TP_1 上的水准尺，用十字丝中丝读取前视尺黑面读数

b_1（1.326 m），并记入手簿。

（6）计算第 1 站高差：$h_{A-TP_1} = a_1 - b_1 = 1.873\ \text{m} - 1.326\ \text{m} = +0.547\ \text{m}$。

Ⅱ. 第二测站

按前进方向将仪器迁至第二测站，第一测站 TP_1 上的前视尺不动，作为第二测站的后视尺，第一测站点 A 上的后视尺移至前面适当位置作为第二测站 TP_2 的前视尺，应注意前后视距相等。按第一测站相同的观测程序进行第二测站测量。

Ⅲ. 以后各测站

顺序沿水准路线的前进方向观测、记录以后各测站读数。

Ⅳ. 最后一测站

倒数第二测站的前视点是转点 TP_4，也是最后一测站的后视点，最后一测站的前视点是点 B，在距 TP_4、B 两点等距处安置仪器并使圆水准器气泡居中，分别在后视点和前视点竖立水准尺，观测、记录水准尺读数。

2）测段检核

测段观测全部完成后，记录人员在记录手簿中计算 $\sum a$、$\sum b$、$\sum h_i$，如果 $\sum a - \sum b = \sum h_i$ 成立，则计算无误，以测段观测高差 $\sum h_i$ 及其对应的测站数 n 作为测段观测成果。如表 4-2-4 所示，$BM_A \to BM_B$ 测段观测成果为观测高差 h_{AB}=+0.661 m，测站数 n=5。

如果 $\sum a - \sum b = \sum h_i$ 不成立，说明测站高差的计算出现错误，应认真检查并更正。

表 4-2-4　五等水准测量记录手簿

测站	测点	后视读数 a /m	前视读数 b /m	高差 /m		高程 /m	备注
				+	−		
1	A	1.873		0.547		50.118	已知点
2	TP_1	1.624	1.326	0.217			
3	TP_2	1.678	1.407	0.286			
4	TP_3	1.595	1.392	0.193			
5	TP_4	0.921	1.402		0.582		
	B		1.503			50.779	待测点
Σ		7.691	7.030	1.243	0.582		

2. 三（四）等水准测量

三（四）等水准测量的测段高差观测与五等水准测量基本相同，区别在于三（四）等水准测量的各测段的测站数须为偶数。

光学水准仪
四等水准测量

下面以图 4-2-5 所示的附合水准测量路线为例，介绍四等水准测量的施测过程。已知点 BM_1、BM_2 的高程分别为 105.875 m、102.895 m，从点 BM_1 出发，依次经过 N_1、N_2、N_3 最后附合至 BM_2，测算 N_1、N_2、N_3 的高程。

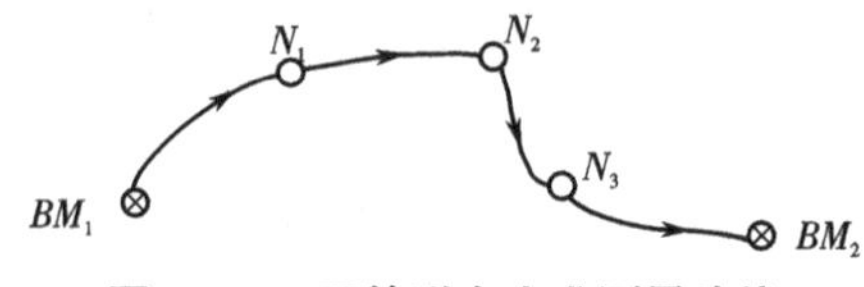

图 4-2-5　四等附合水准测量路线

1）测量实施

三（四）等水准测量应在通视良好、水准尺成像清晰的情况下进行，每一测站观测顺序为“后（黑）— 前（黑）— 前（红）— 后（红）”，具体步骤如下。

（1）后视水准尺黑面，读取上、下视距丝和中丝读数，记录在表 4-2-5 的（1）、（2）、（3）中。

（2）前视水准尺黑面，读取上、下视距丝和中丝读数，记录在表 4-2-5 的（4）、（5）、（6）中。

（3）前视水准尺红面，读取中丝读数，记录在表 4-2-5 的（7）中。

（4）后视水准尺红面，读取中丝读数，记录在表 4-2-5 的（8）中。

三等水准测量必须按照上述观测顺序进行，四等水准测量也可以按照“后（黑）— 后（红）— 前（黑）— 前（红）”的顺序进行。

2）测站检核

从 BM_1 至 N_1 测段，共设置了 4 个测站，观测结果见表 4-2-5，表中的（9）~（18）项可按照下列公式计算，计算完成后每项需对照表 4-2-3 中的三（四）等水准测量测站技术要求进行检核。当检核超限时，即刻停止观测，分析查找原因，重新进行本站观测。

后视距离：

$$(9)=100\times[(1)-(2)]$$

前视距离：

$$(10)=100\times[(4)-(5)]$$

视距差 d：

$$(11)=(9)-(10)$$

视距累计差 $\sum d$：

$$(12)=\text{本站}\ (11)+\text{上站}\ (12)$$

尺常数误差：

$$(13)=K_{后}+(3)-(8)$$

$$(14)=K_{前}+(6)-(7)$$

黑面高差：

$$(15)=(3)-(6)$$

红面高差：

$$(16)=(8)-(7)$$

黑红面高差误差：

$$(17)=(15)-[(16)\pm 100]$$

黑红面高差之差检核：

$$(17)=(13)-(14)=(15)-[(16)\pm 100]$$

其中，当（15）>（16）时，取“+”；当（15）<（16）时，取“−”。

经过上述计算，若与限差比较不超限，则检核通过。然后计算高差中数，并将其作为测站高差。

高差中数：

$$(18)=\{(15)+[(16)\pm 100]\}/2。$$

其中，当（15）>（16）时，取“+”；当（15）<（16）时，取“−”。

3）测段检核

当一个测段观测完毕之后，应计算测段高差和测段长度，并将其作为测段观测成果，再进行检核，保证无误。

$$测段高差=\sum(18)$$

$$测段长度=\sum(9)+\sum(10)$$

高差检核：

$$\left[\sum(15)+\sum(16)\right]/2=\sum(18)$$

视距检核：

$$\sum(9)-\sum(10)=末站(12)$$

如果以上2个检核等式不成立，说明计算过程有误，需要认真检查，直到查出错误并改正为止。如果2个检核等式均成立，则以测段高差$\sum(18)$、测段长度$\left(\sum(9)+\sum(10)\right)$、测站数（最大的测站序号）作为测段观测成果。

表 4-2-5　四等水准测量手簿

测站编号	点号	后尺/mm 上丝 下丝 后视距/m 视距差 d/m	前尺/mm 上丝 下丝 前视距/m 视距累计差 ∑d/m	方向及尺号	水准尺读数 黑面/mm	水准尺读数 红面/mm	K+黑-红/mm	高差中数/m	备注
		（1）	（4）	后	（3）	（8）	（13）		
		（2）	（5）	前	（6）	（7）	（14）		
		（9）	（10）	后－前	（15）	（16）	（17）	（18）	
		（11）	（12）						
1	BM_1~TP_1	1.571	0.739	后 107	1 384	6 171	0		
		1.197	0.363	前 106	551	5 239	–1		
		37.4	37.6	后－前	+833	+932	+1	+0.832 5	
		–0.2	–0.2						
2	TP_1~TP_2	2.121	2.196	后 106	1 934	6 621	0		
		1.747	1.821	前 107	2 008	6 796	–1		
		37.4	37.5	后－前	–74	–175	+1	–0.074 5	K 为水准尺常数。
		–0.1	–0.3						K_{106}=4 687
3	TP_2~TP_3	1.914	2.055	后 107	1 726	6 513	0		K_{107}=4 787
		1.539	1.678	前 106	1 866	6 554	–1		
		37.5	37.7	后－前	–140	–41	+1	–0.140 5	
		–0.2	–0.5						
4	TP_3~N_1	1.965	2.141	后 106	1 832	6 519	0		
		1.700	1.874	前 107	2 007	6 793	+1		
		26.5	26.7	后－前	–175	–274	–1	–0.174 5	
		–0.2	–0.7						
测段	$BM_1 \rightarrow N_1$	138.8	139.5		+444	+442		+0.443	

3. 水准测量的数据处理

水准测量的数据处理是根据水准路线上已知水准点的高程和各测段的高差，求出各待定点的高程，五等及三（四）等水准测量的数据处理过程包括以下几个方面：绘出示意图并录入信息，计算高差闭合差并检核，计算高差闭合差改正数并检核，计算改正后高差并检核，推算待定点高程。

1）绘出示意图并录入信息

根据测量实施的记录手簿整理得到各测段观测高差和对应的测站数或测段长度，绘出水准测量路线观测示意图，并依次将点名、测站数 n_i 或测段长度 L_i、测段观测高差 h_i 填写在水准成果计算表中。

2）计算高差闭合差并检核

支水准路线：

$$f_h=\sum h_{往}+\sum h_{返} \tag{4-2-1}$$

附合水准路线：

$$f_h=\sum h_{测}-\sum h_{理}=\sum h_{测}-\left(H_{终}-H_{始}\right) \tag{4-2-2}$$

闭合水准路线：

$$f_h=\sum h_{测} \tag{4-2-3}$$

式中　f_h——高差闭合差；

$\sum h_{往}$——往程实测高差总和；

$\sum h_{返}$——返程实测高差总和；

$\sum h_{测}$——实测高差总和；

$H_{终}$——路线终点已知高程；

$H_{始}$——路线起点已知高程。

高差闭合差 f_h 用于检核测量成果是否合格。如果 f_h 不超过高差闭合差容许值 $f_{h容}$，则测量成果合格；否则，测量成果不合格，应查明原因，重新观测。容许闭合差根据施测路线在表 4-2-2 中选择对应指标。

3）计算高差闭合差改正数并检核

支水准路线没有多余观测，不存在闭合差改正问题。

附合水准路线或闭合水准路线高差闭合差分配的原则是将闭合差按距离或测站数成正比例反号改正到各测段的观测高差上。对于第 i 段观测高差，其改正数 V_i 的计算公式为

$$V_i=-\frac{f_h}{\sum L}\cdot L_i \quad 或 \quad V_i=-\frac{f_h}{\sum n}\cdot n_i \tag{4-2-4}$$

式中　$\sum L$——水准路线总长度；

L_i——测段长度；

$\sum n$——水准路线测站数总和；

n_i——测段内测站数。

各测段高差闭合差改正数按式（4-2-4）计算出后，记入改正数栏。高差闭合差改正数的总和应与高差闭合差大小相等、符号相反，即

$$\sum V_i = -f_h \tag{4-2-5}$$

用该式可以检核改正数计算的正确性。

4）计算改正后高差并检核

对于支水准路线，当其闭合差符合要求时，往返测高差的平均值即为改正后高差，符号与往测高差符号一致：

$$h_{平均} = \frac{h_{往} - h_{返}}{2} \tag{4-2-6}$$

式中 $h_{平均}$——平均高差；

$h_{往}$——往测高差；

$h_{返}$——返测高差。

对于附合或闭合水准路线，将各段高差观测值加上相应的高差闭合差改正数，求出各段改正之后的高差值，即

$$h_{i改} = h_i + V_i \tag{4-2-7}$$

改正后高差总和应等于高差总和的理论值。

5）推算待定点高程

对于支水准路线，需根据各测段往返两次高差平均值，由起点高程推算待定点的高程。

对于附合或闭合水准路线，需根据改正后的高差，由起点高程逐一推算出其他各点的高程。最后一个已知点的推算高程应等于它的已知高程，以此检查计算是否正确，即

$$H_i = H_{i-1} + h_{i改} \tag{4-2-8}$$

图 4-2-6 所示为在某丘陵地区完成的一条四等附合水准路线，根据测量实施的记录手簿整理得到各测段观测高差和对应的测站数，绘出附合水准路线观测示意图。点 BM_1 为起始高程已知点，点 BM_2 为终结高程已知点，N_1、N_2、N_3 为待定高程点。

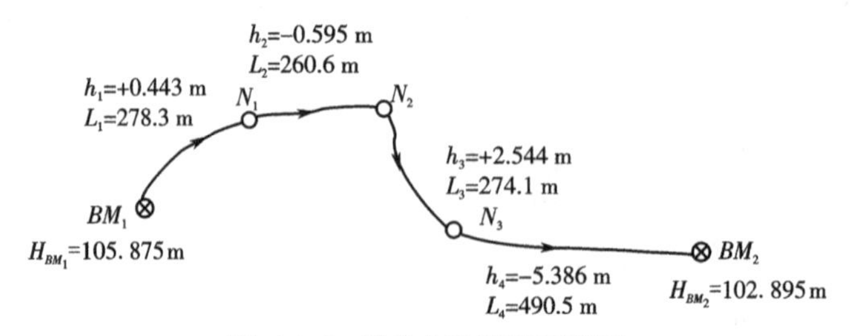

图 4-2-6　附合水准路线示意图

根据水准测量数据处理的五个步骤进行整理、计算，得表 4-2-6。

表 4-2-6　附合水准测量成果计算表

点号	距离 /m	观测高差 /m	改正数 /m	改正后高差 /m	点的高程 /m	备注
BM_1					105.875	已知点
	278.3	+0.443	+0.003	+0.446		
N_1					106.321	待定点
	260.6	−0.595	+0.003	−0.592		
N_2					105.729	待定点
	274.1	+2.544	+0.003	+2.547		
N_3					108.276	待定点
	490.5	−5.386	+0.005	−5.381		
BM_2					102.895	已知点
$\sum$	1 303.5	−2.994	+0.014	−2.980		
$f_h=+0.014$ m $f_{h容}=\pm20\sqrt{L}=\pm22$ mm，$\lvert f_h\rvert<\lvert f_{h容}\rvert$，观测成果合格						

【技能训练】

四等水准测量实训：完成四等水准测量一测段的观测，提交四等水准测量手簿及路线示意图、水准测量成果计算表和实训总结。

【思考与练习】

（1）设 A 为后视点，B 为前视点，A 点的高程为 56.428 m，若后视读数为 1.204 m，前视读数为 1.515 m。问 A、B 两点的高差是多少？B 点比 A 点高还是低？B 点高程是多少？请绘出示意图。

（2）水准仪上的圆水准器的作用是什么？调气泡居中时使用什么螺旋？调节螺旋时有什么规律？

（3）四等水准在一个测站上的观测程序是什么？有哪些限差要求？

（4）表 4-2-7 为五等附合水准路线观测成果，进行闭合差检核和分配后，求出各待定点的高程。

表 4-2-7　水准成果计算表

测段编号	点名	测站	实测高差 / m	改正数 / m	改正后高差 /m	高程 / m	备　注
	BM_A					212.267	已知点
1		8	3.135				
	1						
2		10	2.096				
	2						
3		16	−4.381				
	3						
4		12	5.824				
	BM_B					218.998	已知点
$\sum$							

任务三　高程放样

【任务导入】

高程放样是施工测量中常见的工作内容，一般用自动安平水准仪来完成。高程放样是依据测区已知水准点，将设计高程位置在实地标定出来。

【任务准备】

高程位置的标定措施可根据工程要求及现场条件确定，土石方工程一般用木桩标定放样高程的位置，可在木桩侧面划水平线或标定在桩顶上；混凝土及砌筑工程一般用红漆做记号，标注在其侧立面或模板上。

利用水准仪提供水平视线进行高程放样，一般采用视线高程法。

【任务实施】

光学水准仪
高程放样

1. 平坦地区的高程放样

如图 4-3-1 所示，B 点设计高程为 H_B，附近一水准点 A 的高程为 H_A，现将 B 点设计高程放样在 B 点的木桩侧立面上并做出标记。具体操作步骤如下。

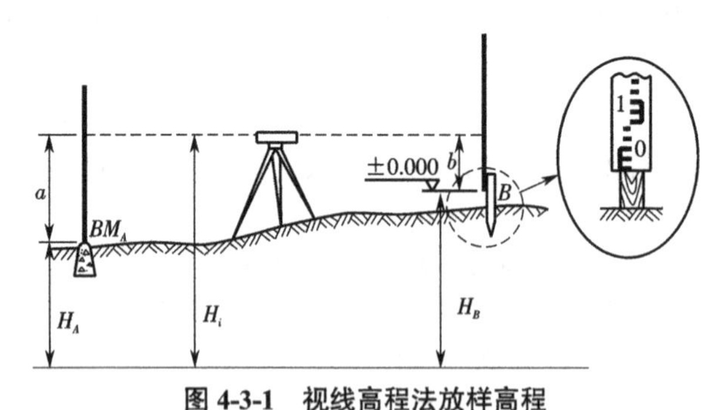

图 4-3-1　视线高程法放样高程

（1）计算视线高。将水准仪安置在 A、B 两点的中间位置，在 A 点竖立水准尺，整平仪器，读取 A 点水准尺的中丝读数 a，计算得到视线高程 H_i，即

$$H_i = H_A + a \tag{4-3-1}$$

（2）计算水准尺尺底为设计高程时的理论读数。如果在 B 点的设计标高上竖立水准尺，水准尺上应该取得的前视读数为 b，即

$$b = H_i - H_B \tag{4-3-2}$$

（3）高程放样。在 B 点木桩侧面立水准尺，观测人员指挥立尺者上下移动水准尺，当中丝在该尺读数刚好为 b 时，沿尺底在木桩侧面画横线，该横线的高程就是 B 点的设计高程。

（4）检核。为了检核放样高程点位是否正确，用水准仪测出放样点的高程，并与设计高程比较，以确定得到设计点的正确高程位置。

如果在同一个测站上放样多个相同设计高程的点，则从第（3）步开始操作。

如果在同一个测站上放样多个不同设计高程的点，则从第（2）步开始操作。

2. 高差较大的高程放样

当欲放样的高程与已知高程水准点之间的高差较大时，可以用钢尺配合水准仪进行高程放样。

如图 4-3-2 所示，已知水准点 A 的高程，欲在深基坑内放样出 B 点设计高程 H_B，放样步骤如下。

（1）在基坑边做一支架，将检定过的钢尺零点一端向下悬挂在支架上，且钢尺下面挂一个与钢尺要求拉力相等的重锤。

（2）如图 4-3-2 所示，首先在已知水准点附近安置水准仪，读取 A 点处水准尺的读数 a_1 和钢尺上的读数 b_1，然后在基坑内安置水准仪，读取钢尺上的读数 a_2，可得如果在基坑内 B 点设计高程上立水准尺的应读数值 b_2，即

$$b_2=(H_A+a_1)-(b_1-a_2)-H_B \tag{4-3-3}$$

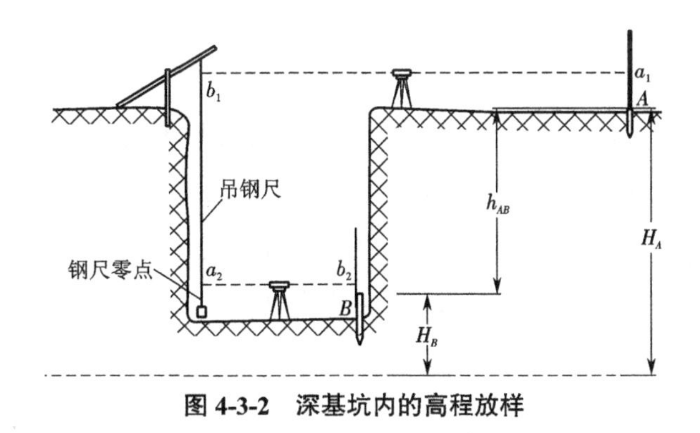

图 4-3-2　深基坑内的高程放样

（3）观测人员指挥立尺者上下移动基坑内 B 点的水准尺，当读数恰好为 b_2 时，沿尺底边画横线即为设计高程位置。

建筑施工中从低处向高处放样高程的方法与此类似。如图 4-3-3 所示，已知地面水准点 A 的高程 H_A，需放样高处施工楼面 B 点的设计高程 H_B，在高处施工楼面上悬挂一经过检定的钢尺，钢尺下端挂重锤。先在低处安置水准仪，读取水准尺读数 a_1 和钢尺上的读数 b_1；再在高处安置水准仪，读取钢尺上的读数 a_2，则可计算出如果在高处 B 点设计高程上立水准尺的应读数值 b_2，即

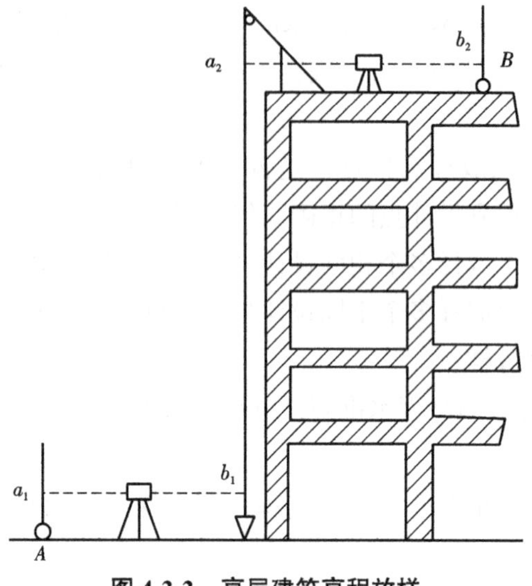

图 4-3-3　高层建筑高程放样

$$b_2=(H_A+a_1)+(a_2-b_1)-H_B \tag{4-3-4}$$

从而根据 b_2 数值可放样出 B 点的设计高程位置。

3. 坡度线的放样

在修筑道路、敷设管道和开挖排水沟等工程的施工中，需要在地面上放样出设计的坡度线，以指导施工人员进行工程施工。

坡度线的放样可以采用水平视线法。

如图 4-3-4 所示，在施工场地上有一高程控制点 BM_1，其高程为 30.500 m，要求放样出一条坡度线 AB。从工程图纸可知，A、B 为设计坡度线的两端点，已知起始点 A 的设计高程 $H_A=30.000$ m，A、B 两点的水平距离 $D=72.000$ m，设计坡度为 –1%，为使施工方便，要在 AB 直线方向上每隔水平距离 $d=20$ m 打一木桩，要求在木桩上标定出坡度为 i 的坡度线。放样 AB 坡度线的步骤如下。

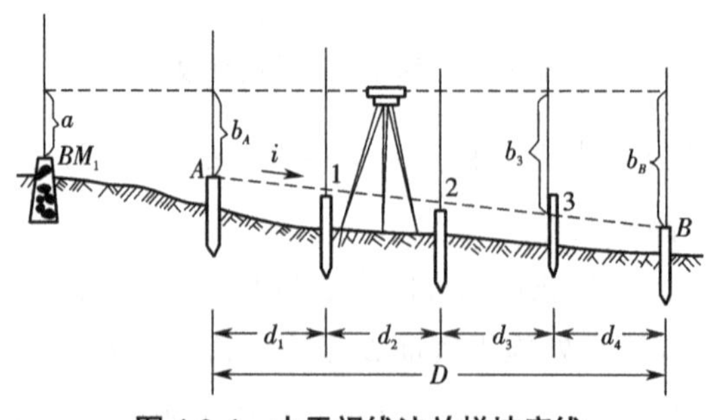

图 4-3-4　水平视线法放样坡度线

（1）在 A、B 连线上从 A 点起每隔水平距离 20 m 打一木桩，依次为 1、2、3，则 3、B 两点的水平距离为 12 m。

（2）计算各桩点的设计标高，计算公式为

$$H_{设} = H_A + D_j \times i \quad (4\text{-}3\text{-}5)$$

式中　D_j——起始点到 j 点的距离；

i——设计坡度。

则地面各点的设计高程为

$$H_1 = H_A + D_1 \times i = [30.000 + 20 \times (-0.01)]\ \text{m} = 29.800\ \text{m}$$

$$H_2 = H_A + D_2 \times i = [30.000 + 40 \times (-0.01)]\ \text{m} = 29.600\ \text{m}$$

$$H_3 = H_A + D_3 \times i = [30.000 + 60 \times (-0.01)]\ \text{m} = 29.400\ \text{m}$$

$$H_B = H_A + D_B \times i = [30.000 + 72 \times (-0.01)]\ \text{m} = 29.280\ \text{m}$$

（3）在已知水准点 BM_1 附近安置水准仪，后视其上的水准尺，得中丝读数 $a = 1.456\ \text{m}$，计算仪器的视线高 $H_i = H_{BM_1} + a = (30.500 + 1.456)\ \text{m} = 31.956\ \text{m}$，再根据各点的设计高程计算出放样各点时的放样数据，即 $b_{应} = H_i - H_{设}$。具体为

$$b_A = H_i - H_A = (31.956 - 30.000)\ \text{m} = 1.956\ \text{m}$$

$$b_1 = H_i - H_1 = (31.956 - 29.800)\ \text{m} = 2.156\ \text{m}$$

$$b_2 = H_i - H_2 = (31.956 - 29.600)\ \text{m} = 2.356\ \text{m}$$

$$b_3 = H_i - H_3 = (31.956 - 29.400)\ \text{m} = 2.556\ \text{m}$$

$$b_B = H_i - H_B = (31.956 - 29.280)\ \text{m} = 2.676\ \text{m}$$

（4）将水准尺分别贴靠在各木桩的侧面，上、下移动水准尺，直至尺读数为 $b_{应}$ 时，在尺底部紧靠木桩侧壁处画一横线，即得各点的放样位置，该坡度线 AB 便标定在地面上了。

【技能训练】

自动安平水准仪高程放样：练习并掌握建筑施工中高程放样的基本方法。

【思考与练习】

（1）某施工场地上有一水准点 A，其高程为 H_A=234.456 m，欲放样高程为 235.000 m 的设计标高，设水准仪在水准点 A 所立水准尺上的读数为 1.234 m，计算放样数据并说明其放样方法。

（2）当高层建筑高于钢尺长度时，怎样向施工楼层放样高程？

任务四　光学水准仪的检验与校正

【任务导入】

根据水准测量原理，水准仪各主要轴线之间应满足一定的几何条件，这些几何条件在仪器出厂时一般能满足精度要求，但由于长期使用或受碰撞、振动等影响，可能发生变动。因此，要经常对仪器进行检验与校正。

【任务准备】

光学水准仪的主要轴线有视准轴 CC、水准管轴 LL、竖轴（仪器旋转轴）VV 和圆水准器轴 $L'L'$；次要轴线有读取水准尺上读数的十字丝横丝。如图 4-4-1 所示，水准仪应满足下列几何条件：

（1）水准管轴 LL 应平行于视准轴 CC；

（2）圆水准器轴 $L'L'$ 应平行于仪器的竖轴 VV；

（3）十字丝的横丝应垂直于仪器的竖轴 VV。

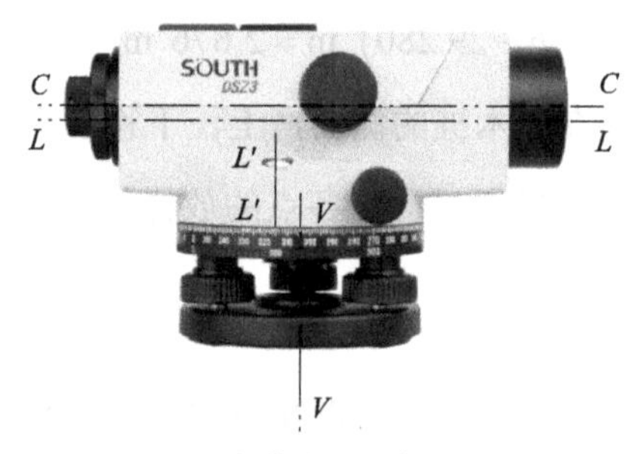

图 4-4-1　光学水准仪的主要轴线

【任务实施】

1. 一般性检查

检查微动螺旋和目镜、物镜调焦螺旋是否有效；脚螺旋是否灵活；连接螺旋与三脚架架头连接是否可靠；三脚架有无松动。

2. 圆水准器轴平行于仪器竖轴的检验与校正（$L'L' \parallel VV$）

将水准仪安装在三脚架上，用脚螺旋将圆水准器气泡准确居中，旋转望远镜，如果气泡始终位于分划圆中心，说明圆水准器位置正确；否则如图 4-4-2（a）所示，需要进行校正，方法如下：

（1）转动脚螺旋，使气泡向分划圆中心移动，移动量为气泡偏离中心量的一半，如

图 4-4-2（b）所示；

（2）调节圆水准器的调节螺钉，如图 4-4-2（c）所示，使气泡移至分划圆中心，用上述方法反复检校，直到气泡不随望远镜的旋转而偏移，如图 4-4-2（d）所示。

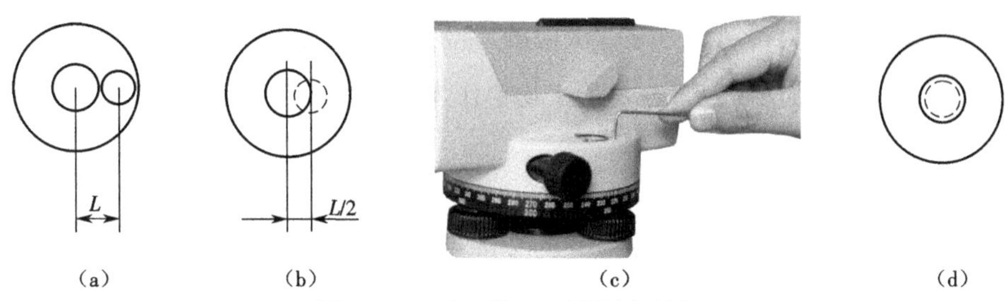

图 4-4-2　$L'L' \parallel VV$ 的检验与校正

3. 十字丝横丝垂直于仪器的竖轴的检验（十字丝横丝 ⊥ VV）

（1）整平仪器后，用分划板十字丝中心照准 M 点，如图 4-4-3（a）所示。

（2）慢慢转动水平微动螺旋，并进行观察。

（3）若 M 点不偏离横丝，如图 4-4-3（b）所示，说明横丝垂直于竖轴；若 M 点逐渐偏离横丝，在另一端产生一个偏移量，如图 4-4-3（c）所示，则横丝不垂直于竖轴，则需将仪器送至维修单位对分划板进行校正。

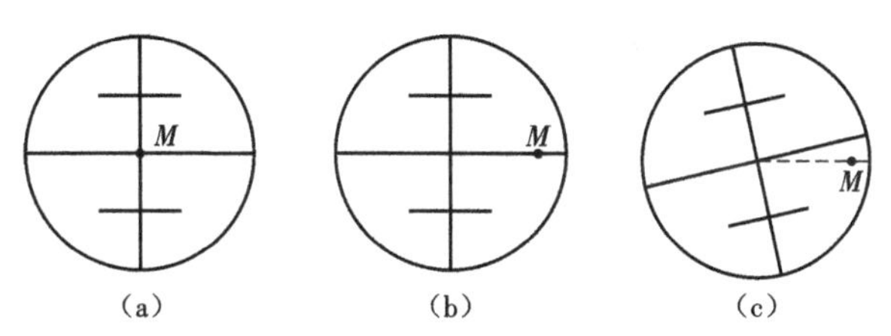

图 4-4-3　十字丝的检验

4. 水准管轴平行于视准轴的检验与校正（$LL \parallel CC$）

自动安平水准仪没有水准管，但其自动安平补偿器能自动获得水平视线，可以将自动安平补偿器看作水准管，自动安平补偿器正常工作时，相当于水准管轴平行于视准轴。若满足此项几何关系，可进行两方面的检验与校正任务：补偿器性能的检校和视准轴水平的检校。

1）补偿器性能的检验与校正

检验补偿器的性能时，首先在水准尺上读数，然后少许转动物镜或目镜下面的一个脚螺旋，人为地使视线倾斜，再次读数，若两次读数相同说明补偿器性能良好，否则需由专业人员修理。

2）视准轴水平的检验与校正

若自动安平补偿器有偏差，视准轴相对于水平视线将倾斜一个小角（即 i 角误差），从而使读数产生偏差。如图 4-4-4 所示，该误差可采用如下方式进行检验。

（1）将仪器安置在平坦地方相距约 50 m 的两点中间，整平仪器，并在 A、B 两点上设置水准尺，用仪器照准水准尺并读取读数 a_1 、 b_1 ，如图 4–4–4（a）所示，得 A、B 两点之间的高差 h_1 ，即

$$h_1 = a_1 - b_1 \tag{4-4-1}$$

（2）采用变动仪器高法进行第二次观测，得 A、B 两点之间的高差 h_1' ，若两高差之差不超过 3 mm，则取两高差 h_1 、 h_1' 的平均值作为 A、B 两点的高差 h_{AB} ，即

$$h_{AB} = \frac{1}{2}\left(h_1 + h_1'\right) \tag{4-4-2}$$

（3）将仪器移至距 A 点（或 B 点）约 2 m 处（ C 点），整平仪器，并再次读取标尺读数 a_2 、 b_2 ，得 A、B 两点之间的落差 h_{AB}' ，如图 4-4-4（b）所示。

$$h_{AB}' = a_2 - b_2 \tag{4-4-3}$$

（4）如果 $h_{AB}' \neq h_{AB}$ ，则两轴之间存在 i 角误差，其值为

$$i = \frac{h_{AB}' - h_{AB}}{D_{AB}}\rho'' \tag{4-4-4}$$

式中 D_{AB}——A、B 两点的距离；

$\rho'' = 206\ 265''$ 。

根据《国家三、四等水准测量规范》（GB/T 12898—2009），DSZ3 型水准仪的 i 角值大于 20″ 时，需要校正，其校正方法如下：

（1）在 C 点进行校正，取下仪器目镜罩，再松开紧固螺钉；

（2）用 2.5 mm 内六角扳手松动或拧紧分划板校正螺钉，使分划板刻线对准正确读数，即 $b_2 = a_2 - (a_1 - b_1)$ ，如图 4-4-4（c）所示。

（3）重复上述步骤反复检查、校正，直到 i 角误差小于 20″ 为止。

（4）校正完毕，重新检验。

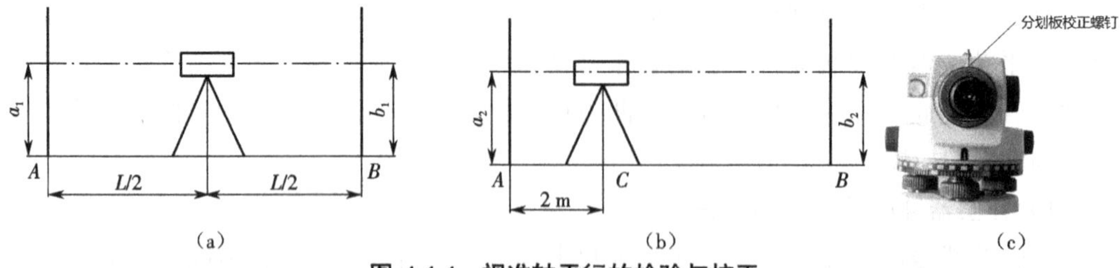

图 4-4-4 视准轴平行的检验与校正

【技能训练】

水准仪的检验与校正实训：按照一般性检查和主要轴线的几何关系检校方法实施四项检校任务，并提交检校表。

【思考与练习】

（1）在 A、B 两点之间安置水准仪，并使水准仪至 A、B 两点的距离相等，均为 40 m，测得 A、B 两点的高差 $h_{AB} = 0.224$ m；再把仪器搬至 B 点处，B 点尺读数

$b_2 = 1.446$ m，A 点尺读数 $a_2 = 1.695$ m。试问水准管轴是否平行于视准轴？如果不平行于视准轴，视线是向上倾斜还是向下倾斜？如何进行校正？

（2）水准仪轴线应满足的几何条件有：________、_________、_________。其中，最主要的是______，它是水准仪能否给出水平视线的关键。该项校正后的残差影响可以用______方法消除或减少。

项目五

数字水准仪测量技术

【项目描述】

数字水准仪是以自动安平水准仪为基础，在望远镜光路中增加了分光镜和光电探测器，并采用条码水准尺和图像处理电子系统，配备数据处理软件而构成的光机电一体化的测量仪器，多用于高精度的高程测量。本项目以 DL-2003A 数字水准仪为例，介绍数字水准仪的基本结构及其在二等水准测量中的应用。

【项目目标】

（1）熟悉数字水准仪的结构、性能。

（2）掌握数字水准仪的使用及测量方法。

（3）掌握二等水准测量观测、成果计算的基本方法和作业过程。

（4）掌握数字水准仪的检验与校正内容及方法。

任务一　数字水准仪基本操作

【任务导入】

数字水准仪搭配条码水准尺，可以自动完成数据采集、存储与处理等工作，实现数据获取与处理一体化作业。

【任务准备】

1. 数字水准仪

数字水准仪又称电子水准仪，在水准仪望远镜光路中增加了分光镜和光电探测器（CCD 阵列）等部件，采用条码水准尺和图像处理电子系统，构成光、机、电及信息存储与处理的一体化水准测量系统，其原理如图 5-1-1 所示。

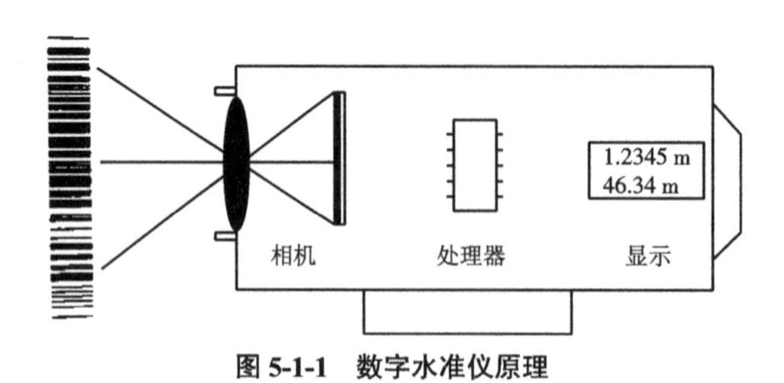

图 5-1-1　数字水准仪原理

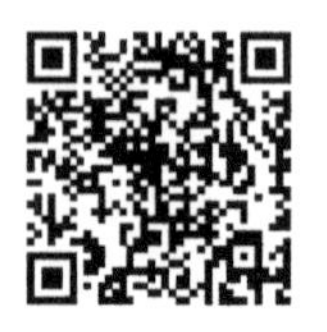

数字水准仪的认识

1）基本部件

DL-2003A 数字水准仪的外观如图 5-1-2 所示。

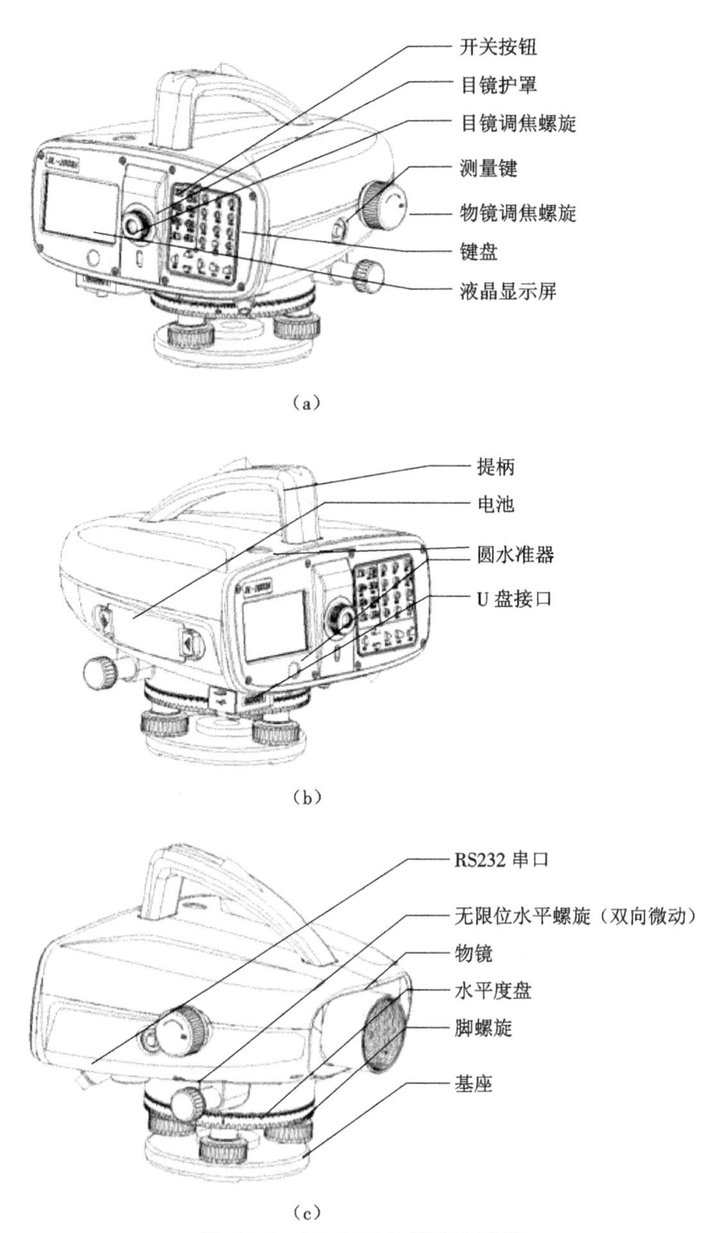

图 5-1-2　DL-2003A 数字水准仪

2）面板

DL-2003A 数字水准仪功能面板如图 5-1-3 所示，其功能键介绍见表 5-1-1。

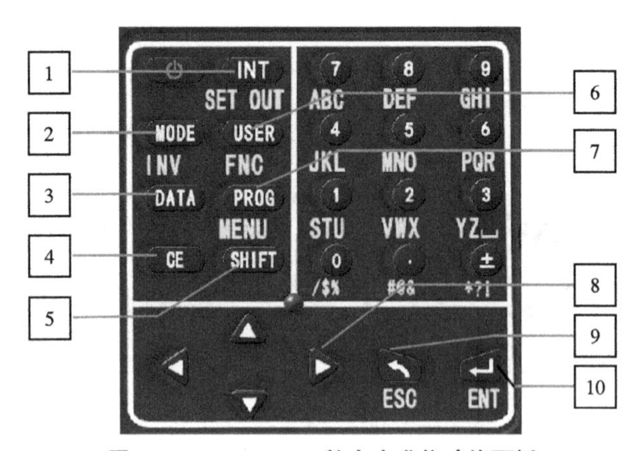

图 5-1-3 DL-2003A 数字水准仪功能面板

表 5-1-1 DL-2003A 数字水准仪功能键介绍

编号	功能键	功能介绍
1	INT	切换到逐点测量
2	MODE	设置测量模式键
3	DATA	数据管理器键
4	CE	删除字符或信息
5	SHIFT	开关第二功能键（SET OUT，INV，FNC，MENU，LIGHTING，PgUp，PgDn）和转换输入数字或字母
6	USER	根据 FNC 菜单定义的任意功能键
7	PROG	测量程序，主菜单键
8	↑ ↓ ←→	导航键，光标移动
9	ESC	取消 / 停止测量键，一步步退出测量程序、功能或编辑模式
10	ENT	确认键

3）软件主菜单

DL-2003A 数字水准仪的软件主菜单如图 5-1-4 所示，其主菜单功能介绍见表 5-1-2。

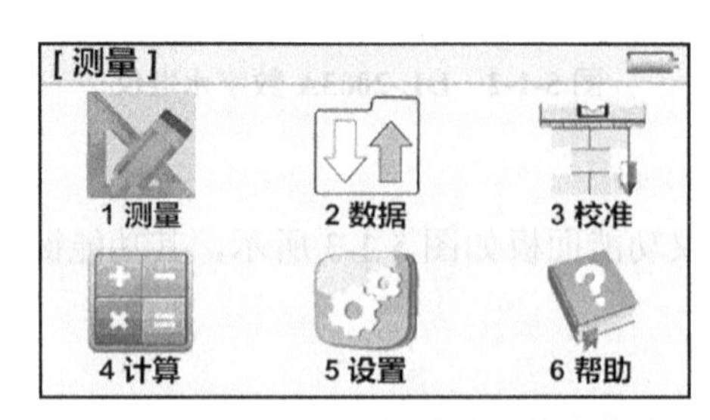

图 5-1-4 DL-2003A 数字水准仪主菜单

表 5-1-2　DL-2003A 数字水准仪的主菜单功能介绍

主菜单	子菜单		说明
1. 测量	高程测量		高程测量
	放样测量		放样测量
	线路测量	一等水准测量	一等水准测量
		二等水准测量	二等水准测量
		三等水准测量	三等水准测量
		四等水准测量	四等水准测量
		自定义线路测量	自定义线路测量
	串口 / 蓝牙测量	串口测量	RS232 串口测量
		蓝牙测量	蓝牙测量
	标准测量		标准测量
2. 数据	编辑数据	测量点	查看线路中的测量点信息
		已知点	查看、增加、删除已知点
		作业	查看、增加、删除作业
		编码表	查看、增加、删除、查找编码
		线路	查看、增加、删除线路
		线路限差	查看、增加、删除线路限差
	内存管理	内存信息	查看内存中作业的线路数、已知点数
		内存格式化	对内存进行格式化
	数据导出	导出作业	导出内存中的作业到指定位置（U 盘或蓝牙设备 ）
		导出线路	导出内存中的线路到指定位置（U 盘或蓝牙设备 ）
3. 校准	检验调整		对水准仪进行检校
	双轴检校		对双轴进行检校
4. 计算	线路平差		线路平差

续表

主菜单	子菜单		说明
5. 设置	快速设置		大气改正开关、地球曲率开关、USER键设置、小数位数设置
	完全设置	测量参数	小数位数、数据单位、数据格式、地球曲率改正、标尺倒置、大气改正开关、大气改正系数
		系统参数	声音设置、背光设置、其他设置等
		仪器信息	作业数、电池电量、已用内存、出厂日期、仪器编号、版本信息等的测试
		恢复出厂设置	恢复出厂设置
	电子气泡		电子气泡
6. 帮助	操作指南	按键说明	基本操作键、功能键、组合键的说明
		校准示意图	四种检校方法的校正示意图

2. 水准尺

数字水准仪配套的条码水准尺一般由玻璃纤维或铟钢制成。测量时，图像传感器捕获仪器视场内的水准尺影像作为测量信号，与仪器的参考信号进行比较，求得视线高度和水平距离，并将处理结果存储且送往屏幕显示。图 5-1-5 所示为 DL-2003A 数字水准仪配套使用的铟钢条码水准尺。由于各厂家水准尺编码的条码图案各不相同，因此条码水准尺一般不能互通使用。

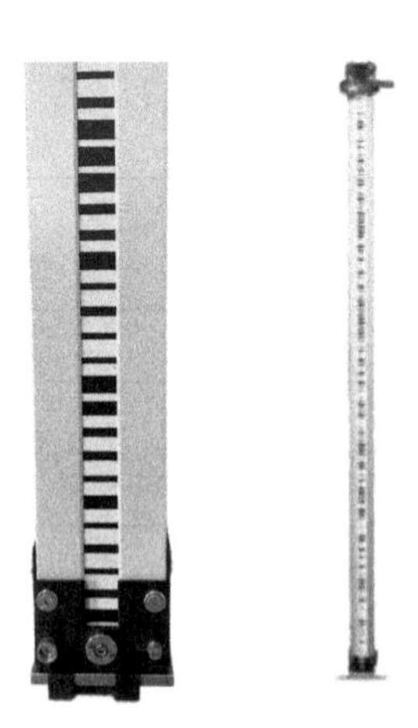

图 5-1-5　条码水准尺

为了使测量数据更精准，采集铟钢尺测量数据时，一般和尺台、尺撑配合使用，用于国家一、二等水准观测的尺台质量应不轻于 5 kg。

【任务实施】

1. 数字水准仪的使用

数字水准仪的操作步骤：安置仪器→整平仪器→设置参数→建立文件→照准水准尺→消除视差→测量→数据传输。其中，安置仪器、整平仪器、照准水准尺、消除视差的操作步骤可参见光学水准仪的相关内容，其他操作如下。

设置参数：自定义水准测量模式需要设置限差。

建立文件、测量：进入主菜单选择线路测量模式，输入作业名称、线路名称，选择测量方式（自定义线路测量），输入起始点名、起始高程，分别在后视点、前视点竖立条码水准尺，开始测量。

数据传输：外业结束后，将测量数据通过接口从内存输出到U盘或蓝牙设备（适用安卓系统设备），可分为“导出作业”和“导出线路”。其中，数据“导出作业”操作步骤见表5-1-3。

表5-1-3　数据“导出作业”操作步骤

序号	步骤	界面	说明
1	开机进入测量界面，依次选择“数据”→“数据导出”→“导出作业”	【数据导出】 ① 导出作业 ② 导出线路 返回	
2	选择存储目标（U盘或者蓝牙）	【导出作业】 N 目标位置: U盘 作业: DEFAULT 格式: DL-200 导出目录: DEFAULT 根目录: /DL200 返回　输出	目标位置U盘，设置作业、格式和导出目录，单击“输出”开始导出作业到U盘
		【导出作业】 N 目标位置: 蓝牙 作业: DEFAULT 格式: DL-200 返回　输出	目标位置蓝牙，设置作业、格式，单击“输出”开始导出作业到蓝牙设备

2. 数字水准仪线路测量

铁路、公路、河道、输电线路及管道等线形工程在勘测设计和施工、管理阶段所进行的测量工作的总称为线路测量。线路测量有BF，aBF，BFFB，aBFFB，BBFF和BF/BFFB单程双转点等几种测量方式，见表5-1-4。

表 5-1-4 线路测量方式

方法	奇数站	偶数站
BF	BF	BF
aBF（交替 BF）	BF	FB
BFFB	BFFB	BFFB
aBFFB（交替 BFFB）	BFFB	FBBF
BBFF	BBFF	BBFF
BF/BFFB 单程双转点	左右线均按照 BF/BFFB 测量	

DL-2003A 数字水准仪线路测量有五种模式：一、二、三、四等水准测量及自定义水准测量。一、二、三、四等水准测量在测量程序中设有内置的测量方式及限差值。自定义水准测量操作步骤见表 5-1-5。

表 5-1-5 自定义水准测量操作步骤

序号	步骤	界面	说明
1	开机进入测量界面，选择“③线路测量”	[测量] ① 高程测量 ② 放样测量 ③ 线路测量 ④ 串口/蓝牙测量 ⑤标准测量 返回	
2	选择需要的等级线路测量，进入线路测量程序窗口	[测量] ① 一等水准测量 ② 二等水准测量 ③ 三等水准测量 ④ 四等水准测量 ⑤ 自定义水准测量 返回	
3	设置作业名称	[线路测量] ① 作业: AD ② 线路: ③ 设置限差 ④ 开始 返回	作业名（不能与已有的作业同名）、测量员的名称以及关于作业的备注、日期时间
4	设置线路	[新线路] N 线路名: LINE1 测量方式: BF 起始点名: A1 查找 起始高程: 0 m 返测: 关 返回 确定	选择测量方式（BF、aBF、BFFB、aBFFB、BBFF），输入起始点名、起始高程

续表

序号	步骤	界面	说明
5	设置限差	[设置限差] 1/2 精密模式: 开 累积视距差: 开 视距限值: 开 视高限值: 开 高差之差限差: 开 返回　限差值　确定	自定义水准测量需设置限差
6	观测	[线路] N BF　BF 1/2 后视点号: A1 后视标尺: 1.43440 m 后视视距: 7.71 m 前视高程: ----.----- m 前视高度: ----.----- m 返回　查看　确定	输入所需要的全部参数，然后开始测量，B表示照准后视水准尺，F表示照准前视水准尺
7	保存测量成果	提示 确认保存吗? 取消　确定	单击“确定”，保存测量成果，并继续观测
8	查看成果	[查看上一前视] 前视点号: A2 备注: ------ 高程: -0.07622 m 高差: -0.07622 m 标尺读数: 1.51063 m 返回	单击“查看”，显示最后的测量成果和数据；单击“返回”退出当前界面

【技能训练】

数字水准仪的使用：熟悉DL-2003A数字水准仪各部件的名称、作用并能熟练操作仪器。

【思考与练习】

（1）简述数字水准仪的构造。

（2）简述线路测量的工作程序。

任务二　二等水准测量

【任务导入】

一、二等水准测量是国家高程控制的全面基础。本任务以 DL-2003A 数字水准仪为例，介绍二等水准测量的施测。

【任务准备】

1. 二等水准测量观测要求

1）测站观测限差要求

《国家一、二等水准测量规范》（GB/T 12897—2006）对二等水准测量的观测过程有下列技术规定：如有超限，必须重测。二等水准测量的有关限差见表 5-2-1 和表 5-2-2。

表 5-2-1　二等水准测量的技术要求（数字水准仪，2 m 标尺）

视线长度 /m	前后视距差 /m	前后视距累积差 /m	视线高度 / m	两次读数所得高差之差 /mm	水准仪重复测量次数	测段、环线闭合差 /mm
≥ 3 且≤ 50	≤ 1.5	≤ 6.0	≤ 1.85 且 ≥ 0.55	≤ 0.6	≥ 2 次	≤ $4\sqrt{L}$

注：L 为路线的总长度（km）。

表 5-2-2　二等水准测量的技术要求

每千米高差全中误差 /mm	路线长度 /km	水准仪型号	水准尺	观测次数		往返较差、附合或环线闭合差	
				与已知点联测	附合或环线	平地 /mm	山地 /mm
2	—	DS1	铟瓦	往返各一次	往返各一次	$4\sqrt{L}$	—

注：① L 为往返测段、附合或环线的水准路线长度（km）；
②数字水准仪测量的技术要求和同等级的光学水准仪相同；
③工程测量标准没有“一等”。

2）测量及记录要求

（1）观测记录数字与文字，并在备注栏注明原因（“测错”或“记错”），计算错误不必注明原因。

（2）因测站观测误差超限，在本站检查发现后可立即重测，重测必须变换仪器高。

若迁站后才发现，应从上一个点（起点、闭点或者待定点）起重测。

（3）记录的数字与文字力求清晰、整洁，不得潦草；按测量顺序记录，不空栏；不空页、不撕页；不得转抄成果；不得涂改、就字改字；不得连环涂改；不得用橡皮擦、刀片刮。

（4）错误成果应当正规划去，超限重测的应在备注栏注明“超限”。

（5）水准路线各测段的测站数必须为偶数。

（6）每测站的记录和计算全部完成后方可迁站。

2. 二等水准测量外业工作

1）二等水准测量的观测顺序

数字水准仪
二等水准测量

往、返测奇数站照准标尺顺序如下：

（1）后视标尺；

（2）前视标尺；

（3）前视标尺；

（4）后视标尺。

往、返测偶数站照准标尺顺序如下：

（1）前视标尺；

（2）后视标尺；

（3）后视标尺；

（4）前视标尺。

2）二等水准测量的操作步骤

一测站操作程序如下（以奇数站为例）：

（1）整平仪器（望远镜绕垂直轴旋转，圆水准器气泡始终位于指标环中央）；

（2）将望远镜照准后视标尺，用垂直丝照准条码中央，精确调焦至条码影像清晰，按【测量键】，读取并在手簿上（1）处记录后距、（2）处记录后视标尺第一次数据；

（3）旋转望远镜照准前视标尺，精确调焦至条码影像清晰，按【测量键】，读取并在手簿上（3）处记录前距、（4）处记录前视标尺第一次数据；

（4）重新照准前视标尺，按【测量键】，读取并在手簿上（5）处记录前视标尺第二次数据；

（5）旋转望远镜照准后视标尺，按【测量键】，读取并在手簿上（6）处记录后视标尺第二次数据；

（6）计算视距和高差部分，填写在手簿上（7）~（14）处。

二等水准测量外业观测记录按表 5-2-3 中的示例填写。

表 5-2-3　二等水准测量外业观测记录手簿

测站编号	后距	前距	方向及尺号	标尺读数		两次读数之差	备注
	视距差	累积视距差		第一次读数	第二次读数		
奇数站	(1)	(3)	后	(2)	(6)	(10)	
			前	(4)	(5)	(9)	
	(7)	(8)	后－前	(11)	(12)	(13)	
			h	(14)			

二等水准测量的观测记录示例见表 5-2-4。

表 5-2-4　二等水准测量的观测记录示例

测站编号	后距	前距	方向及尺号	标尺读数		两次读数之差	备注
	视距差	累积视距差		第一次读数	第二次读数		
1	31.5	31.6	后 A_1	153 969	153 958	+11	
			前	139 269	139 260	+9	
	−0.1	−0.1	后－前	+14 700	+14 698	+2	
			h	+0.14699			
2	36.9	37.2	后	137 400	137 411 ~~137 351~~	−11	测错
			前	114 414	114 400	+14	
	−0.3	−0.4	后－前	+22 986	+23 011	−25	
			h	+0.229 98			
3	41.5	41.4	后	113 916	143 906	+10	
			前	109 272	139 260	+12	
	+0.1	−0.3	后－前	+4 644	+4 646	−2	
			h	+0.04645			
4	46.9	46.5	后	139 411	139 400	+11	
			前 B_1	144 150	144 140	+10	
	+0.4	+0.1	后－前	−4 739	−4 740	+1	
			h	−0.047 40			
5	23.5	24.4	后 B_1	135 306	135 815	−9	超限
			前	134615	134 506	+109	
	−0.9	−0.8	后－前	+691	+1 309		
			h				

续表

测站编号	后距	前距	方向及尺号	标尺读数		两次读数之差	备注
	视距差	累积视距差		第一次读数	第二次读数		
5	23.4	24.5	后 B_1	142 306	142 315	−9	重测
			前	137 615	137 606	+9	
	−1.1	−1.0	后－前	+4 691	+4 709	−18	
			h	+0.04700			

3）二等水准测量的简易平差计算

二等水准测量的简易平差计算原理（详见项目四），平差结果距离取位到 0.1 m，高差及其改正数取位到 0.000 01 m，高程取位到 0.001 m，见表 5-2-5 所示。

表 5-2-5　高程误差配赋表

点名	距离 /m	观测高差 /m	改正数 /m	改正后高差 /m	高程 /m
BM_1					182.034
	435.1	+0.124 60	−0.001 19	+0.123 41	
B_1					182.157
	450.3	−0.011 50	−0.001 23	−0.012 73	
B_2					182.144
	409.6	+0.023 80	−0.001 12	+0.022 68	
B_3					182.167
	607.0	−0.131 70	−0.001 66	−0.133 36	
BM_1					182.034
$\sum$	1 902.0	+0.005 20	−0.005 20	0	
f_h =+5.2 mm　　$f_{容}$ =±5.5 mm					

【技能训练】

根据工程建设的要求，结合校园实训场自然地理条件的特征，以实训小组为单位，合作完成二等水准测量的观测、记录、计算和成果整理，提交合格成果。

【思考与练习】

（1）简述数字水准仪二等水准测量的限差要求。

（2）简述二等水准测量观测的工作程序。

任务三　数字水准仪的检验与校正

【任务引入】

为保证水准测量成果的精度，在水准测量作业开始前，应按国家相关水准测量规范的规定，对所用的水准仪进行必要的检验。DL–2003A 数字水准仪的检验主要包括一般检视、*i* 角检校及双轴检校。

【任务准备】

DL-2003A 数字水准仪与自动安平水准仪类似，都可能存在视线倾斜误差。对电子测量的标尺读数，仪器按照事先保存的倾斜误差自动改正。

当仪器精确整平后，倾角的显示值应接近于零，否则会存在倾斜传感器零点误差，而对测量成果造成影响。

【任务实施】

1. 一般检视

一般检视主要从外观上对数字水准仪做出评价，并做记载。其检查项目和内容如下。

（1）外观检查：检查各部件是否清洁，有无碰伤、划痕、污点、脱胶、镀膜脱落现象。

（2）转动部件检查：检查各转动部件、转动轴和调整制动等转动是否灵活、平稳，各部件有无松动、失调、明显晃动，螺纹的磨损程度等。

（3）光学性能检查：检查望远镜视场是否明亮、清晰、均匀，调焦性能是否正确等。

（4）补偿性能检查。

（5）设备件数清点：清点仪器部件及附件和备用零件是否齐全。

2. *i* 角检校

i 角检校步骤见表 5-3-1。

表 5-3-1　*i* 角检校步骤

序号	步骤	界面	说明
1	开机进入主菜单，选择“3 校准”	[测量] 1 测量　2 数据　3 校准 4 计算　5 设置　6 帮助	
2	选择“①检验调整”	[校准] ① 检验调整 ② 双轴检校 返回	

续表

序号	步骤	界面	说明
3	检测方法参数设置	[选择作业] 作业: AXBX 标尺1: 1 标尺2: 2 返回 增加 确定	进入检测方法界面进行检测方法的选择，“AXBX”法和“AXXB”法（A 和 B 代表标尺位置，X 代表仪器位置）
4	“AXXB”法	[选择作业] 作业: AXXB 标尺1: 1 标尺2: 2 返回 增加 确定	费式法的步骤：将仪器安置在两标尺间距的 1/3 处，两标尺间的距离为 40~ 60 m。 测站 1 位置： $0.2 \times D < \text{Dist\_ A1} < 0.4 \times D$; 测站 2 位置： $0.2 \times D < \text{Dist\_B2} < 0.4 \times D$
5	选择“3 开始”	【检验调整】 1 作业 1 2 方法 AXXB 3 开始 返回 帮助	
6	测量显示示例	【检测】 站1 AXB A1: 1.38157 m 视距: 18.073 m B1: 1.40348 m 视距: 36.000 m 返回 确定 【检测】 站2 AXB B2: 1.37874 m 视距: 17.959 m A2: 1.35656 m 视距: 36.118 m 返回 确定	

续表

序号	步骤	界面	说明
7	测量完成后显示测量结果	【检测】 新i角: -1.5" 视高真值: 1.35682 m 返回 保存	单击“保存”，测量结果保存在仪器中作为改正数的新的视线倾斜误差； 单击“返回”，则退出检测，设置使原有的倾斜误差 i 角继续保留

3. 双轴检校

1）检验

（1）精确整平仪器。

（2）打开电子气泡界面 ，如图 5-3-1 所示。

（3）稍等片刻，显示稳定后读取补偿倾角值 X_1 和 Y_1。

（4）将仪器旋转 180°，等读数稳定后读取自动补偿倾角值 X_2 和 Y_2，如图 5-3-2 所示。

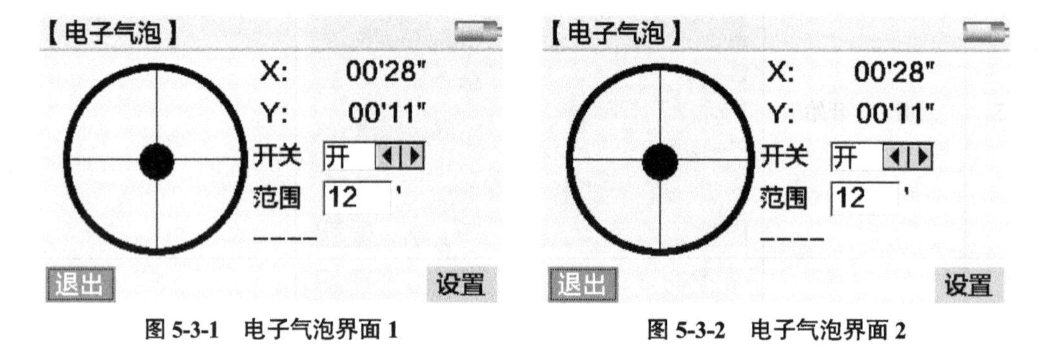

图 5-3-1　电子气泡界面 1　　图 5-3-2　电子气泡界面 2

（5）按下面的公式计算倾斜传感器的零点偏差值：

X 方向的偏差 =（X_1+X_2）/2

Y 方向的偏差 =（Y_1+Y_2）/2

2）校正

如果所计算偏差值都在 ±15″以内则不需校正，否则按下述步骤进行校正。

（1）进入校准菜单的补偿器，整平仪器。

（2）进入校准菜单的“双轴检校”功能，如图 5-3-3 所示。

（3）单击“确定”，再将仪器旋转 180°，如图 5-3-4 所示。

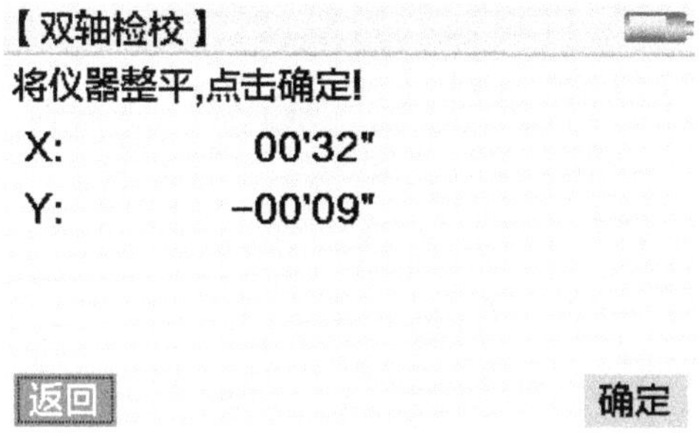

【双轴检校】
将仪器整平,点击确定!
X: 00'32"
Y: -00'09"
返回　确定

图 5-3-3　双轴检校界面 1

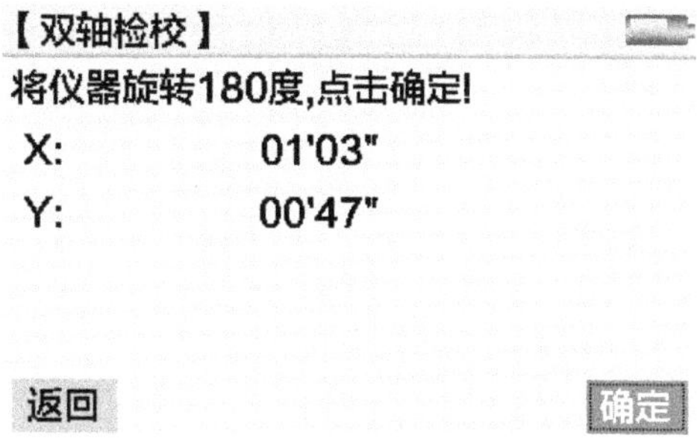

【双轴检校】
将仪器旋转180度,点击确定!
X: 01'03"
Y: 00'47"
返回　确定

图 5-3-4　双轴检校界面 2

（4）确认校正改正值是否在校正范围内，如果 X 值和 Y 值均在校正范围内，单击“确定”对改正值进行更新，反之退出校正操作，请送至专业校正机构。

（5）按照检验中的步骤重新进行检验，如果检查结果在 $\pm 15''$ 以内，则校正完毕，否则要重新进行校正。如果校正 2 到 3 次仍然超限，请送至专业校正机构。

【技能训练】

数字水准仪的检验与校正实训：完成 DL-2003A 数字水准仪一般性检查和检验校正，并提交检校表。

【思考与练习】

简述数字水准仪 i 角检验的操作步骤。

项目六

电子经纬仪测量技术

【项目描述】

经纬仪是一种常规的测角仪器，电子经纬仪是在光学经纬仪基础上经过电子化、智能化的测量仪器，常用于工程测量中的角度测量和直线定线。本项目以 NT-02L 电子经纬仪为例，介绍电子经纬仪的组成、操作及其在工程测量中的应用。

【项目目标】

（1）了解电子经纬仪的基本构造。

（2）熟练掌握电子经纬仪的基本操作方法。

（3）熟练掌握水平角测量和垂直角测量的观测和计算方法。

（4）掌握利用经纬仪和钢尺进行点位放样的方法。

任务一　电子经纬仪基本操作

【任务导入】

电子经纬仪作为测角仪器，其设计和制造都是为了满足角度测量的要求。测角仪器需具有测角读数的度盘，能通过操作使度盘处于水平或竖直状态，水平度盘的中心能通过对中与所测角度顶点处在一条铅垂线上；且有能照准目标点的望远镜，望远镜能上下、左右转动，以照准不同方向的目标，并能在度盘上形成投影，获取对应的投影读数。

电子经纬仪的认识

【任务准备】

1. 电子经纬仪的组成及功能

NT-02L 电子经纬仪的外形及各部件名称如图 6-1-1 所示。

电子经纬仪由基座、照准部和读数系统构成。基座装有脚螺旋和圆水准器。照准部包括竖轴、U 形支架、横轴、望远镜、度盘、管水准器、对点器等。读数系统主要包括键盘、显示屏等，电子经纬仪通过键盘和显示屏进行人机交流。

照准部在水平方向能绕竖轴旋转，由水平制动、水平微动螺旋控制；望远镜在竖直方向能绕竖轴旋转，由垂直制动、垂直微动螺旋控制。

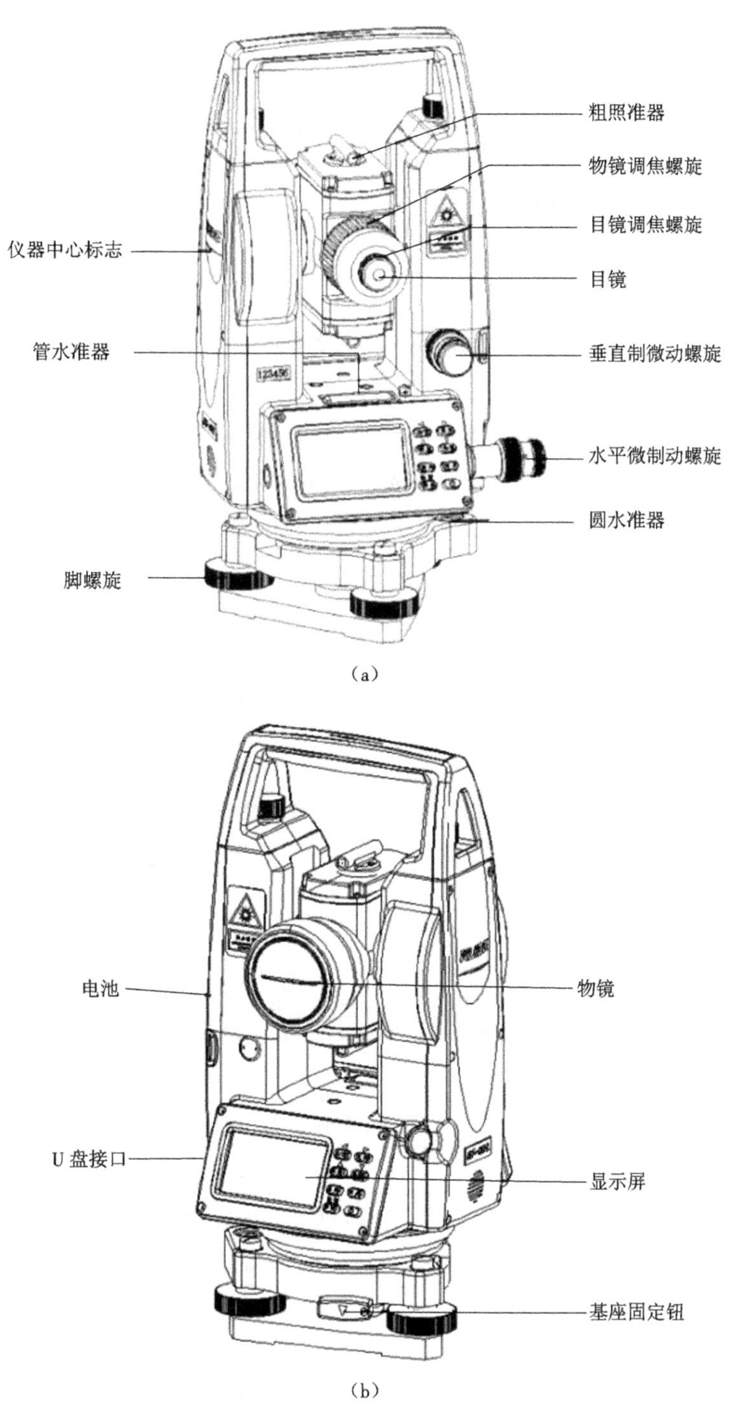

图 6-1-1　NT-02L 电子经纬仪的外形及各部件名称

照准部上的管水准器（图 6-1-2），用于精确整平仪器，使竖轴竖直。管水准器圆弧顶面中心称为管水准器零点。过零点的纵向切线 *LL* 称作管水准器轴。气泡中心与管水准器零点重合，称作气泡居中。为便于确定气泡居中，在管水准器表面与零点对称刻有 2 mm 间隔的分划线，可依据分划线与气泡的位置关系判断气泡是否居中。气泡居中时，管水准器轴处于水平位置，因管水准器轴与仪器竖轴正交，从而实现仪器竖轴竖直。管水准器圆弧顶面 2 mm 弧长所对的圆心角，称为管水准器分划值，该值因仪器等级不同而异。NT-02L 电子经纬仪管水准器的分划值为 20″/2 mm。

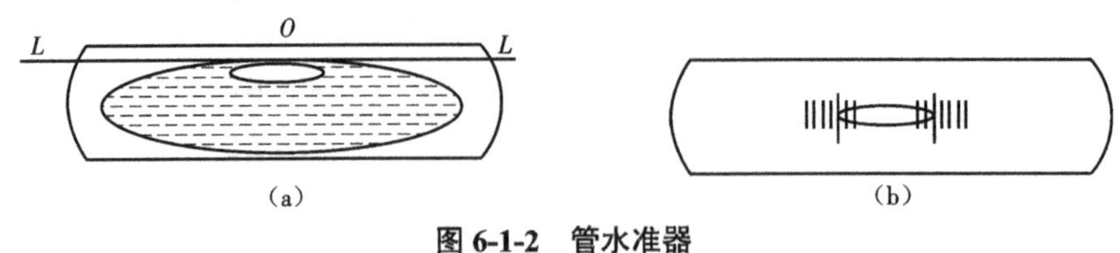

图 6-1-2　管水准器

（a）侧视图　（b）正视图

对点器用于仪器对中，使仪器中心或水平度盘中心与地面标志点处于同一铅垂线上。NT-02L 电子经纬仪具有激光对点和激光指向功能，用红色的可见激光束代替视线，方便安置仪器的对点和在各类施工工程中提供可见的视准线。

2. 键盘和显示屏

1）键盘和显示屏说明

键盘和显示屏说明见表 6-1-1。

表 6-1-1　键盘和显示屏说明

键盘和显示屏图示		
按键及功能	按键	功能
	左 / 右	切换左旋增、右旋增，放大向左移位
	置零	将当前水平角度设置为零，放大向右移位
	锁定	保持水平角度值不变，△向上移位
	角 / 坡	切换垂直角显示方式，▽向下移位
	指向	打开 / 关闭与视准轴同轴的激光指向
	对点	打开 / 关闭与竖轴同轴的激光对点
	照明	开启 / 关闭背光，进入设置功能
		开 / 关机，按键开机，按住 3 s 左右，提示“OFF”关机

续表

	显示符号	含义
显示符号及含义		激光下对点开启标志
		激光指向（望远镜视准轴方向线）
		电池电量
		自动关机标志
	锁定	锁定状态
	蜂鸣	象限蜂鸣状态
	垂直	垂直角
	水平	水平角
	左	望远镜往左（逆时针方向）旋转，水平盘读数增大
	右	望远镜往右（顺时针方向）旋转，水平盘读数增大
	补偿	补偿状态
显示符号及含义	X	*X* 轴补偿状态
	G	以哥恩为角度单位
	M	以密为角度单位

2）基本设置

Ⅰ. 左 / 右切换

开机后，显示屏下方显示水平盘读数，如图 6-1-3 所示。按【左 / 右】切换键，屏幕左下方显示“水平左”，表示望远镜往左即逆时针方向旋转，水平盘读数增大；屏幕左下方显示“水平右”，表示望远镜往右即顺时针方向旋转，水平盘读数增大。左 / 右切换界面如图 6-1-3 所示，经纬仪一般采用“水平右”模式。

图 6-1-3　左 / 右切换界面

Ⅱ. 置零

置零界面如图 6-1-4 所示。照准目标后，在水平制动螺旋旋紧的状态下，连续按【置零】键两次，使水平角读数变为零。该操作只对水平角有效，且在“锁定”状态下无效。为避免误操作，两次按键之间的时间间隔不超过 3 s，超时自动恢复初始状态。

置零前　　置零前

图 6-1-4　置零界面

Ⅲ. 锁定

在测量过程中，若需要保持水平角度值不变，可以使用“锁定”功能，如图 6-1-5 所示。　当转动照准部获得所需水平度盘数值后，按下【锁定】键，界面会显示锁定符号，再转动仪器，水平角度值也保持不变。当照准目标后，再按下【锁定】键，界面显示的锁定符号会消失，即“锁定”解除，再转动仪器，水平角度值将持续变化。“锁定”只对水平角度有效，可完成度盘配置工作。

锁定状态　　解除锁定

图 6-1-5　锁定界面

其余设置详见仪器使用说明书。

【任务实施】

1. 安置仪器

1）架设三脚架

将三脚架伸到适当高度，打开适当角度，使三脚架顶面近似水平，且位于测站点的正上方。

电子经纬仪的基本操作

2）安置仪器和对点

将仪器安置到三脚架上，拧紧中心连接螺旋，打开激光对点器。调节三脚架位置，使激光对点器光斑对准测站点中心。

3）利用圆水准器粗平仪器

伸缩三脚架架腿，使仪器圆水准器气泡居中。

4）利用管水准器精平仪器

（1）旋转照准部使管水准器与任意两个脚螺旋连线方向平行，如图 6-1-6（a）所示。对向调节这两个脚螺旋使管水准器气泡居中，气泡移动方向与左手拇指旋转脚螺旋的方向一致。

（2）照准部旋转 90°，调节第三个脚螺旋，如图 6-1-6（b）所示，使管水准器气泡居中。

重复上述操作，使气泡在相互垂直的两个方向均居中为止，气泡居中误差不得大于一格。

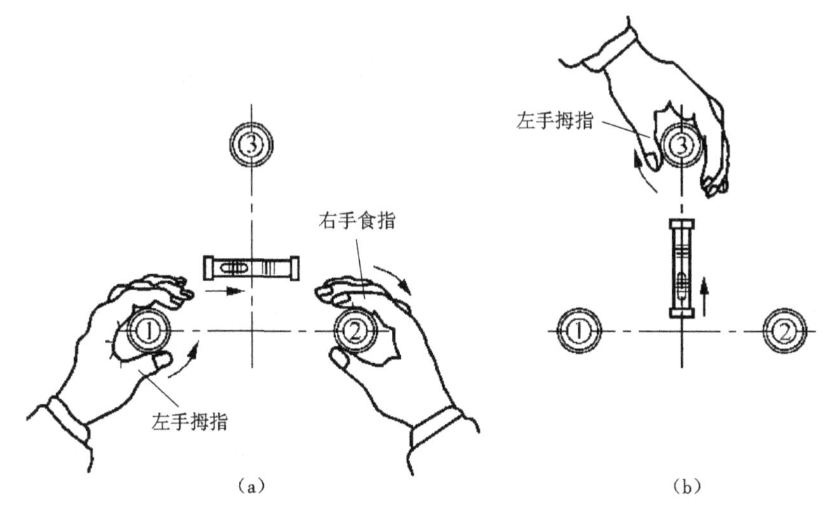

图 6-1-6　经纬仪的精平操作

5）精确对中与整平

再次观察光斑对中位置，轻微松开中心连接螺旋，在三脚架顶面平移仪器，精确对准测站点中心，拧紧中心连接螺旋，再次精平仪器。重复此项操作，直到仪器精确整平对中为止，然后关闭激光对点器。

2. 望远镜调整和目标照准

（1）将望远镜对准明亮天空，旋转目镜调焦螺旋，使十字丝清晰。

（2）利用粗照准器内的三角形标志的顶尖照准目标点，照准时眼睛与照准器之间应保留有一定距离。

（3）利用物镜调焦螺旋使目标成像清晰。注意消除视差，即眼睛上下左右移动时，十字丝在目标上的位置不改变。

（4）旋转垂直微动螺旋和水平微动螺旋，精确照准目标。如果测量水平角，用十字丝的竖丝精确照准目标；如果测量垂直角，用十字丝的横丝精确照准目标。

3. 读数

直接读取屏幕上水平度盘或垂直度盘的数值。

【技能训练】

电子经纬仪认识及使用实训：了解电子经纬仪的基本结构及各部件的作用；学会正确操作仪器。

【思考与练习】

（1）电子经纬仪有哪些轴线？这些轴线满足哪些几何条件？

（2）简述电子经纬仪的对点整平操作步骤。

（3）简述将水平度盘读数设置成 90° 的操作步骤。

任务二　水平角测量

【任务导入】

想要确定点的平面位置，需要测量水平角度。本任务介绍用电子经纬仪测量水平角的方法。

【任务准备】

水平角是指空间相交的两条直线在水平面上的投影之间的夹角，水平角一般用 β 表示，角值为 0°~360°。

水平角测量原理如图 6-2-1 所示。利用经纬仪测量水平角，需要将仪器安置在测站点上，经过对中整平，使水平度盘处于水平状态，且其中心与测站点在同一铅垂线上，望远镜分别照准两个方向并取得读数 a 和 c，水平度盘读数一般为顺时针增加，则 $\beta = c - a$，即水平角值等于右方向读数减去左方向读数，如果得到的数值为负值，需加上 360°。

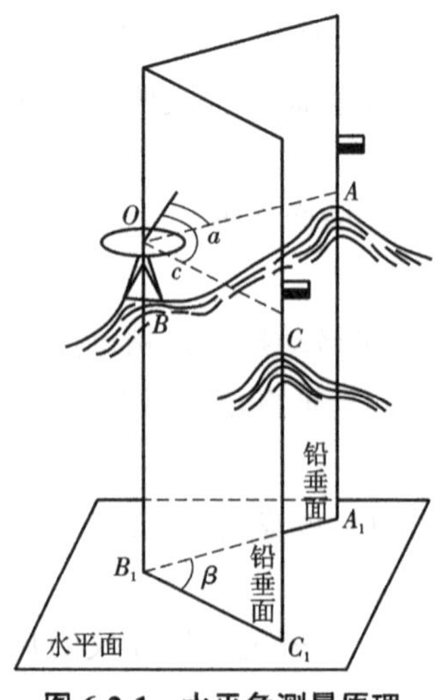

图 6-2-1　水平角测量原理

在角度观测中，需要用盘左和盘右两个位置进行观测。观测人员面对望远镜的目镜时，垂直度盘位于望远镜的左侧称为盘左（或正镜），而垂直度盘位于望远镜的右侧称为盘右（或倒镜）。盘左状态和盘右状态分别观测，合称为一测回观测。经纬仪盘左状态和盘右状态如图 6-2-2 所示。

（a）盘左　　（b）盘右

图 6-2-2　经纬仪盘左状态和盘右状态

【任务实施】

电子经纬仪水平角测量

水平角观测常用的方法有测回法和方向观测法。

1. 测回法

测回法仅适用于测站上观测两个方向形成的单角。如图 6-2-3 所示，在测站点 B 需要测出 BA、BC 两个方向间的水平角 β，则操作步骤如下。

图 6-2-3　测回法测水平角

1）安置仪器

安置经纬仪于测站点 B，进行对中、整平，并在 A、C 两点立上照准标志。

2）上半测回观测

将经纬仪置为盘左状态，转动照准部，用望远镜准星初步照准 A 点，旋紧水平制动螺旋，调节目镜和物镜调焦螺旋，使十字丝和目标像清晰，消除视差。再用水平微动螺旋和竖直微动螺旋进行微调，直至十字丝竖丝照准目标，根据目标的大小和距离的远近，选择用单丝或双丝照准目标。按【置零】键将水平度盘读数置零，或用【锁定】键将起始方向设为略大于零的数值。读数 a_L 并记入手簿，如表 6-2-1 所示。松开制动螺旋，顺时针转动照准部，同上操作，照准目标 C 点，读数 c_L 并记入手簿。则上半测回角值为

$$\beta_L = c_L - a_L \tag{6-2-1}$$

3）下半测回观测

松开制动螺旋，将经纬仪置为盘右状态，先照准目标 C，读数 c_R；再逆时针转动照准部，照准目标 A 点，读数 a_R。则下半测回角值为

$$\beta_R = c_R - a_R \tag{6-2-2}$$

4）计算一测回角度值

当 $\Delta\beta = \beta_R - \beta_L$ 在限差范围内时，取上、下半测回角值的平均值作为一测回角度值；若 $\Delta\beta$ 超出限差范围应重新观测。一测回的水平角值为

$$\beta = \frac{\beta_L + \beta_R}{2} \tag{6-2-3}$$

当测角精度要求较高时，可以观测多个测回，取其平均值作为水平角测量的最后结果。为了减少度盘分划误差的影响，各测回的上半测回起始读数按 180°/ n 的角度间隔值来设置，n 为测回数。例如，若某水平角需测 4 个测回，则各测回起始读数应分别设置成略大于 0°、45°、90° 和 135°。

表 6-2-1　测回法测水平角手簿

测站	目标	垂直度盘位置	水平度盘读数	半测回角值	一测回平均角值	各测回平均值
一测回 B	A	左	0° 06′ 24″	111° 39′ 54″	111° 39′ 51″	111° 39′ 52″
	C		111° 46′ 18″			
	A	右	180° 06′ 48″	111° 39′ 48″		
	C		291° 46′ 36″			
二测回 B	A	左	90° 06′ 18″	111° 39′ 48″	111° 39′ 54″	
	C		201° 46′ 06″			
	A	右	270° 06′ 30″	111° 40′ 00″		
	C		21° 46′ 30″			

2. 方向观测法

方向观测法适用于测站上观测两个以上方向形成的多角。观测时选择清晰、稳定的目标作为起始方向，称为零方向。当方向数多于 3 个时，每半测回照准所需观测目标并读数后，应再次照准零方向并读数，此方法称为全圆方向法。当观测方向不多于 3 个时，可不归零。

水平角方向观测法的技术要求见表 6-2-2。

表 6-2-2　水平角方向观测法的技术要求

等级	仪器精度等级	半测回归零差	一测回内 2C 互差限差	同一方向值各测回互差限差
四等及以上	0.5″级仪器	≤3″	≤5″	≤3″
	1″级仪器	≤6″	≤9″	≤6″
	2″级仪器	≤8″	≤13″	≤9″
一等及以下	2″级仪器	≤12″	≤18″	≤12″
	6″级仪器	≤18″	—	≤24″

全圆方向观测法如图 6-2-4 所示，测站点为 O 点，观测方向有 A、B、C、D 四个，需要测出各相邻两方向间的水平角，操作步骤如下。

（1）在 O 点安置经纬仪，精确对中、整平，选清晰的 A 点作为零方向。

（2）上半测回观测。盘左照准零方向 A，置零或某一数值，读数；顺时针方向旋转照准部，依次照准 B、C、D 等目标并读数后，再次照准零方向 A 并读数。所有读数依次记入手簿中相应栏内，见表 6-2-3。

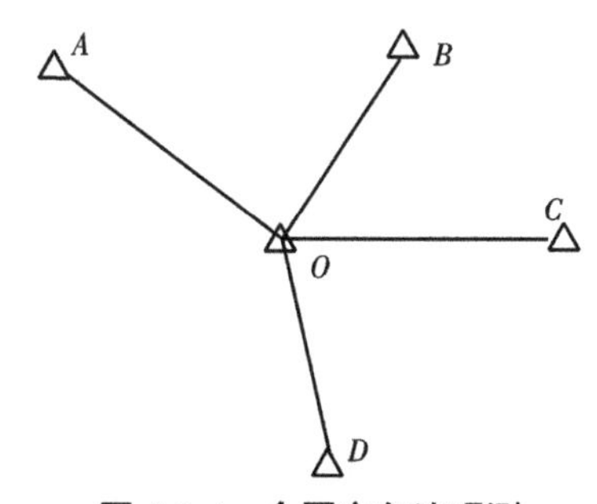

图 6-2-4　全圆方向法观测

（3）下半测回观测。盘右照准零方向 A，读数；逆时针方向旋转照准部，依次照准 D、C、B 等目标并读数后，再次照准零方向 A 并读数。所有读数依次记入手簿中相应栏内。

如需观测 n 个测回，　各测回的上半测回起始方向按 180° /n 的角度间隔值来设置水平度盘读数。

（4）全圆方向观测法的计算。

①计算半测回归零差。半测回归零差是盘左或盘右半测回中两次照准起始目标的

读数的差值。

②计算2倍照准差2C，并检核一测回内2C互差。同一测回内2倍照准差的较差，即2C互差，是衡量水平角观测质量的重要参数之一。有

$$2C = L - (R \pm 180°) \tag{6-2-4}$$

③计算各方向的平均数值$\bar{L}$，如有归零观测，零方向需再取一次平均值，作为零方向值。有

$$\bar{L} = \frac{L + (R \pm 180°)}{2} \tag{6-2-5}$$

④计算各测回的归零后方向值$\bar{L}_0$。归零后方向值是同一测回内各方向的平均数值与起始方向的平均数值的差值。有

$$\bar{L}_0 = \bar{L} - \bar{L}_A \tag{6-2-6}$$

⑤计算各测回平均方向值。当同一方向各测回归零后方向值的较差在限差范围内，取该方向的各测回归零后方向值的平均值为最终结果。

⑥计算水平角值。水平角值用相关的两个方向值相减得到。

表6-2-3　全圆方向观测法测水平角手簿

测站	测回数	目标	读数		2C=左－（右±180°）	平均读数 = $\frac{1}{2}$[左＋（右±180°）]	归零后方向值	各测回归零后方向值的平均值
			盘左	盘右				
1	2	3	4	5	6	7	8	9
						(0° 02′ 06″)		
O	1	A	0° 02′ 06″	180° 02′ 00″	+6″	0° 02′ 03″	0° 00′ 00″	
		B	51° 15′ 42″	231° 15′ 30″	+12″	51° 15′ 36″	51° 13′ 30″	
		C	131° 54′ 12″	311° 54′ 00″	+12″	131° 54′ 06″	131° 52′ 00″	
		D	182° 02′ 24″	2° 02′ 24″	0″	182° 02′ 24″	182° 00′ 18″	
		A	0° 02′ 12″	180° 02′ 06″	+6″	0° 02′ 09″		
						(90° 03′ 32″)		
O	2	A	90° 03′ 30″	270° 03′ 24″	+6″	90° 03′ 27″	0° 00′ 00″	0° 00′ 00″
		B	141° 17′ 00″	321° 16′ 54″	+6″	141° 16′ 57″	51° 13′ 25″	51° 13′ 28″
		C	221° 55′ 42″	41° 55′ 30″	+12″	221° 55′ 36″	131° 52′ 04″	131° 52′ 02″
		D	272° 04′ 00″	92° 03′ 54″	+6″	272° 03′ 57″	180° 00′ 25″	182° 00′ 22″
		A	90° 03′ 36″	270° 03′ 36″	0″	90° 03′ 36″		

【技能训练】

经纬仪水平角测量实训：学会用电子经纬仪按方向观测法进行水平角观测；掌握方向观测法的操作程序和计算方法；掌握测站上各项限差要求。

【思考与练习】

（1）简述方向观测法测水平角的操作步骤。

（2）简述水平角测量误差来源及减小误差的应对措施。

（3）在 *B* 点安置经纬仪观测 *A* 和 *C* 两个方向，盘左位置先照准 *A* 点，后照准 *C* 点，水平度盘的读数分别为 6° 23′ 30″ 和 95° 48′ 00″；盘右位置先照准 *C* 点，后照准 *A* 点，水平度盘的读数分别为 275° 48′ 18″ 和 186° 23′ 18″，填写测回法测角记录表（表 6-2-4），并计算该测回角值。

表 6-2-4　测回法测角记录表

测站	盘位	目标	水平度盘读数 （° / ′ / ″）	半测回角值 （° / ′ / ″）	一测回角值 （° / ′ / ″）	备注

任务三　垂直角测量

【任务导入】

将倾斜距离换算为水平距离或三角高程测量时需观测垂直角。本任务介绍用电子经纬仪测量垂直角的方法。

【任务准备】

垂直角是同一竖直面内目标方向与水平面间的夹角，一般用 α 表示，角值为 –90°~90°。视线在水平面上方所构成的垂直角为仰角，符号为正；视线在水平面下方所构成的垂直角为俯角，符号为负。目标方向与铅垂线的反方向即天顶方向的夹角称为天顶距，一般用 Z 表示，角值为 0°~180°。

垂直角测量原理如图 6-3-1 所示。经纬仪在理论状态下，望远镜视准轴水平时，垂直度盘读数应为 90° 或 90° 的整倍数。目标方向读数与视线水平读数的差值即为垂直角角值。如果仪器制造时有垂直度盘指标安装误差或垂直度盘指标传感器补偿误差，会使望远镜视准轴水平时，垂直度盘读数与 90° 或 90° 的整倍数有微小差值 x，x 称为垂直度盘指标差。垂直度盘指标差引起的垂直角测量误差可采用盘左、盘右观测取平均值的方法消除或计算改正方法来消除。2″ 级仪器指标差限差是 10″，如超出限差，仪器需要校正。指标差的较差反映观测成果的质量，同一测站指标差较差不得超过规定限差。

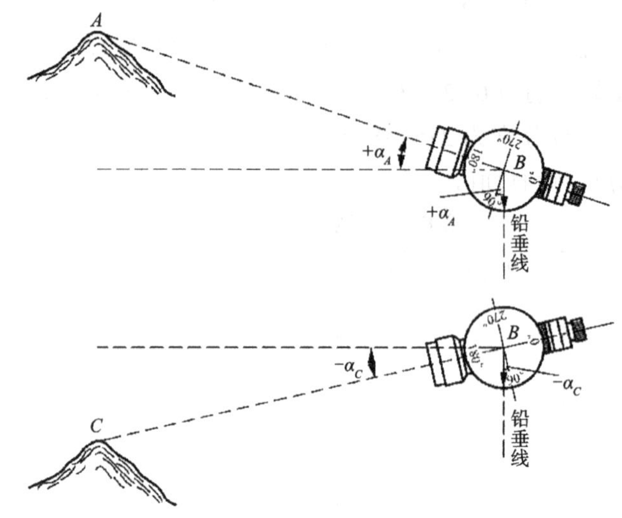

图 6-3-1　垂直角测量原理

垂直角主要用于将观测的倾斜距离换算为水平距离或计算三角高程。

1. 倾斜距离换算为水平距离

如图 6-3-2 所示，测得 A、B 两点间的斜距 S 和垂直角 α，则两点间的水平距离 D 为

$$D = S\cos\alpha \tag{6-3-1}$$

2. 计算三角高程

如图 6-3-3 所示，利用图中测得的斜距 S、垂直角 α、仪器高 i、目标高 v，按下式计算出高差 h_{AB} 为

$$h_{AB} = S\sin\alpha + i - v \tag{6-3-2}$$

当已知 A 点的高程 H_A 时，B 点的高程 H_B 为

$$H_B = H_A + h_{AB} = H_A + S\sin\alpha + i - v \tag{6-3-3}$$

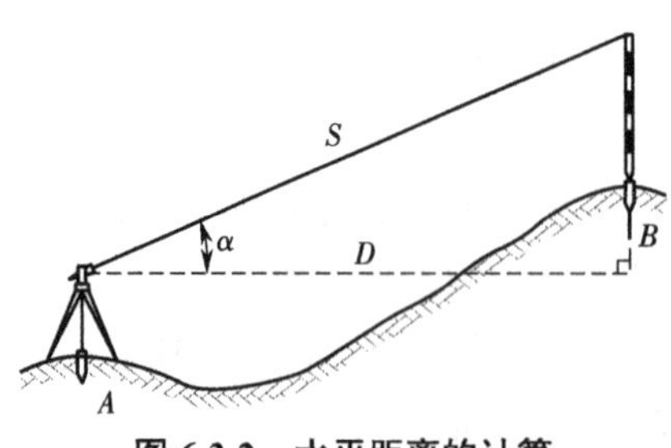

图 6-3-2　水平距离的计算

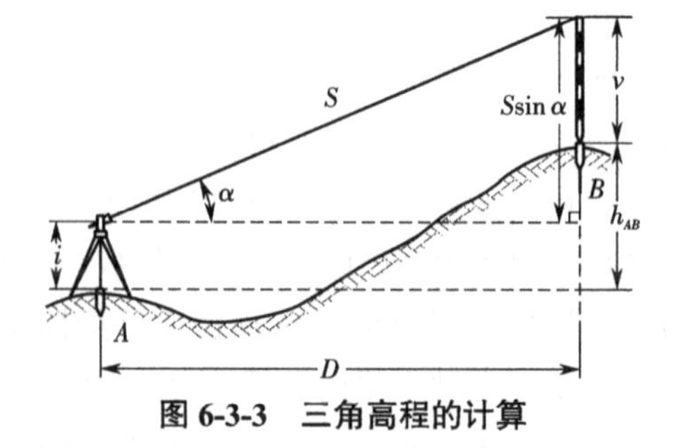

图 6-3-3　三角高程的计算

【任务实施】

《工程测量标准》对四、五等和图根等级三角高程测量垂直角观测的技术要求见表

6-3-1。

表 6-3-1　垂直角观测的技术要求

测角等级	仪器等级	测回数	指标差较差 / （″）	测回较差 / （″）
四等三角高程	2″级	3	≤7″	≤7″
五等三角高程	2″级	2	≤10″	≤10″
图根三角高程	6″级	2	≤25″	≤25″

垂直角观测须用十字丝横丝精确照准目标。垂直角测回法观测的操作步骤如下。

（1）安置仪器。在测站点上安置经纬仪，并对中、整平。

电子经纬仪垂直角测量

（2）判定垂直角计算公式。将经纬仪置为盘左状态，视准轴水平，垂直度盘读数为 90°，抬高望远镜，垂直度盘读数减小，依据垂直角定义，判定此经纬仪垂直角计算公式如下。

盘左状态：

$$\alpha_{\mathrm{L}}=90^{\circ}-L \tag{6-3-4}$$

盘右状态：

$$\alpha_{\mathrm{R}}=R-270^{\circ} \tag{6-3-5}$$

（3）上半测回观测。盘左状态照准目标，使十字丝横丝切于目标，读取垂直度盘读数。将数据记录于手簿，如表 6-3-1 所示。计算盘左状态测得的垂直角。

（4）下半测回观测。盘右状态照准目标，使十字丝横丝切于目标同一位置，读取垂直度盘读数并记入手簿，计算盘右状态测得的垂直角，见表 6-3-2。

（5）计算指标差 x。指标差 x 计算式如下：

$$x=\frac{1}{2}(\alpha_{\mathrm{R}}-\alpha_{\mathrm{L}})=\frac{1}{2}(R+L)-180^{\circ} \tag{6-3-6}$$

（6）计算垂直角的一测回值 α。有

$$\alpha=\frac{1}{2}(\alpha_{\mathrm{L}}+\alpha_{\mathrm{R}})=\frac{1}{2}\left[(R-L)-180^{\circ}\right] \tag{6-3-7}$$

表 6-3-2　垂直角观测手簿

测站	目标	垂直度盘位置	垂直度盘读数	半测回垂直角	指标差	一测回垂直角
A	*B*	左	81° 18′ 42″	+8° 41′ 18″	+6″	+8° 41′ 24″
		右	278° 41′ 30″	+8° 41′ 30″		
	C	左	124° 03′ 24″	−34° 03′ 24″	+9″	−34° 03′ 15″
		右	235° 56′ 54″	−34° 03 06″		

【技能训练】

学会用电子经纬仪进行垂直角观测；掌握垂直角测量的操作步骤和计算方法；掌握测站上各项限差要求。

【思考与练习】

（1）简述垂直角测量的操作步骤。

（2）怎样消除垂直度盘指标差对垂直角观测的影响？

（3）在 *O* 点安置经纬仪，观测 *P* 和 *Q* 两个方向的垂直角，盘左位置照准 *P* 点，垂直度盘读数为 88° 04′ 24″，盘右位置照准 *P* 点，垂直度盘读数为 271° 55′ 54″；照准 *Q* 点的盘左、盘右读数分别为 115° 23′ 30″ 和 244° 36′ 18″。填写垂直角观测记录表，并计算垂直角角值，见表 6-3-3。

表 6-3-3　垂直角观测记录表

测站	目标	垂直度盘位置	垂直度盘读数 /（° / ′ / ″）	半测回角值 /（° / ′ / ″）	指标差 /（° / ′ / ″）	一测回角值 /（° / ′ / ″）
O	*P*	左				
		右				
	Q	左				
		右				

任务四　电子经纬仪放样

【任务导入】

放样是按图施工的重要保障。本任务介绍应用电子经纬仪或借助钢尺放样设计点的位置或有关几何量。

【任务准备】

1. 水平角放样

水平角放样是已知设计水平角 β，根据地面已有的 *AB* 边，将另一条边 *AC* 标定在地面上。为保证放样精度，*AC* 边长度不得大于 *AB* 边。

电子经纬仪水平角放样

1）测回分中法

如图 6-4-1（a）所示，设地面上已有 *AB* 方向，在 *A* 点以 *AB* 为起始方向，向右侧放样出设计的水平角 β，放样步骤如下。

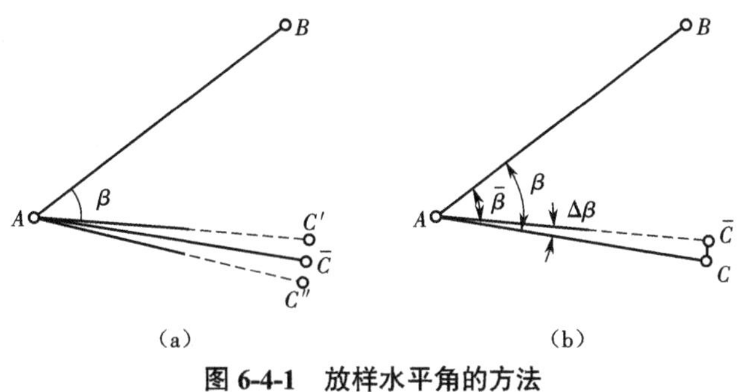

图 6-4-1　放样水平角的方法

（a）盘左盘右分中法　（b）多测回修正法

（1）在 A 点安置经纬仪，并对中、整平，仪器水平度盘处于右增状态。

（2）盘左（上半测回）照准 B 点目标，按【置零】键将水平度盘置零，松开制动螺旋，顺时针转动照准部，当水平度盘读数接近设计值 β 时，拧紧水平制动螺旋，调节水平微动螺旋，水平度盘读数达到设计值 β 时，视准轴方向即为设计角的另一边 AC 方向，按【指向】键打开激光指向，在地面上临时标定出 C' 点。

（3）盘右（下半测回）照准 B 点目标，读取水平度盘读数；顺时针转动照准部，当水平度盘增加角值为设计角值 β 时，借助激光指向，在地面上临时标定出 C'' 点。

（4）取 C'、C'' 连线的中点，标定为 $\bar{C}$ 点。$\bar{C}$ 点是设计水平角 β 另一边 AC 的端点。

（5）检核。用测回法测量 $\angle BA\bar{C}$，与设计值比较，满足精度要求即为合格。

如果放样角在已知边的左侧，照准已知方向置零后，转动照准部，在水平度盘读数为 $360°-\beta$ 的方向定点；也可将电子经纬仪水平度盘设置为左增模式，则照准已知方向水平度盘置零后直接放样设计水平角 β。

2）多测回修正法

多测回修正法如图 6-4-1（b）所示，放样步骤如下。

（1）用一测回分中法标定的中点为 $\bar{C}$ 点。

（2）用多测回法测量 $\angle BA\bar{C}$（一般 2~3 测回），取各测回观测的平均值为 $\bar{\beta}$，计算其与设计角值 β 的差 $\Delta\beta=\bar{\beta}-\beta$（$\Delta\beta$ 以秒为单位）。测量 $A\bar{C}$ 水平距离 $D_{A\bar{C}}$。计算 $\bar{C}$ 点偏离正确点位 C 的距离为

$$\bar{C}C=D_{A\bar{C}}\tan\Delta\beta=D_{A\bar{C}}\times\frac{\Delta\beta}{\rho} \tag{6-4-1}$$

式中　$\rho=206265''$。

（3）过 $\bar{C}$ 点做 $A\bar{C}$ 方向的垂线，当 $\Delta\beta>0$ 时，沿垂线方向向内量取水平距离 $\bar{C}C$ 定出点 C；当 $\Delta\beta<0$ 时，沿垂线方向向外量取水平距离 $\bar{C}C$ 定出 C 点，即将 $\bar{C}$ 点修正到 C 点。C 点是设计水平角 β 另一边 AC 的端点。

（4）检核。使用测回法测量∠BAC，与设计值比较，满足精度要求即为合格。

2. 点位放样

放样点位是利用待放样点和控制点的几何关系，采用测量仪器和方法，按要求的精度，将待放样点在施工层进行实地标定。利用经纬仪和钢尺采用直角坐标法可以完成放样点的平面位置的工作。

直角坐标法是建立在直角坐标原理基础上放样点的平面位置的一种方法。

如图 6-4-2 所示，A、B、C、D 为已知控制点，1、2、3、4 点为待放样建筑物轴线的交点，控制点间方向线平行或垂直待放样建筑物的轴线。根据控制点的坐标和待放样点的坐标可以计算出两者之间的坐标增量。下面以放样 1 点为例，说明放样方法。

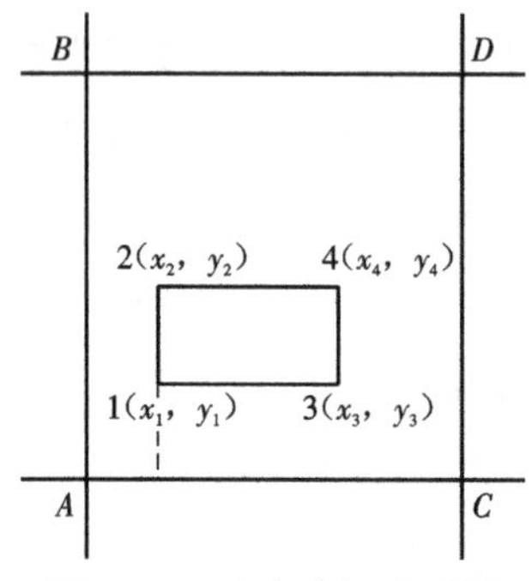

图 6-4-2　直角坐标法放样

（1）计算放样数据并检核。计算出 A 点与待放样点 1 点之间的坐标增量，即 $\Delta x_{A1}=x_1-x_A$，$\Delta y_{A1}=y_1-y_A$。

（2）实地放样。放样 1 点平面位置时，在 A 点安置经纬仪，照准 C 点，沿此视线方向从 A 沿 AC 方向放样水平距离 Δy_{A1} 标定出 1′ 点。再安置经纬仪于 1′ 点，照准 C 点，使用盘左、盘右分中法放样出 90° 方向线，并沿此方向放样出水平距离 Δx_{A1} 标定出 1 点。采用同样的方法可以放样 2、3、4 点的位置。

（3）检核。可在已放样的点上架设经纬仪，检测各个角度是否符合设计要求，并丈量各条边长或对角线，与设计值比较，在误差允许范围内即合格。

3. 垂直面放样

经纬仪整平后，竖轴竖直、横轴水平，望远镜上下转动，视准轴可提供一垂直面。工程中常用经纬仪提供的垂直面将两点确定的直线投测到作业面上。

1）经纬仪定线

如图 6-4-3 所示，欲在 AB 直线上定出 1、2 等点用以标明直线位置，可利用经纬仪形成包括 AB 直线的垂直面，并在地上投出中间点得到。

（1）在 A 点安置经纬仪，并对中、整平。

（2）用望远镜照准 B 点处竖立的标志，固定经纬仪照准部，打开激光指向，将望远镜向下俯视，在视准轴方向目标处有红色可见激光点，顺时针方向旋转望远镜物镜调焦螺旋，可缩小红色激光点，在激光指向处做标记或插上标杆等标志物，得定线点 1。该点与 AB 在同一垂直面内。

（3）将望远镜做俯、仰角度变化，可向近处或远处投得其他各点位，且投测的点均与 AB 在同一垂直面内，如此即可完成在 A、B 两点间定点或延长 AB 直线。采用盘左和盘右两次投测取中法可减小定点误差。

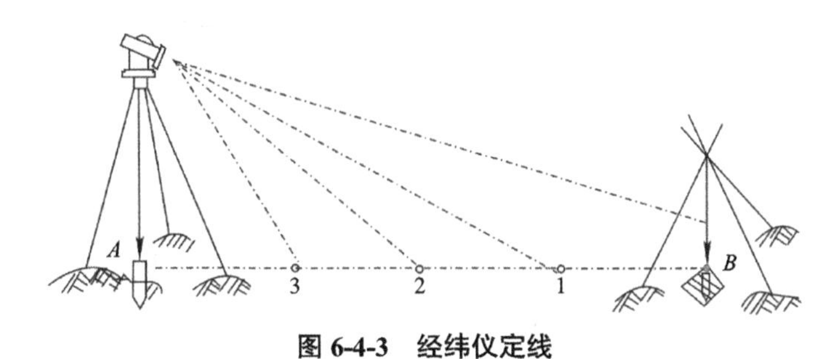

图 6-4-3　经纬仪定线

2）经纬仪投测轴线

如图 6-4-4 所示，A_1、A_2 等点为工程定位点延长到安全区域的轴线控制桩。现将轴线 A_1–A_2 向基坑内投测，按照上述经纬仪定线方法操作即可。如果在 A_1 安置经纬仪后与基坑底部不通视，如图 6-4-5 所示，可先在 A_1、A_2 间与基坑底部可通视的地方 A'_1 点处定点，再将经纬仪搬至 A'_1 点处，照准 A_2 点，用盘左和盘右两次投测取中法投测 P_1、P_2 点。同法，可完成其他几条轴线的投测。所有轴线投测完成后，需进行角度和距离的检核，合格后方可作为施工依据。

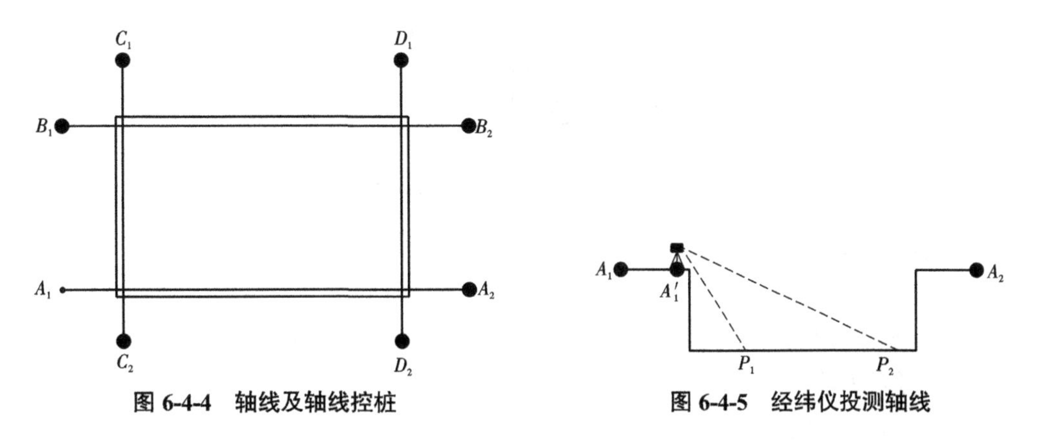

图 6-4-4　轴线及轴线控桩　　**图 6-4-5　经纬仪投测轴线**

此法可以将轴线向高处施工层投测，称为经纬仪外投法，如图 6-4-6 所示。当楼层较高时，经纬仪仰角较大，误差也会增大。此时应用经纬仪将轴线控制桩投测到远离建筑的地方，约大于建筑高度 1.5 倍的距离处，再安置经纬仪向上投测轴线；或者应用激光垂准仪采用内投法投测，参见项目八。

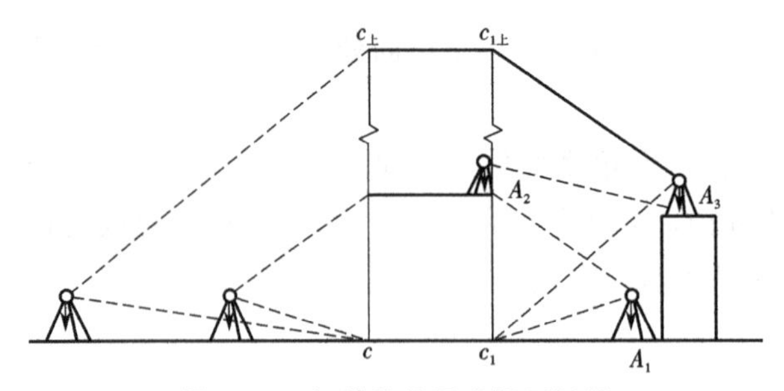

图 6-4-6　经纬仪外投法投测轴线

3）构件垂直校正测量

柱子等构件安装时，垂直度的控制可由经纬仪完成。提前在柱子四个侧面用墨线弹出柱身中心线，将柱子底部安装到指定位置后，将两台经纬仪安置在柱子纵、横中心轴线上，且距离柱子约为柱高 1.5 倍的地方，如图 6-4-7 所示。先照准柱底中线，旋紧水平制动螺旋，再逐渐仰视到柱顶，若中线偏离十字丝竖丝，表示柱子不垂直，可指挥施工人员用拉绳调节、支撑或敲打楔子等方法使柱子垂直。满足要求后，固定柱子位置。此法也可用于工程主体倾斜的监测工作。

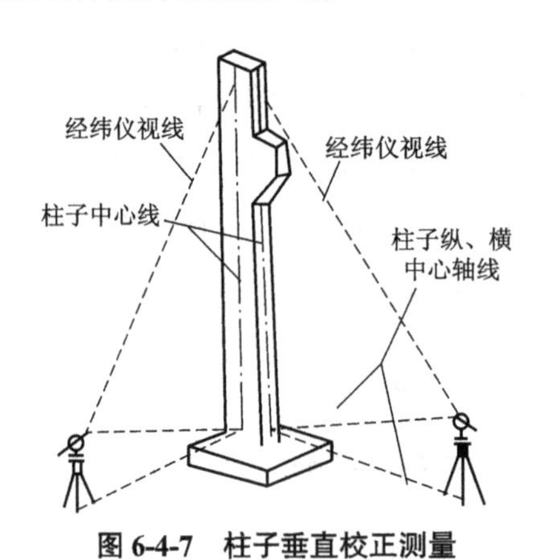

图 6-4-7　柱子垂直校正测量

【技能训练】

经纬仪直角坐标法放样点位：掌握放样数据的计算方法；掌握电子经纬仪及配套工具的正确使用并熟练操作；掌握电子经纬仪直角坐标法放样点位实施及检核。

【思考与练习】

（1）简述经纬仪放样水平角的操作步骤。

（2）简述经纬仪定线的操作步骤。

任务五　　电子经纬仪的检验与校正

【任务导入】

根据测角原理，经纬仪各主要轴线之间应满足一定的几何条件，这些几何条件在仪器出厂时一般能满足精度要求，但由于长期使用或受碰撞、振动等影响，可能发生变动。因此，要经常对仪器进行检验与校正。

【任务准备】

经纬仪的检验与校正是检验仪器各主要轴线之间的几何条件是否满足，若不满足，则应校正。如图 6-5-1 所示，经纬仪的轴系关系：圆水准器轴 *L′ L′* 与仪器竖轴 *VV* 平行，管水准器轴 *LL* 与仪器竖轴 *VV* 正交，望远镜视准轴 *CC* 与望远镜横轴 *HH* 正交。

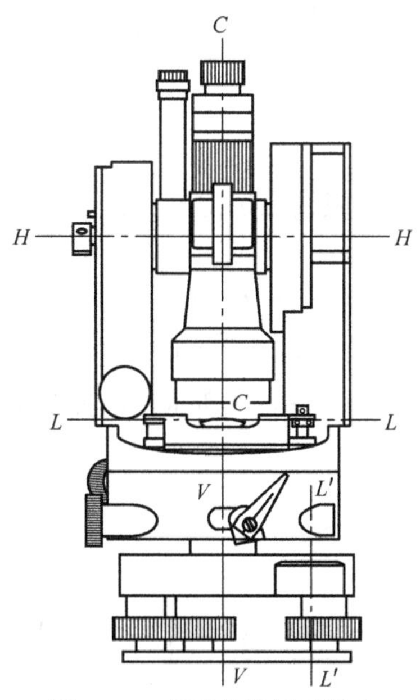

图 6-5-1　经纬仪的轴系关系

【任务实施】

1. 照准部管水准器轴垂直于仪器竖轴（*LL* ⊥ *VV*）

1）检验

松开水平制动螺旋，转动仪器使管水准器平行于某一对脚螺旋 A、B 的连线；再旋转脚螺旋 A、B，使管水准器气泡居中；再将仪器旋转 180°，查看气泡是否居中，如果不居中，则需要校正。

2）校正（图 6-5-2）

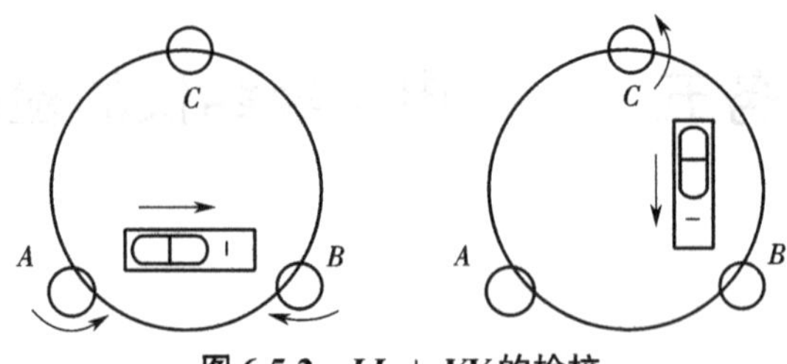

图 6-5-2　*LL* ⊥ *VV* 的检校

（1）检验时，若管水准器的气泡偏离中心，先用与管水准器平行的脚螺旋进行调整，使气泡向中心移动一半的偏离量；剩余的一半用校正针转动管水准器校正螺丝（在水准器右边）调整至气泡居中。

（2）将仪器旋转 180°，检查气泡是否居中。如果气泡仍不居中，重复（1）步骤，直至气泡居中。

（3）将仪器旋转 90°，用第三个脚螺旋调整气泡居中。重复检验与校正步骤，直至照准部转至任何方向气泡均居中为止。

（4）管水准器检校正确后，若圆水准器气泡也居中，就不必校正；若不居中，则参考前面的相关内容校正。

2. 十字丝竖丝垂直于横轴

1）检验

（1）整平仪器后，在望远镜视线上选定一目标点 *A*，用十字丝分划板中心照准 *A*，并固定水平和垂直制动螺旋。

（2）转动望远镜垂直微动螺旋，使 *A* 点移动至视场的边沿（*A′* 点）。

（3）若 A 点是沿十字丝的竖丝移动，即 *A′* 点仍在竖丝之内，则十字丝不倾斜不必校正。若 *A′* 点偏离竖丝中心，如图 6-5-3 所示，则说明十字丝倾斜，需对分划板进行校正。

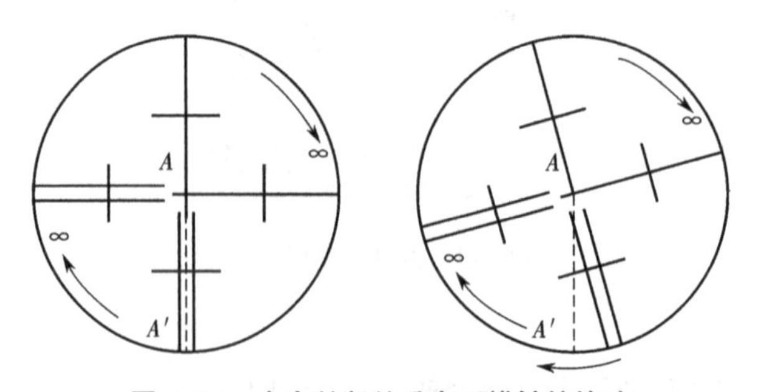

图 6-5-3　十字丝竖丝垂直于横轴的检验

2）校正（图 6-5-4）

校正十字丝将导致仪器光轴发生变化造成激光指向不准，因此，该校正工作应由专业仪器校正机构单位实施。

（1）取下位于望远镜目镜与目镜调焦螺旋之间的分划板座护盖。

（2）用螺丝刀均匀地旋松四个固定螺钉，绕视准轴旋转分划板座，使 A' 点落在竖丝的位置上。

（3）均匀地旋紧固定螺钉，再用上述方法检验校正结果。

（4）将护盖安装回原位。

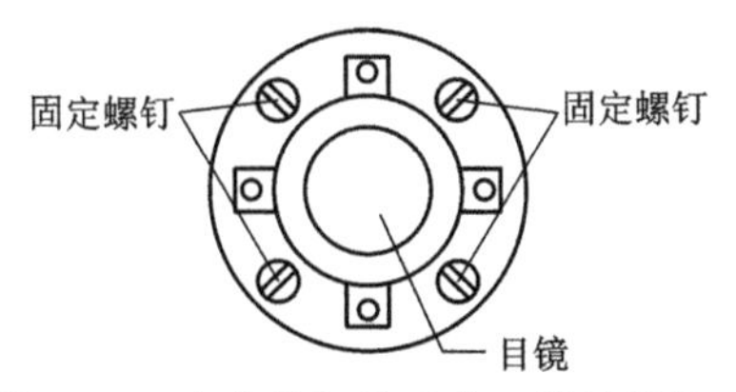

图 6-5-4　十字丝竖丝垂直于横轴的校正

3. 望远镜视准轴垂直于横轴（$CC \perp HH$）

1）检验

（1）精确整平仪器并打开电源，在远处同高的位置设置目标 A。

（2）盘左状态照准目标 A，读取水平角（如水平角 L=10° 13′ 10″）。

（3）松开垂直及水平制动螺旋，旋转望远镜，盘右状态照准 A 点，读取水平角（如水平角 R=190° 13′ 40″）。

（4）计算 $2C=L-(R\pm180°)$，若超限则需校正（如 $2C=-30'' \pm 20''$）。

2）校正

2C 校正采用电子校正，仪器自动补偿。该校正工作由专业仪器校正机构实施。

（1）用水平微动螺旋将水平角读数调整到消除 C 后的正确读数如（$R+C$=190° 13′ 40″−15″=190° 13′ 25″）。

（2）如图 6-5-5 所示，取下位于望远镜目镜与目镜调焦螺旋之间的分划板座护盖，调整分划板上水平左右两个十字丝校正螺钉，先松一侧、后紧另一侧的螺钉，移动分划板，使十字丝中心照准目标 A。

（3）重复检验步骤，校正至 $|2C|<20''$ 符合要求为止。

（4）将护盖安装回原位。

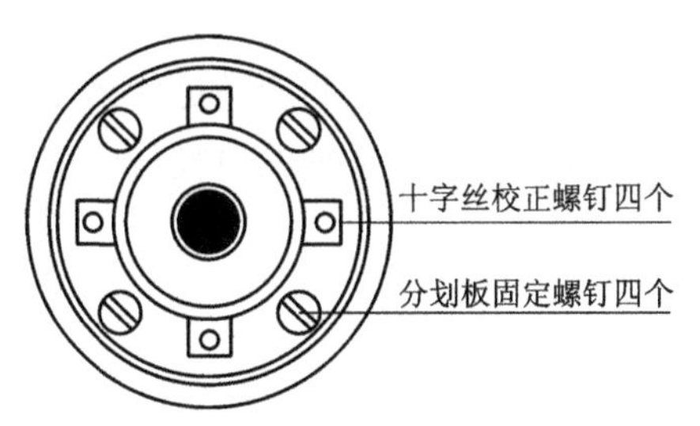

图 6-5-5　视准轴垂直于横轴的校正

4. 对中器轴线与竖轴重合

1）检验

（1）将仪器安置到三脚架上，在一张白纸上画一个十字并放在仪器正下方的地面上。

（2）打开激光对点器，移动白纸使十字交叉点位于光斑中心。

（3）转动脚螺旋，使对点器的光斑与十字交叉点重合。

（4）旋转照准部，每转 90°，观察对点器的光斑与十字交叉点的重合度。

（5）如果照准部旋转时，激光对点器的光斑一直与十字交叉点重合，则不必校正；否则需按下述方法进行校正。

2）校正

该校正工作由专业仪器校正机构实施。

（1）将激光对点器护盖取下。

（2）固定好画有十字的白纸，并在白纸上标记出仪器每旋转 90° 时对点器光斑的落点，如图 6-5-6 所示的：*A*、*B*、*C*、*D* 点。

（3）用直线连接对角点 *A*、*C* 和 *B*、*D*，两直线交点为 *O*。

（4）用内六角扳手调整对点器的四个校正螺钉，使对中器的中心标志与 *O* 点重合。

（5）重复检验步骤（4），检查校正至符合要求。

（6）将护盖安装回原位。

图 6-5-6　激光对中器的校正

【技能训练】

电子经纬仪的检验与校正：掌握电子经纬仪的一般性检查内容；掌握电子经纬仪的检验与校正方法。

【思考与练习】

（1）经纬仪有哪些主要轴线？各轴线之间应满足什么几何条件？

（2）简述照准部水准管轴垂直于仪器竖轴的检验与校正方法。

项目七

全站仪测量技术

【项目描述】

全站仪是全站型电子速测仪的简称，它是由电子测角、电子测距、电子计算和数据存储等单元组成的三维坐标测量系统，能自动显示测量结果，能与外围设备交换信息的多功能测量仪器。全站仪较完善地实现了测量和处理过程的一体化，广泛应用于工程测量各个领域。本项目以南方 NTS-552R8 全站仪为例，介绍全站仪的组成、操作及其在工程测量中的应用。

【项目目标】

（1）掌握全站仪的结构和功能，能利用全站仪进行角度、距离、坐标测量。

（2）掌握导线控制网的布设要求、导线测量的实施步骤，会进行导线成果计算。

（3）会利用全站仪进行外业数字测图。

（4）会利用全站仪进行工程施工放样。

（5）会进行全站仪的检验与校正。

任务一　全站仪基本操作

【任务导入】

全站仪作为主要的测量仪器设备，广泛应用于工程放样、地形测绘、地籍测量、监测等领域。本任务主要讲解全站仪的构造、功能、使用范围及注意事项等内容。

【任务准备】

全站仪是一种集光、机、电为一体的高技术测量仪器，是集水平角、垂直角、距离（斜距、平距）、高差测量功能于一体的测绘仪器。因为其一次安置仪器可完成该测站上全部测量工作，所以称之为全站仪。全站仪由电子经纬仪、光电（主要为红外线）测距、电子补偿、电子微处理器等部分构成。

1. 全站仪的组成

全站仪的组成可以分为两大部分：一是为采集数据而设置的专用设备，主要有电子测角系统、电子测距系统、数据存储系统和自动补偿设备等；二是测量过程的控制设备，主要用于有序地实现上述每一专用系统的功能，包括与测量数据相连接的外围设备及进行计算产生指令的微处理器等，如图 7-1-1 所示。只有这两大部分有机结合才能真正地体现“全站”功能，既要自动完成数据采集，又要自动处理数据和控制整个测量过程。其中：

（1）电源部分是可充电电池，为各部分供电；

（2）测角部分为电子经纬仪，可以测定水平角、垂直角，设置方位角；

（3）补偿部分可以实现仪器垂直轴倾斜误差对测量影响的自动补偿改正；

全站仪基本操作

（4）测距部分为光电测距仪，可以测定两点之间的距离；

（5）中央处理器接收输入指令、控制各种观测作业方式、进行数据处理等；

（6）输入输出包括键盘、显示屏、双向数据通讯接口。

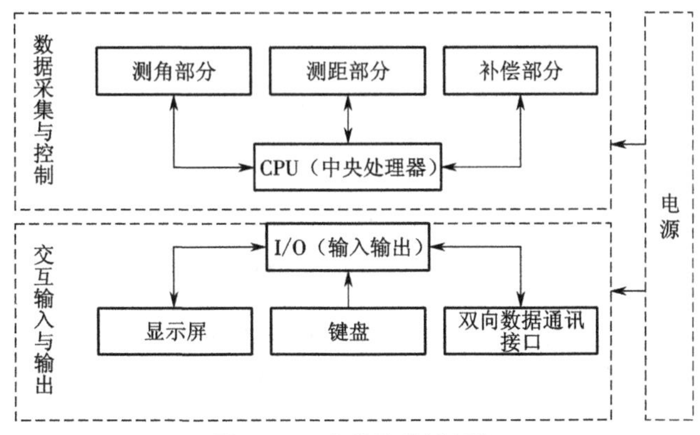

图 7-1-1　全站仪设计框架

2. 部件名称

全站仪各部件的名称如图 7-1-2 所示。

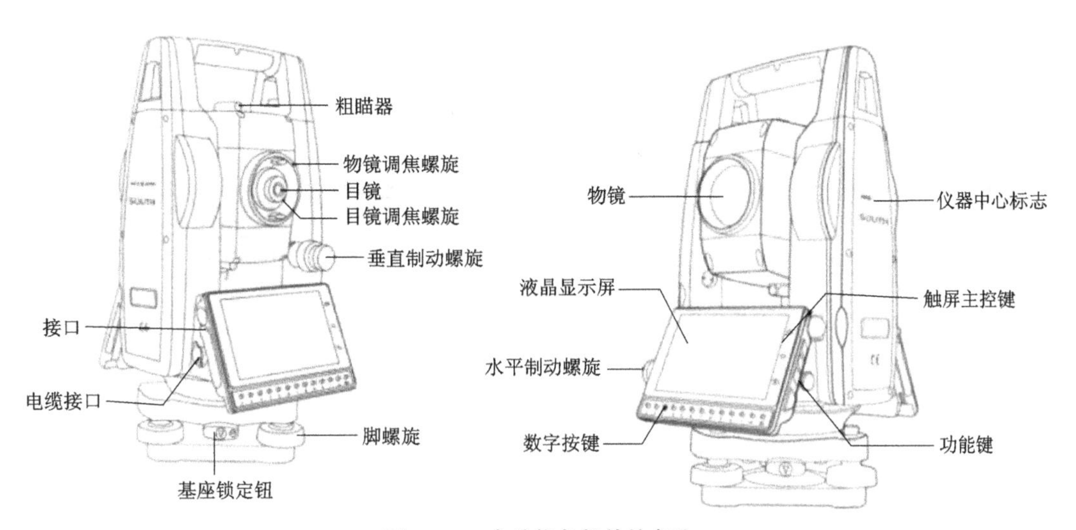

图 7-1-2　全站仪各部件的名称

3. 配套工具

全站仪在棱镜模式下进行距离测量等作业时，须在目标处放置棱镜。棱镜可通过基座及连接器安置到三脚架上，也可直接安置在对中杆上，如图 7-1-3 所示。

图 7-1-3　配套单棱镜与对中杆

【任务实施】

本任务主要认识全站仪的界面及基本操作，单击一级菜单（图 7-1-4），查看其二级菜单（图 7-1-5），熟悉全站仪主界面上的快捷功能键（表 7-1-1）。

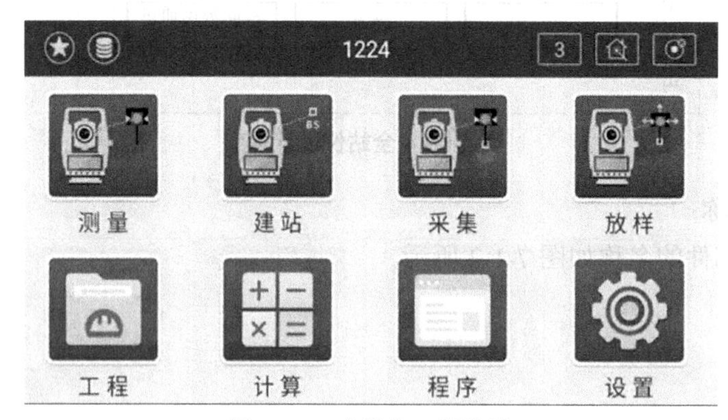

图 7-1-4　全站仪一级菜单

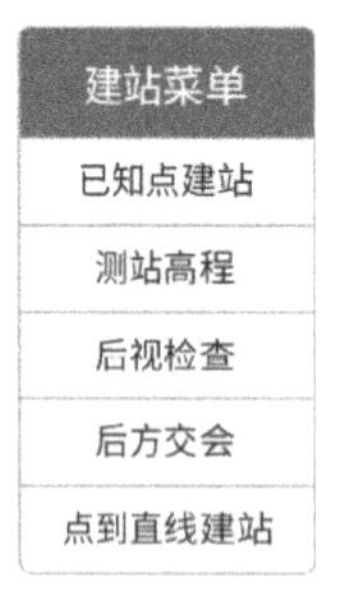

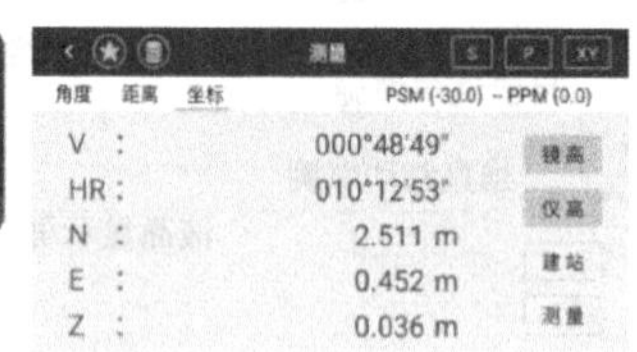

放样菜单
点放样
角度距离放样
方向线放样
直线放样

图 7-1-5　全站仪二级菜单

表 7-1-1　常用快捷功能键图标介绍

图标样式	说明	内容
	快捷设置键，单击该键或者在主菜单界面左侧边缘向右滑动可唤出该功能键，包含激光指示、十字丝照明、激光下对点、温度气压设置、棱镜常数设置	快捷设置 1. 激光指示 2. 十字丝照明 3. 激光下对点 4. 温度气压设置 5. 棱镜常数
	数据功能键，包含点数据、编码、图形数据	数据 数据　编码　图形 第1页/共1页 名称　类型　编码　N
	电子气泡键，可设置 X 轴、XY 轴补偿或关闭补偿	电子气泡 补偿-X　补偿-XY　补偿-关 X: -000°00′00″ Y: 000°00′00″ 激光对点-开

续表

图标样式	说明	内容
S	测量模式键，可设置精测单次、N 次精测、连续测量或跟踪测量	测量模式 精测单次 N次精测 连续测量 跟踪测量
	合作目标键，可设置目标为反射板、棱镜或无合作（免棱镜）模式	合作目标 反射板 棱镜 常数 -30.0 mm 无合作

【技能训练】

全站仪使用：熟悉 NTS-552R8 全站仪各部件名称、作用，并练习仪器的操作。

【思考与练习】

全站仪由哪些部件组成？

任务二　全站仪基本测量

【任务导入】

在测量程序下，可完成一些基础的测量工作。测量程序菜单包括角度测量、距离测量、坐标测量。由于角度测量和距离测量在项目三和项目六已做介绍，因此本任务重点介绍坐标测量。

【任务准备】

已知一个点的坐标和方向，根据测量的角度和距离，采用极坐标法和三角高程测量法即可计算出另一点的坐标和高程，如图 7-2-1 所示。

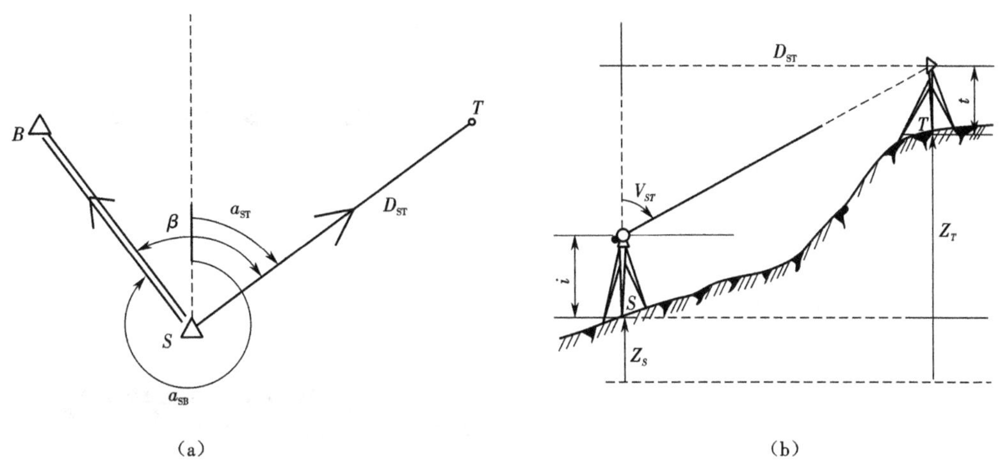

图 7-2-1　坐标测量原理

如图 7-2-1（a）所示，若输入已知测站 S 点坐标（X_S，Y_S）和 B 点坐标（X_B，Y_B），测出水平角 β 和平距 D_{ST}，则有

SB 方位角：

$$\alpha_{SB} = \arctan\left(\frac{Y_B - Y_S}{X_B - X_S}\right) \tag{7-1-1}$$

坐标：

$$\left.\begin{aligned} X_T &= X_S + D_{ST}\cos(\alpha_{SB} + \beta) \\ Y_T &= Y_S + D_{ST}\sin(\alpha_{SB} + \beta) \end{aligned}\right\} \tag{7-1-2}$$

如图 7-2-1（b）所示，若输入已知测站 S 点高程 Z_S，测出仪器高 i、棱镜高 t、平距 D_{ST}，天顶距 V_{ST}，则有 T 点高程

$$Z_T = Z_S + i - t + D_{ST} / \tan V_{ST} \tag{7-1-3}$$

【任务实施】

1. 测量程序菜单说明

测量程序菜单包括角度测量、距离测量和坐标测量，测量程序菜单内容见表 7-2-1。

表 7-2-1 “测量”程序菜单内容

任务	说明	图示
角度测量	◆ V：垂直方向值。 ◆ HR：水平方向值 （右角顺时针水平读数增大） ◆ HL：水平方向值 （左角顺时针水平读数减小）	
	◆置盘界面，HR：输入水平方向值	
距离测量	◆ SD：显示斜距值。 ◆ HD：显示水平距离值。 ◆ VD：显示垂直距离值。 ◆测量：开始进行距离测量	
坐标测量	◆ N：北坐标。 ◆ E：东坐标。 ◆ Z：高程。 ◆镜高：进入输入棱镜高度界面。 ◆仪高：进入输入仪器高度界面。 ◆建站：进入快捷建站界面，输入测站点和后视点坐标后，瞄准后视点完成建站。 ◆测量：进行距离测量，并根据角度计算出测量点坐标	

2. 坐标测量操作流程

全站仪坐标测量

1）仪器架设

将仪器架设在已知点上，该点为测站点，对中、整平，量取仪器高。棱镜架设在后视点上，对中、整平，量取棱镜高。

注意：全站仪打开激光对点器的方法有 2 种，一是在快捷功能键中打开“激光下对点”，二是在电子气泡中单击“激光对点－开”。

2）建站

在测量程序界面，单击“建站”，输入测站点坐标（即架设全站仪的点位坐标），输入后视点坐标（即架设棱镜的点位坐标），输入仪器高、棱镜高，用全站仪精确瞄准后视棱镜，单击“设置”，完成建站工作。

3）测量

将另一棱镜放置在待测点上，用全站仪精确瞄准此棱镜，单击“测量”，完成坐标测量，单击“保存坐标”，保存当前坐标值。

3. 距离测量注意事项

NTS-552R8 全站仪具有 3 种距离测量模式，即无合作模式、反射板模式和棱镜模式。其中，无合作模式即不需要架设棱镜，只需照准待测点即可进行测量；反射板模式需要在待测点上安置反射板；棱镜模式需要在待测点上安置棱镜。在三种测量模式下，需要注意以下几点。

（1）全站仪在测量过程中，应该避免对准强反射目标（如交通灯）进行距离测量。

（2）无合作模式测距注意事项：

①确保激光束不被靠近光路的任何高反射率的物体反射；

②在无反射器测量模式及配合反射板测量模式下，测量时要避免光束被遮挡干扰；

③当启动距离测量时，电子激光测距仪会对光路上的物体进行测距，如果此时在光路上有临时障碍物（如通过的汽车或雨、雪、雾），电子激光测距仪所测量的距离就是到最近障碍物的距离；

④当进行较长距离测量时，激光束偏离视准线会影响测量精度，这是因为发散的激光束的反射点可能不与十字丝照准的点重合；

⑤不要用两台仪器对准同一个目标同时测量。

（3）棱镜模式测距注意事项：对于不同种类的棱镜，为保证测量精度，需确保不同反射棱镜的常数正确；

（4）反射板模式测距注意事项：激光也可用于对反射板测距，为保证测量精度，要求激光束垂直于反射板，且需经过精确调整。

【技能训练】

全站仪坐标测量：会使用 NTS-552R8 全站仪进行测站设置、后视定向、坐标数据采集等操作。

【思考与练习】

（1）简述全站仪坐标测量的步骤。

（2）在全站仪坐标测量过程中，什么情况下应使用无合作模式？它的优点和缺点分别是什么？如何修改合作模式？

任务三　全站仪建站

【任务导入】

根据坐标、高程测量原理，全站仪要测量出待测点坐标和高程，需要已知条件，建站的目的是输入这些已知条件，并在测站点用全站仪瞄准后视点，将全站仪水平角设置为坐标方位角，再根据测量的角度、距离计算待测点的坐标、高程。本任务讲解“建站”菜单中的内容，重点讲解两种建站方式，即已知点建站和后方交会法建站，并通过技能训练掌握两种建站方法的基本操作。

【任务准备】

在工程测量中，后方交会法是测量定位、控制网加密和自由设站法施工放样的重要方法之一，全站仪后方交会法包括测角后方交会法和边角同测后方交会法两种，见表 7-3-1。

表 7-3-1　后方交会法

名称	内容	示意图
测角后方交会法	在待测点（P）上架设全站仪，通过使用三个已知点（A，B，C）及所测得 α 角和 β 角计算待测点（P）坐标的方法。如右图所示	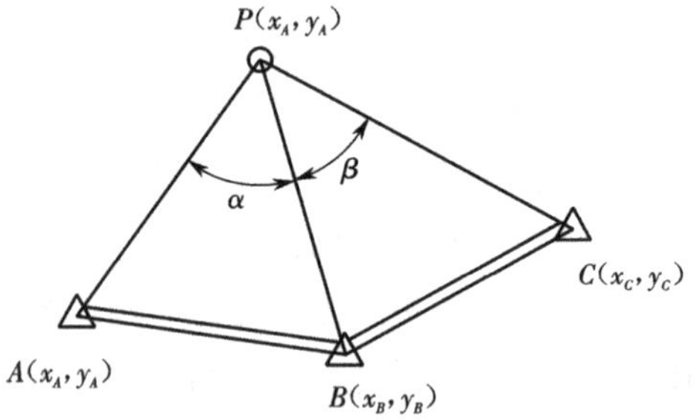 $P(x_A, y_A)$ α β $C(x_C, y_C)$ $A(x_A, y_A)$ $B(x_B, y_B)$
边角同测后方交会法	如右图所示，A、B 为已知点，在待测点（P）架设全站仪，观测 P 点至已知点 A、B 之间的水平夹角和水平距离，即可交会计算出测站点的坐标、高程	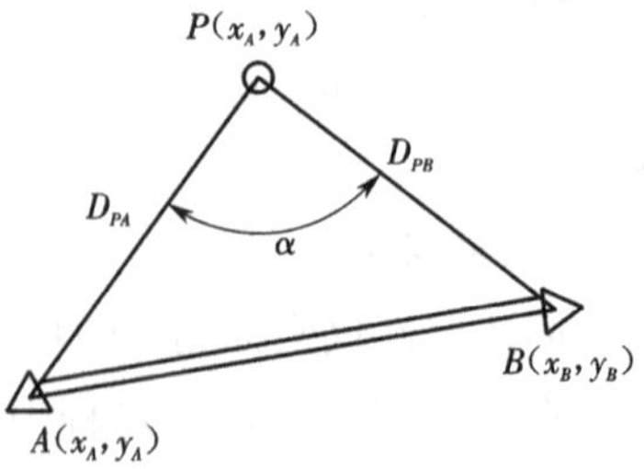 $P(x_A, y_A)$ D_{PA} D_{PB} α $B(x_B, y_B)$ $A(x_A, y_A)$

后方交会法主要运用于在未知点上架设全站仪，通过测量全站仪与两个以上已知控制点的水平夹角和距离来自动计算并设置测站点坐标，定向完成后即可开始测量或放样工作。

【任务实施】

在建站过程中，如果全站仪架设在已知点上（坐标高程都已知），即可使用“已知点建站”；如果全站仪架设在未知点上，则需要使用“后方交会法建站”。建站完成后须进行“后视检查”，确保建站的正确性。

NTS-552 智能安卓全站仪已知点建站

1. 已知点建站

在测站点坐标、高程都已知时，可采用“已知点建站”方式，具体操作步骤见表 7-3-2 所示。

表 7-3-2　已知点建站操作步骤

任务	操作步骤	界面显示
已知点建站	（1）单击“建站”，再单击“已知点建站”。 （2）设置测站，单击 [+] 调用或新建一个已知点作为测站点。 （3）设置后视，单击 [+] 调用或新建一个已知点作为后视点，或直接选择方位角，输入方位角。 （4）仪高：输入当前的仪器高。 （5）镜高：输入当前的棱镜高。 （6）照准后视棱镜，单击“设置”，完成建站。	

2. 后方交会法建站

当测站点坐标、高程均未知时，可采用后方交会法先测出测站点坐标和高程，再完成建站工作，具体操作步骤见表 7-3-3。

NTS-552 智能安卓全站仪后方交会

表 7-3-3　后方交会法建站操作步骤

任务	操作步骤	界面显示
后方交会法建站	（1）单击“建站”，再单击“后方交会”。 （2）照准第一个已知点棱镜，单击“测量第 1 点”，单击 [+] 调用、新建或输入第一个已知点，输入镜高，单击“测角 & 测距”，单击“完成”。 （3）同样方法测量第 2 点。 （4）单击“计算”。 （5）单击“数据”，检查“残差”是否超限，如未超限，单击“前往建站”。 （6）照准最后一个测量点，输入测站点名，单击“建站设置”，完成建站	

3. 测站高程

当测站点坐标已知、高程未知时，可先使用“测站高程”，将测站点高程计算出来，并设置成测站高程，再进行测量，具体操作步骤见表 7-3-4。

NTS-552 智能安卓全站仪测站高程

表 7-3-4 测站高程操作步骤

任务	操作步骤	界面显示
测站高程	（1）单击“建站”，选择“测站高程”。 （2）高程：输入另一已知点高程或通过调用得到已知点的高程。 （3）镜高：设置当前棱镜的高度。 （4）仪高：设置当前仪器的高度。 （5）单击“测量”：开始进行测量，仪器自动计算测站高 。 （6）单击“设置”：将计算得出的高程设置为当前的测站高	测站高程 高程：0.000 m 调用 仪高：1.500 m 镜高：1.500 m VD: m 计算高程: m 测量 测站高程: 3.000 m 设置

4. 后视检查

当建站工作完成后进行后视检查，具体操作步骤见表 7-3-5。

NTS-552 智能安卓全站仪后视检查

表 7-3-5 后视检查操作步骤

任务	操作步骤	界面显示
后视检查	检查当前的角度值与设站时的方位角是否一致，检查当前的后视点坐标测量值与已有值是否一致。 （1）单击“建站”，选择“后视检查”。 （2）照准后视棱镜。 （3）单击“测量”，检查“差值”是否超限	后视检查 测站点名：5 后视点名：2 方位角: 045°00′00″ 测量 HR: 095°52′26″ dHA: 050°52′26″ 重置

【技能训练】

全站仪已知点建站：在已知点上架设仪器，通过“已知点建站”方式完成测站设置和后视定向工作，并后视检查确保建站正确性。

【拓展技能训练】

全站仪后方交会法建站：在未知点上架设仪器，利用“后方交会建站”方式，通过观测 2~3 个已知点，计算出测站点坐标，完成测站设置和后视定向工作，并后视检查确保建站正确性。

【思考与练习】

在什么情况下会使用后方交会法建站？

任务四　　全站仪导线测量

【任务导入】

导线测量是工程平面控制测量的主要技术之一。本任务介绍全站仪导线测量方法。

【任务准备】

在测区范围内的地面上按一定要求选定的具有控制意义的点称为控制点。将测区内相邻控制点连接所构成的折线称为导线，其中的控制点称为导线点，折线边称为导线边。导线测量就是依次测定各导线边的长度和各转折角值，再根据起始数据，推算各边的坐标方位角，求出各导线点的坐标，从而确定各点平面位置的测量方法。

1. 导线布设形式

根据测区的具体情况，单一导线的布设有闭合导线、附合导线和支导线三种基本形式。

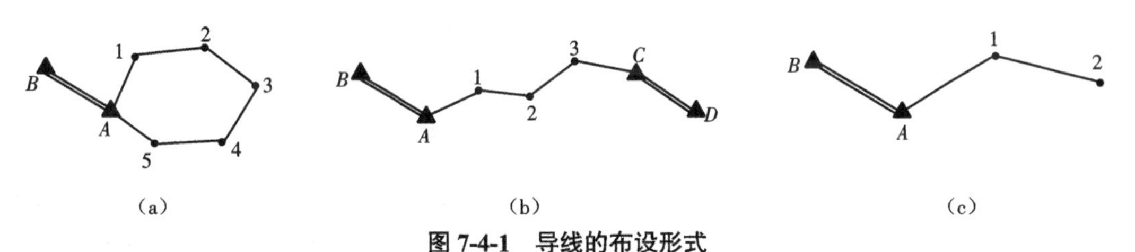

图 7-4-1　导线的布设形式

（a）闭合导线　（b）附合导线　（c）支导线

（1）起止于同一已知点的环形导线，称为闭合导线，如图 7-4-1（a）所示。

（2）起止于两个已知点间的单一导线，称为附合导线，如图 7-4-1（b）所示。

（3）由已知点出发不闭合于本已知点，也不附合到其他已知点的单一导线，称为支导线，如图 7-4-1（c）所示。

2. 导线测量的主要技术指标

在工程测量领域，根据现行标准《工程测量标准》，导线及导线网依次为三、四等和一、二、三级。导线测量的主要技术要求见表 7-4-1。

表 7-4-1 导线测量的主要技术要求

等级	导线长度 /km	平均边长 /km	测角中误差 /″	测距中误差 /mm	测距相对中误差	测回数				方位角闭合差 /″	导线全长相对闭合差
						0.5″级仪器	1″级仪器	2″级仪器	6″级仪器		
三等	14	3	1.8	20	1/150 000	4	6	10	—	$3.6\sqrt{n}$	≤ 1/55 000
四等	9	1.5	2.5	18	1/80 000	2	4	6	—	$5\sqrt{n}$	≤ 1/35 000
一级	4	0.5	5	15	1/30 000	—	—	2	4	$10\sqrt{n}$	≤ 1/15 000
二级	2.4	0.25	8	15	1/14 000	—	—	1	3	$16\sqrt{n}$	≤ 1/10 000
三级	1.2	0.1	12	15	1/7 000	—	—	1	2	$24\sqrt{n}$	≤ 1/5 000

各等级控制网边长测距的主要技术要求参照现行标准《工程测量标准》，见表7-4-2。

表 7-4-2 各等级控制网边长测距的主要技术要求

平面控制网等级	仪器精度等级	每边测回数		一测回读数较差 /mm	单程各测回间较差 /mm	往返测距较差 /mm
		往	返			
三等	5 mm 级仪器	3	3	≤ 5	≤ 7	≤ 2（$a+b \cdot D$）
	10 mm 级仪器	4	4	≤ 10	≤ 15	
四等	5 mm 级仪器	2	2	≤ 5	≤ 7	
	10 mm 级仪器	3	3	≤ 10	≤ 15	
一级	10 mm 级仪器	2	—	≤ 10	≤ 15	—
二、三级	10 mm 级仪器	1	—	≤ 10	≤ 10	

对地形图测绘来说，其精度要求没有施工测量高，可以在基本控制测量的基础上，用较低的精度进一步加密，建立直接供测绘地形图使用的测站点，这项控制测量称为图根控制测量，图根导线的边长可采用全站仪单向施测。图根导线测量的主要技术要求见表 7-4-3。

表 7-4-3 图根导线测量的主要技术要求

导线长度 /m	相对闭合差	测角中误差（″）		方位角闭合差（″）	
		首级控制	加密控制	首级控制	加密控制
≤ $\alpha \cdot M$	≤ 1/（2 000× α）	20	30	$40\sqrt{n}$	$60\sqrt{n}$

注：α为比例系数，取值宜为 1，当采用 1∶500、1∶1 000 比例尺测图时，α值可在 1~2 选用，M为测图比例尺的分母；但对于工矿区现状图测量，不论测图比例尺大小，M应取值为 500。

【任务实施】

全站仪导线测量的外业工作主要包括踏勘选点、建立标志、水平角观测和距离测量。

1. 踏勘选点

在选点前，应首先收集测区已有地形图和已有高级控制点的成果资料，将控制点展绘在原有地形图上；然后在地形图上拟定导线布设方案；最后到野外踏勘、实地核对、修改并落实导线点位，建立标志。

选点时应注意以下事项：

（1）点位应选在稳固地段，视野应开阔且方便加密、扩展和寻找；

（2）相邻点之间应通视，其视线距障碍物的距离宜保证便于观测；

（3）当采用电磁波测距时，相邻点之间视线应避开烟囱、散热塔、散热池等发热体及强电磁场；

（4）应充分利用符合要求的原有控制点。

2. 建立标志

导线点选定后，应在地面建立标志。一、二级导线点和埋石图根点属于长期保存的控制点，应埋设混凝土标识，如图 7-4-2 所示。若导线点属于临时控制点，则只需在点位上打一木桩，桩顶面钉一小钉，其小钉几何中心即为导线点中心标志，并作为临时标志，如图 7-4-3 所示。

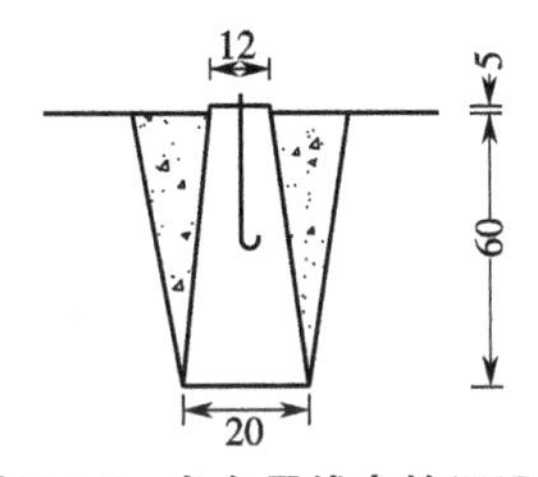

图 7-4-2　永久导线点的埋设图

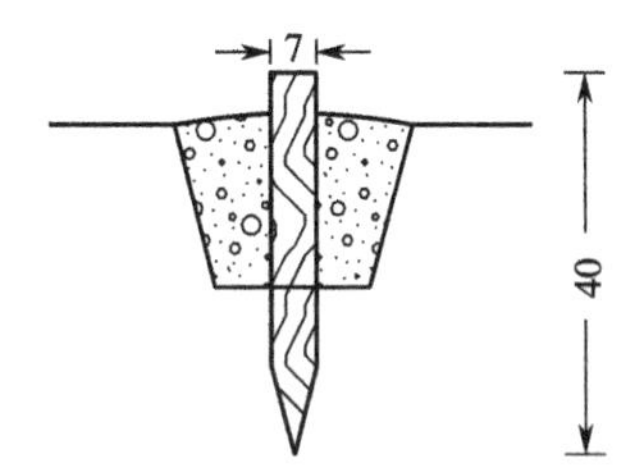

图 7-4-3　临时导线点

为寻找方便，应绘出导线点与附近固定而明显的地物点的略图，并测量和标注其关系尺寸，作为“点之记”，如图 7-4-4 所示。

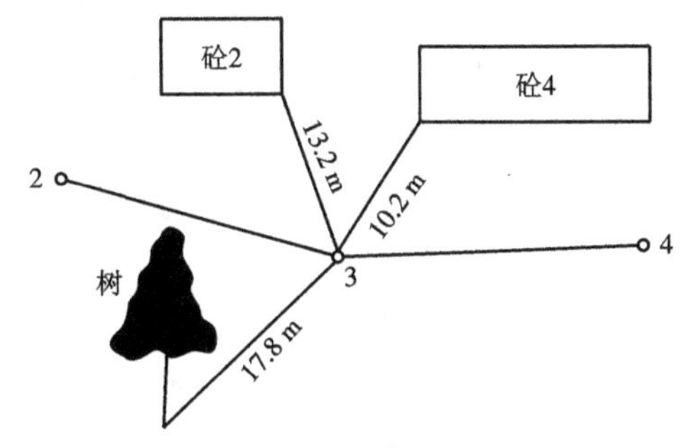

图 7-4-4　点之记

全站仪导线测量

3. 水平角观测

导线角度测量有转折角测量和连接角测量。在各待定点上所测的角为转折角，导线与高级控制边连接形成的夹角为连接角。转折角，位于前进方向左侧，称为左角；位于前进方向右侧，称为右角。闭合导线一般观测内角，附合导线一般观测左角。水平角观测详细步骤参见项目六任务二。

对于图根导线，一般用 DJ6 或全站仪观测一个测回。盘左、盘右的角值差值不超过 ±40″ 限差，并取其平均值作为一测回成果。

4. 距离测量

一级及以上等级控制网的测距边，应采用全站仪或光电测距仪进行测量。对于二、三级导线，既可采用光电测距也可按钢尺量距的方法进行测量，钢尺量距详见项目二。

【技能训练】

全站仪导线测量：使用全站仪完成闭合导线外业观测。

【思考与练习】

导线测量的主要技术要求是什么？

任务五　全站仪导线内业计算

【任务导入】

导线内业计算的目的：一是检查外业测量数据的精度是否符合要求；二是在精度合格情况下，利用外业所测得的数据资料，根据已知起算数据，通过计算调整误差，推算出各待定导线点的平面直角坐标。本任务主要介绍图根导线的内业计算。

【任务准备】

1. 坐标北方向

在测量工作中，常采用高斯平面直角坐标或独立平面直角坐标确定地面点的位置。因此，取坐标纵轴（X 轴）的平行线作为直线定向的标准方向，称为坐标北方向。高斯平面直角坐标系中的坐标纵轴是高斯投影带中的中央子午线的平行线。在工程测量中，通常用坐标北方向作为直线定向的标准方向。坐标北方向如图 7-5-1 所示。

2. 方位角

由标准方向的北端顺时针旋转到某直线的水平夹角，称为该直线的方位角，其范围是 0°~360°。用 α_{AB} 表示直线 AB 的坐标方位角，直线的起点是 A、终点是 B。坐标方位角如图 7-5-2 所示，任意一条直线存在两个坐标方位角，α_{AB} 为直线 AB 的正坐标方位角，则 α_{BA} 为反坐标方位角，它们之间相差 180°，即 $\alpha_{AB} = \alpha_{BA} \pm 180°$。

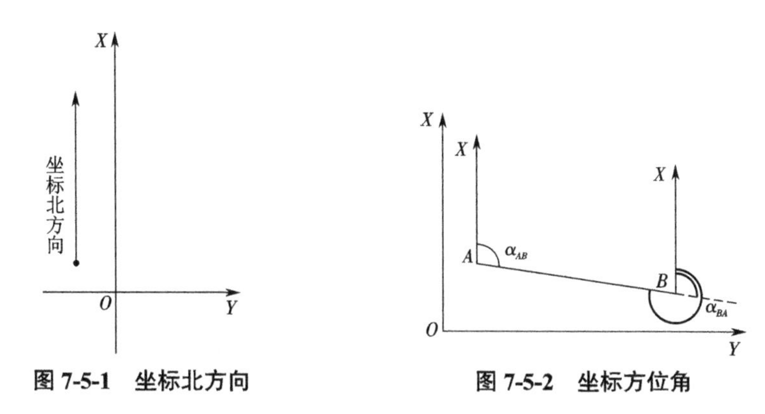

图 7-5-1　坐标北方向　　　　图 7-5-2　坐标方位角

3. 象限角

某直线的象限角是由直线起点的标准方向北端或南端起算，沿顺时针或逆时针方向量至直线的锐角，用 R 表示。计算方位角时，ΔX、ΔY 应取绝对值，计算得到的是象限角 R，再根据坐标增量的正负来判断直线方向所在象限（图 7-5-3），然后转化为坐标方位角。坐标方位角与象限角的换算关系见表 7-5-1。

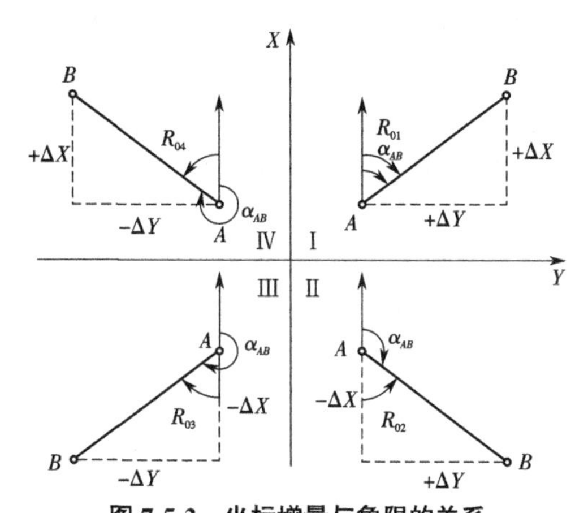

图 7-5-3　坐标增量与象限的关系

表 7-5-1　坐标方位角与象限角的换算关系

象限编号	象限名称	由坐标方位角推算象限角	由象限角推算坐标方位角	坐标增量正负号	
Ⅰ	北东	$R=\alpha$	$\alpha=R$	$+\Delta X$	$+\Delta Y$
Ⅱ	南东	$R=180°-\alpha$	$\alpha=180°-R$	$-\Delta X$	$+\Delta Y$
Ⅲ	南西	$R=\alpha-180°$	$\alpha=180°+R$	$-\Delta X$	$-\Delta Y$
Ⅳ	北西	$R=360°-\alpha$	$\alpha=360°-R$	$+\Delta X$	$-\Delta Y$

4. 坐标方位角推算

坐标方位角可通过坐标反算或起始坐标方位角和测量的转折角推算得到。

如图 7-5-4 所示，α_{12} 已知，通过测量得到 12 边与 23 边的转折角为 β_2（右角）、23

边与 34 边的转折角为 β_3（左角），现推算 α_{23}、 α_{34}。

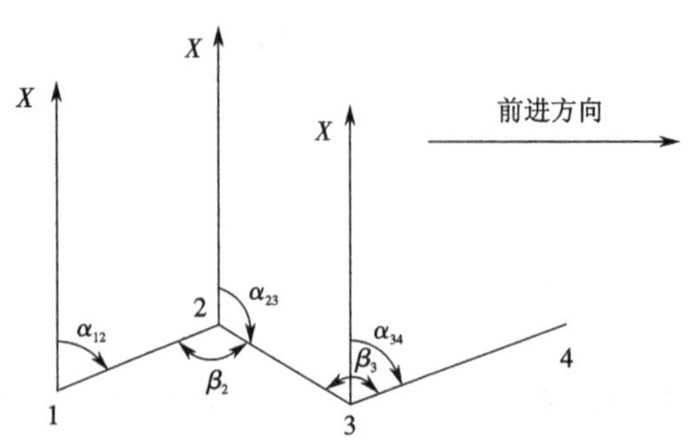

图 7-5-4　坐标方位角的推算

$$\left.\begin{aligned}\alpha_{23}&=\alpha_{12}+180^\circ-\beta_2(\text{右})\\ \alpha_{34}&=\alpha_{23}+180^\circ+\beta_3(\text{左})\end{aligned}\right\}\tag{7-5-1}$$

通用公式为 $\alpha_{前}=\alpha_{后}\pm\beta+180^\circ$（转折角为左角时“+”，转折角为右角时“−”）；若结果≥ 360°，则再减 360°；若结果为负值，则再加 360°。

1）坐标正算

坐标正算是根据直线的边长、坐标方位角和一个端点的坐标，计算直线另一个端点坐标的工作。如图 7-5-5 所示，具体计算如下：若已知 A 点坐标（ x_A， y_A ），D_{AB}，α_{AB}，试求 B 点的坐标。

$$\left.\begin{aligned}\Delta x_{AB}&=x_B-x_A=D_{AB}\cos\alpha_{AB}\\ \Delta y_{AB}&=y_B-y_A=D_{AB}\sin\alpha_{AB}\end{aligned}\right\}\tag{7-5-2}$$

$$\left.\begin{aligned}x_B&=x_A+\Delta x_{AB}\\ y_B&=y_A+\Delta y_{AB}\end{aligned}\right\}\tag{7-5-3}$$

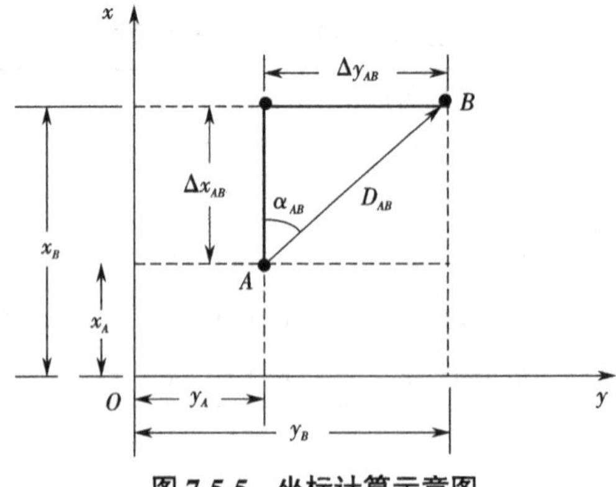

图 7-5-5　坐标计算示意图

2）坐标反算

坐标反算是指根据直线的起点和终点的坐标，计算直线的水平距离和坐标方位角的工作。如图 7-5-5 所示，若已知 A（x_A，y_A），B（x_B，y_B），试求 D_{AB}，α_{AB}。

$$\alpha_{AB}=\arctan\frac{\Delta y_{AB}}{\Delta x_{AB}}=\arctan\frac{y_B-y_A}{x_B-x_A} \tag{7-5-4}$$

注：α_{AB} 应根据 ΔX、ΔY 的正负，判断其所在的象限。

$$D_{AB}=\sqrt{(x_B-x_A)^2+(y_B-y_A)^2} \tag{7-5-5}$$

5. 导线内业计算

现行《工程测量标准》规定：一级及以上等级的导线网计算，应采用严密平差法；二、三级导线网，可根据需要采用严密或简化方法平差。当采用简化方法平差时，应以平差后坐标反算的角度和边长作为成果。图根导线采用简化方法平差。闭合导线示意图如图 7-5-6 所示。

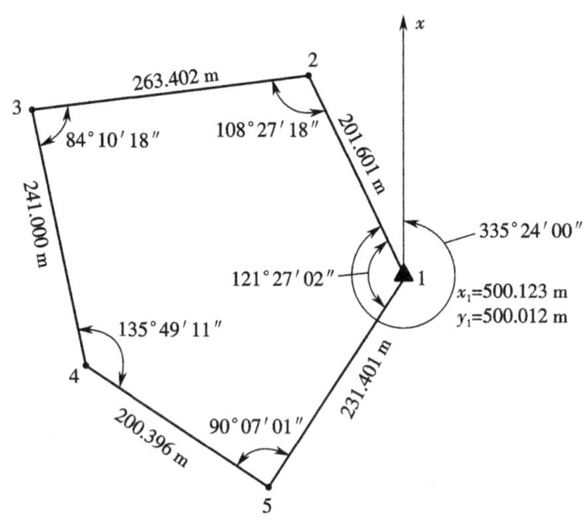

图 7-5-6　闭合导线示意图

1）将内业观测数据及起算数据填入表 7-5-2 中，起算数据用双线表示。

2）角度闭合差的计算与调整

Ⅰ. 计算角度闭合差

n 边形闭合导线内角和的理论值为

$$\sum\beta_{理}=(n-2)\times180^\circ \tag{7-5-6}$$

式中　n——导线边数或转折角数。

实测的内角之和 $\sum\beta_{测}$ 与理论值 $\sum\beta_{理}$ 的差值，称为角度闭合差，用 f_β 表示，即

$$f_\beta=\sum\beta_{测}-\sum\beta_{理}=\sum\beta_{测}-(n-2)\times180^\circ \tag{7-5-7}$$

本例中，$f_\beta=\sum\beta_{测}-\sum\beta_{理}=\sum\beta_{测}-(n-2)\times180^\circ=540^\circ00'50''-540^\circ=+50''$。

Ⅱ. 计算角度闭合差的容许值

导线角度闭合差的容许值 $f_{\beta允}$ 见表 7-4-3。

表 7-5-2　闭合导线坐标计算表

点号	观测角（左角）	改正数	改正角	坐标方位角	距离 D/m	增量计算值		改正后增量		坐标值		点号
						Δx/m	Δy/m	Δx/m	Δy/m	x/m	y/m	
（1）	（2）	（3）	（4）=（2）+（3）	（5）	（6）	（7）	（8）	（9）	（10）	（11）	（12）	（13）
1										500.123	500.012	1
				335° 24′ 00″	201.601	+0.053 +183.303	+0.018 −83.923	+183.356	−83.905			
2	108° 27′ 18″	−10″	108° 27′ 08″							683.479	416.107	2
				263° 51′ 08″	263.402	+0.069 −28.209	+0.023 −261.887	−28.140	−261.864			
3	84° 10′ 18″	−10″	84° 10′ 08″							655.339	154.243	3
				168° 01′ 16″	241.000	+0.064 −235.752	+0.021 +50.020	−235.688	+50.041			
4	135° 49′ 11″	−10″	135° 49′ 01″							419.651	204.284	4
				123° 50′ 17″	200.396	+0.053 −111.590	+0.018 166.452	−111.537	+166.470			
5	90° 07′ 01″	−10″	90° 06′ 51″							308.114	370.754	5
				33° 57′ 08″	231.401	+0.061 +191.948	+0.020 +129.238	+192.009	+129.258			
1	121° 27′ 02″	−10″	121° 26′ 52″							500.123	500.012	1
				335° 24′ 00″								
2												
Σ	540° 00′ 50″	−50″	540° 00′ 00″		1 137.800	−0.300	−0.100	0	0			

辅助计算

$f_\beta = \sum \beta_{测} - (n-2) \times 180° = 540° 00'50'' - (5-2) \times 180° = +50''$　　$f_x = \sum \Delta x = -0.300$ m

$f_{\beta允} = \pm 60'' \sqrt{n} = \pm 60'' \sqrt{5} = \pm 134''$　　$f_y = \sum \Delta y = -0.100$ m

$|f_\beta| < |f_{\beta允}|$　　$f_D = \sqrt{f_x^2 + f_y^2} = \sqrt{(-0.3)^2 + (-0.1)^2} = 0.316$ m

$K = \dfrac{f_D}{\sum D} = \dfrac{0.316}{1\,137.800} \approx \dfrac{1}{3\,600} < \dfrac{1}{2\,000}$

当$f_\beta \geqslant f_{\beta允}$时，说明所测水平角不符合要求，应对水平角重新检查或重测。

当$f_\beta \leqslant f_{\beta允}$时，说明所测水平角符合要求，可对所测水平角进行调整。

Ⅲ. 角度闭合差调整（计算角度改正数）

将角度闭合差反号平均分配到各观测水平角中，即可算得各个观测角的改正数v_β。即

$$v_\beta = -\frac{f_\beta}{n} \tag{7-5-8}$$

当f_β不能被n整除时，将余数均匀分配到若干较短边所夹观测角度中。

本例中，按式（7-5-8）所计算的角度闭合差改正数为$v_\beta = -10''$。

Ⅳ. 计算改正后的角度$\beta_{改}$

$$\beta_{改} = \beta_{测} + v_\beta \tag{7-5-9}$$

本例中，$\beta_{2改} = \beta_2 + v_\beta = 108°27'18'' + (-10'') = 108°27'08''$。

计算检核条件：水平角改正之和应与角度闭合差大小相等、符号相反，即$\sum v_\beta = -f_\beta$。

本例中，改正后的闭合导线内角之和应为$(n-2) \times 180°$，即540°。

3）坐标方位角推算

根据第一条边的坐标方位角及改正后的转折角，按式（7-5-1），推算其他各导线边的坐标方位角。

本例中，

$$\alpha_{23} = \alpha_{12} + 180° + \beta_{2改} = 335°24'00'' + 180° + 108°27'08''$$
$$= 623°51'08'' - 360° = 263°51'08''$$

计算检核，最后推出的起始坐标方位角需与原有的起始坐标方位角值相等，否则说明计算有误，应重新检查计算。

4）坐标增量计算

根据已推算出的导线各边的坐标方位角和相应边的边长，计算各边的坐标增量。

$$\Delta x_i = D_i \cos \alpha_i \tag{7-5-10}$$

$$\Delta y_i = D_i \sin \alpha_i \tag{7-5-11}$$

本例中，

$$\Delta x_{12} = D_{12} \cos\alpha_{12} = (201.601 \times \cos 335°24'00'')\ \text{m} = +183.303\ \text{m}$$

$$\Delta y_{12} = D_{12} \sin\alpha_{12} = (201.601 \times \sin 335°24'00'')\ \text{m} = -83.923\ \text{m}$$

5）计算坐标增量闭合差与分配

Ⅰ. 计算坐标增量闭合差

闭合导线，纵、横坐标增量代数和的理论值应为零，即

$$\left.\begin{aligned}\sum \Delta x_{理}=0\\ \sum \Delta y_{理}=0\end{aligned}\right\} \tag{7-5-12}$$

由于测量误差的存在，根据坐标方位角和距离，按照式（7-5-10），和式（7-5-11）计算各导线边的纵、横坐标增量，坐标增量之和 $\sum \Delta x_{测}$、$\sum \Delta y_{测}$ 与其理论值 $\sum \Delta x_{理}$、$\sum \Delta y_{理}$ 一般不相等，其不符值即为纵、横坐标增量闭合差，分别用 f_x 和 f_y 表示。闭合导线坐标增量计算公式为

$$\begin{aligned}f_x=\sum \Delta x_{测}-\sum \Delta x_{理}=\sum \Delta x_{测}\\ f_y=\sum \Delta y_{测}-\sum \Delta y_{理}=\sum \Delta y_{测}\end{aligned} \tag{7-5-13}$$

本例中，$f_x=-0.300$ m，$f_y=-0.100$ m。

Ⅱ. 计算导线全长闭合差

由 f_x，f_y，可得导线全长闭合差为

$$f_D=\sqrt{f_x^2+f_y^2} \tag{7-5-14}$$

本例中，$f_D=\sqrt{f_x^2+f_y^2}=\sqrt{(-0.300)^2+(-0.100)^2}\ \text{m}=0.316\ \text{m}$。

Ⅲ. 计算导线全长相对闭合差

仅从 f_D 值的大小还不能说明导线测量的精度是否满足要求，故应当将 f_D 与导线全长 $\sum D$ 相比，以分子为 1 的分数来表示导线全长相对闭合差，即

$$K=\frac{f_D}{\sum D}=\frac{1}{\sum D \big/ f_D} \tag{7-5-15}$$

本例中，$K=\dfrac{f_D}{\sum D}=\dfrac{0.316}{1\,137.80}\approx\dfrac{1}{3\,600}$。

Ⅳ. 计算导线全长相对闭合差容许值

导线计算以导线全长相对闭合差 K 来衡量导线测量的精度，K 的分母越大，精度越高。

不同等级的导线，其导线全长相对闭合差的容许值 $K_{容}$ 不同。如果 $K>K_{容}$，说明成果不合格，此时应对导线的内业计算和外业工作进行检查，必要时须重测。如果 $K\leqslant K_{容}$，说明测量成果符合精度要求，可以进行调整。

本例中，图根导线测量 $K_{容}=1/2\ 000$。

Ⅴ. 计算坐标增量改正数

确认边长成果合格后，将 f_x，f_y 反符号，按“比例原则，长边优先”的原则分别对纵、横坐标增量进行改正。若以 v_{x_i}、v_{y_i} 分别表示第 i 边纵、横坐标增量的改正数，则

有

$$\left.\begin{aligned}v_{x_i}&=-\frac{f_x}{\sum D}\times D_i\\v_{y_i}&=-\frac{f_y}{\sum D}\times D_i\end{aligned}\right\}\qquad(7\text{-}5\text{-}16)$$

本例中，第一条边的坐标增量改正数为

$$v_{x_{12}}=-\frac{f_x}{\sum D}D_{12}=-\frac{-0.300}{1\,137.800}\times 201.601\ \text{m}=+0.053\ \text{m}$$

$$v_{y_{12}}=-\frac{f_y}{\sum D}D_{12}=-\frac{-0.100}{1\,137.800}\times 201.601\ \text{m}=+0.018\,\text{m}$$

纵、横坐标增量改正数之和应满足

$$\left.\begin{aligned}\sum v_x&=-f_x\\\sum v_y&=-f_y\end{aligned}\right\}\qquad(7\text{-}5\text{-}17)$$

计算改正后的坐标增量为

$$\left.\begin{aligned}\Delta x_{i改}&=\Delta x_i+v_{x_i}\\\Delta y_{i改}&=\Delta y_i+v_{y_i}\end{aligned}\right\}\qquad(7\text{-}5\text{-}18)$$

计算出导线各边的坐标增量改正值。改正后纵、横坐标增量的代数和应分别为零。即

$$\left.\begin{aligned}\sum\Delta x_{改}&=0\\\sum\Delta y_{改}&=0\end{aligned}\right\}\qquad(7\text{-}5\text{-}19)$$

6）计算各导线点的坐标值

根据起始点坐标值和改正后的坐标增量，依次计算各导线点的坐标。

$$\begin{aligned}x_{前}&=x_{后}+\Delta x_{改}\\y_{前}&=y_{后}+\Delta y_{改}\end{aligned}\qquad(7\text{-}5\text{-}20)$$

本例中，

$$x_2=x_1+\Delta x_{12改}=(500.123+183.356)\,\text{m}=683.479\ \text{m}$$

$$y_2=y_1+\Delta y_{12改}=(500.012-83.905)\,\text{m}=416.107\ \text{m}$$

依次推算各导线点坐标，最后推算出的终点坐标与已知点坐标相同。

【技能训练】

闭合导线内业计算。

【思考与练习】

（1）写出象限角与坐标方位角的换算关系。

（2）简述闭合导线内业计算的主要步骤。

任务六 全站仪测图

【任务导入】

地形图是使用测量仪器和工具，通过测量和计算，将地球表面的地形缩绘而成的图形。数字地形图是将地形信息按一定的规则和方法采用计算机生成和计算机数据格式存储的地形图。本任务介绍全站仪数字地形图碎部数据的采集。

【任务准备】

外业数字测图是利用 GNSS 接收机、全站仪或其他外业测量仪器在野外进行地形数据采集，在制图软件的支持下，通过计算机处理生成数字测绘成果的方法。全站仪测图是外业数字测图数据采集的主要方法之一。

1. 外业数字测图流程

外业数字测图流程如图 7-6-1 所示。

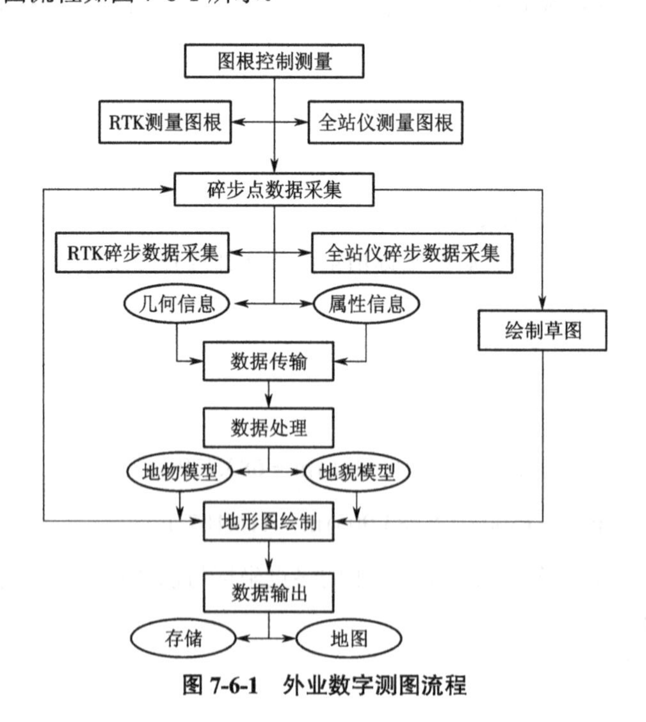

图 7-6-1 外业数字测图流程

数字测图中地形点的描述必须具备以下 3 类信息。

（1）定位信息：也称为点位信息，是用仪器在外业测量中测得的，最终为以（x，y，z）表示的三维坐标。

（2）连接信息：指测点之间的连接关系，包括连接点号和连接线型，据此可将相关的点连接起来。

（3）属性信息：也称为非几何信息，用来描述地形点的特征和地物属性信息，一般用拟定的特征码和文字表示。

外业数据采集需要确定点的定位信息、属性信息、连接信息，将这些信息传输到计算机上，利用测图软件中的图式符号，将地形图绘制出来。本任务主要讲解野外数据采集部分，地形图的绘制将在项目十中讲解。

2. 外业数据采集技术要求

1）一般规定

（1）外业数字测图应遵循对照实地测绘的原则。

（2）外业数字测图平面控制测量的坐标应采用投影平面坐标系，并满足全测区投影长度变形值不大于 2.5 cm/km。

2）数字地形图的精度要求

Ⅰ. 平面精度

数字地形图中地物点平面位置精度见表 7-6-1。

表 7-6-1　地物点平面位置精度　　单位：m

地区分类	比例尺	点位中误差	邻近地物点间距中误差
城镇、工业建筑区、平地、丘陵地	1 ∶ 500	±0.30	±0.20
	1 ∶ 1000	±0.60	±0.40
	1 ∶ 2000	±1.20	±0.80
困难地区、隐蔽地区、山地、高山地	1 ∶ 500	±0.40	±0.30
	1 ∶ 1000	±0.80	±0.60
	1 ∶ 2000	±1.60	±1.20

Ⅱ. 高程精度

（1）各类控制点的高程值应符合已测高程值。

（2）高程注记点相对于邻近图根点的高程中误差不应大于相应比例尺地形图基本等高距的 1/3；困难地区可放宽 50%。

（3）等高线插求点相对于邻近图根点的高程中误差，平地不应大于基本等高距的 1/3，丘陵地不应大于基本等高距的 1/2，山地不应大于基本等高距的 2/3，高山地不应大于基本等高距。

3. 外业数据采集要素

地形图上具体表现的内容包括 8 大类要素、定位基础和地名、注记等，见表 7-6-2。

表 7-6-2　地形图绘制内容

地物类型	地物类型举例
定位基础	平面控制点、其他控制点
水系	自然河流、人工河渠、湖泊池塘、水库、海洋要素、礁石岸滩、水系要素、水利设施。
居民地及设施	一般房屋、普通房屋、特殊房屋、房屋附属、支柱墩、垣栅、矿山开采、工业设施、农业设施、公共服务、名胜古迹、文物宗教、科学观测、其他设施
交通	铁路、火车站附属、城际公路、城市道路、乡村道路、道路附属、桥梁、渡口码头、航行标志
管线	电力线、通讯线、管道、地下检修井、管道附属
境界	行政界线、其他界线
地貌	等高线、高程点、自然地貌、人工地貌
植被土质	耕地、园地、林地、草地、城市绿地、地类防火、土质
注记	注记、特殊注记

4. 碎部点采集方法

碎部点就是地物、地貌的特征点，如房角、道路交叉点、山顶、鞍部等。大比例尺地形图测绘过程是先测定碎部点的平面位置与高程，然后根据碎部点对照实地情况，以相应的符号在图上描绘地物、地貌。

1）点测量

原理与本项目任务三相同。

2）距离偏心测量

当待测点由于无法设置棱镜或不通视等原因不能进行直接测量时，可以将棱镜设置在距待测点不远的偏心点上，通过量取待测点至偏心点的三维距离，即可换算出待测点坐标，如图 7-6-2 所示。

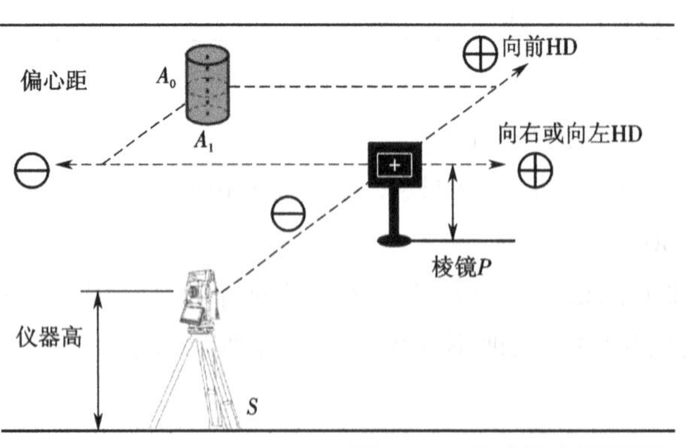

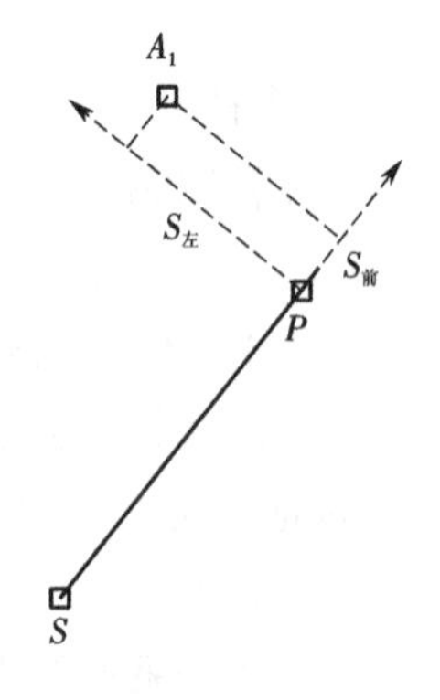

图 7-6-2　距离偏心测量原理

如图 7-6-2 所示，全站仪架设在 S 点，假设待测点 A 在立镜点 P 左侧，待测点 A 的坐标和高程用（X_A，Y_A，H_A），立镜点 P 坐标和高程用（X_P，Y_P，H_P）表示，$S_左$、$S_前$、

$S_{上}$为待测点 A 到立镜点 P 的距离，则 A 点坐标计算公式如下：

$$X_A = X_P + S_{前}\cos\alpha_{sp} + S_{左}\sin\alpha_{sp} \tag{7-6-1}$$

$$Y_A = Y_P - S_{前}\sin\alpha_{sp} + S_{左}\cos\alpha_{sp}$$

$$H_A = H_P + S_{上} \tag{7-6-2}$$

3）平面偏心测量

如图 7-6-3 所示，全站仪架设在 S 点，如果要测定待测点 P_0 的坐标，由于 P_0 无法立棱镜，但是已知 P_0 与 P_1，P_2，P_3 在同一个平面上，可以先测定 P_1，P_2，P_3 点的坐标，全站仪会根据这三个点确定一个平面，这时转动全站仪照准 P_0 点，全站仪会根据已知平面与转动角度，自动算出 P_0 点坐标。

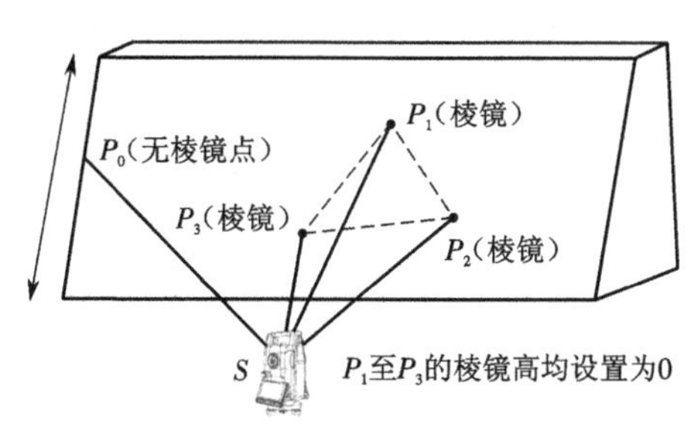

图 7-6-3　平面偏心测量原理

4）圆柱中心点测量

如图 7-6-4 所示，当要测一个标准圆柱形的中心时，因无法进入内部圆心，可以直接测定圆柱体上的三个点，由三个点确定一个圆，全站仪会根据这个圆计算出圆心坐标。

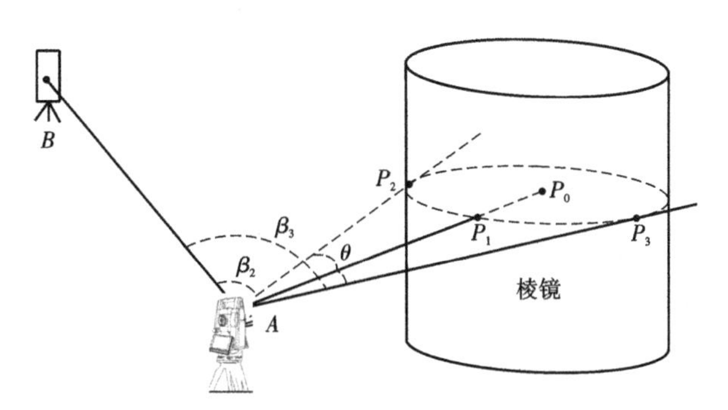

图 7-6-4　圆柱中心点测量原理

假设圆柱半径为 R，其计算公式如下：

$$a_{AP_2} = a_{AB} + \beta_2 \tag{7-6-3}$$

$$a_{AP_3} = a_{AB} + \beta_3 \tag{7-6-4}$$

$$a_{AP_0} = a_{AP_1} = (a_{AP_2} + a_{AP_3})/2 \tag{7-6-5}$$

$$\theta=(\beta_3-\beta_2)/2 \quad (7\text{-}6\text{-}6)$$

$$(R+D_{AP_1})\sin\theta=R \quad (7\text{-}6\text{-}7)$$

$$R=D_{AP_1}\sin\theta/(1-\sin\theta) \quad (7\text{-}6\text{-}8)$$

$$D_{AP_0}=D_{AP_1}+\mathrm{R} \quad (7\text{-}6\text{-}9)$$

$$\left.\begin{aligned}X_P&=X_A+D_{AP_0}\cos a_{AP_0}\\ Y_P&=Y_A+D_{AP_0}\sin a_{AP_0}\end{aligned}\right\} \quad (7\text{-}6\text{-}10)$$

5）悬高测量

如图 7-6-5 所示，为了得到不能放置棱镜的目标点 B 的高度，只需将棱镜架设于目标点所在铅垂线上的任一点，然后进行悬高测量。把棱镜设在欲测高度下，输入棱镜高，照准棱镜进行距离测量，再照准目标，便能显示地面至目标的高度。

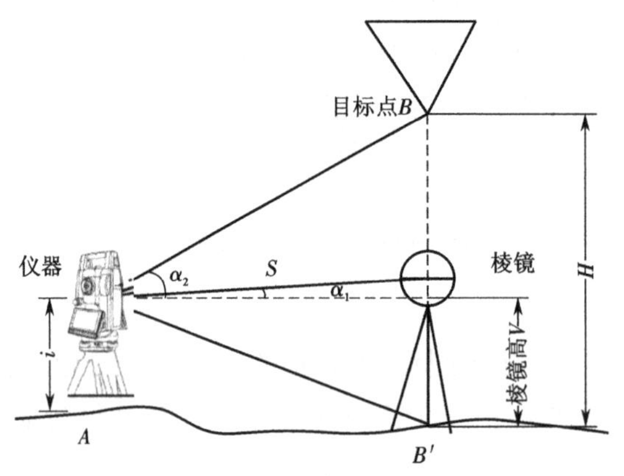

图 7-6-5　悬高测量原理

显示的目标高度 H，由全站仪自身内存的计算程序按下式计算：

$$H=S\cos a_1\tan a_2-S\sin a_1+v \quad (7\text{-}6\text{-}11)$$

6）对边测量

如图 7-6-6 所示，在测站上依次测量各反射棱镜的距离 S_1、S_2 和水平角 θ，以及高差 h_{A1}、h_{A2}，则可求得 1 至 2 间的距离 C 和高差 h_{12}，即

$$\left.\begin{aligned}C&=\sqrt{S_1^2+S_2^2-2S_1S_2\cos\theta}\\ h_{12}&=h_{A2}-h_{A1}\end{aligned}\right\} \quad (7\text{-}6\text{-}12)$$

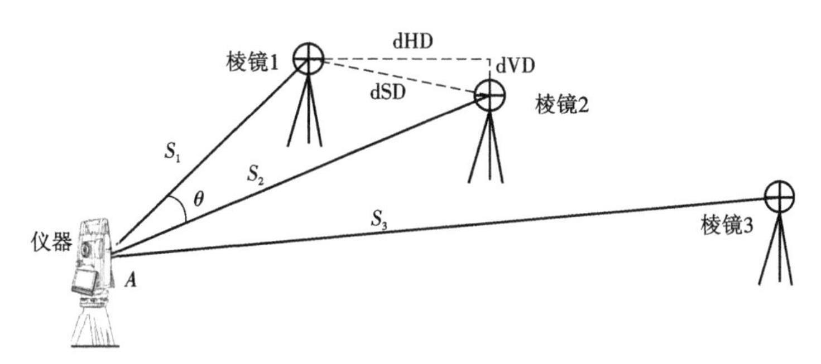

图 7-6-6　对边测量原理

7）线和延长点测量

如图 7-6-7 所示，当待测点 Q 和两个已测点 P_1、P_2 在一条直线上时，通过量取待测点 Q 到已测点 P_2 的距离，即可算出待测点 Q 的坐标。

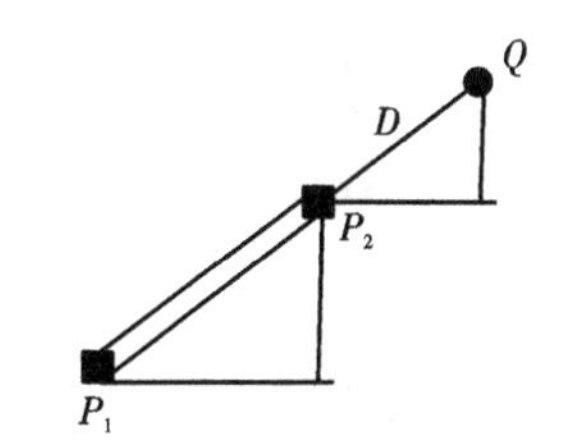

图 7-6-7　线和延长点测量原理

利用相似三角形原理，可得出待定点 Q 点坐标为

$$\left.\begin{aligned} X_Q &= X_2 + r(X_{P_2} - X_{P_1}) \\ Y_Q &= Y_2 + r(Y_{P_2} - Y_{P_1}) \end{aligned}\right\}$$

$$r = \frac{D}{\sqrt{(X_{P_2} - X_{P_1})^2 + (Y_{P_2} - Y_{P_1})^2}} \tag{7-6-13}$$

8）线和角点测量

如图 7-6-8 所示，已知 A、B、E 在同一条直线上，通过测量 A、B 两个点的坐标和测站到待测点的角度 β，可得到待测点的坐标。

$$\alpha_{AB} = \arctan\frac{y_B - y_A}{x_B - x_A} \tag{7-6-14}$$

$$\angle B = \alpha_{BC} - \alpha_{AB} \tag{7-6-15}$$

$$S_{BE} = \frac{S_{CB}}{\sin(180° - \angle B - \beta)} \times \sin\beta \tag{7-6-16}$$

$$x_E = x_B + S_{BE}\cos\alpha_{AB} \tag{7-6-17}$$

$$y_E = y_B + S_{BE}\sin\alpha_{AB} \tag{7-6-18}$$

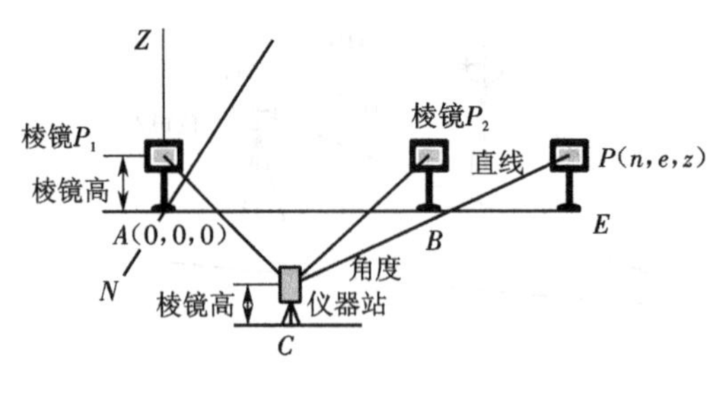

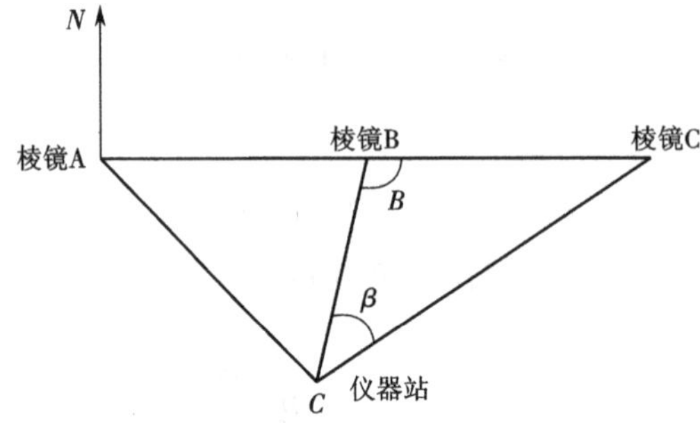

图 7-6-8　线和角点测量原理

5. 全站仪草图法测图

用全站仪在外业测量地形特征点的点位，用内存储器记录测点的定位信息，用草图记录其他绘图信息（如属性信息、连接信息），再到室内将测量数据传输到计算机，经人机交互编辑成图。

1）工作草图

工作草图是内业绘图的依据，可以根据测区内已有的相近比例尺地形图编绘，也可以随碎部点采集时画出。

工作草图的绘制内容包括地物的相对位置、地貌的地性线、点名、丈量距离记录、地理名称和说明注记等。

当采用随测站记录时，应注记测站点点名、北方向、绘图时间、绘图者姓名等，最好在每到一测站时，整体观察一下周围地物，尽量保证一张草图把一测站所测地物表示完全，对地物密集处可标上标记另起一页放大表示。

2）草图法测定碎部点的操作步骤

（1）进入测区后，绘制草图领镜（尺）人员首先观察测站周围的地形、地物分布情况，认清方向，及时按近似比例勾绘一份含主要地物、地貌的草图，便于观测时在草图上标明所测碎部点的位置及点号。

（2）安置仪器，仪器对中偏差不大于 5 mm。

（3）建站，将测站点坐标和后视点坐标或后视方向输入全站仪，瞄准后视方向标定方向。

（4）定向检核，以另一控制点作为检核点，算得检核点平面位置较差不大于 $0.2\times M\times10^{-3}$（m）；高程较差不应大于 1/6 等高距。测量结果符合要求后，定向结束；否则应重新定向，直至满足要求。

（5）碎部点测量，按成图规范要求进行碎部点采集，同时将绘图信息绘制在草图上。

（6）结束前的后视检查，每站数据采集结束时应重新检测标定方向，检测结果如超出 $0.2 \times M \times 10^{-3}$（m）的限差要求，其检测前所测的碎部点成果应重新计算，并应检测不少于两个碎部点。

3）绘制草图注意事项

（1）采用数字测记模式绘制草图时，采集的地物、地貌原则上遵照地形图图示的规定绘制，对于复杂的图式符号可以简化或自行定义。但数据采集时所使用的地形码，应与草图上绘制的符号一一对应。

（2）草图应标注所测点的测点编号，且所标注的测点编号应与数据采集记录中的测点编号一致。

（3）草图上要素的位置、属性和相互关系应清楚正确。

（4）地形图上需要注记各种名称、地物属性等，在草图上应标注清楚。

草图绘制示例如图 7-6-9 所示。

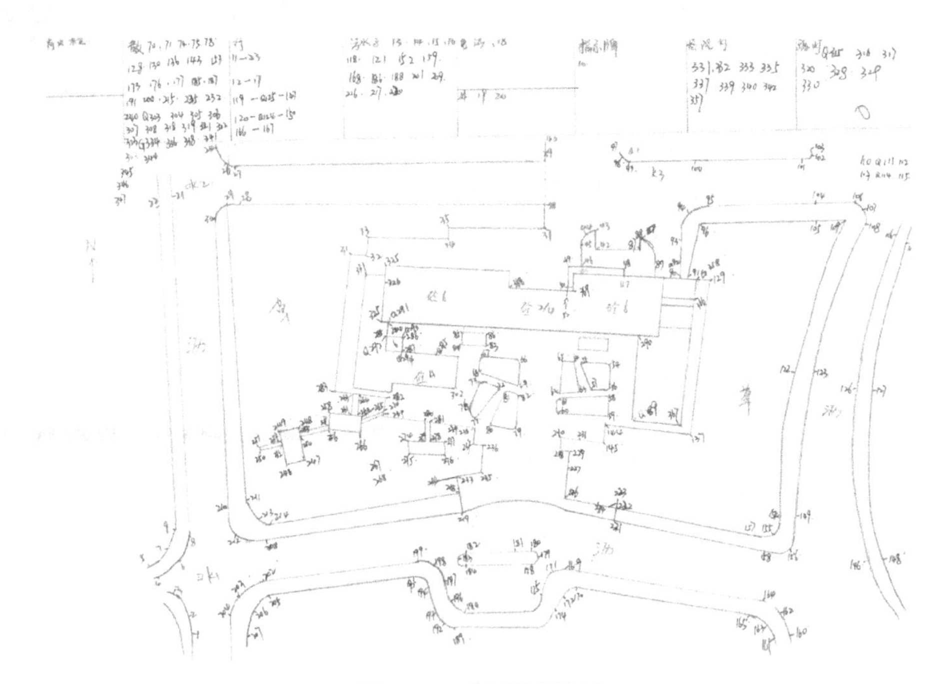

图 7-6-9　草图绘制示例

4）草图法采集数据格式

全站仪采集的数据格式需要满足要求才能在相应软件中绘制出来，NTS-552R8 全站仪采集的数据可导出为 *.dat 格式文件，格式为“点号,，*E* 坐标（*Y* 坐标）值，*N* 坐标（*X* 坐标）值，高程”，如图 7-6-10 所示。需要注意，点号后面两个“,”之间可以有编码，也可以没有编码。

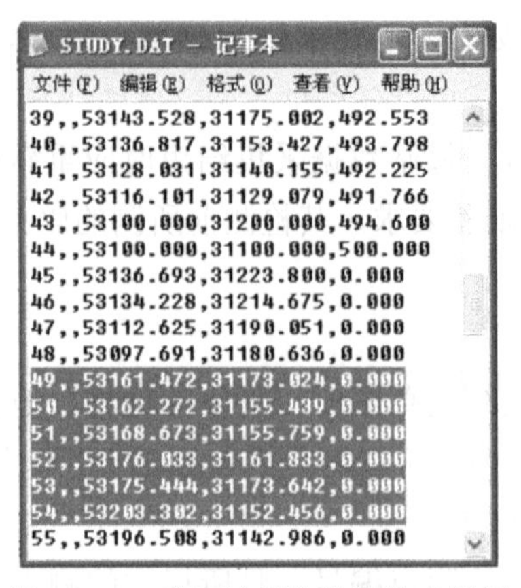

STUDY.DAT - 记事本

文件(F) 编辑(E) 格式(O) 查看(V) 帮助(H)

```
39,,53143.528,31175.002,492.553
40,,53136.817,31153.427,493.798
41,,53128.031,31140.155,492.225
42,,53116.101,31129.079,491.766
43,,53100.000,31200.000,494.600
44,,53100.000,31100.000,500.000
45,,53136.693,31223.800,0.000
46,,53134.228,31214.675,0.000
47,,53112.625,31190.051,0.000
48,,53097.691,31180.636,0.000
49,,53161.472,31173.024,0.000
50,,53162.272,31155.439,0.000
51,,53168.673,31155.759,0.000
52,,53176.033,31161.833,0.000
53,,53175.444,31173.642,0.000
54,,53203.302,31152.456,0.000
55,,53196.508,31142.986,0.000
```

图 7-6-10　草图法采集数据格式样例

【任务实施】

在项目开始之前，需要在“工程”菜单栏下新建工程，在“建站”菜单栏完成建站，然后再进行数据采集。“采集”菜单中包括点测量、距离偏心、平面偏心、圆柱中心点、对边测量、线和延长点、线和角点测量、悬高测量 8 种数据采集方法。

NTS-552 智能安卓全站仪点测量

1. 点测量

点测量界面包括“测量”“数据”“图形”三个界面，“数据”界面显示计算或实时的测量结果，“图形”界面显示当前坐标点的图形，“测量”界面进行测、存操作，具体界面介绍见表 7-6-1，点测量操作步骤见表 7-6-2。

表 7-6-1　点测量界面介绍

任务	界面介绍	界面显示
点测量	◆点名：输入测量点的点名，每次保存后点名自动递增（下同）。 ◆编码：输入或调用测量点的编码（下同）。 ◆镜高：显示当前的棱镜高度（下同）。 ◆测量：开始进行测距，根据测量的角度值与距离，计算 N、E 及 Z 坐标。 ◆保存：对上一次的测量结果进行保存，如果没有测距，则只保存当前的角度值。 ◆测存：进行测距，计算 N、E 及 Z 坐标并保存结果	点测量 测量 数据 图形 HA: 035°28'41" VA: 037°40'57" N: 2564651.444 m E: 440441.119 m Z: 264.141 m 点名: 1 编码: 镜高: 1.500 m 测量 保存 测存

表 7-6-2　点测量操作步骤

操作步骤	按键	界面显示
（1）建站完成后，在主菜单单击“采集”，再单击“点测量”进入测量界面；照准目标后，单击“测量”能测量当前目标点的水平角度值、垂直角度值和坐标值，单击“保存”可以保存测量值，或者直接单击“测存”	点测量	点测量 测量 数据 图形 HA: 035°28'41" VA: 037°40'57" N: 2564651.444 m E: 440441.119 m Z: 264.141 m 点名：1 编码： 镜高：1.500 m 测量 保存 测存
（2）单击“数据”，显示当次测量的详细信息，包括点名、坐标、编码、水平角度、垂直角度、水平距离、垂直距离、斜距	数据	点测量 测量 数据 图形 点名: 1 编码: N: 2564651.436 m HD: 0.072 m E: 440441.127 m VD: 0.093 m Z: 264.140 m SD: 0.118 m HA: 044°00'11" VA: 037°40'46" 保存
（3）单击“图形”，显示当前坐标点显示的图形		点测量 测量 数据 图形

2. 距离偏心

距离偏心界面介绍见表 7-6-3，操作步骤见表 7-6-4。

NTS-552 智能安卓全站仪距离偏心

表 7-6-3　距离偏心界面介绍

任务	界面介绍	界面显示
距离偏心	◆左、右：输入左或右偏差。 ◆前、后：输入前或后偏差。 ◆上、下：输入上或下偏差。 ◆其他按键与点测量相同。 所列方向都是相对于测量者的视角	距离偏心 测量 数据 图形 点名：1 编码： 镜高：1.500 m ○左 ◉右 0.000 m 测距 ○前 ◉后 0.000 m 保存 ○上 ◉下 0.000 m 测存

表 7-6-4　距离偏心操作步骤

操作步骤	按键	界面显示
（1）建站完成后，在主菜单单击“采集”，再单击“距离偏心”	距离偏心	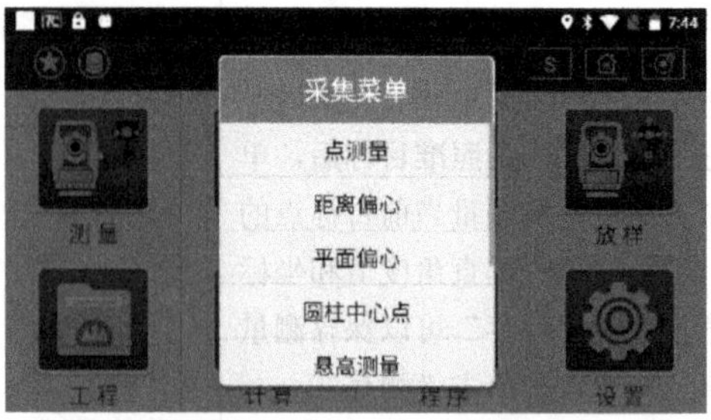
（2）对准棱镜，在下方“左 / 右、前 / 后、上 / 下”一栏输入各个方向上棱镜与待测点的偏差值，然后单击“测距”或者“测存”，即可获得待测点的坐标		

3. 平面偏心

平面偏心界面介绍见表 7-6-5，操作步骤见表 7-6-6。

NTS-552 智能安卓全站仪平面偏心

表 7-6-5　平面偏心界面介绍

任务	界面介绍	界面显示
平面偏心	平面偏心示意图中，三个棱镜点确定一个平面，而无棱镜点为任意点 ◆测量：对当前点进行测量。 ◆待测：当前点还没有进行测量，测量后显示为完成。 ◆查看：查看当前点的测量结果。 ◆保存：对当前的计算结果点进行保存。 ◆数据：当三个点都测量完成并且有效时，将显示计算得到的当前照准方向与三个点形成平面的交点坐标。 ◆图形：实时显示测量点的坐标	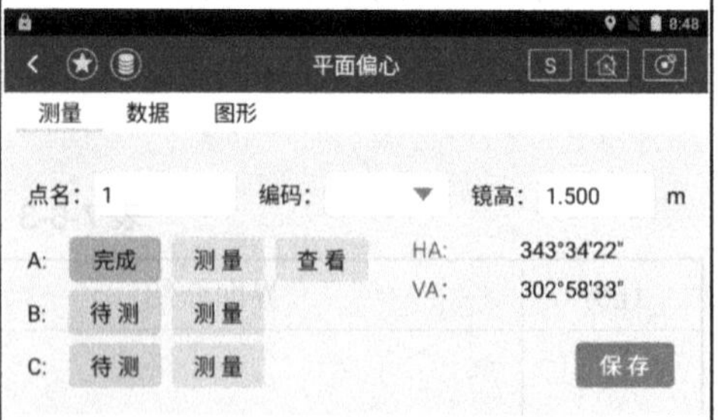

表 7-6-6　平面偏心操作步骤

操作步骤	按键	界面显示
（1）建站完成后，在主菜单单击“采集”，单击平面偏心	平面偏心	
（2）照准棱镜 A，单击“测量”进行测量	测量	
（3）照准棱镜 B，单击“测量”进行测量	测量	
（4）照准棱镜 C，单击“测量”进行测量，确定平面	测量	
（5）如测量点数据正确则会提示平面已确定，并自动计算交点关系，跳转到数据界面，单击“保存”保存结果	保存	

4. 圆柱中心点

NTS-552 智能安卓全站仪圆柱中心点

由图 7-6-4 可知：

（1）首先直接测定圆柱面上 P_1 点的距离，然后通过测定圆柱面上 P_2 和 P_3 点的方向角即可计算出圆柱中心的距离、方向角和坐标。

（2）圆柱中心的方向角等于圆柱面点 P_2 和 P_3 方向角的平均值。

圆柱中心点具体界面介绍见表 7-6-7，操作步骤见表 7-6-8。

表 7-6-7　圆柱中心点界面介绍

任务	界面介绍	界面显示
圆柱中心点	◆方向 A：照准圆柱侧边。 ◆方向 B：照准圆柱的另外一个侧边。 ◆中心：照准圆柱的中心进行测距。 ◆完成：已经照准，完成角度测量。 ◆测角：重新进行测角。 ◆测量：重新进行测距。 ◆保存：对测量的结果进行保存，必须先完成两个角度和距离的测量。 ◆数据：当测量完成后，显示计算得到的圆心坐标值和测量的结果	

表 7-6-8　圆柱中心点操作步骤

操作步骤	按键	界面显示
（1）建站完成后，在主菜单单击“采集”，再单击“圆柱中心点”。	圆柱中心点	
（2）将望远镜内十字丝对准目标圆柱体一侧边缘“方向 A”，之后单击“确定”。 （3）转动仪器，对准圆柱体的另一侧边缘“方向 B”，单击“确定”。 （4）将十字丝对准大致圆柱中心位置，单击“测距”，即可获得圆柱中心坐标		

5. 对边测量

NTS-552 智能安卓全站仪对边测量

由图 7-6-5 所示，测量两个目标棱镜之间的水平距离（dHD）、斜距（dSD）、高差（dVD）和水平角（HR）。也可直接输入坐标值或调用坐标数据文件进行计算，具体界面介绍见表 7-6-9，操作步骤见表 7-6-10。

表 7-6-9　对边测量界面介绍

任务	界面介绍	界面显示
对边测量	●对边测量界面 ◆测量：开始进行测量。 ◆计算：计算起始点与最后测量点的关系，并自动跳转到数据界面。 ◆锁定起始点：锁定当前起始点，否则起始点将是上一个测量的点的坐标	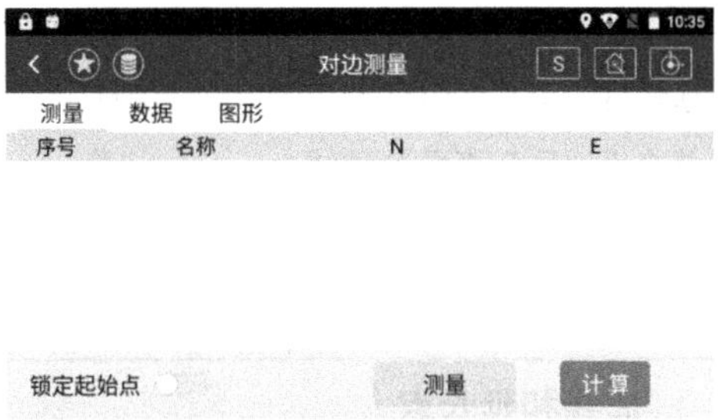 10:35 对边测量 测量　数据　图形 序号　名称　N　E 锁定起始点　测量　计算
	●数据的界面 ◆ AZ：起始点到测量点的方位角。 ◆ dHD：起始点与测量点之间的平距。 ◆ dSD：起始点与测量点之间的斜距。 ◆ dVD：起始点与测量点之间的高差。 ◆ V%：起始点与测量点之间的坡度	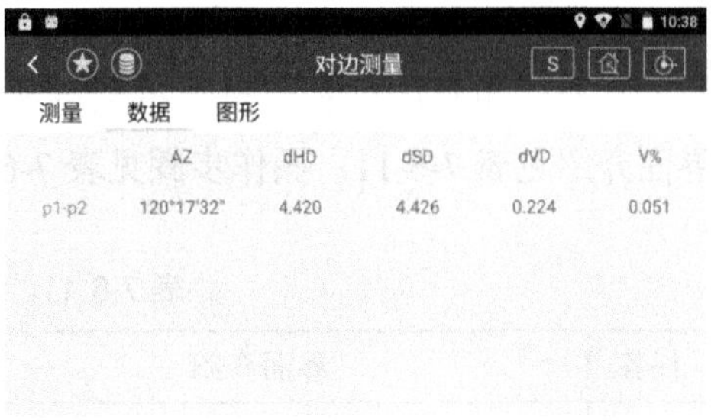 10:38 对边测量 测量　数据　图形 AZ　dHD　dSD　dVD　V% p1-p2　120°17'32"　4.420　4.426　0.224　0.051

表 7-6-10　对边测量操作步骤

操作步骤	按键	界面显示
（1）建站完成后，在主菜单单击“采集”，再单击“对边测量”，单击“测量”。	对边测量、测量	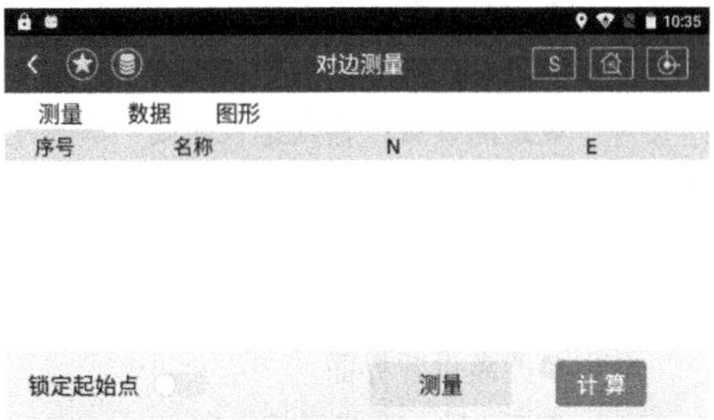 10:35 对边测量 测量　数据　图形 序号　名称　N　E 锁定起始点　测量　计算
（2）照准棱镜 A，单击“测角 & 测距”，显示仪器和棱镜 A 之间的平距，单击“完成”。	测角 & 测距、完成、保存	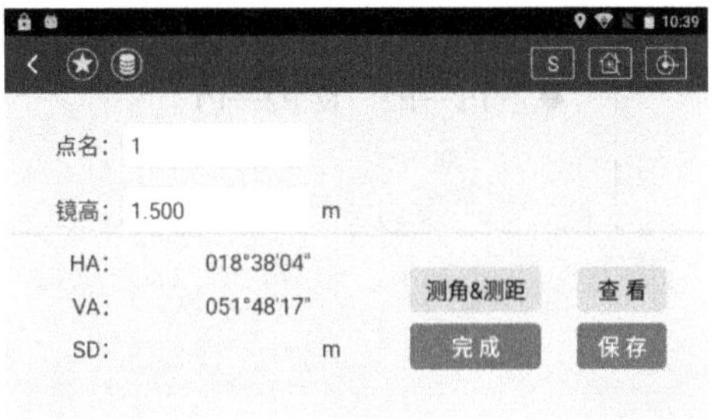 10:39 点名：1 镜高：1.500　m HA：018°38'04" VA：051°48'17" SD：　m 测角&测距　查看 完成　保存

续表

操作步骤	按键	界面显示
（3）可选择照准下一个棱镜 B，单击“测量”或单击“计算”查看测量结果	测量、计算	

6. 线和延长点

如图 7-6-7 所示，通过测量两个点的坐标和输入起始点至结束点的延长距离来得到待测量点的坐标，界面介绍见表 7-6-11，操作步骤见表 7-6-12。

NTS-552 智能安卓全站仪线和延长点

表 7-6-11　线和延长点界面介绍

任务	界面介绍	界面显示
线和延长点	◆点 P1：到第一个测量点的斜距。 ◆点 P2：到第二个测量点的斜距。 ◆测量：测量点 1 或者点 2 的坐标。 ◆查看：查看测量完成点的坐标。 ◆距离设置：输入延长距离	
	●距离设置界面 ◆正 / 反：选择延长方向。 ◆保存：保存延长点的坐标。 ◆正 P1—P2，反 P2—P1	

表 7-6-12　线和延长点操作步骤

操作步骤	按键	界面显示
（1）建站完成后，在主菜单单击“采集”，再单击“线和延长点”	线和延长点	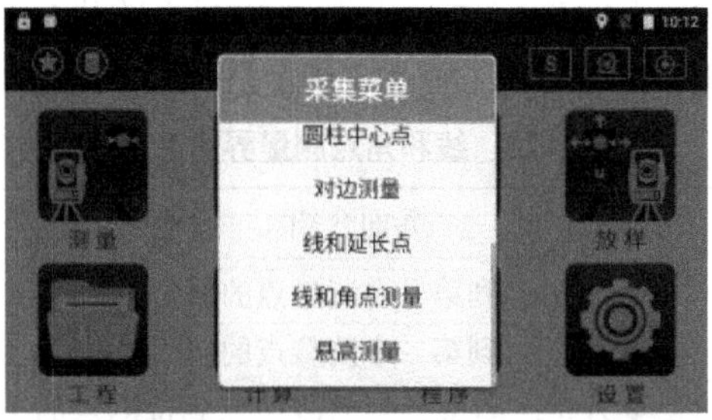
（2）照准棱镜 P1，单击“测量”	测量	
（3）照准棱镜 P2，单击“测量”	测量	
（4）单击“距离设置”，单击“延长线方向”，输入延长距离，单击“确定”。	距离设置、确定	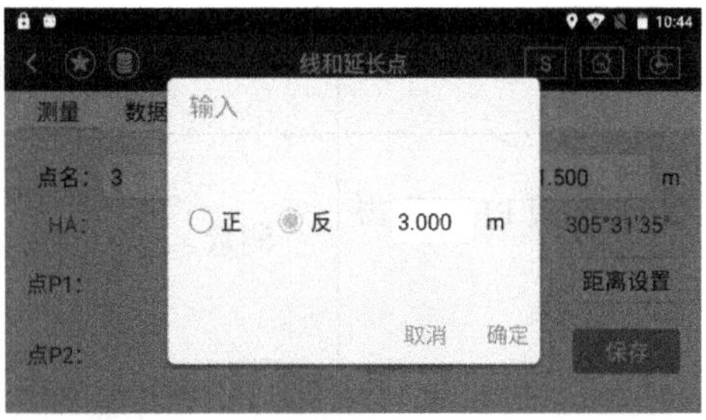
（5）结果自动计算，在数据页面显示		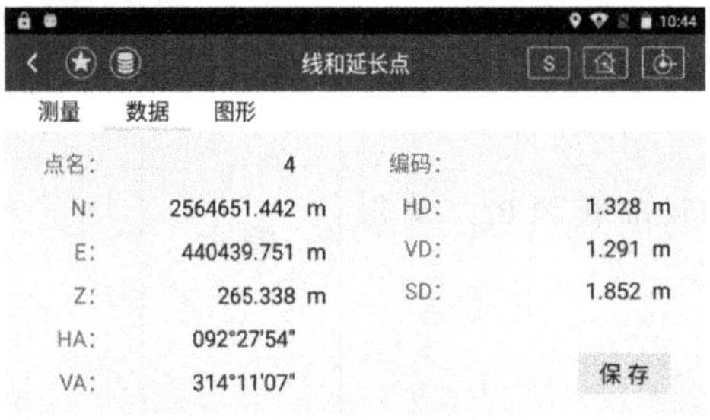

7. 线和角点测量

NTS-552 智能安卓全站仪线和角点测量

如图 7-6-8 所示，通过测量两个点坐标和测站到待测点的方位角度来得到待测点的坐标，界面介绍见表 7-6-13，操作步骤见表 7-6-14。

表 7-6-13　线和角点测量界面介绍

任务	界面介绍	界面显示
线和延长点	◆点 P1：到第一个测量点的斜距。 ◆点 P2：到第二个测量点的斜距。 ◆方位：测量得到的测站点到待测点的方位。 ◆测量：测量点 1 或点 2 的坐标或者是待测点的方位。 ◆查看：查看测量完成点的坐标。 ◆保存：保存待测点的坐标	

表 7-6-14　线和角点测量操作步骤

操作步骤	按键	界面显示
（1）建站完成后，在主菜单单击“采集”，再单击“线和角点测量”	线和角点测量	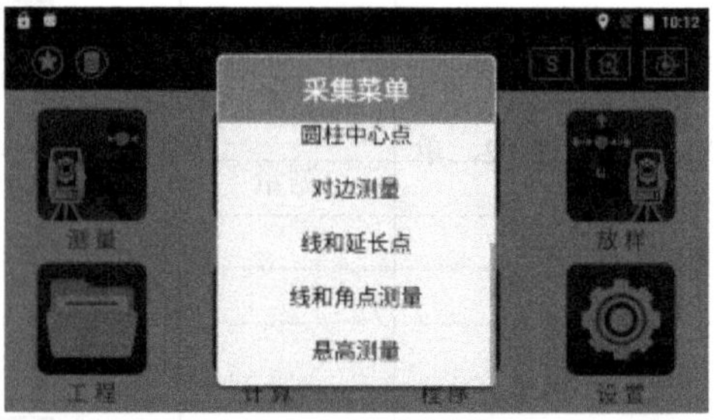
（2）照准棱镜 P1，单击“测量”	测量	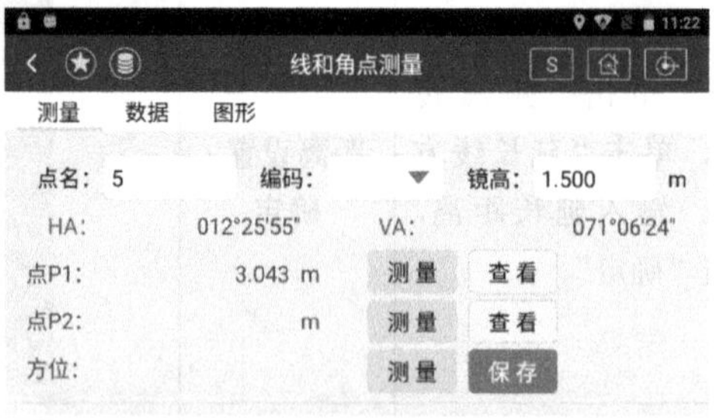
（3）照准棱镜 P2，单击“测量”。	测量	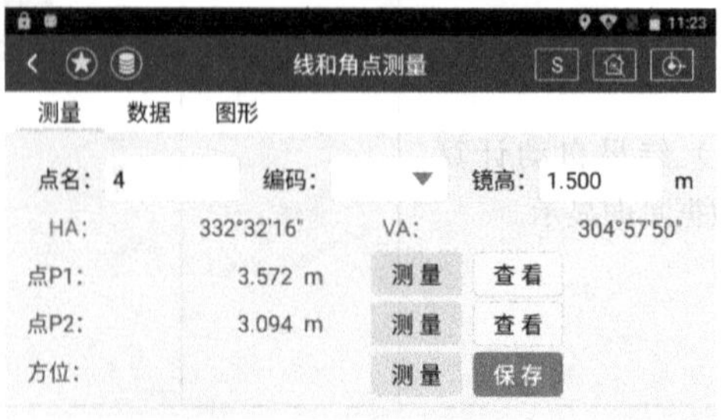

续表

操作步骤	按键	界面显示
（4）转到待测方位，单击方位“测量”。	测量	11:23 线和角点测量 测量　数据　图形 点名：4　编码：　镜高：1.500 m HA：032°35′57″　VA：327°45′59″ 点P1：3.572 m　测量　查看 点P2：3.094 m　测量　查看 方位：032°20′37″　测量　保存
（5）如果方向正确，结果自动计算，在数据页面显示		11:26 线和角点测量 测量　数据　图形 点名：4　编码： N：2564650.796 m　HD：0.697 m E：440440.705 m　VD：1.106 m Z：265.153 m　SD：1.307 m HA：032°20′37″ VA：327°47′01″　保存

8. 悬高测量

如图 7-6-5 所示，测量一已知目标点，然后通过不断改变垂直角度，得到与已知目标点相同水平位置的点与已知目标点的高差，具体界面介绍见表 7-6-15，操作步骤见表 7-6-16。

NTS-552 智能安卓全站仪悬高测量

表 7-6-15　悬高测量界面介绍

任务	界面介绍	界面显示
悬高测量	◆ dVD：测量点与计算的 VD 之间的差值。 ◆垂角：测量点的垂直角。 ◆平距：测量点的水平距。 ◆重置基准：将 VA 的角度值赋值给垂角。 ◆测角 & 测距：重新测量距离和角度，定位起点	11:27 悬高测量 镜高：1.500 m VA：327°46′05″ dVD：1.501 m　重置基准 垂角：327°46′18″　测角&测距 平距：0.972 m

表 7-6-16　悬高测量操作步骤

操作步骤	按键	界面显示
（1）建站完成后，在主界面单击“采集”，下拉子菜单栏并单击“悬高测量”	悬高测量	
（2）输入镜高	输入镜高	
（3）在镜高一栏输入棱镜高度，将镜头对准棱镜，单击“测距 & 测角”，得出高度、垂角和平距的信息。 （4）将镜头上抬，对准目标点，此时显示的 dVD 即为目标点的高度	测距	

【技能训练】

全站仪草图法测图：会使用 NTS-552R8 全站仪进行数字测图外业数据采集，并将数据导出为 TXT 或 DAT 格式文件。

全站仪碎部测量

【思考与练习】

（1）简述工作草图的图面内容。

（2）简述利用全站仪进行数据采集的步骤。

任务七　全站仪放样

【任务导入】

全站仪利用自带软件的放样功能，根据坐标计算相应的方位角和水平距离，进而计算水平角，通过角度放样和距离放样来标定点位。全站仪的点放样实质上是极坐标放样法。

【任务准备】

全站仪放样工作流程如下，其中步骤（1）至（3）参见本项目任务三：

（1）安置仪器；

（2）建站；

（3）全站仪放样；

（4）检核；

（5）后视定向并检核。

通过测量放样点的坐标，将测量值与设计值比较，或用相邻点、线间的几何关系进行校核，确保放样可靠无误。

【任务实施】

全站仪放样菜单界面如图 7-7-1 所示。

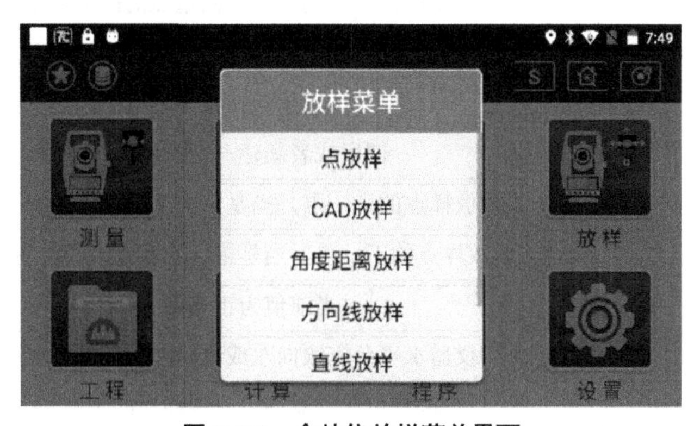

图 7-7-1　全站仪放样菜单界面

1. 点放样

全站仪的点放样示意图如图 7-7-2 所示。

NTS-552 智能安卓全站仪点放样功能

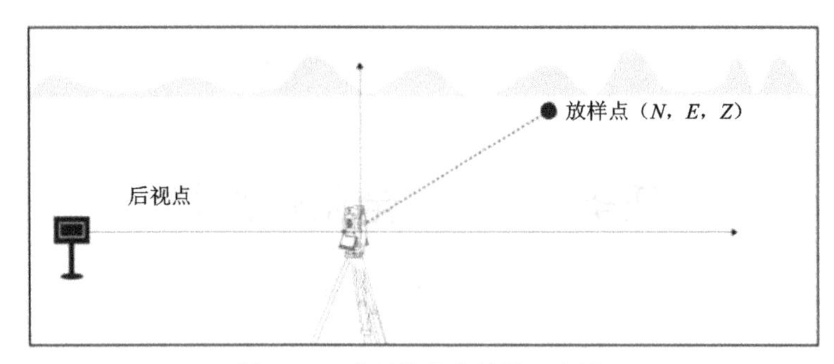

图 7-7-2　全站仪的点放样示意图

点放样界面显示及说明见表 7-7-1。

表 7-7-1　点放样界面显示及说明

界面显示	点放样 放样　数据　图形 点名：　＋　上一点　下一点 镜高：1.500 m　测量　存储 dHA：　HA： 远近：m　HD：m 左右：m　Z：m 填挖：m
显示内容	说明
放样	放样界面
数据	显示测量结果
图形	显示放样点、测站点、测量点的图形关系
点名	放样点的点名
镜高	当前的棱镜高
＋	调用或者新建一个放样点
上一点	当前放样点的上一点，当是第一个点时将没有变化
下一点	当前放样点的下一点，当是最后一个点时将没有变化
正确	当前值为正确值
左转、右转	仪器水平角应该向左或者向右旋转的角度
移近、移远	棱镜相对仪器移近或者移远的距离
向右、向左	棱镜向左或者向右移动的距离
挖方、填方	棱镜向上或者向下移动的距离
HA	放样的水平角度
HD	放样的水平距离

续表

显示内容	说明
Z	放样点的高程
存储	存储前一次的测量值
测量	进行测量

点放样操作步骤见表 7-7-2。

表 7-7-2　点放样操作步骤

操作步骤	按键	界面显示
（1）在建站完成后，在主菜单单击“放样”，单击“点放样”进入对目标点的放样操作	放样 点放样	
（2）单击“+”选择调用或者新建一个点。 （3）转动仪器至“dHA”一行显示 0dms，即说明放样的点在该视准线上。 （4）单击“测量”，根据屏幕显示的“前后”“左右”“填挖”调整棱镜，当三个信息都为 0 时即说明棱镜所在地就是放样点位置	+ 测量	

2. 角度距离放样

角度距离放样是通过输入测站与待放样点间的距离（HD）、角度（HA）及高程（Z）进行放样。

角度距离放样操作步骤见表 7-7-3。

NTS-552 智能安卓全站仪角度放样功能

表 7-7-3　角度距离放样操作步骤

操作步骤	按键	界面显示
（1）在建站完成后，在主菜单单击“放样”，再单击“角度距离放样”进入对目标点的放样操作	放样角度距离放样	7:50 放样菜单 点放样 CAD放样 角度距离放样 方向线放样 直线放样 测量　放样　工程　计算　程序　设置
（2）根据所需，输入相关参数后，单击“下一步”。	下一步	7:55 角度距离放样 参数配置 HA：067°24′03″ HD：13.000　m DZ：10　m　下一步
（3）根据输入的参数，跳转到放样界面，显示数据		7:55 角度距离放样 放样　数据　图形 镜高：1.500　m　测量　存储　上一步 dHA：-104°49′15″　HA：067°24′03″ 远近：m　HD：13.000 m 左右：m　DZ：13.000 m 填挖：m
（4）根据计算得出的方位差转动望远镜找到正确的方位，单击“测量”，按照放样指挥提示完成放样工作	测量	7:57 角度距离放样 放样　数据　图形 镜高：1.500　m　测量　存储　上一步 dHA：-000°00′01″　HA：067°24′03″ 后↑：9.779 m　HD：13.000 m 停■：0.000 m　DZ：13.000 m 填↑：10.126 m

3. 方向线放样

方向线放样是通过输入待放样点和一个已知点的方位角、平距、高差来计算得到一个放样点的坐标进行放样。

方向线放样界面显示及说明见表 7-7-4。

NTS-552 智能安卓全站仪方向线放样功能

表 7-7-4　方向线放样界面显示及说明

界面显示	
显示内容	说明
点名	输入或者调用一个点作为已知点
方位角	从已知点到待放样点的方位角
平距	待放样点与已知点的平距
高差	待放样点与已知点的高差
下一步	完成输入，进入下一步放样的操作

其他见点放样中的说明。

方向线放样操作步骤见表 7-7-5。

表 7-7-5　方向线放样操作步骤

操作步骤	按键	界面显示
（1）在建站完成后，在主菜单单击“放样”，再单击“方向线放样”进入对目标点的放样操作	放样 方向线放样	
（2）输入相关参数后，单击“下一步”。	下一步	

续表

操作步骤	按键	界面显示
（3）根据输入的参数，显示数据		方向线放样 放样 数据 图形 镜高：1.500 m 测量 存储 上一步 dHA：-000°00′01″ HA：045°00′00″ 远近： m HD：137.179 m 左右： m Z：10.000 m 填挖： m
（4）根据计算的方位差转动望远镜找到正确的方位，单击“测量”，按照放样指挥提示完成放样工作	测量	方向线放样 放样 数据 图形 镜高：1.500 m 测量 存储 上一步 dHA：-000°00′01″ HA：045°00′00″ 后↑：133.425 m HD：137.179 m 停■：-0.001 m Z：10.000 m 填↑：7.148 m

4. 直线放样

直线放样是通过两个已知点及输入与这两个点形成的直线的三个偏差距离来计算得到待放样点的坐标进行放样，如图 7-7-3 所示。

NTS-552 智能安卓全站仪直线放样功能

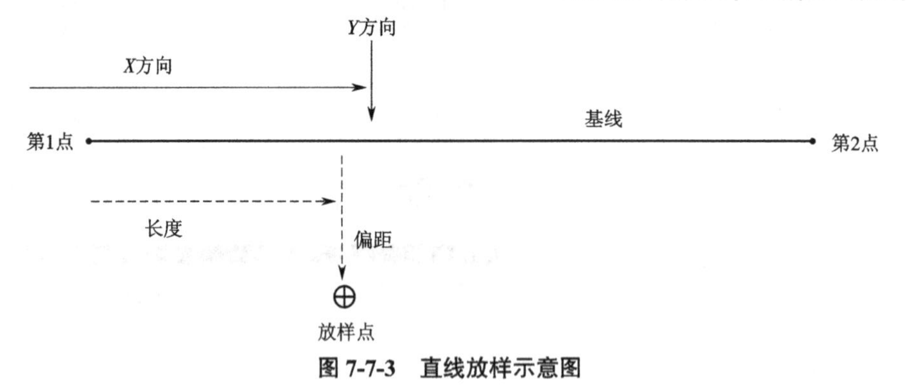

图 7-7-3　直线放样示意图

直线放样界面显示及说明见表 7-7-6。

表 7-7-6　直线放样界面显示及说明

界面显示	直线放样 参数配置 起始点: 结束点: 左 右 0.000 m 前 后 0.000 m 上 下 0.000 m 下一步
显示内容	说明
起始点	输入或调用一个已知点作为起始点
结束点	输入或调用一个已知点作为结束点
左、右	向左或者向右偏差的距离
前、后	向前或者向后偏差的距离
上、下	向上或者向下偏差的距离
下一步	根据上面的输入计算出放样点的坐标，进入下一步的放样界面

其他同点见放样中的说明。

全站仪直线放样步骤如下：

（1）以两个已知点作为基线，在一个已知点安置仪器作为起始点，建站完成后，在主菜单单击“放样”，再单击“直线放样”进入对目标点的放样操作；

（2）输入或调用起始点，输入或调用另一个已知点作为结束点，照准结束点；

（3）输入相关参数后，单击“下一步”；

（4）根据输入的参数，显示数据；

（5）根据计算的方位差转动望远镜找到正确的方位，单击“测量”，按照放样指挥提示完成放样工作。

【技能训练】

NTS-552R8 全站仪点放样：根据已有控制点与待放样点资料完成全站仪点放样及检核，并提交放样记录表和实训报告。

【思考与练习】

（1）全站仪放样产生误差的因素有哪些？

（2）应采取哪些措施提高全站仪放样精度？

任务八　全站仪的检验与校正

【任务导入】

仪器在出厂时均经过严密的检验与校正，符合质量要求。但仪器经过长途运输或环境变化，其内部结构会受到一些影响，因此，新购买仪器在作业之前均应进行各项检验与校正，以确保作业成果精度。

【任务准备】

全站仪的基本构造、主要轴线及其之间的几何关系均与电子经纬仪类似，需满足以下几何关系：圆水准器轴 $L'L'$ 与仪器竖轴 VV 平行，管水准器轴 LL 与仪器竖轴 VV 正交，仪器竖轴 VV 与望远镜横轴 HH 正交，望远镜视准轴 CC 与横轴 HH 正交。因此，全站仪的检验与校正包括以下内容：

（1）照准部水准管轴垂直于仪器竖轴；

（2）圆水准器的检验与校正；

（3）望远镜分划板的检验与校正；

（4）视准轴与横轴的垂直度（$2C$）；

（5）竖盘指标零点自动补偿的检验；

（6）竖盘指标差和竖盘指标零点设置的检验与校正；

（7）横轴误差的检验与校正；

（8）激光对点器的检验与校正；

（9）仪器测距常数（K）的检验；

（10）视准轴与发射电光轴重合度的检验与校正。

其中，（1）~（8）项检校的任务实施可参照项目六任务五相关内容。

【任务实施】

仪器测距常数在出厂时进行了检验，并在机内做了修正，使 $K=0$。仪器测距常数很少发生变化，但建议此项检验每年进行一至两次。此项检验适合在标准基线上进行，也可以按下述简便的方法进行。

1. 检验

1）检验步骤

（1）选一平坦场地，在 A 点安置并整平仪器，用竖丝仔细在地面标定同一直线上间隔 50 m 的 B、C 两点，并准确对中地安置反射棱镜或反射板，如图 7-8-1 所示。

（2）仪器设置温度与气压数据后，精确测出 AB、AC 的平距。

（3）在 B 点安置仪器并准确对中，精确测出 BC 的平距。

（4）可以得出仪器测距常数为

$$K = D_{AC} - \left(D_{AB} + D_{BC}\right) \tag{7-8-1}$$

K 应接近等于 0，若 $|K|>5$ mm 应送专业机构进行严格的检验，然后依据检验值进行校正。

2）检验注意事项

（1）检验时，使用仪器的竖丝进行定向，使 A、B、C 三点严格在同一直线上。

（2）在 B 点地面标记对中标志要清晰。

（3）B 点棱镜中心与仪器中心要重合一致。

（4）棱镜和仪器用基座对中整平，将仪器挪到 B 点时可直接将机身安装在棱镜基座上，提高检验精度。

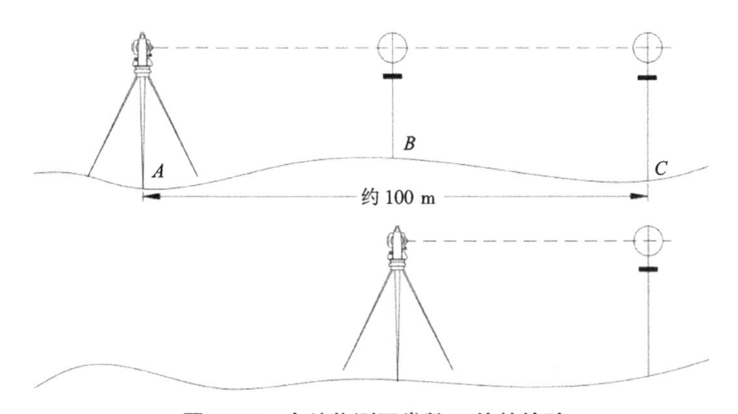

图 7-8-1　全站仪测距常数 *K* 值的检验

2. 校正

经严格检验证实仪器测距常数 K 不接近于 0 时，则说明 K 值已发生变化，用户必须进行校正。用户可将仪器“加常数”按综合常数 K 值进行设置，如图 7-8-2 所示。

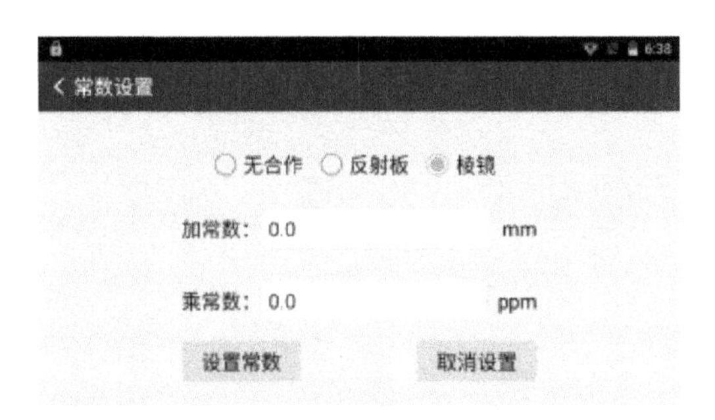

◆有棱镜加常数：在有棱镜情况下测定的仪器常数 K

◆无棱镜加常数：在无棱镜情况下测定的仪器常数 K

图 7-8-2　全站仪测距有无棱镜加常数界面

【技能训练】

全站仪检验与校正实训：完成全站仪的一般性检查和检验校正，并提交检校表。

【思考与练习】

全站仪的仪器测距常数如何计算？

项目八

激光垂准仪测量技术

【项目描述】

垂准仪是以重力线为基准，提供铅垂直线的测量仪器。本项目以 TRL402 激光垂准仪为例，介绍激光垂准仪的构造及应用。

【项目目标】

（1）了解激光垂准仪的工作原理。

（2）掌握激光垂准仪的操作。

（3）掌握激光垂准仪在建设工程中的应用。

任务一　激光垂准仪基本操作

【任务导入】

激光垂准仪利用激光束方向性强、能量集中的特点，测量相对铅垂线的微小水平偏差，进行铅垂线的点位传递、物体垂直轮廓的测量。它主要用于高层建筑、高塔和烟囱的施工，大型设备的安装，大坝的水平位移测量，工程监理和变形观测等场合。

【任务准备】

激光垂准仪的基本构造主要由氦氖激光管、精密竖轴、发射望远镜、水准器、基座、激光电源及接收屏等部分组成。TRL402 激光垂准仪的外形及各部件名称如图 8-1-1 所示，接收靶如图 8-1-2 所示。

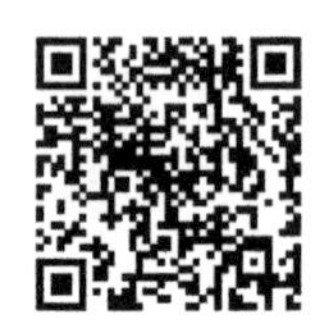

激光垂准仪基本操作

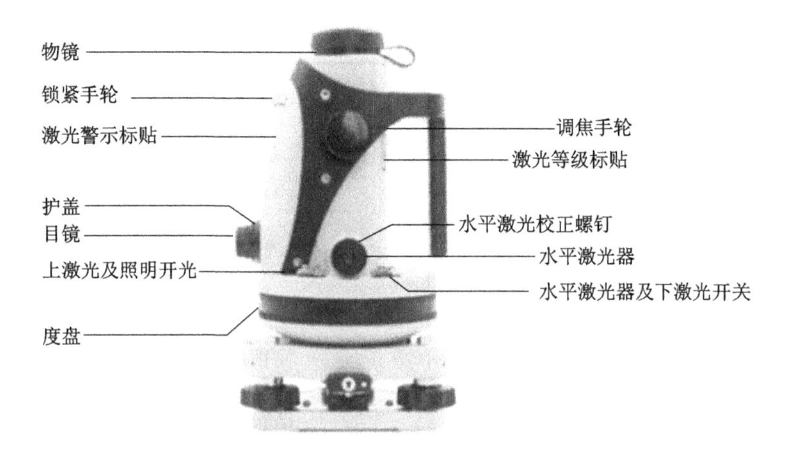

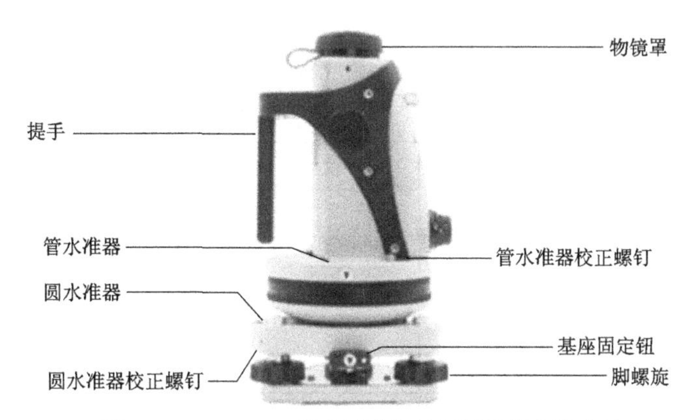

图 8-1-1　TRL402 激光垂准仪的外形及各部件名称

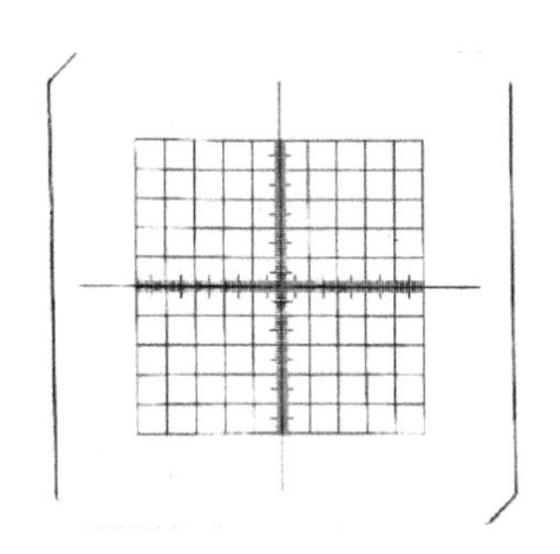

图 8-1-2　接收靶

激光器投射出的激光铅垂线，与望远镜视准轴同心、同轴、同焦点。TRL402 激光垂准仪的主要技术参数见表 8-1-1。

表 8-1-1　TRL402 激光垂准仪的主要技术参数

激光系统		光学系统	
上激光器		有效孔径	36 mm
精度	1/45 000		
激光有效射程（白天）	150 m		
激光有效射程（夜间）	500 m	放大率	24 倍
40 m 处光斑直径	3 mm	视场角	1° 30″
激光波长	635 nm	最短视距	2 m
激光等级	Class Ⅱ	长水准器精度	20″/2 mm
下激光器		视准轴与竖轴同轴误差	≤ 2″
精度	0.5 mm/1 m	激光光轴与视准轴同轴误差	≤ 5″
激光波长	650 nm	仪器工作温度范围	−10~+40 ℃
激光等级	Class Ⅱ	电源	3 V
水平激光器		仪器质量	2.7 kg
精度	1 mm/10 m		
激光波长	635 nm		
激光等级	Class Ⅱ		

【任务实施】

激光垂准仪操作步骤如下。

1. 安置仪器

将三脚架安置在测站点，仪器安装在三脚架上，旋紧中心连接螺旋。打开下激光开关，对中和整平步骤参见项目六。精确对中、整平完成后，可将对点激光关闭，以节省用电。

2. 照准

在目标处放置网格激光接收靶，转动望远镜目镜使分划板十字丝清晰，再转动调焦手轮使激光接收靶在分划板上成像清晰，并尽量消除视差，即当观测者轻微移动视线时，十字丝与目标之间设有明显偏移。否则应继续上述步骤，直至无视差。

3. 向上垂准

按上激光及水准器照明开关，会有一束激光从望远镜物镜中射出，调焦使激光束聚焦在激光接收靶上，激光光斑中心处即为投点位置。为消除仪器轴系误差，可以旋转仪器照准部在 0°、90°、180°、270° 四个方位投点，取其中点作为最终结果。图 8-1-3 所示为激光接收靶投影点示意图。

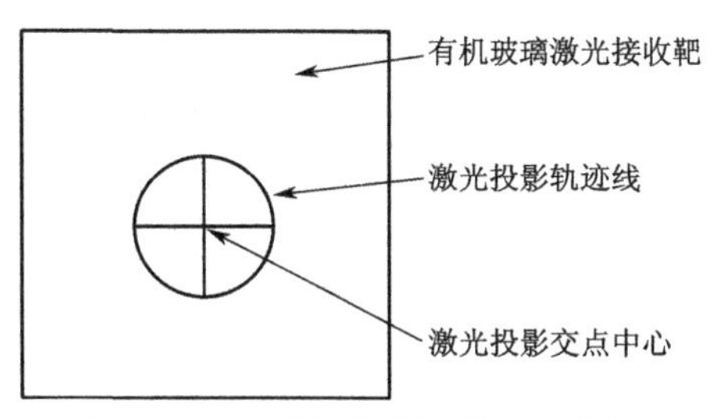

图 8-1-3　激光接收靶投影点示意图

【技能训练】

激光垂准仪使用：熟悉仪器各部件名称、作用，练习仪器的操作。

【思考与练习】

（1）激光垂准仪的基本构造主要由哪几部分组成？

（2）提高垂准精度的措施是什么？

任务二　激光垂准仪应用

【任务导入】

在建筑物密集的建筑区或高层建筑，需利用激光垂准仪投测轴线。使用时，将激光垂准仪安置在底层辅助轴线的预埋标志上，当激光束指向铅垂方向时，只需在相应楼层的垂准孔上设置接收靶即可将轴线从底层传至高层。

【任务准备】

采用内控法进行轴线投测，必须在建筑物基础层上布设 3 个及以上数量的室内辅助轴线控制点，简称内控点，并埋设标志。内控点平面布设如图 8-2-1 所示，内控点连线与建筑物主轴线平行且偏离主轴线间距为 0.5~1.0 m，在内控点的垂直方向上的各层楼面预留约 200 mm×200 mm 的垂准孔。间距的选择应能使点位保持垂直通视（不受梁等构件的影响）和水平通视（不受柱子等影响）。如图 8-2-2 所示，将激光垂准仪安置在内控点上，当激光束指向铅垂方向时，在相应楼层的垂准孔上设置接收靶，即可将内控点的平面位置传至施工楼层，并作为各层轴线放样的依据。

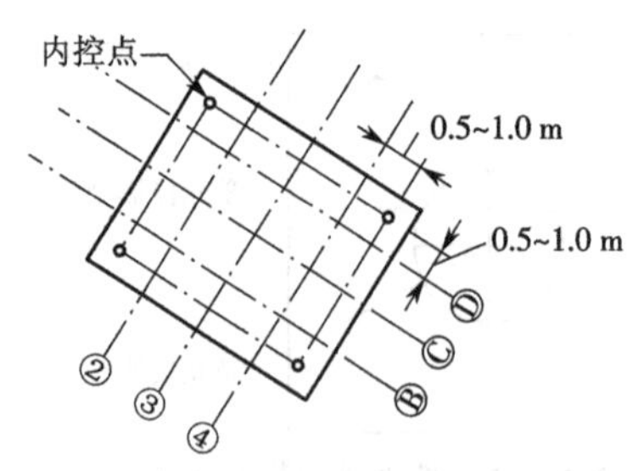

图 8-2-1　内控点平面布设示意图

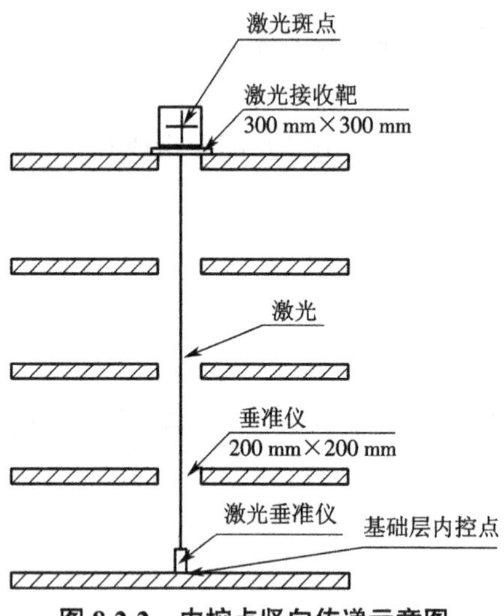

图 8-2-2　内控点竖向传递示意图

【任务实施】

图 8-2-3 所示为高层建筑轴线投测示意图，具体投测步骤如下：

（1）在建筑物基础层的内控点上安置激光垂准仪，精确对中、整平；

（2）在待投测点楼层相应垂准孔上放置激光接收靶；

（3）打开垂准仪激光开关，会有一束激光从望远镜物镜中射出，投射到接收靶上，成红色光斑；

（4）移动接收靶，使靶心与红色光斑重合，旋转仪器照准部在四个方位投点，确定最终点位后固定接收靶，并在预留垂准孔四周做出标记，此时靶心位置即为辅助轴线控制点在该层楼面上的投测点；

（5）当内控点全部投测完成后，再用钢尺或全站仪校核测量投点间的水平距离和水平角，若数值在测量误差允许范围内，则完成投点工作，否则重投；

（6）依据内控点与轴线的间距，在楼层面上恢复出轴线点，将各轴线点依次相连即为建筑物主轴线，再根据主轴线在楼面上放样其他轴线，完成轴线的竖向传递工作。

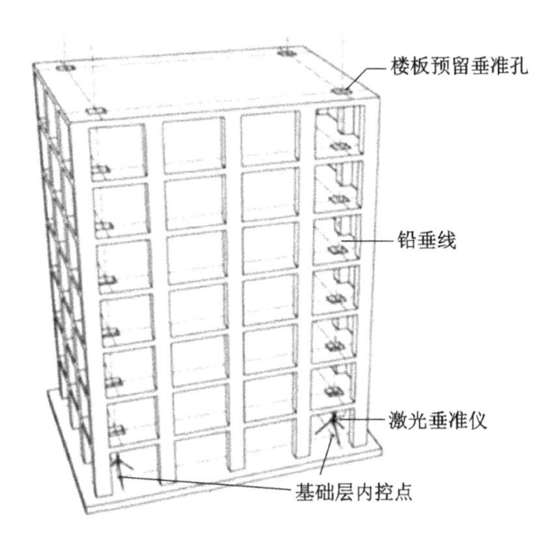

图 8-2-3　高层建筑轴线投测示意图

【技能训练】

激光垂准仪轴线投测：选择适宜的场地，练习投测三个及以上点位，并检查投测精度。

【思考与练习】

（1）内控点的布设注意事项是什么？

（2）内控点投测到施工层后怎样校核？

项目九

GNSS 测量技术

【项目描述】

GNSS 是全球导航卫星系统（Global Navigation Satellite System）的缩写，它是所有在轨工作的全球导航卫星系统的总称，包括美国的全球定位系统（GPS）、俄罗斯的格洛纳斯导航卫星系统（GLONASS）、欧盟的伽利略卫星导航系统（Galileo）、中国的北斗卫星导航系统（Beidou），以及相关的增强系统，如美国的 WAAS（广域增强系统）、欧洲的 EGNOS（欧洲静地导航重叠系统）和日本的 MSAS（多功能运输卫星增强系统）等，还涵盖在建和以后要建设的其他卫星导航系统。

GNSS 测量是以天空中高速运转的卫星的瞬时位置为已知量，观测卫星至 GNSS 接收机天线相位中心之间的距离，使用空间距离后方交会的方法，计算接收机所处位置坐标。

GNSS 能为全球用户提供全天候、全天时、高精度的定位、导航和授时服务，已广泛应用于工程放样、地形测图、控制测量等领域。

本项目以南方创享 G7　GNSS 接收机为例，介绍 GNSS 接收机的组成、仪器操作及其在工程测量中的应用。

【项目目标】

（1）掌握 GNSS 接收机各部件的名称、功能和作用，能正确操作 GNSS 接收机。

（2）掌握 GNSS 静态控制测量方法，并能使用数据处理软件进行基线解算与网平差计算。

（3）掌握 RTK 电台作业模式的操作流程。

（4）掌握运用 GNSS-RTK 进行控制测量的方法，熟悉 GNSS-RTK 控制测量的技术要求及应用范围。

（5）掌握数字测图的操作流程，会使用 GNSS-RTK 配合全站仪进行大比例尺地形图数据获取。

（6）会使用 GNSS-RTK 进行放样工作。

任务一　GNSS 接收机基本操作

【任务导入】

GNSS 接收机是 GNSS 系统用户终端的基础部件，用于接收 GNSS 卫星发射的无线电信号，获取必要的导航定位信息和观测信息，经过数据处理完成导航、定位及授时任务。

GNSS 接收机基本操作

GNSS 接收机按用途可分为导航型接收机、测地型接收机和授时型接收机。本任务主要介绍测地型接收机。

【任务实施】

1. 整体介绍

创享 GNSS 接收机主要由主机、手簿、配件三大部分组成，创享测量系统示意图如图 9-1-1 所示。

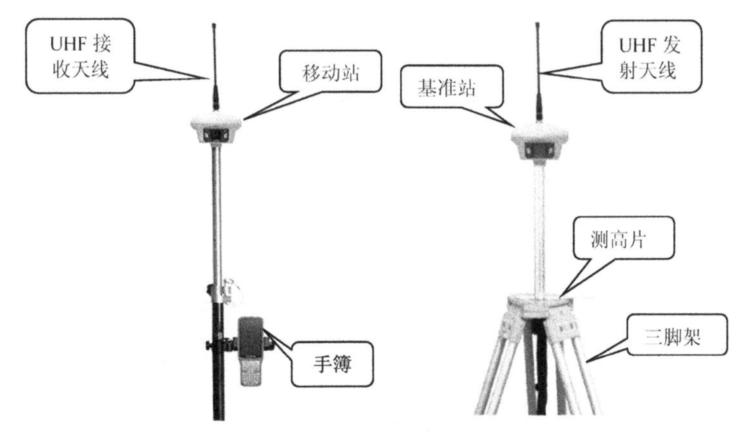

图 9-1-1　创享测量系统示意图

2. 主机介绍

创享 GNSS 接收机外形如图 9-1-2、图 9-1-3 和图 9-1-4 所示。

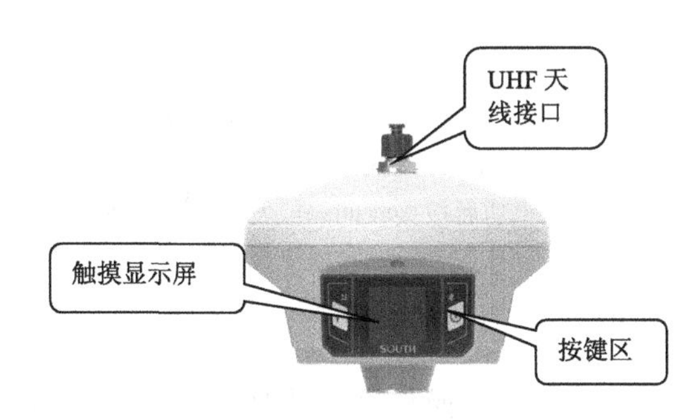

图 9-1-2　创享 GNSS 接收机正面

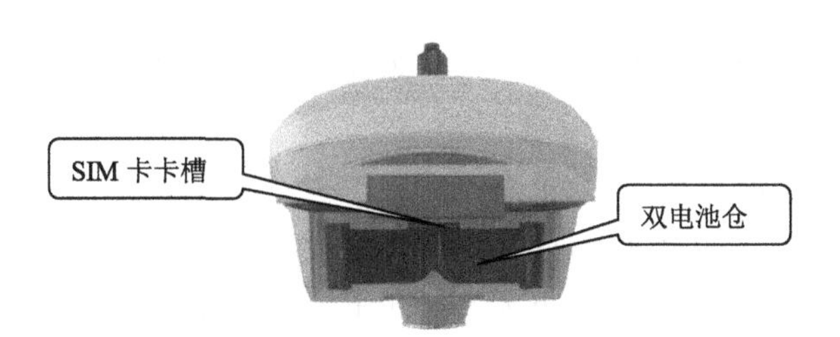

图 9-1-3　创享 GNSS 接收机背面

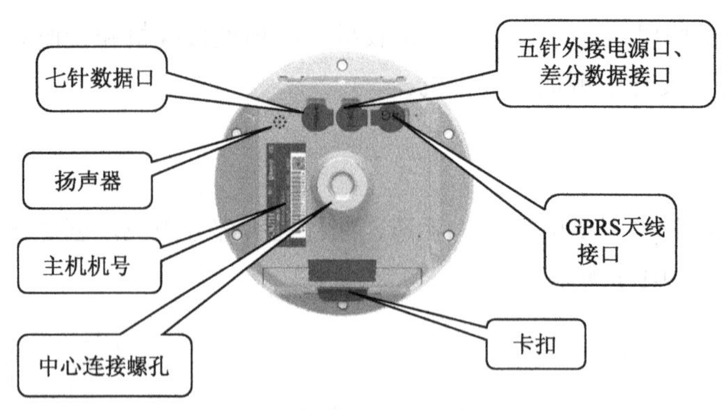

图 9-1-4 创享 GNSS 接收机底部

3. 按键和指示灯

指示灯位于液晶屏的左右侧，左侧为数据发射 / 接收灯，右侧为蓝牙灯；按键位于液晶屏的左右侧，F 为功能键、切换键，⏻ 为确认键、关机键，具体信息见表 9-1-1。

表 9-1-1 接收机按键和指示灯信息

项 目	功 能	作用或状态
⏻	开关机，确定，修改	开机，关机，确定修改项目，选择修改内容
F	翻页，返回	一般为选择修改项目，返回上级接口
（蓝牙图标）	蓝牙灯	蓝牙接通时灯长亮
（数据图标）	数据指示灯	电台模式：按接收间隔或发射间隔闪烁 网络模式：网络拨号、WIFI 连接时快闪（10 Hz），拨号成功后按接收间隔或发射间隔闪烁

4. 手簿

1）手簿介绍

与创想 GNSS 接收机配套使用的操作手簿是 H6 手簿，其外形如图 9-1-5 和图 9-1-6 所示。

2）蓝牙连接

主机开机，H6 手簿进行如下操作，中文版操作页面如图 9-1-7 所示，俄文版操作页面如图 9-1-8 所示。

（1）打开工程之星软件，依次单击“配置”—“仪器连接”。

（2）单击“搜索”，即可搜索到附近的蓝牙设备。

（3）选中要连接的设备，单击“连接”即可连接上蓝牙。

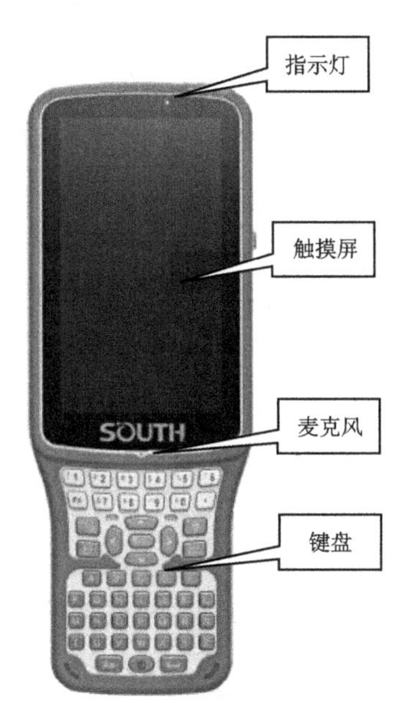

图 9-1-5 H6 手簿正面

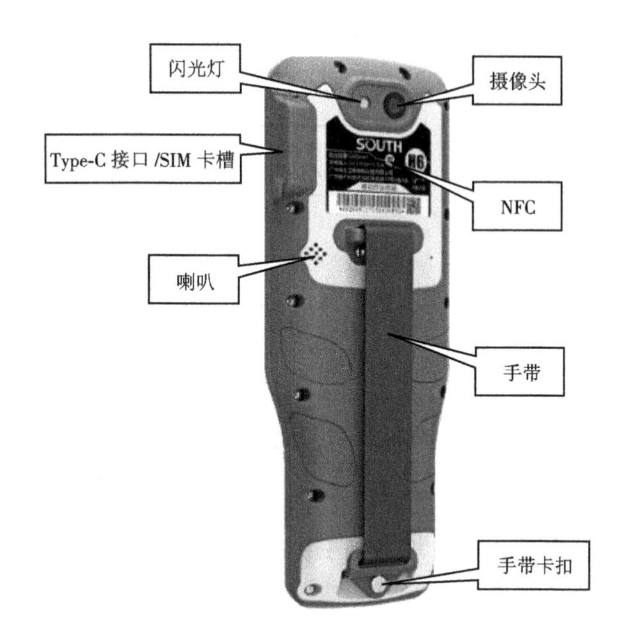

图 9-1-6 H6 手簿背面

图 9-1-7 中文版蓝牙连接界面

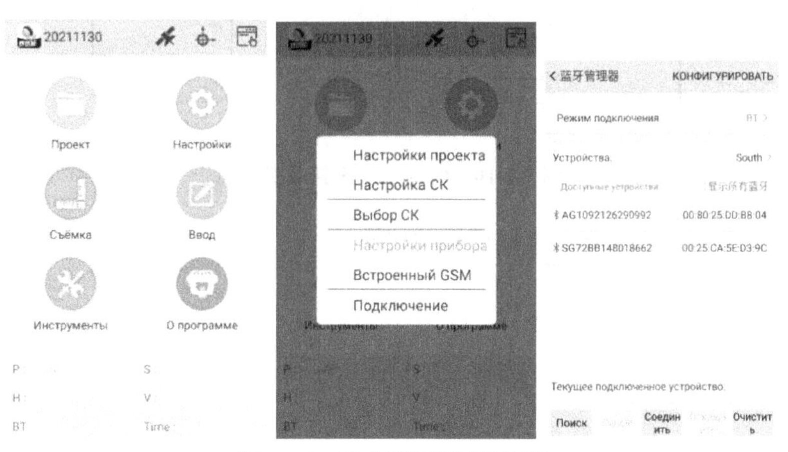

图 9-1-8 俄文版蓝牙连接界面

5. 天线高量取方法

天线高的量取方式有四种：直高、斜高、杆高和测片高，如图 9-1-9 所示。

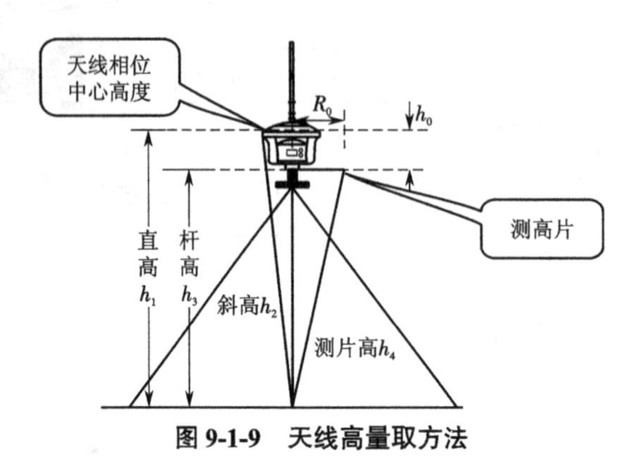

图 9-1-9　天线高量取方法

直高（h_1）：地面到主机底部的垂直高度（h_3）加天线相位中心到主机底部的高度（h_0）。

斜高（h_2）：地面点到接收机最外围的高度。

杆高（h_3）：主机下面的对中杆的高度，通过对中杆上的刻度读取。

测片高（h_4）：地面点至测高片最外围的高度。

【技能训练】

GNSS 接收机认识实训：了解 GNSS 接收机的基本结构及各部件的作用，学会正确操作仪器。

【思考与练习】

（1）指出图 9-1-10 所示仪器各部分的名称及功能。

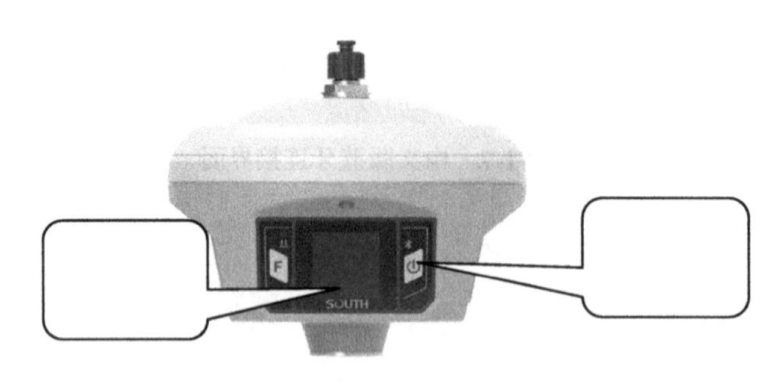

图 9-1-10　创享 GNSS 接收机正面

2. 如何应用控制面板进行作业模式的切换？

任务二　GNSS 静态控制测量

【任务导入】

GNSS 静态控制测量技术是目前平面控制测量的主要方法，GNSS 静态控制测量包括外业数据采集和内业数据处理两个阶段。外业数据采集包括外业准备、外业观测、成果检核三个过程。内业数据处理包括数据预处理、基线解算、网平差和输出报告四个过程。

【任务准备】

1. 概念

GNSS 静态相对定位是将两台或两台以上的 GNSS 接收机，安置在几个固定测站上进行同步观测，以求取测站点间的基线向量。其一般用于控制测量，通过已知控制点，求出其他待测点的准确坐标。

2. GNSS 网图形构成的基本概念

（1）观测时段：从测站开始接收卫星信号到观测停止，连续工作的时间段，简称时段。

（2）同步观测：两台或两台以上接收机同时对同一组卫星进行的观测。

（3）同步观测环：三台或三台以上接收机同步观测获得的基线向量所构成的闭合环，简称同步环。

（4）独立观测环：由独立观测所获得的基线向量构成的闭合环，简称独立环。

（5）异步观测环：在构成多边形环路的所有基线向量中，只要有非同步观测基线向量，则该多边形环路称为异步观测环，简称异步环。

（6）独立基线：对于 N 台 GNSS 接收机的同步观测环，有 J 条同步观测基线，其中独立基线数为 $N-1$。

（7）非独立基线：除独立基线外的其他基线称为非独立基线，总基线数与独立基线数之差即为非独立基线数。

3. GNSS 网的布网原则

GNSS 测量按精度从高到低共分为 AA、A、B、C、D、E 六个等级，常用的是 B、C、D、E 级，测量精度标准及分类见表 9-2-1。

表 9-2-1　GNSS 测量精度标准及分类

级别	固定误差 mm	比例误差 mm/km	相邻点间平均距离 /km	用途
AA	≤ 3	≤ 0.01	1 000	AA 级主要用于全球性的地球动力学研究、地壳形变测量和精密定轨。 AA、A 级可作为建立地心参考框架的基础。 AA、A、B 级可作为建立国家空间大地测量控制网的基础。
A	≤ 5	≤ 0.1	300	A 级主要用于区域性的地球动力学研究和地壳形变测量。 AA、A、B 级可作为建立国家空间大地测量控制网的基础
B	≤ 8	≤ 1	70	B 级主要用于局部形变监测和各种精密工程测量； AA、A、B 级可作为建立国家空间大地测量控制网的基础
C	≤ 10	≤ 5	10~15	C 级主要用于大、中城市及工程测量的基本控制网；
D	≤ 10	≤ 10	5~10	D、E 级主要用于中、小城市、城镇及测图、地籍、土地信息、房产、物探、勘测、建筑施工等的控制测量。
E	≤ 20	≤ 20	0.2~5	D、E 级主要用于中、小城市、城镇及测图、地籍、土地信息、房产、物探、勘测、建筑施工等的控制测量

（1） GNSS 网的布设应视其目的，作业时卫星状况，预期达到的精度，控制网成果的可靠性以及工作效率，按照优化设计原则进行。

（2）一般应通过独立观测边构成闭合图形，例如一个或若干个独立观测环，或者附合路线形式，以增加检核条件，提高 GNSS 网的可靠性。

（3）GNSS 网内点与点之间虽不要求通视，但应有利于按常规测量方法进行加密控制时使用。

（4）新布设的 GNSS 网应尽量与附近已有的 GNSS 点进行联测，应尽量与地面原有控制网点相联接，联接处的重合点数不应少于三个，且分布均匀，以便可靠地确定 GNSS 网与原有网之间的转换参数。

（5）GNSS 网点应利用已有水准点联测高程。C 级网每隔 3~6 点联测一个高程点，D 和 E 级网视具体情况确定联测点数。A 和 B 级网的高程联测分别采用三、四等水准测量的方法，C 至 E 级网可采用等外水准或与其精度相当的方法。

4. 基线向量

基线向量是利用两台或两台以上的接收机所采集的同步观测数据形成的差分观测值，通过参数估计的方法计算出的两台接收机间的三维坐标差。与常规地面测量测定的基线边长不同，基线向量是既具有长度特性，又具有方向特性的矢量，而基线边长则是仅具有长度特性的标量。常规测量与 GNSS 测量基线向量的区别如图 9-2-1 所示。

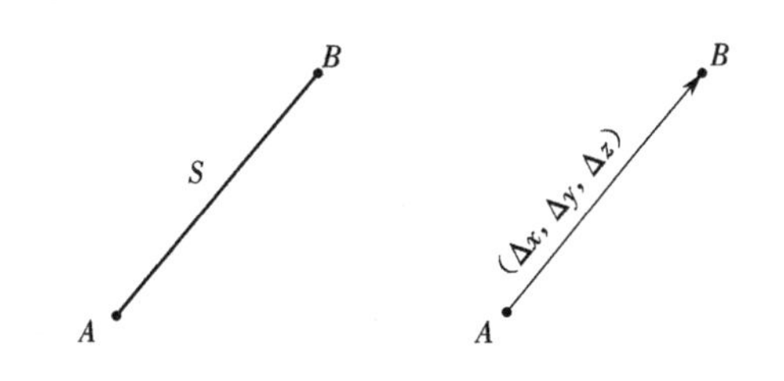

图 9-2-1　基线向量

5. GNSS 网特征条件的计算

（1）观测时段数：

$$C=n \cdot m/N$$

式中　n——网点数；

m——每点设站数；

N——接收机数。

（2）总基线数：

$$J_{总}=C \cdot N \cdot (N-1)/2$$

（3）必要基线数：

$$J_{必}=n-1$$

（4）独立基线数：

$$J_{独}=C \cdot (N-1)$$

（5）多余基线数：

$$J_{多}=C \cdot (N-1)-(n-1)$$

对于由 N 台 GNSS 接收机构成的同步图形中一个时段包含的 GNSS 基线数为

$$J=\frac{N(N-1)}{2}$$

但其中仅有 $N-1$ 条是独立的 GNSS 边，其余为非独立边。

6. 多台接收机的同步网方案

当作业的接收机多于 2 台时，可以在同一时段内几个测站上的接收机同时观测共视卫星。此时，由同步观测边所构成的几何图形，称为同步网，或称为同步环路。N 台接收机同步观测所构成的同步网图形如图 9-2-2 所示。

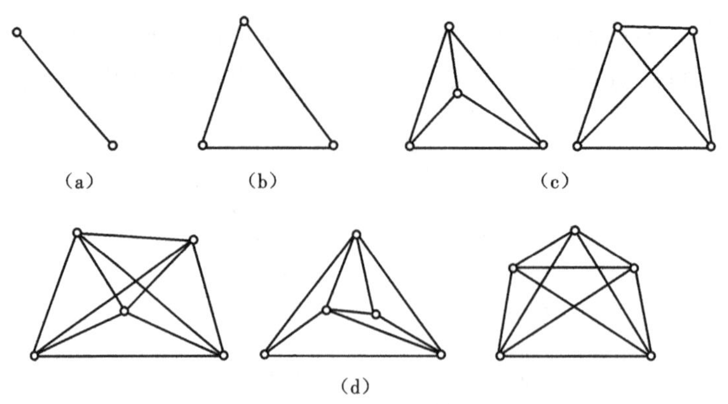

图 9-2-2　*N* 台接收机同步观测所构成的同步网图形

(a) N=2 (b) N=3 (c) N=4 (d) N=5

7. 多台接收机异步网观测方案

在城市或大中型工程中布设 GNSS 控制网时，控制点数目比较多，受接收机数量的限制，难以选择同步网的观测方案。此时，必须将多个同步网相互连接，构成整体的 GNSS 控制网。这种由多个同步网相互连接而成的 GNSS 网，称作异步网。

异步网的观测方案取决于投入作业的接收机数量和同步网之间的连接方式。不同的接收机数量决定了同步网的网形结构，而同步网的不同连接方式又会出现不同的异步网的网形结构。由于 GNSS 网的平差及精度评定主要是由不同时段观测的基线组成异步闭合环的多少及闭合差大小决定的，而与基线边长度和基线所夹角度无关，所以异步网的网形结构与多余观测密切相关。3 台接收机不同连接方式形成的异步网如图 9-2-3 所示。

（1）点连式异步网：同步网之间仅有一点相连接的异步网称为点连式异步网。

（2）边连式异步网：同步网之间由一条基线边相连接的异步网称为边连式异步网。

（3）混连式异步网：点连式与边连式的一种混合连接方式。

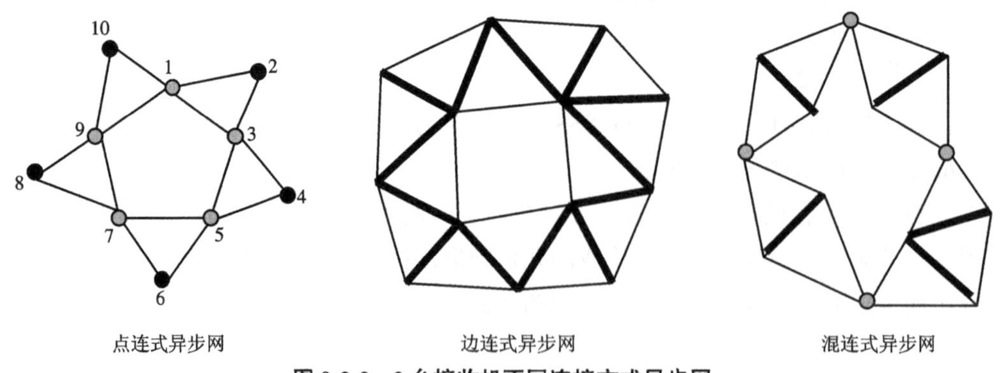

图 9-2-3　3 台接收机不同连接方式异步网

【任务实施】

1. 准备工作

（1）收集控制测量资料，包括成果表、点之记、展点图、路线图、计算说明和技术总结等。

GNSS静态控制测量

（2）收集地形图资料，包括测区范围内及周边地区各种比例尺地形图和专业用图。

（3）如果收集到的控制资料的坐标系统、高程系统不一致，则应收集、整理这些不同系统间的换算关系。

（4）收集资料时要查明施测年代、作业单位、依据规范、坐标系统和高程基准、控制点的施测等级和成果的精度评定以及地图的比例尺和成图质量等。

2. GNSS控制网的布设

1）GNSS网选点要求

（1）点位应设在易于安装接收设备、视野开阔的较高点上。

（2）点位目标要显著，视场周围15°以上不应有障碍物，以减小GNSS信号被遮挡或被障碍物吸收。

（3）点位应远离大功率无线电发射源（如电视台、微波站等），其距离不小于200 m；远离高压输电线和微波无线电信号传送通道，其距离不得小于50 m，以避免电磁场对GNSS信号的干扰。

（4）点位附近不应有大面积水域或强烈干扰卫星信号接收的物体，以减弱多路径效应的影响。

（5）点位应选在交通方便，有利于其他观测手段扩展与联测的地方。

（6）地面基础稳定，易于点位标石的长期保存。

（7）选站时应尽可能使测站附近的局部环境（地形、地貌、植被等）与周围的大环境保持一致，以减少气象元素的代表性误差。

2）选点作业

（1）选点人员应按技术设计进行踏勘，在实地按要求选定点位。当利用旧点时，应对旧点的稳定性、完好性以及觇标是否安全、可用等进行检查，符合要求后方可利用。

（2）网形应有利于同步观测边、点联接。

（3）当所选点位需要进行水准联测时，选点人员应实地踏勘水准路线，提出有关建议。

3）GNSS网的密度设计

在GNSS网方案设计时，根据不同的任务要求和服务对象，对GNSS点的分布要求也不同，具体要求见表9-2-2。

表 9-2-2　GNSS 网中相邻点间距离　　（单位：km）

项目	级别				
	二等	三等	四等	一级	二级
相邻点最小距离	3	2.5	1	0.5	0.5
相邻点最大距离	27	15	6	3	3
相邻点平均距离	9	5	2	1	<1
闭合环或附合路线的边数	≤6	≤8	≤10	≤10	≤10

4）埋石

GNSS 网点一般应埋设具有中心标志的标石，以精确标志点位，点的标石和标志必须稳定、坚固，以利于长久保存和应用。在基岩露头地区，也可直接在基岩上嵌入金属标志。每个点位标石埋设结束后，应提交 GNSS 点点之记（表 9-2-3），以及 GNSS 控制网示意图（图 9-2-4）。

表 9-2-3　GNSS 点点之记

网区：平陆区　　所在图幅：I49E008013　　点号：C002

<table>
<tr><td>点名</td><td>南疙疸</td><td>级别</td><td>B</td><td>概略位置</td><td colspan="3">B=34° 50′ L=111° 10′
H=484 m</td></tr>
<tr><td>所在地</td><td colspan="3">山西省运城市平陆县城关镇上岭村山地</td><td>最近住所及距离</td><td colspan="3">平陆县城县招待所，距点位 8 km</td></tr>
<tr><td>地类</td><td>山地</td><td>土质</td><td>黄土</td><td>冻土深度</td><td></td><td>解冻深度</td><td></td></tr>
<tr><td colspan="2">最近电信设施</td><td colspan="2">平陆县城邮电局</td><td>供电情况</td><td colspan="3">上岭村每天可提供交流电</td></tr>
<tr><td>最近水源及距离</td><td colspan="3">上岭村有自来水，距点位 800 m</td><td>石子来源</td><td>点位附近</td><td>沙子来源</td><td>县城建筑公司</td></tr>
<tr><td>本点交通情况（至本点通路与最近车站、码头名称及距离）</td><td colspan="3">由三门峡乘车轮渡过黄河，向北约 8 km 到平陆县城，再由平陆县城乘车向东南约 7 km 至上岭村，再步行约 800 m 到本点上。每天有两班车，两轮人力车可到达点位</td><td>交通线路图</td><td colspan="3">N 平陆县 上岭村 茅津 盘南 黄河 三门峡市 1∶200 000</td></tr>
<tr><td colspan="4">选点情况</td><td colspan="4">点位略图</td></tr>
</table>

续表

<table>
<tr><td>点名</td><td>南疙疸</td><td>级别</td><td colspan="2">B</td><td>概略位置</td><td colspan="2">B=34° 50′ L=111° 10′
H=484 m</td></tr>
<tr><td>单位</td><td colspan="4">国家测绘局第一大地测量队</td><td colspan="3" rowspan="6">800 上岭村 200 100 400 盘南 单位：m 1∶20 000</td></tr>
<tr><td>选点员</td><td>李纯</td><td>日期</td><td colspan="2">2000 年 6 月 5 日</td></tr>
<tr><td colspan="2">是否需联测坐标与高程</td><td colspan="3">联测高程</td></tr>
<tr><td colspan="2">联测等级与方法</td><td colspan="3">二等水准测量</td></tr>
<tr><td colspan="2">起始水准点及距离</td><td colspan="3">点号为Ⅱ西三 023，距离本点 1.5 km，联测里程大约 2 km</td></tr>
<tr><td colspan="5">地质概要、构造背景</td><td colspan="3">地形地质构造略图</td></tr>
<tr><td colspan="5"></td><td colspan="3"></td></tr>
<tr><td colspan="5">埋石情况</td><td colspan="2">标石断面图</td><td>接收天线计划位置</td></tr>
<tr><td colspan="2">单位</td><td colspan="3">国家测绘局第一大地测量队</td><td colspan="2" rowspan="7">40 150 15 10 10 120 70 单位：cm</td><td rowspan="7">天线可直接安置在墩标顶面上</td></tr>
<tr><td colspan="2">埋石员</td><td>张勇</td><td>日期</td><td>2000 年 7 月 12 日</td></tr>
<tr><td colspan="2">利用旧点及情况</td><td colspan="3">利用原有的墩标</td></tr>
<tr><td colspan="2">保管人</td><td colspan="3">陈生明</td></tr>
<tr><td colspan="2">保管单位及职位</td><td colspan="3">山西省运城市平陆县上岭村会计</td></tr>
<tr><td>保管人住址</td><td colspan="4">山西省运城市平陆县上岭村</td></tr>
<tr><td>备注</td><td colspan="4"></td></tr>
</table>

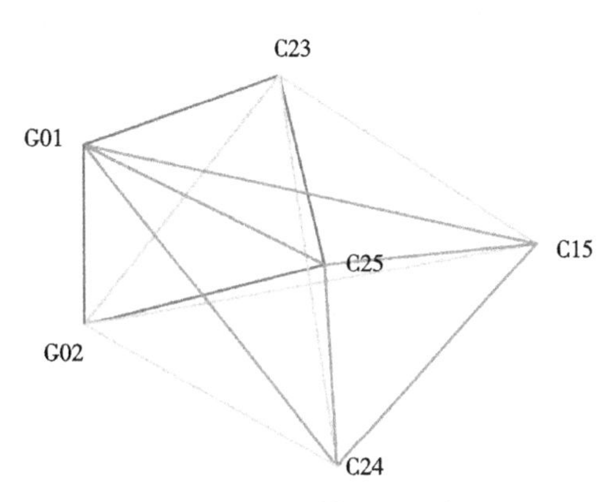

图 9-2-4　GNSS 控制网示意图

3. 制订观测计划

作业调度人员根据测区地形和交通状况、采用的 GNSS 作业方法、设计基线的最短观测时间等因素综合考虑，编制观测计划表，见表 9-2-4。按该表对作业组下达相应阶段的作业调度命令，同时依照实际作业的进展情况，及时做出必要的调整。

表 9-2-4　GNSS 测量作业调度表示例

时段编号	观测时间	测站号 / 名	测站号 / 名	测站号 / 名	测站号 / 名
		机号	机号	机号	机号
1	8:50—9:30	G01	G02	C25	C23
		1	2	3	4
2	9:45—10:25	C15	G02	C24	C23
		1	2	3	4
3	10:40—11:20	C15	G01	C24	C25
		1	2	3	4

4. 外业观测

在外业观测过程中，作业人员应遵守相应要求。

（1）观测组必须严格遵守调度命令，按规定时间同步观测同一组卫星。如果没按计划时间到达点位，应及时通知其他各组，并经观测计划编制人员同意对时段做必要调整，观测组不得擅自更改观测计划。

（2）一个时段观测过程中，严禁进行以下操作：关闭接收机重新启动；进行自测试（发现故障除外）；改变接收设备预置参数；改变天线位置；按关闭和删除文件功能等。

（3）观测期间作业人员不得擅自离开测站，并应防止仪器受震动和被移动，要防止人员或其他物体靠近、碰动天线或阻挡信号。

（4）在作业过程中，不应在天线附近使用无线电通信。如必须使用，无线电通信工具应距天线 10 m 以上。雷雨过境时应关机停测，并卸下天线以防雷击。

（5）各级 GNSS 测量基本技术规定按表 9-2-5 执行，对城市及工程 GNSS 控制测量作业应按表 9-2-6 执行。

表 9-2-5　各级 GNSS 测量基本技术要求规定

项目			级别					
			AA	A	B	C	D	E
卫星截止高度角（°）			10	10	15	15	15	15
同时观测有效卫星数			≥ 4	≥ 4	≥ 4	≥ 4	≥ 4	≥ 4
有效观测卫星总数			≥ 20	≥ 20	≥ 9	≥ 6	≥ 4	≥ 4
观测时段数			≥ 10	≥ 6	≥ 4	≥ 2	≥ 1.6	≥ 1.6
时段长度 /min	静态		≥ 720	≥ 540	≥ 240	≥ 60	≥ 45	≥ 40
	快速静态	双频 +P（Y）码	—	—	—	≥ 10	≥ 5	≥ 2
		双频全波	—	—	—	≥ 15	≥ 10	≥ 10
		单频或双频半波	—	—	—	≥ 30	≥ 20	≥ 15

续表

项目			级别					
			AA	A	B	C	D	E
采样间隔 /s	静态		30	30	30	10~30	10~30	10~30
	快速静态		—	—	—	5~15	5~15	5~15
时段中任一卫星有效观测时间 /min	静态		≥ 15	≥ 15	≥ 15	≥ 15	≥ 15	≥ 15
	快速静态	双频 +P（Y）码	—	—	—	≥ 1	≥ 1	≥ 1
		双频全波	—	—	—	≥ 3	≥ 3	≥ 3
		单频或双频半波	—	—	—	≥ 5	≥ 5	≥ 5

注：①在各时段中观测，观测时间符合规定的卫星，为有效观测卫星；

②计算有效观测卫星总数时，应将各时段的有效观测卫星数扣除其间的重复卫星数；

③观测时段长度，应为开始记录数据到结束记录的时间段；

④观测时段数≥ 1.6，指每站观测一时段，至少 60% 测站再观测一时段。

表 9-2-6　各级 GNSS 测量作业的基本技术要求

项目	方法	等级				
		二等	三等	四等	一级	二级
卫星高度角（°）	相对 / 快速	≥ 15	≥ 15	≥ 15	≥ 15	≥ 15
有效观测卫星数	相对	≥ 4	≥ 4	≥ 4	≥ 4	≥ 4
	快速	—	≥ 5	≥ 5	≥ 5	≥ 5
观测时段数	相对	≥ 2	≥ 2	≥ 2	≥ 2	≥ 1
重复设站数	快速	—	≥ 2	≥ 2	≥ 2	≥ 2
时段长度 /min	相对	≥ 90	≥ 60	≥ 45	≥ 45	≥ 45
	快速	—	≥ 20	≥ 15	≥ 15	≥ 15
数据采样间隔 /s	相对 / 快速	10~60	10~60	10~60	10~60	10~60
PDOP	相对 / 快速	<6	<6	<8	<8	<8

5. 外业观测记录

（1）测站名的记录，测站名应符合实际点位。

（2）时段号的记录，时段号应符合实际观测情况。

（3）接收机号的记录，应如实反映所用接收机的型号和具体编号。

（4）起止时间的记录，起止时间宜采用协调世界时（UTC），填写至时、分。当采用当地标准时，应与 UTC 进行换算。

（5）天线高的记录，观测前后量取天线高的互差应在限差之内，取平均值作为最后结果，精确至 0.001 m。

（6）测量手簿必须使用铅笔在现场按作业顺序完成记录，字迹要清楚、整齐、美观，不得连环涂改、转抄。如有读、记错误，可整齐划掉，将正确数据写在上面并注明原因。

（7）严禁事后补记或追记，并装订成册，交内业验收。

GNSS 外业观测手簿的记录格式见表 9-2-7。

表 9-2-7　GNSS 外业观测手簿

<table>
<tr><td colspan="2">观测者姓名________　日　期______年_____月_____日
测　站　名________　测 站 号________　时段号__________
天 气 状 况________</td></tr>
<tr><td>测站近似坐标：
经度：E________°________′
纬度：N________°________′
高程：____________________</td><td>本测站为
□________新点
□________等大地点
□________等水准点
□____________________</td></tr>
<tr><td colspan="2">记录时间：□北京时间　□ UTC　□区时
开始时间__________　结束时间__________</td></tr>
<tr><td colspan="2">接收机号__________　天线号__________
天线高：（m）________　测后校核值__________
1.________2.________3.________平均值________</td></tr>
<tr><td>天线高量取方式略图</td><td>测站略图及障碍物情况</td></tr>
<tr><td colspan="2">观测状况记录
1. 电池电压__________
2. 接收卫星号____________________
3. 信噪比（SNR）____________________
4. 故障情况____________________</td></tr>
<tr><td colspan="2">5. 备注</td></tr>
</table>

6. 数据传输

1）用户登录

用户可用手机、平板、PC 机等设备连接创享 GNSS 接收机 WIFI，打开创享网页管理端，进行数据传输等工作，WIFI 连接方式如图 9-2-5 所示。WIFI 热点的名称默认为“SOUTH_ 主机编号后四位”，热点没有密码，可以直接连接。Web 管理端网页 IP 地址为 10.1.1.1，登录用户名、密码均为“admin”，Web 登录页如图 9-2-6 所示。

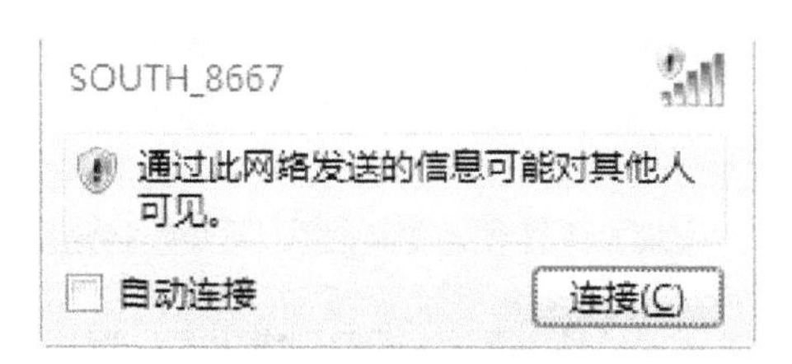

图 9-2-5　WIFI 连接方式

图 9-2-6　Web 登录页

2）数据下载

依次选择“数据记录”—“记录设置”，设置存储数据格式、存储器方式、文件 / 采样间隔、点名等。记录设置页面如图 9-2-7 所示。

图 9-2-7　记录设置页面

依次选择“数据记录”—“数据下载”，查询已采集数据并下载，选择对应的日期，单击“刷新数据”，即可看到当前日期的所有静态观测数据。数据下载页面如图 9-2-8

所示。

图 9-2-8 数据下载页面

南方地理数据处理平台软件SGO数据处理流程

7. 静态数据处理

本任务以南方地理数据处理平台软件 SGO 为例，介绍静态数据处理的一般过程。

1）新建工程

启动处理软件，进入软件平台主程序。SGO 软件主界面如图 9-2-9 所示。

图 9-2-9 SGO 软件主界面

单击“常用操作”菜单下的“新建工程”或主页面下的“新建工程”按钮，选择单位制、输入项目名称、选择存储路径，单击“确定”后完成新项目的创建。新建工程页面如图 9-2-10 所示。

图 9-2-10 新建工程页面

新建工程后，系统将自动弹出“工程设置”对话框。用户根据项目情况和实际需求，在对话框中对工程进行设置，选择正确的坐标系统和投影方式。工程设置页面如图 9-2-11 所示。

图 9-2-11 工程设置页面

工程信息设置完成后，单击“确定”，新建工程结束。

2）导入数据

新建工程后，依次单击“常用操作”菜单下的“导入”—“导入观测值文件”，选择导入 STH 或 RINEX 格式的数据文件。数据加载完毕后，会弹出一个文件列表对话框。在此对话框中可进行 ID（点名）的修改、天线高量取方式的选择。测站信息页面如图 9-2-12 所示。

测站信息

	ID	文件名	开始时间	结束时间	数据类型	制造商	天线类型	天线高	天线高量取方式	天线计算高	序列号	文件路径
1	G001	G001007Q.12O	2012-01-07 16:00:00	2012-01-07 16:59:59	静态	Default	Ant	0.000	天线参考点	0.000		D:\SGO\新建工程1\G001007Q.12O
2	G002	G002007Q.12O	2012-01-07 16:00:00	2012-01-07 17:00:00	静态	Default	Ant	0.000	天线参考点	0.000		D:\SGO\新建工程1\G002007Q.12O
3	G005	G005007Q.12O	2012-01-07 16:00:00	2012-01-07 17:00:00	静态	Default	Ant	0.000	天线参考点	0.000		D:\SGO\新建工程1\G005007Q.12O
4	G007	G007007Q.12O	2012-01-07 16:00:01	2012-01-07 17:00:00	静态	Default	Ant	0.000	天线参考点	0.000		D:\SGO\新建工程1\G007007Q.12O
5	JZ25	JZ25007Q.12O	2012-01-07 16:00:00	2012-01-07 17:00:00	静态	Default	Ant	0.000	天线参考点	0.000		D:\SGO\新建工程1\JZ25007Q.12O

全选　编辑　确定　取消

图 9-2-12　测站信息页面

注：读取的 ID（点名）为内部文件名，若内部文件名与实际所需点名不符，可在文件列表中修改 ID。若数据为 RINEX 格式，也可直接用记事本打开 O 文件，在 O 文件中修改点名。

3）基线处理

单击“常用操作”菜单下的“处理基线”，勾选“全选”，单击“处理”，系统将采用默认设置，处理所有基线向量。基线解算页面如图 9-2-13 所示。

处理基线

	基线	同步时间	解类型	固定比率	RMS(m)	HRMS(m)	VRMS(m)	基线长度(m)
1	G001007Q-G002007Q	0 hour(s)59 min(s)59.0 sec(s)	固定解	99.900	0.006	0.003	0.006	108.407
2	G001007Q-G005007Q	0 hour(s)59 min(s)59.0 sec(s)	固定解	71.535	0.006	0.003	0.005	537.971
3	G001007Q-G007007Q	0 hour(s)59 min(s)58.0 sec(s)	固定解	99.900	0.006	0.003	0.006	699.319
4	G001007Q-JZ25007Q	0 hour(s)59 min(s)59.0 sec(s)						
5	G002007Q-G005007Q	1 hour(s)0 min(s)0.0 sec(s)						
6	G002007Q-G007007Q	0 hour(s)59 min(s)59.0 sec(s)						
7	G002007Q-JZ25007Q	1 hour(s)0 min(s)0.0 sec(s)						
8	G005007Q-G007007Q	0 hour(s)59 min(s)59.0 sec(s)						
9	G005007Q-JZ25007Q	1 hour(s)0 min(s)0.0 sec(s)						
10	G007007Q-JZ25007Q	0 hour(s)59 min(s)59.0 sec(s)						

全选　备注：“不可用”表示该基线软件狗验证失败，不支持处理　处理　停止　关闭

(4/10)处理基线 - G001007Q-JZ25007Q　9%

图 9-2-13　基线解算页面

待全部基线计算完成后，单击“关闭”。此时，可在平面视图中查看基线解算的情况，绿色线段代表解算合格的基线，红色线段代表解算不合格的基线。基线解算情况如图 9-2-14 所示。

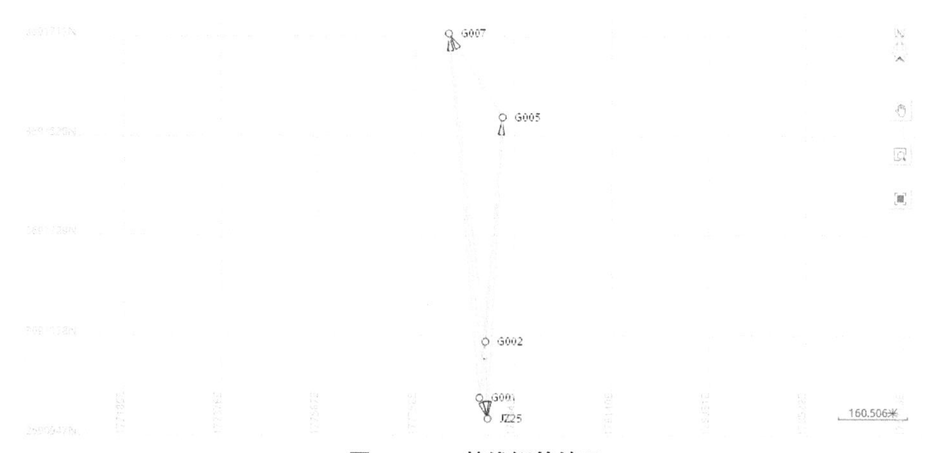

图 9-2-14 基线解算情况

Ⅰ. 处理不合格的基线

依次选择“常用操作”—“处理不合格基线”，选中解算不合格的基线，属性窗口中会显示相应基线的解算参数，通过修改解算参数（采样间隔、高度截止角、解算类型），根据残差图再次剔除不合格的数据，重新解算，可使大部分的基线解算合格。

Ⅱ. 处理不合格的闭合环

待基线解算合格后，单击工具栏中的“闭合环列表”，检查闭合环的闭合情况。闭合环列表页面如图 9-2-15 所示。

ID	类型	质量	X闭合差(mm)	Y闭合差(mm)	Z闭合差(mm)	边长闭合差(mm)	环长(m)	相对误差(ppm)	分量限差(mm)	闭合限差(mm)
G005-G007-JZ25	同步环	合格	0.052	-0.126	-0.008	0.137	1508.36	0.09059	27.137	47.003
G002-G007-JZ25	同步环	合格	-0.01	0.122	-0.042	0.13	1480.71	0.08749	27.096	46.932
G002-G005-JZ25	同步环	合格	0.009	-0.011	-0.013	0.02	1153.13	0.01721	26.663	46.181
G002-G005-G007	同步环	合格	-0.033	-0.007	0.037	0.05	1215.03	0.04126	26.737	46.31
G001-G007-JZ25	同步环	合格	-0.038	0.112	0.077	0.141	1481.86	0.09513	27.098	46.935
G001-G005-JZ25	同步环	合格	-0.186	0.136	0.16	0.28	1156.71	0.24242	26.667	46.188
G001-G005-G007	同步环	合格	0.199	-0.15	-0.091	0.266	1429.29	0.18608	27.021	46.802
G001-G002-JZ25	同步环	合格	0.058	-0.019	-0.097	0.114	298.094	0.38373	26.027	45.08
G001-G002-G007	同步环	合格	0.03	-0.029	0.022	0.047	1401.14	0.03379	26.982	46.733
G001-G002-G005	同步环	合格	-0.137	0.128	0.077	0.203	1075.99	0.18836	26.576	46.03

总数量 10 每页 100 首页 上一页 1/1 下一页 尾页

图 9-2-15 闭合环列表页面

闭合差如果超限，需根据基线解算以及闭合差计算的具体情况，对一些基线进行重新解算。具有多次观测基线的情况，可以不使用或者删除该基线。

4）网平差

基线与闭合环处理合格后，进行网平差计算。

依次单击“常用操作”—“编辑控制点”，选择作为控制点的点号，输入控制点的坐标。编辑控制点页面如图 9-2-16 所示。

图 9-2-16　编辑控制点页面

所有的控制点信息输入完毕后，单击“常用操作”菜单下的“网平差”，进行网平差计算。

5）报告查看

单击“常用操作”菜单下的“网平差报告”，进行查看。网平差报告如图 9-2-17 所示。

至此，静态数据解算操作完毕。

SOUTH 网平差报告

2022-07-28 17:49:54

报告头

项目名称：	2022-03-21.sgo
项目实施单位：	Default
项目实施时间：	2022-03-21 14:34:27

坐标系统

椭球名称：	CGCS2000(China)
椭球长半轴：	6378137
椭球扁率倒数：	298.257222101004
投影类型：	高斯-克吕格
坐标轴正方向：	北-东
坐标轴正方向：	0
中央子午线：	114°00′00.00000″E
原点纬度：	0°00′00.00000″N
东向常数：	500000
北向常数：	0
尺度比：	1
投影高：	0
平均纬度：	0°00′00.00000″N

图 9-2-17　网平差报告

【技能训练】

静态控制测量实训：学会 GNSS 静态控制测量的操作流程，正确操作接收机及手簿，掌握 SGO 软件处理数据流程。

【思考与练习】

（1）简述如何判断 GNSS 接收机是否已经设置为静态接收模式。

（2）详述使用南方地理数据处理平台软件 SGO 的处理流程。

任务三　RTK 基本操作

【任务导入】

静态控制测量精度高，但是需要投入多台设备同时进行长时间观测，适用于高精度控制测量和变形监测等任务。实时动态测量（Real Time Kinematic，RTK）可以实时提供厘米级三维坐标数据，广泛应用于四等以下控制测量、数字测图和施工放样中。本任务主要介绍 RTK 基本操作。

【任务准备】

实时动态测量是全球导航卫星定位技术与数据通信技术相结合的载波相位实时动态差分定位技术，包括基准站和移动站，因其作业方便、精度较高，现已广泛使用。

RTK 测量可采用单基站 RTK 测量和网络 RTK 测量两种方法。已建立 CORS 系统地区，宜采用网络 RTK 测量，单基站 RTK 测量是基础模式，适用范围广。本任务重点讲解单基站 RTK 测量中的内置电台作业模式。

1.RTK 系统配置

1）基准站

在一定的观测时间内，一台或几台接收机分别固定在一个或几个测站上，一直保持跟踪观测卫星，其余接收机在这些测站的一定范围内流动设站作业，这些固定测站就称为基准站。

2）移动站

在基准站的一定范围内流动作业的接收机所设立的测站称为移动站。

3）数据链

RTK 系统中基准站和移动站通过数据链进行通信，因此基准站与移动站都设有数据链传输模块，通常分为电台模块和网络模块。

2. 单基准站 RTK 测量的内置电台作业模式

只利用一个基准站，基准站和移动站同时接收同一时间、相同 GNSS 卫星发射的信号。基准站接收到的卫星信号和测站坐标信息通过无线电数据链电台实时传递给移动站接收机，移动站接收机将接收到的

创享电台模式操作

卫星信号和接收到的基准站信号实时联合解算，求得基准站和流动站间的坐标增量，实时计算出测站点在指定坐标系中的坐标。

【任务实施】

内置电台作业模式实施步骤如下。

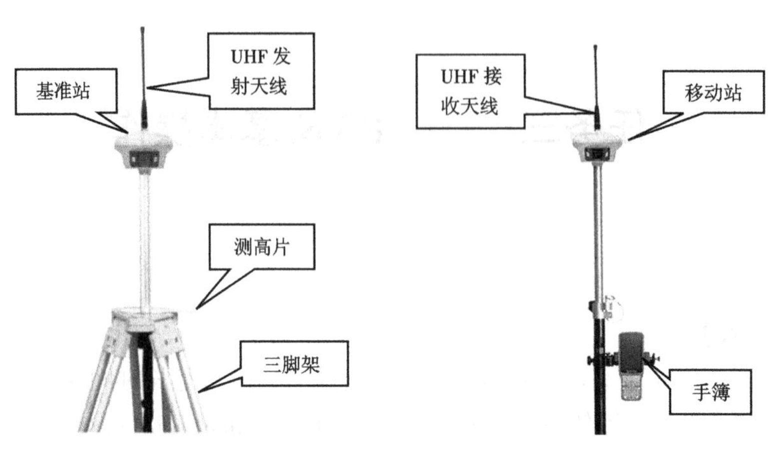

图 9-3-1 架设示意图（内置电台）

1. 架设基准站并设置作业模式

1）架好三脚架

在基准站拧上 UHF 天线，将主机与连接杆固定，用测高片或者基座将连接杆固定在三脚架上，基准站可设置在已知点位上，也可在任意点上设站；当在已知点位设站时，应对中、整平，天线高量取应精确至 1 mm。将基准站开机。

2）蓝牙连接

将手簿与基准站接收机连接，蓝牙连接见任务一。

3）基准站设置

在“工程之星”程序中，依次单击“配置”—“仪器设置”—“基准站设置”，提示“是否切换基准站”，单击“确定”，进入基准站设置界面，单击“数据链”，选择“内置电台”，再依次单击“数据链设置”—“通道设置”，通道任意选择，保证基准站和移动站一致即可，注意不要和附近其他基准站相同，其他设置默认。以上设置完成后，单击“启动”完成基准站设置工作，这时观察基准站主机的数据灯是否规律闪烁。

2. 架设移动站并设置作业模式

1）架设移动站

打开移动站主机，安装 UHF 天线，将其固定在对中杆上，并安装手簿托架及手簿。

2）蓝牙连接

将手簿与移动站连接，如已连接设备，先单击“断开”，再选中要连接的设备，单击“连接”即可。

3）移动站设置

在“工程之星”程序中，依次单击“配置”—“仪器设置”“移动站设置”，提示

“是否切换移动站”，再依次单击“确定”，进入“移动站设置”界面，单击“数据链”，选择“内置电台”，再依次单击“数据链设置”“通道设置”，选择与基准站相同的通道，其他默认设置。

以上设置完毕，等待移动站达到固定解，后续的新建工程、求转换参数等操作可参考之后的任务。

【技能训练】

RTK 电台模式操作：使用创享 G7 GNSS 接收机完成单基准站 RTK 内置电台模式的架设，解状态变为“固定解”后架设完成。

【思考与练习】

（1）简述 GNSS-RTK 电台模式作业流程。

（2）说明 RTK 的定义与工作原理。

任务四 GNSS-RTK 控制测量

【任务导入】

GNSS-RTK 可用于四等以下控制测量，数字测图外业数据采集包括图根控制测量及碎部点数据采集。本任务主要讲解 GNSS-RTK 控制测量的相关规定和操作。

【任务准备】

1. RTK 控制测量作业流程

RTK 控制测量作业流程如图 9-4-1 所示。

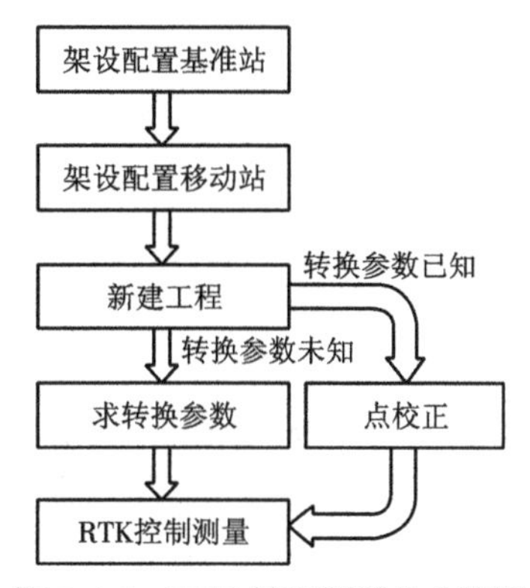

图 9-4-1 RTK 控制测量作业流程

1）转换参数的含义

GNSS 接收机采集的数据是大地坐标，需要转化为当地参心坐标，这就需要软件进行坐标转换参数的计算和设置。求转换参数主要是计算四参数、七参数和高程拟合参数。本任务重点讲解四参数转换，在进行四参数计算时，至少需要两个及以上控制点的两套不同坐标系坐标参与计算才能最低限度地满足控制要求。

2）点校正

如果测区转换参数已知，或自行求取了转换参数，当基准站断电或者更换位置时，则不需重新求取转换参数，只需将移动站架设在一个已知点进行校正，校正完成后进行必要的检核，方可进行测量工作。

2. RTK 控制测量技术一般要求

实施 RTK 控制测量任务前，应根据任务需要，收集测区高等级控制点的地心坐标、参心坐标、坐标系统转换参数和高程成果等，进行技术设计。

RTK 平面控制点按精度划分等级为一级控制点、二级控制点、三级控制点。RTK 高程控制点按精度划分等级为等外高程控制点。

一级、二级、三级平面控制点及等外高程控制点，适用于布设外业数字测图和摄影测量与遥感的控制基础，可以作为图根测量、像片控制测量、碎部点数据采集的起算依据。

RTK 测量卫星状态的基本要求见表 9-4-1。

表 9-4-1　RTK 测量卫星状态的基本要求

观测窗口状态	截止高度角在 15° 以上的卫星个数	PDOP 值
良好	≥ 6	<4
可用	5	≥ 4 且≤ 6
不可用	<5	>6

单基站 RTK 测量的作业半径不宜超过 5 km，移动站观测应符合规定。作业过程中不应对基准站的主机参数、天线位置和高度进行更改。

3.RTK 控制测量

RTK 控制测量分为平面控制测量和高程控制测量

1）RTK 平面控制测量

RTK 平面控制点的点位选择要求参照《全球定位系统实时动态测量（RTK）技术规范》（CH/T 2009—2010）和《工程测量标准》执行。RTK 平面控制测量主要技术要求应符合表 9-4-2 的规定。

表 9-4-2　RTK 平面控制测量主要技术要求

等级	相邻点间平均距离 /m	点位中误差 /cm	边长相对中误差	与基准站的距离 /km	测回数	起算点
一级	500	≤ ±5	≤ 1/20 000	≤ 5	≥ 4	四等及以上

续表

等级	相邻点间平均距离 /m	点位中误差 /cm	边长相对中误差	与基准站的距离 /km	测回数	起算点
二级	300	≤ ±5	≤ 1/10 000	≤ 5	≥ 3	一级及以上
三级	200	≤ ±5	≤ 1/6 000	≤ 5	≥ 2	二级及以上

注：①点位中误差指控制点相对于最近基准站的误差；

②采用单基准站 RTK 测量一级控制点需至少更换一次基准站进行观测，每站观测次数不少于 2 次；

③相邻点间距离不宜小于该等级平均边长的 1/2。

Ⅰ. 测区坐标系统转换参数的获取

（1）在获取测区坐标系统转换参数时，可以直接利用已知的参数。

（2）在没有已知转换参数时，可以自行求解。

（3）大地坐标系与参心坐标系转换参数的求解，应采用不少于 3 点的高等级起算点两套坐标系成果，所选起算点应分布均匀，且能控制整个测区。

（4）转换时应根据测区范围及具体情况，对起算点进行可靠性检验，采用合理的数学模型，进行多种点组合方式计算和优选。

（5）RTK 控制点测量转换参数的求解，不能采用现场点校正的方法进行。

Ⅱ. 单基站 RTK 测量的基准站设置规定

（1）用电台进行数据传输时，基准站宜选择在测区相对较高的位置。

（2）应检查基准站电台和移动站的连接，并应核对电台频率保持一致，在手簿中输入准确的基准站坐标、高程，并正确设置仪器高、天线类型、电台播发格式等设备参数。

Ⅲ. 移动站接收机的点位校核规定

（1）作业前应在同等级或高等级点位上进行校核，并不应少于 2 点。

（2）作业中若出现卫星失锁或数据通信中断，应在同等级或高等级点位上进行校核，并不应少于 1 点。

（3）每次作业开始前或重新架设基准站后，均应进行至少一个同等级或高等级已知点的检核，平面位置校核偏差不应大于 50 mm，高程校核偏差不宜大于 70 mm。

（4）数据采集器设置控制点的单次观测的平面收敛精度不应大于 2 cm，RTK 高程控制点测量设置高程收敛精度应小于或等于 ±3 cm。

（5）RTK 平面控制点测量流动站观测时应采用三脚架对中、整平，每次观测历元数应不少于 20 个，采样间隔 2~5 s，各次测量的平面坐标较差和高程较差应满足 ≤ ±4 cm 要求后取中数作为最终结果。

Ⅳ. RTK 控制测量作业应采用多测回法观测

（1）作业前和测回间应进行接收机初始化，当初始化时间超过 5 min 仍无法获得固定解时，宜重新启动接收机进行初始化；重启后仍不能获得固定解时，应选择其他位置进行测量。

（2）应在得到 RTK 固定解且收敛稳定后开始记录观测值，观测值不应少于 10 个，应取平均值作为本测回的观测结果；经纬度记录应精确至 0.000 01″，坐标与高程记录应精确至 0.001 m。

（3）测回数应符合表 9-4-2 的规定，测回间的时间中断间隔应大于 60 s。

（4）测回间的平面坐标分量较差的绝对值不应大于 25 mm，高程较差的绝对值不应大于 50 mm；应取各测回结果的平均值作为最终观测成果。

2）RTK 高程控制测量

RTK 高程控制点的埋设一般与 RTK 平面控制点同步进行，标石可以重合。RTK 高程点控制测量主要技术要求应符合表 9-4-3 的规定。

表 9-4-3　RTK 高程控制点测量主要技术要求

等级	高程中误差 /cm	与基准站的距离 /km	观测次数	起算点等级
五等	≤ ±3	≤5	≥3	四等水准及以上

注：高程中误差指控制点高程相对于起算点的误差。

RTK 控制点高程的测定是将移动站测得的大地高减去移动站的高程异常获得的。移动站的高程异常可以采用数学拟合、似大地水准面精化模型内插等方法获取。使用拟合方法时，拟合的起算点在平原地区一般不少于 6 个，拟合的起算点点位应均匀分布于测区四周及中间，间距一般不宜超过 5 km，地形起伏较大时，应按测区地形特征适当增加拟合的起算点数。当测区面积较大时，宜采用分区拟合的方法。

3）成果数据处理与检查

用 RTK 技术施测的控制点成果应进行 100% 的内业检查和不少于总点数 10% 的外业检测。平面控制点外业检测可采用相应等级的卫星定位静态（快速静态）技术测定坐标，全站仪测量边长和角度等方法，高程控制点外业检测可采用相应等级的三角高程、几何水准测量等方法，检测点应均匀分布在测区内。检测结果应满足表 9-4-4 和表 9-4-5 的要求。

表 9-4-4　全站仪固定边、固定角及导线法联测检核的主要技术要求

等级	边长检核		角度检核		坐标校核
	测距中误差 /mm	边长相对中误差	测角中误差 /″	角度较差	坐标校差中误差 /cm
一级	≤15	≤1/14 000	≤ ±5	≤14	≤ ±5
二级	≤15	≤1/7000	≤ ±8	≤20	≤ ±5
三级	≤15	≤1/5000	≤ ±12	≤30	≤ ±5

当采用 RTK 法复测检核时，可采用同一基准站两次独立测量或不同基准站各一次独立测量方法，并应按下式统计检核点的精度，检核点的点位中误差不应超过 50 mm。

$$M_{\Delta}=\sqrt{\frac{[\Delta S_i \Delta S_i]}{2n}} \tag{9-4-1}$$

式中 M_{Δ}—— 检核点的点位中误差（mm）；

ΔS_i——检核点与原点位的平面位置偏差（mm）；

N——检核点个数。

表 9-4-5 高程检测主要技术要求

高差较差 /mm
≤ 40 $\sqrt{L}$

注：L 为检测路线长度，以 km 为单位，不足 1 km 时按 1 km 计算。

4. RTK 图根控制测量

1）RTK 图根控制测量的主要技术要求

（1）图根点标志宜采用木桩、铁桩或其他临时标志，必要时可埋设一定数量的标石。

（2）RTK 平面图根点测量，移动站观测时应采用三脚架对中、整平，每次观测历元数应大于 10 个。

（3）测区坐标系统转换时，计算的 RTK 图根点测量平面坐标转换残差应小于或等于图上 ±0.07 mm；RTK 图根点测量高程拟合残差应不大于等高距的 1/12。

（4）RTK 图根控制测量可采用单基站 RTK 测量模式，也可采用网络 RTK 测量模式；作业时有效卫星数不宜少于 6 个，多星座系统有效卫星数不宜少于 7 个，PDOP 值应小于 6，并应采用固定解成果。

（5）RTK 图根控制点应进行两次独立测量，坐标较差不应大于图上 0.1 mm，高程较差应小于等高距的 1/10，符合要求后应取两次独立测量的平均值作为最终成果。

（6）RTK 图根控制测量的主要技术要求应符合表 9-4-6 规定。

（7）其他要求与上述控制点测量相同。

表 9-4-6 RTK 图根控制测量主要技术要求

等级	相邻点间距离 /m	点位中误差 /mm	高程中误差	与基准站的距离 /km	观测次数
图根点	≥ 100	图上距离 ≤ ±0.1	≤ 1/10 基本等高距	≤ 5	≥ 2

注：点位中误差指控制点相对于最近基准站的误差。

2）成果数据处理与检查

用 RTK 技术施测的图根点平面成果应进行 100% 的内业检查和不少于总点数 10% 的外业检测，外业检查采用相应等级的全站仪测量边长和角度或导线联测等，其检测点应均匀分布在测区的中部和周边，检测结果应满足表 9-4-7 的要求。

表 9-4-7　RTK 图根点平面检测精度要求

等级	边长检核		角度检核		坐标检核	高程较差
	测距中误差 /mm	边长较差的相对误差	测角中误差（″）	角度较差的限差（″）	图上平面坐标较差 /mm	
图根	≤ ±20	≤ 1/3 000	≤ ±20	60	≤ ±0.15	≤ 1/7 基本等高距

用 RTK 技术施测的图根点高程成果应进行 100% 的内业检查和不少于总点数 10% 的外业检测，外业检测应采用相应等级的三角高程、几何水准测量等方法，其检测点应均匀分布在测区内，检测结果应满足表 9-4-8 的要求。

表 9-4-8　RTK 图根点高程检测精度要求

等级	检核高差 /mm
五等	$\leqslant 50\sqrt{D}$

5. RTK 精度

RTK 测量成果的精度由 GNSS 接收机标称误差、转换参数误差及人为误差组成。其中，GNSS 接收机标称精度为仪器固定误差；转换参数包括四参数和高程拟合参数，误差大小取决于点位的分布情况、所采用的拟合方式及实测误差；人为误差主要是对中误差及数据录入错误等。

【任务实施】

根据主要技术要求进行不同等级控制点测量的设置，并检核控制测量成果。

工程之星控制点测量操作

1. 基站架设

内容参考本项目任务三。

2. 移动站架设

在此与本项目任务三略有不同，控制点数据采集需要使用三脚架架设移动站，其他与任务三相同。

3. 参数配置

工程之星是以工程文件的形式对软件进行管理的，所有的软件操作都是在某个定义的工程下完成的。每次进入工程之星软件，软件都会自动调入最后一次使用工程之星时的工程文件。

1）新建工程

一般情况下，每次开始一个地区的测量施工前都要新建一个与当前工程测量所匹配的工程文件，具体步骤见表 9-4-9。

表 9-4-9 新建工程步骤

任务	步骤	工程之星界面显示
新建工程	依次单击“工程”“新建工程”，设置工程名称（默认当前日期为工程名称）。新建的工程将保存在默认的作业路径“\SOUTHGNSS_EGStar\” 中。（如要套用以前的工程，可以勾选“套用模式”，然后单击“选择套用工程”，选择想要使用的工程文件，然后单击“确定”）	
坐标系统设置	新建工程后，软件会自动跳转到当前“坐标系统设置”界面，或者单击“配置”找到“坐标系统设置”。 （1）坐标系统—自定义坐标系统名称（默认 CGCS2000）。 （2）目标椭球—选择目标椭球（进入椭球模板，可自定义）	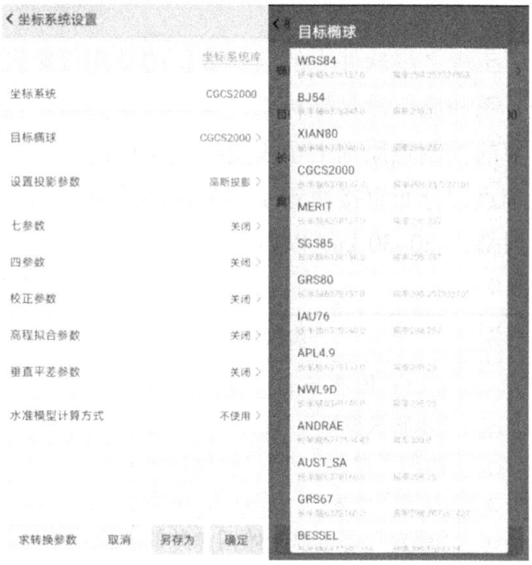

续表

任务	步骤	工程之星界面显示
坐标系统设置	（3）设置投影参数（中央子午线），投影方式选择“高斯投影”，中央子午线输入当地中央子午线或者单击定位图标自动获取。 （4）其他设置默认。 （5）单击“确定”，完成新建工程	投影方式 投影方式 高斯投影 北偏移 0 东偏移 500000 中央子午线 114 基准纬度 0 投影比例尺 1 投影高 0 取消 确定 投影方式 高斯投影 UTM投影 墨卡托正轴等角切圆柱投影 墨卡托正轴等角割圆柱投影 墨卡托斜轴角度投影 墨卡托斜轴角度2点投影 倾斜赤平投影 双赤平投影 兰勃特正形切圆锥 兰勃特正形割圆锥投影 罗马尼亚1970投影 罗马尼亚1930投影 斜轴墨卡托投影 惠特宁斜轴墨卡托投影 Cassini Old Cassini Cassini to RSO

2）求转换参数

工程之星求转换参数操作视频

工程之星软件中的四参数指的是在投影设置下选定的椭球内大地坐标系和施工测量坐标系之间的转换参数。需要特别注意的是，参与计算的控制点原则上至少要用两个或两个以上的点，控制点等级的高低和点位分布直接决定了四参数的控制范围。四参数理想的控制范围一般都在 20~30 km^2 以内。求转换参数的具体步骤见表 9-4-10。

表 9-4-10　求转换参数步骤

任务	步骤	工程之星界面显示
求转换参数	（1）依次单击“输入”—“求转换参数”，首先单击右上角的“设置”，将“坐标转换方法”改为“一步法”，单击“确定”则可以开始四参数的设置。 （2）单击“添加”，输入已知平面坐标及大地坐标。在“更多获取方式”中有“定位获取”和“点库获取”，“定位获取”可以直接到点位上去测量获取大地坐标，“点库获取”可以是导入的点或者是已经测量的点。输入完成以后，单击“确定”，添加完第一个坐标。	求转换参数 匹配 名称 北坐标 东坐标 导入 导出 应用 计算 添加 增加坐标 平面坐标 点名 Pt1 北坐标 2564765.354 东坐标 440300.859 高程 50.286 大地坐标 点名 纬度 +023.105365786740 经度 +113.250091756560 椭球高 50.267 是否使用 ✓高程 ✓平面 确定

续表

任务	步骤	工程之星界面显示
求转换参数	（3）用同样的方法添加第二个点坐标。如果输入有误，可以单击点号，进行修改或者删除。 （4）单击“计算”，检查计算结果是否正确，无误后单击“应用”，将该参数应用到该工程中。 （5）可以在“配置”—“转换参数设置”—“四参数”中查看四参数的北偏移、东偏移、旋转角和比例尺	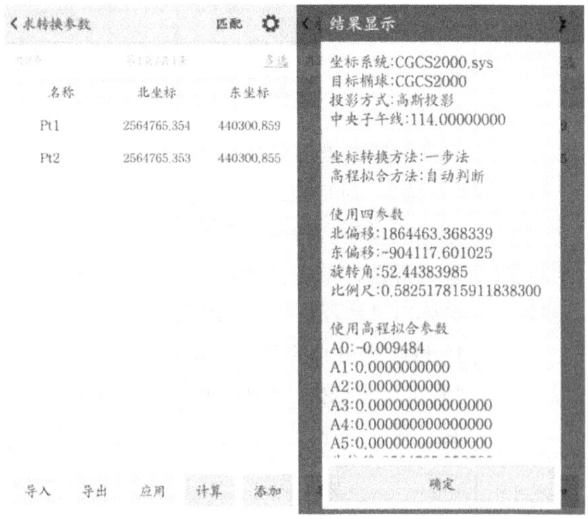

注：RTK 图根点测量平面坐标转换残差不应大于图上 ±0.07 mm，RTK 图根点测量高程拟合残差不应大于 1/12 基本等高距。

3）控制点数据采集配置

控制点数据采集配置的具体步骤见表 9-4-11。

表 9-4-11　控制点数据采集配置步骤

任务	步骤	工程之星界面显示
控制点数据采集配置	（1）依次单击“测量”—“控制点测量”，进入控制点测量界面。 （2）单击右上角“设置”，设置测回数为 2，测点数为 10，历元数为 1，延迟时间为 8，平面限差（m）为 0.02，高程限差（m）为 0.03	

4. 控制点测量

RTK 图根点控制测量，移动站应采用三脚架及基座，严格对中、整平，每次观测历元数应大于 20 个，具体步骤见表 9-4-12。

表 9-4-12　控制点测量步骤

任务	步骤	工程之星界面显示
控制点测量	单击控制点测量界面的“开始”，则开始采集，采集完成以后会弹出保存测量点界面，单击“确定”，会弹出“是否查看 GPS 控制点测量报告”，单击“确定”，则生成 GPS 控制点测量报告	 〈控制点测量 测点: 0/3　测回: 1/2 历元: 0/3　等待: 6 点名 直高　● 杆高　测片 天线量取高度 N : 2544537.763　E : 500000.000 H : 37.800　Time : 10:33:17 HRMS : 0.000　VRMS : 0.000 状态 :固定解(G9+C13/22) 开始　停止　取消 〈保存测量点 点名　Pt1 编码 解状态 一固定解 HRMS 0.000　VRMS 0.000 纬度 23.0000006000　北坐标 2544537.763 经度 114.0000003000　东坐标 500000.085 椭球高 37.700　高程 37.700 取消　报告　确定

【技能训练】

RTK 图根控制测量：会利用单基准站 RTK 内置电台模式完成图根控制点的测量工作。

【思考与练习】

（1）RTK 控制测量中移动站接收机的点位校核应符合哪些规定？

（2）简述 RTK 控制测量作业步骤。

任务五　GNSS-RTK 测图

【任务导入】

地形测图为城市、矿区以及各工程提供不同比例尺的地形图，以满足城市规划和各种经济建设的需要。RTK 技术可用于地形测图中的碎部点采集工作。

【任务准备】

（1）RTK 碎部点测量流动站观测时可采用固定高度对中杆对中、整平，观测历元数应大于 5 个。

（2）连续采集一组地形碎部点数据超过 50 点，应重新进行初始化，并检核一个重合点，当检核点位坐标较差不大于图上 0.5 mm 时，方可继续测量。

（3）RTK 碎部点测量平面坐标转换残差不应大于图上 ±0.1 mm，RTK 碎部点测量高程拟合残差不应大于 1/10 基本等高距。RTK 碎部点测量主要技术要求见表 9-5-1。

表 9-5-1　RTK 碎部点测量主要技术要求

等级	点位中误差 /mm	高程中误差	与基准站的距离 /km	观测次数
碎部点	图上距离≤ ±0.5	≤ 1/10 基本等高距	≤ 10	≥ 1

【任务实施】

1. 基准站、移动站架设并设置工作模式

具体内容参考任务三 RTK 作业模式介绍。

GNSS-RTK
碎步点数据采集

2. 野外草图的绘制

具体内容参见项目七任务六全站仪测图相关内容。

3. 图根控制测量

具体内容参考本项目任务四 GNSS-RTK 控制测量。

4. 碎部测量

将移动站放在待测地物地貌特征点上，打开工程之星软件，依次单击“测量”—“点测量”，扶稳对中杆，保持气泡居中，单击“平滑”，输入点名（继续测点时，点名将自动累加）、杆高，单击“确定”，完成数据采集，并在草图相应位置标注点号。

5. 数据导出

（1）打开工程之星软件，依次单击“工程”“文件导入导出”“成果文件导出”，输入导出文件名，选择需要导出的文件类型（一般选择测量成果数据 *.dat）；或者在“输入”—“坐标管理库”中导出。

（2）将手簿连接计算机，在路径 /storage/emulated/0/SOUTHGNSS_EGStar/Export 中或者选定的其他目录中，将导出的测量成果数据 *.dat 文件拷贝出来，根据野外草图，在绘图软件中完成内业成图工作。内业成图参考本书项目十的内容。

【技能训练】

GNSS-RTK 碎部数据采集：会利用单基准站 RTK 内置电台模式测量数字地形图。

【思考与练习】

RTK 碎部点测量主要技术要求有哪些？

任务六　GNSS-RTK 放样

【任务导入】

施工放样是指将设计图纸上工程建筑物的平面位置和高程，采用一定的测量仪器和方法放样到实地上的测量工作。本任务介绍 GNSS-RTK 放样点位的方法。

【任务准备】

1. 点放样

在已知放样点坐标时，可直接将坐标文件导入手簿软件，或者直接在放样坐标库中输入放样点坐标进行放样。

2. 直线放样

直线放样常用于电杆排放、直线线路放样等。根据界面的导航信息可以快速到达待定直线。使用两点可以确定一条直线，也可以使用一点及一个方位角确定一条直线。

【任务实施】

1. 点放样

GNSS-RTK
点放样

（1）依次单击“测量”“点放样”，进入点放样界面，如图 9-6-1 所示。

（2）单击“目标”，进入放样点库，如图 9-6-2 所示。

（3）选择需要放样的点，单击“点放样”—“选项”，选择“提示范围”，选择 1 m，则当前点移动到离目标点 1 m 范围以内时，系统会语音提示。

（4）在放样主界面上会提三个方向上的移动距离。

（5）放样与当前点相连的点时，可以不用进入放样点库，单击“上点”或“下点”根据提示选择即可。

2. 直线放样

（1）依次单击“测量”→“直线放样”，进入直线放样界面，如图 9-6-3 所示。

（2）单击“目标”，如果有已经编辑好的放样线文件，选择要放样的线，单击“确定”按钮即可，如图 9-6-3 所示；如果线放样坐标库中没有线放样文件，单击“增加”，输入线的起点和终点坐标就可以在线放样坐标库中生成放样线文件，如图 9-6-4 所示。

（3）直线放样主界面会提示当前点与目标直线的垂距、里程、向北和向东距离等信息（显示内容可以单击“显示”，会出现很多可以显示的选项，选择需要显示的选项即可），与点放样一样，在“选项”里也可进行线放样的设置。

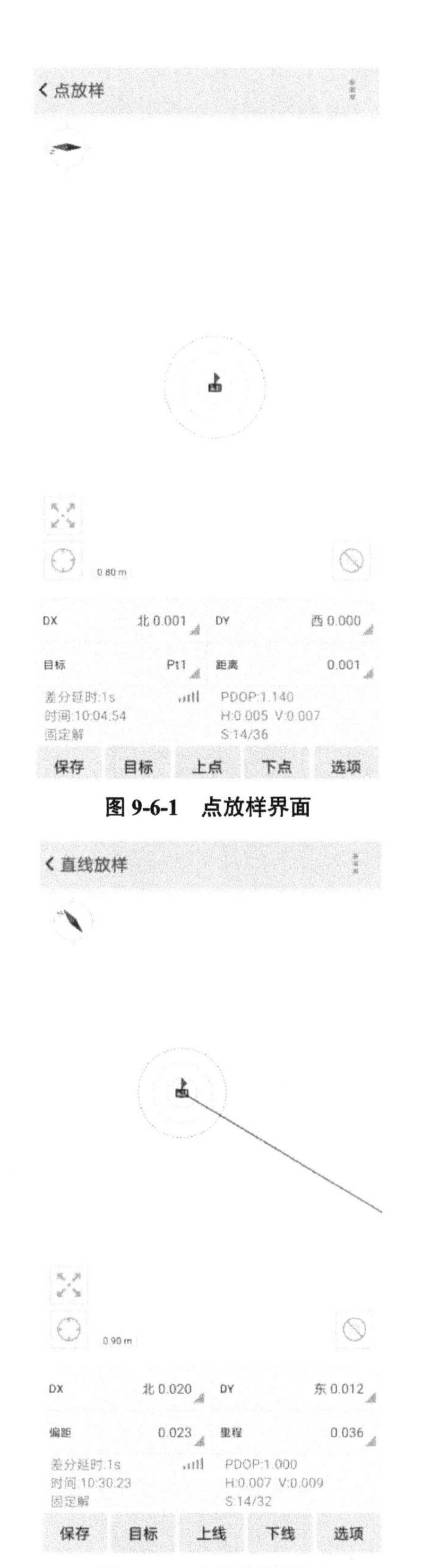

图 9-6-1　点放样界面

图 9-6-3　直线放样界面

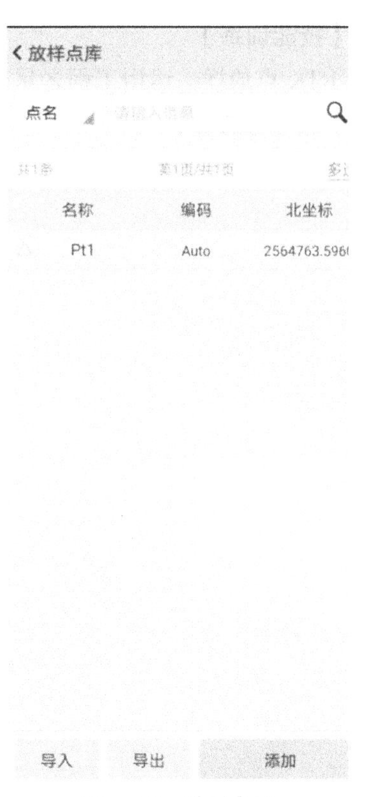

图 9-6-2　放样点库

图 9-6-4　增加线界面

【技能训练】

RTK 点放样：运用工程之星软件完成点放样工作。

【思考与练习】

简述点放样操作步骤。

项目十

SmartGIS Survey EDU 基础地理信息数据生产平台绘制大比例尺地形图

【项目描述】

SmartGIS Survey 基础地理信息数据生产平台集基础地理信息数据转换、生产、分析、质检、分发、入库、出图于一体，适用于大比例尺地形图制图、基础地理信息数据生产建库、空间数据分析、空间数据转换、空间数据分发等业务。

【项目目标】

（1）掌握 SmartGIS Survey EDU 软件的基本操作。

（2）掌握大比例尺地形图内业绘制流程。

任务一　数字地形图绘图流程

【任务准备】

1. 基本概念

将整个地球或者地球上某一区域的实体沿铅垂线方向投影到参考椭圆体表面，在参考椭球面和平面之间建立点与点之间函数关系的数学方法，称为地图投影。若考虑地球曲率的影响，应用地图投影的方法将整个地球或地球上某一区域的实体按比例尺缩小后绘于平面上，这种图称为地图。

将地面上的地物和地貌按水平投影的方法（沿铅垂线方向投影到水平面上），并按一定的比例尺缩绘到图纸上，这种图称为地形图。

2. 比例尺

将地面上的地物或地貌（高低起伏的地表情况）在平面上的投影缩小后绘在图上，地形图上线段的长度与其地面上相应直线的水平距离之比称为地形图的比例尺。

比例尺的大小是以比例尺的比值来衡量的，它的大小与分母值成反比，分母值越小，则比例尺越大，地图内容就越详细。

3. 地形图分幅和编号

地形图分幅和编号就是以经纬线（或坐标格网线）按规定的方法，将地球表面划分成整齐的、大小一致的、一系列梯形（矩形或正方形）的图块，每一图块称为一个图幅，并给以统一的编号。

4. 地形图图式

地面上的地物和地貌，在地形图上是用各种不同的符号来表示的，这些符号统称为地形图图式。

5. 符号的分类

1）比例符号

依比例尺符号：地物依比例尺缩小后，其长度和宽度能依比例尺表示的地物符号。

半依比例尺符号：地物依比例尺缩小后，其长度能依比例尺而宽度不能依比例尺表示的地物符号。

不依比例尺符号：地物依比例尺缩小后，其长度和宽度不能依比例尺表示的地物符号。

2）空间分布状态符号

点状符号：一种表达不能依比例尺表示的小面积事物（如油库、气象站等）和点状事物（如控制点等）所采用的符号，符号的大小和形状与地图比例尺无关，它只具有定位意义。

线状符号：一种表达呈线状或带状延伸分布事物所采用的符号，如河流，其长度能按比例尺表示，而宽度一般不能按比例尺表示，需要进行适当的夸大。其形状和颜色表示事物的质量特征，其宽度往往反映事物的等级或数值，这类符号能表示事物的分布位置、延伸形态和长度，但不能表示其宽度。

面状符号：一种能按地图比例尺表示出事物分布范围的符号，用轮廓线（实线、虚线或点线）表示事物的分布范围，其形状与事物的平面图形相似，轮廓线内加绘颜色或说明符号以表示它的性质和数量，并可以从图上量测其长度、宽度和面积。

3）注释符号

在图上用文字表示村、镇、学校、铁路、公路的名称及其去向；用数字表示等高线和地形点的高程及房屋的层数；用箭头表示水流方向；用特定的符号（按地形图图式规定）表示土地界线内的植物或果树种类等，都称为注释符号。这些符号并不表示地物的大小和位置，只是对地物的性质做说明，是地物 – 地貌符号的补充注释。

6. 地形图颜色

1 ∶ 500、1 ∶ 1000、1 ∶ 2000 地形图视用图需要可采用多色或单色，多色图采用青、品红、黄、黑（CMYK）四色，按规定色值进行分色。

7. 测站改正

测站改正所针对的错误类型可能是测站点数据输入错误，或者是后视点数据输入错误，或者是两者的数据都输入错误，所有的情况都是同一类问题，也就是使得实际地面上的点有了两套坐标，即一套正确的坐标和一套错误的坐标，而实际地面点的位置不变是测站改正得以实现的基础和根本。

SmartGIS Survey EDU 基本操作

【任务实施】

大比例尺地形图绘制流程如图 10-1-1 所示，具体操作步骤如下。

1.创建工程 → 2.读取测量点数据 → 3.地物绘制 → 4.绘制等值线 → 5.图幅整饰 → 6.图廓整饰 → 7.打印出图

图 10-1-1　SmartGIS Survey 绘制流程

SmartGIS Survey EDU 软件大比例尺地形图生产流程

1. 创建工程

（1）在开始菜单栏，单击“创建工程”，或在命令行输入“createworkspace”。

（2）弹出“创建工程”窗口，选择目标工程所在路径、工程模板、目标坐标系统。

（3）单击“确定”，创建新的工程。

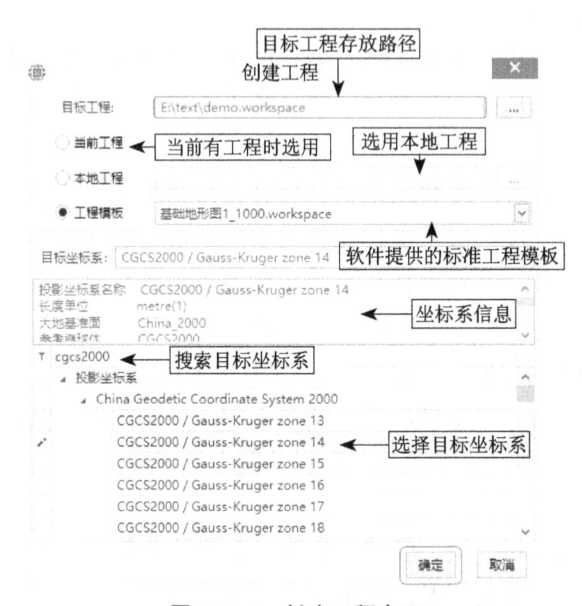

图 10-1-2　创建工程窗口

使用“基础地形模板”创建工程，软件可提供“基础地形图 1 ∶ 1000”模板，模板按照《基础地理信息要素数据字典第 1 部分：1 ∶ 500、1 ∶ 1000、1 ∶ 2000 比例尺》（GB/T 20258.1—2019）标注制定数据库结构，并按照《国家基本比例尺地图图式第 1 部分：1 ∶ 500、1 ∶ 1000、1 ∶ 2000 地形图图式》（GB/T 20257.1—2017）为不同的地物编码配置符号。

2. 读取测量点数据

将以 txt、dat 格式存储的坐标点导入到地图的测量点图层中，可将测量点展为高程点、控制点或构建三角网等高线等。读取测量点数据界面如图 10-1-3 所示。

图 10-1-3　读取测量点数据界面

1）读取测量坐标数据

从 dat、txt、csv 文件中获取坐标信息，生成点对象。

（1）单击专业工具栏“读取测量坐标数据”，弹出读取测量坐标数据对话框，如图 10-1-4 所示。

图 10-1-4 读取测量坐标数据

（2）输入读取文件的路径，选择外业测量数据，设置好读取规则后，单击“导入”完成测量数据的导入。

2）展控制点

选择测量点，在图上展示为指定控制点。

（1）单击专业工具栏“展控制点”，弹出展控制点对话框，如图 10-1-5 所示。

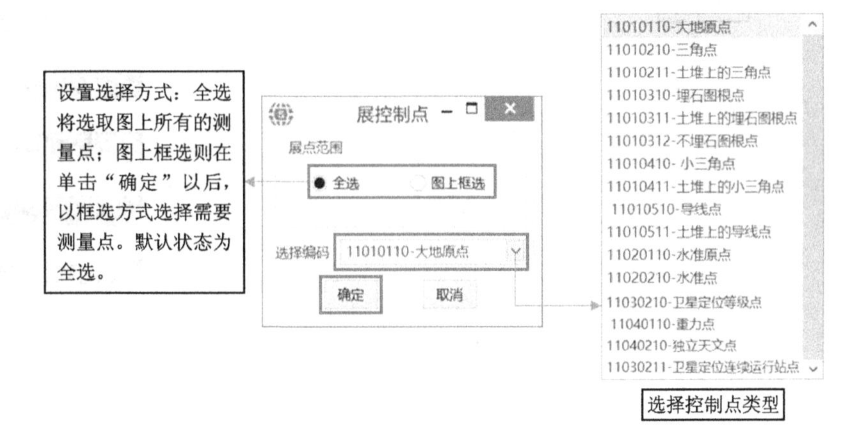

图 10-1-5 展控制点

（2）设置展点范围和控制点的编码类型后，单击“确定”创建控制点，并展示在图上。

3）测站改正

选中对象，根据其原有测站点和定向点方向，改正到新的测站点和定向点方向的所在位置。

（1）单击专业工具栏“测站改正”，或者在命令行输入命令“modizhan”。

（2）命令行提示“[全选（A）多边形框选（K）多边形交选（J）] 请选择需要改正的对象：”，单击或框选需要改正的对象，单击右键完成选择。

（3）命令行提示“请指定原测站位置”，指定所选对象原来测站所在的位置。

（4）命令行提示“请指定原定向点方向所在位置”，指定所选对象原来的定向点方向的位置。

（5）命令行提示“指定改正后的测站位置”，指定所选对象改正后的测站位置。

（6）命令行提示“指定改正后定向点方向”，指定所选对象改正后的定向点方向的位置后，完成改正并结束命令。

测站改正只有在数据需要改正时才可使用，正常情况下不需要使用。

3. 地物绘制

使用软件提供的绘图、编辑工具，配合绘图面板，搭配命令行进行地物绘制，如图 10-1-6 所示。

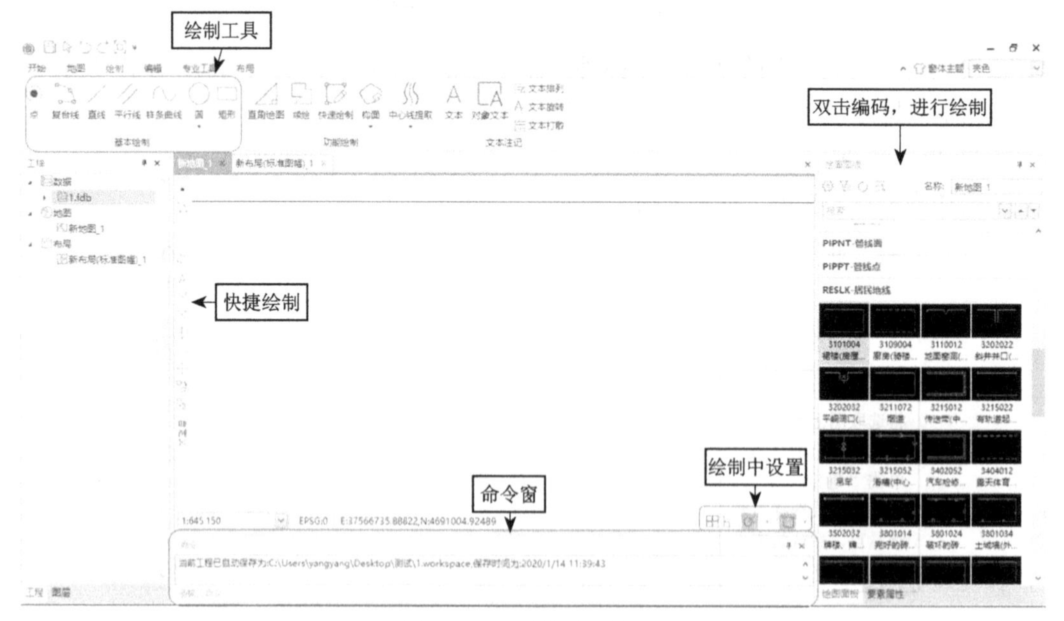

图 10-1-6　地物绘制窗口

1）绘图

在绘图面板中显示地物编码图例，搜索相应的地物编码并选中，即可在地图中绘制该编码类型的地物，如图 10-1-7 所示。

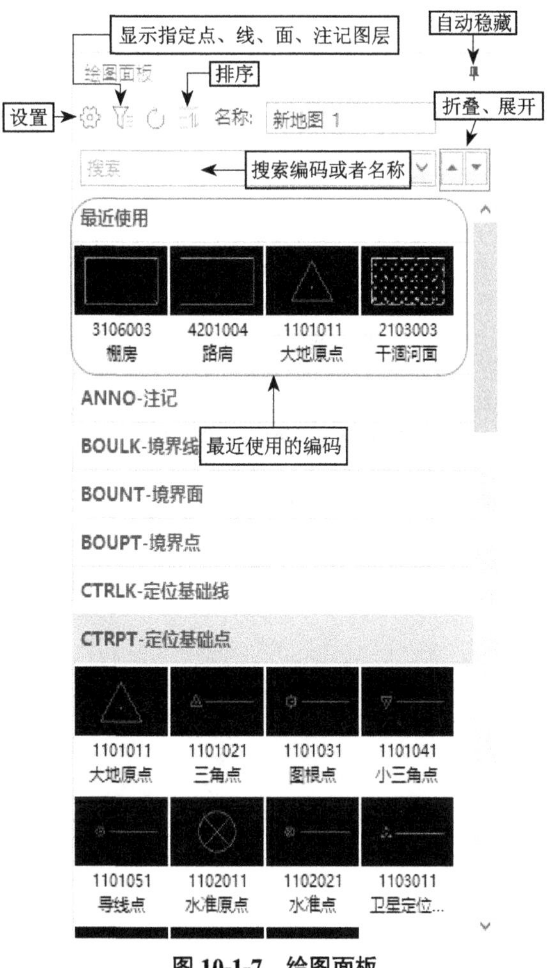

图 10-1-7　绘图面板

绘制前，为了方便绘制需进行相关设置工作。

绘图面板界面便于绘制时，编码选择操作如下。

（1）折叠：将所有编码按照图层折叠。

（2）展开：显示所有编码。

（3）排序：可以将绘图面板中的图层按照名称排序。

绘制编辑过程中相关设置如下。

正交：开启后绘制线状地物或面状地物时，只能在水平和竖直方向绘制。

极轴：开启后绘制时，光标将按指定角度进行移动。

捕捉：控制绘制、编辑时是否开启捕捉以及参与捕捉的节点类型。

以绘制建成房屋为例，具体步骤如下。

（1）在绘图面板的搜索栏查找到建成房屋编码，或者在命令栏搜索（图 10-1-8）找到编码，并双击选中。

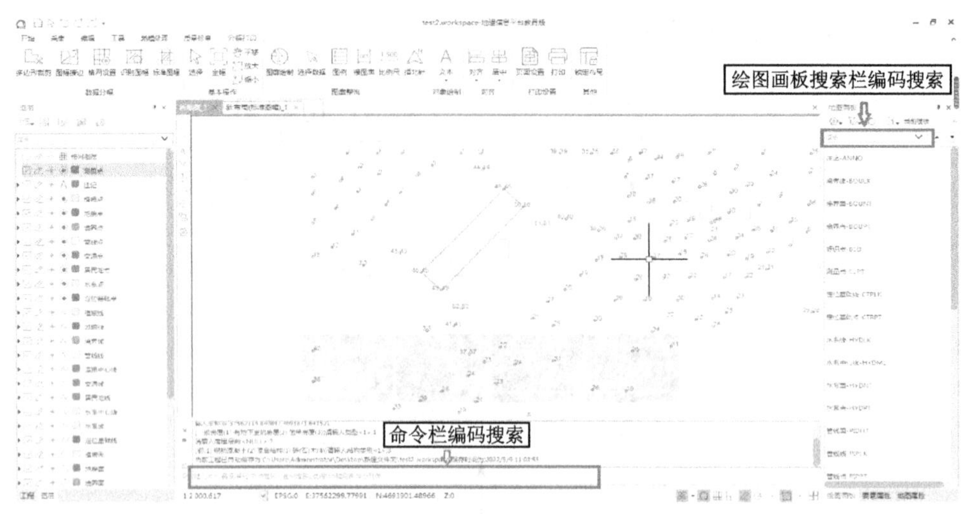

图 10-1-8　绘图面板搜索栏

（2）在绘图区选择地物对应的采集点号及命令栏提示逐点绘制，单击右键完成绘制。

（3）根据命令栏提示填入属性值，例如房屋类型、层数、层结构等，如图 10-1-9 所示。

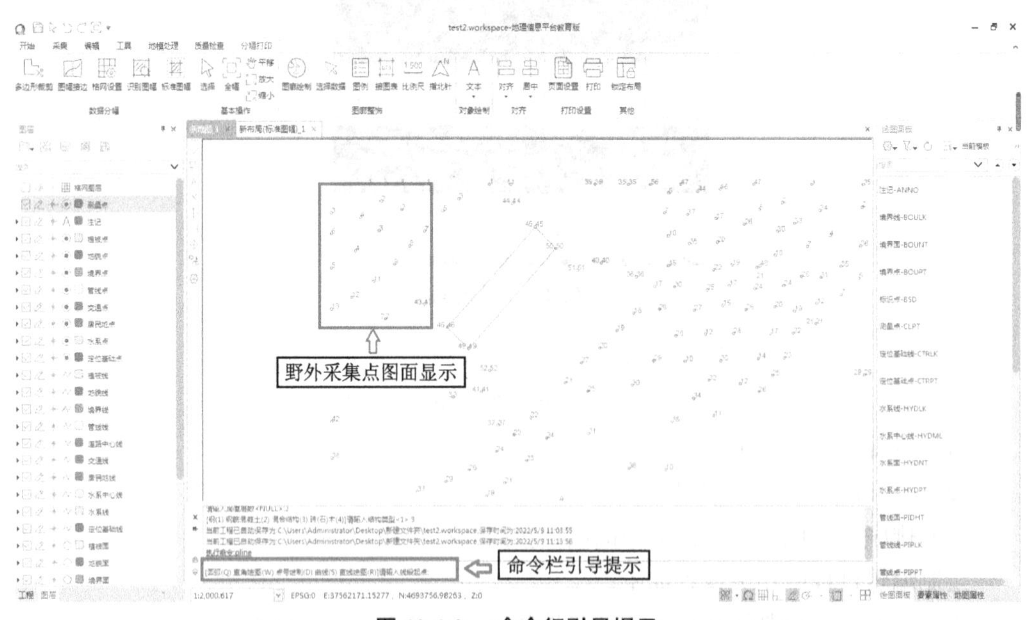

图 10-1-9　命令行引导提示

2）编码转换

将地物的编码转换为目标地物的编码，允许在相同几何类型的地物之间转换，例如点状地物之间的相互转化；允许闭合线状地物转化为面状地物，允许面状地物转化为线状地物。具体操作步骤如下。

（1）在绘图面板“设置”中勾选“允许编码转换”。

（2）在地图中选中地物后，在绘图面板中单击要转换成的目标地物编码。

（3）弹出“是否进行编码转换”对话框，单击“是”，完成编码转换。

将多个不同点状地物转换为水准点示例图如图 10-1-10 所示。

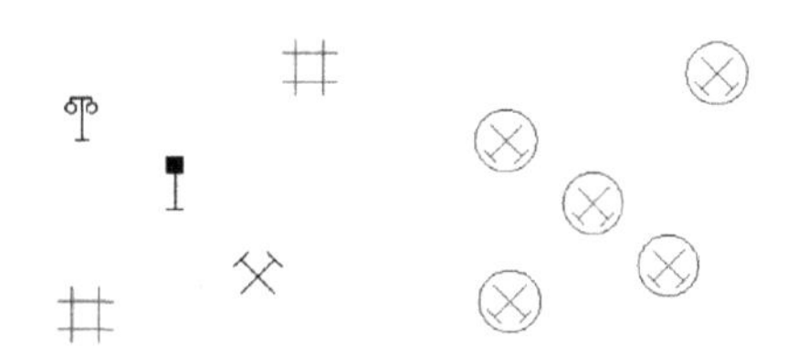

转换前　　　　转换后

图 10-1-10　将多个不同点状地物转换为水准点示例图

3）添加注记

依次选择“采集”—“文本注记”，或单击“文本” A，或在命令行输入“text”，或在绘图面板中双击注记代码进行绘制。

弹出“文本设置”对话框，对文本进行设置，设置完成后单击“确定”，如图 10-1-11 所示。

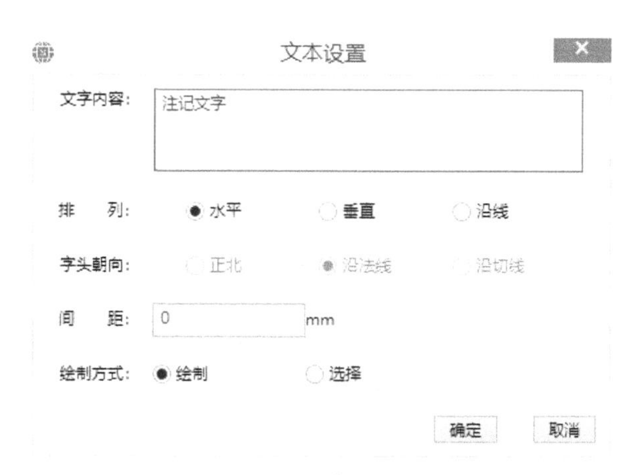

图 10-1-11　文本设置对话框

4. 绘制等高线

1）展高程点

（1）依次单击“采集”—“展测量点”—“展高程点”，弹出展高程点对话框，如图 10-1-12 所示。

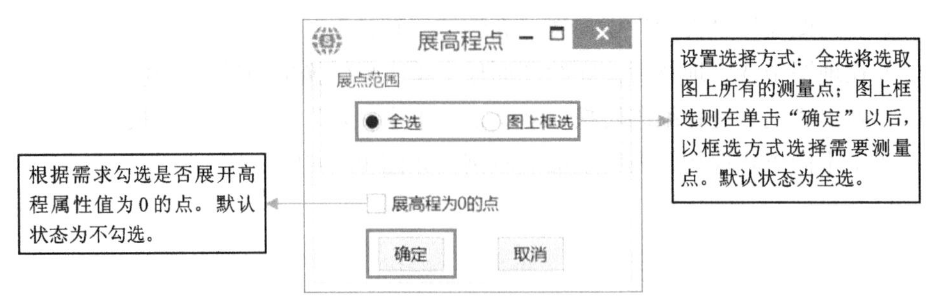

图 10-1-12　展高程点对话框

（2）选取展点范围的测量点后，单击“确定”创建高程点，并展示在图上。

2）生成三角网

（1）依次单击“地模处理”—“三角网”—“构建三角网”，弹出构建三角网对话框，如图 10-1-13 所示。

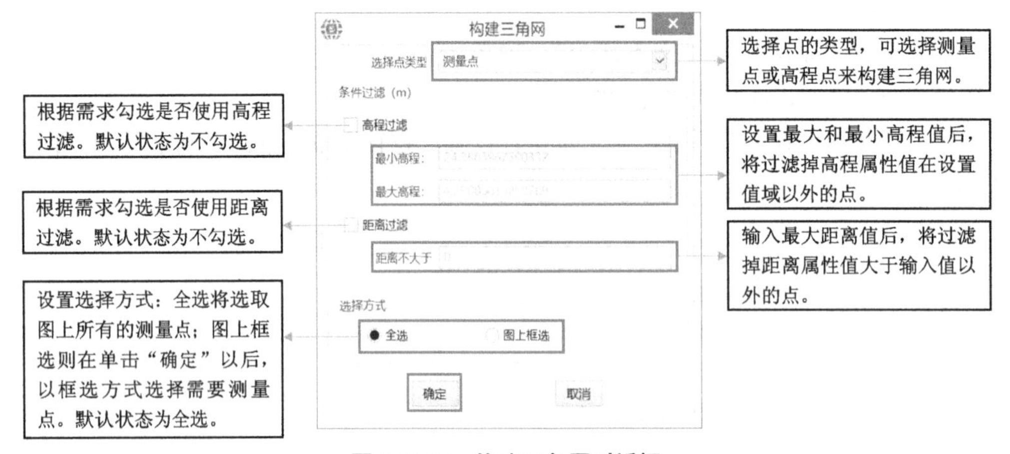

图 10-1-13　构建三角网对话框

（2）单击“地模处理”—“三角网”—“过滤三角网”/“删除三角形”，进行三角网编辑。三角网过滤后效果图如图 10-1-14 所示。

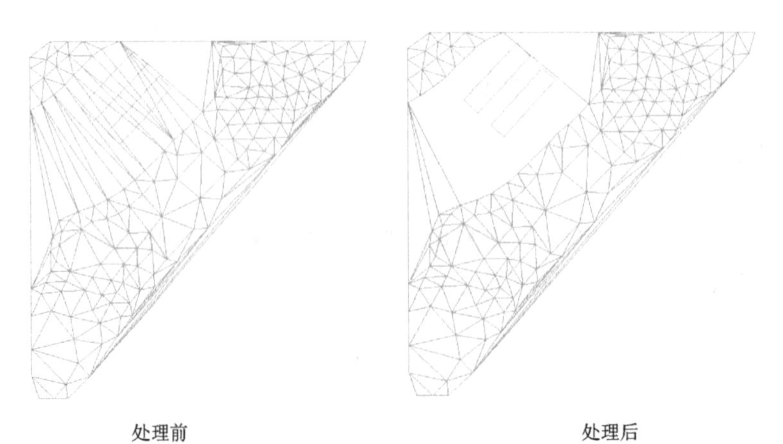

图 10-1-14　三角网过滤后效果图

3）绘制等值线

依次单击“地模处理”—“等值线”—“绘制等值线”，弹出绘制等高线对话框，如图 10-1-15 所示。等值线绘制效果图如图 10-1-16 所示。

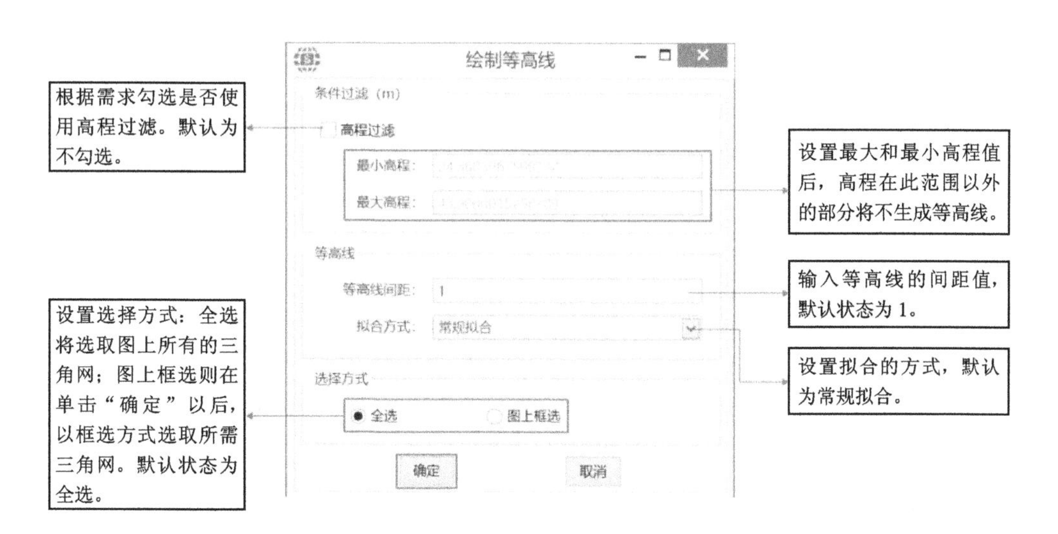
绘制等高线
条件过滤（m）
高程过滤
最小高程：
最大高程：
等高线
等高线间距：
1
拟合方式：
常规拟合
选择方式
全选
图上框选
确定
取消
根据需求勾选是否使用高程过滤。默认为不勾选。
设置最大和最小高程值后，高程在此范围以外的部分将不生成等高线。
输入等高线的间距值，默认状态为 1。
设置拟合的方式，默认为常规拟合。
设置选择方式：全选将选取图上所有的三角网；图上框选则在单击“确定”以后，以框选方式选取所需三角网。默认状态为全选。

图 10-1-15　绘制等高线对话框

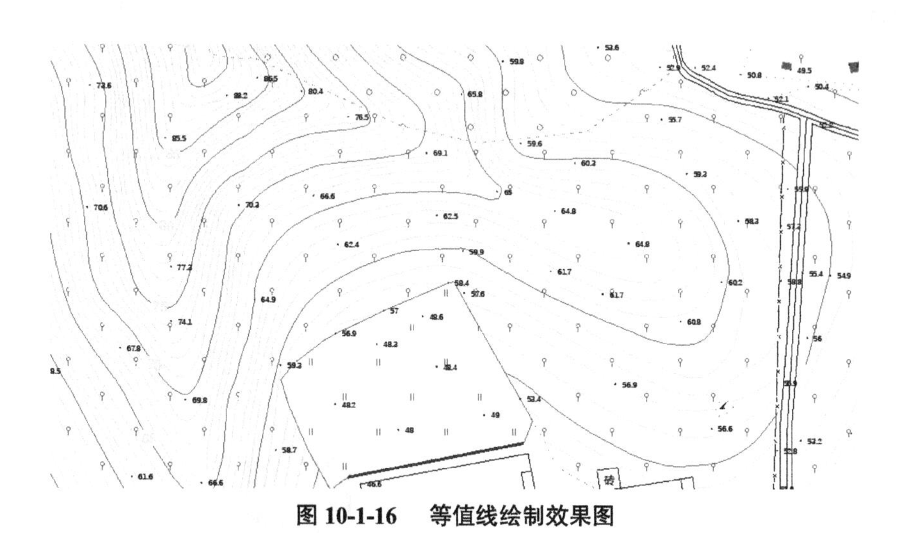

图 10-1-16　等值线绘制效果图

4）等值线注记

依次单击“地模处理”—“等值线注记”。等值线注记如图 10-1-17 所示。

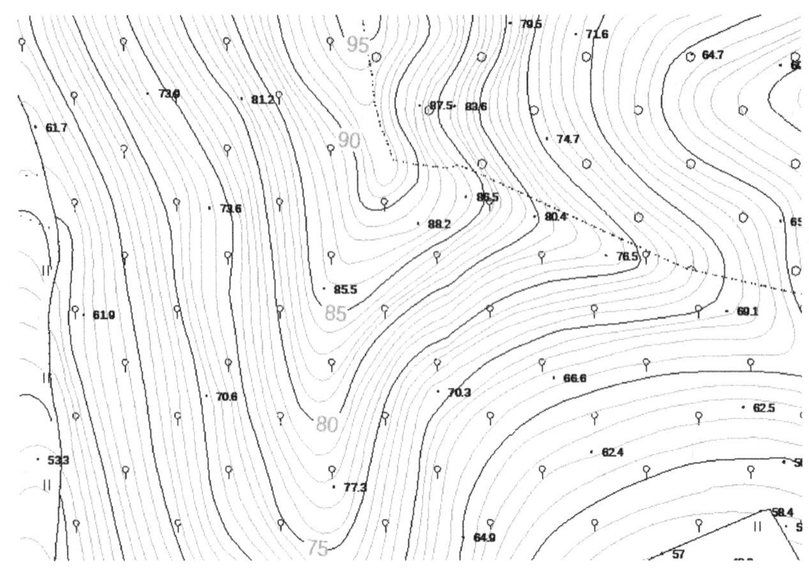

图 10-1-17　等值线注记

5. 图幅整饰

地形图的整饰是指在地形图的测绘后期对图面（包含图廓内和图廓外）的内容进行美化和规格化的各项技术工作。地形图的整饰工作，必须按《国家基本比例尺地图图式第 1 部分 1 ∶ 500、1 ∶ 1000、1 ∶ 2000 地形图图式》的要求进行。

图幅整饰编辑工具见表 10-1-1 和表 10-1-2，编辑菜单栏如图 10-1-18 所示。

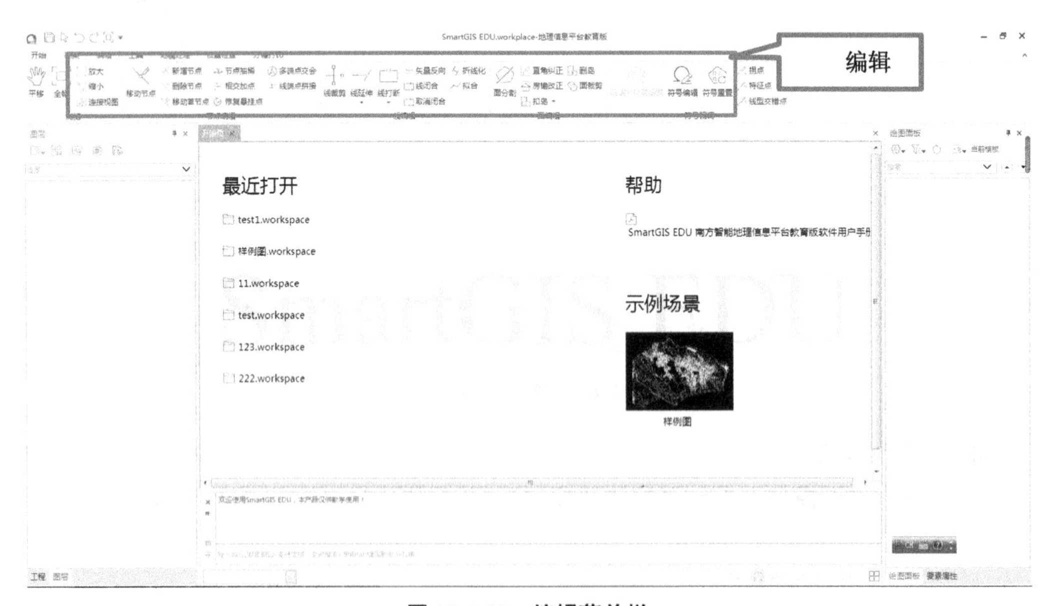

图 10-1-18　编辑菜单栏

表 10-1-1　图幅整饰编辑工具 1

依次单击“编辑”—“节点编辑”，对线或面对象的节点进行编辑		依次单击“编辑”—“线编辑”，对线对象进行裁剪、打断、延伸等编辑	
工具		工具	
功能	控件按钮符号	功能	控件按钮符号
移动节点		线裁剪	
删除节点		线延伸	
新增节点		线打断	
移动首节点		矢量反选	
节点抽稀		线闭合	
相交加点		取消线闭合	
修复悬挂点		折线化	
多端点交会		拟合	
线端点拼接			
依次单击“编辑”—“面编辑”，对面对象进行切割、扣岛等编辑		依次单击“编辑”—“符号精调”，为点线面符号在图上的展示更精准合理地进行符号化展示的调整	
工具		工具	
功能	控件按钮符号	功能	控件按钮符号
面分割		面填充符号精调	
扣岛		符号编辑	
房檐改正		符号重置	
删岛		拐点	
直角纠正		特征点	
面裁剪		线型交换点	

依次单击“采集”—“高程过滤”，按照一定的方式对图上的高程点进行过滤抽稀操作。

（1）单击专业工具栏“高程过滤”。

（2）命令行提示“[全选（A）多边形框选（K）多边形交选（J）] 请选择需要进行过滤的高程点 <A>：”，选择完成之后单击右键，弹出高程过滤点对话框，如图 10-1-19 所示。

图 10-1-19　高程点过滤 hko 对话框

（3）设置高程点过滤方式，单击“确定”，完成高程点过滤操作。

①依距离过滤：小于设置距离的高程点将被过滤掉。

②依高程值过滤：不在最大、最小高程值之间的高程点将被过滤掉。

6. 图廓整饰

地图加工完成后，需要将地图分幅，并进行图廓整饰，以便出图。首先使用“格网设置”创建分幅比例尺、格网，然后使用“标准图幅”，根据软件提示创建布局，如图 10-1-20 所示。

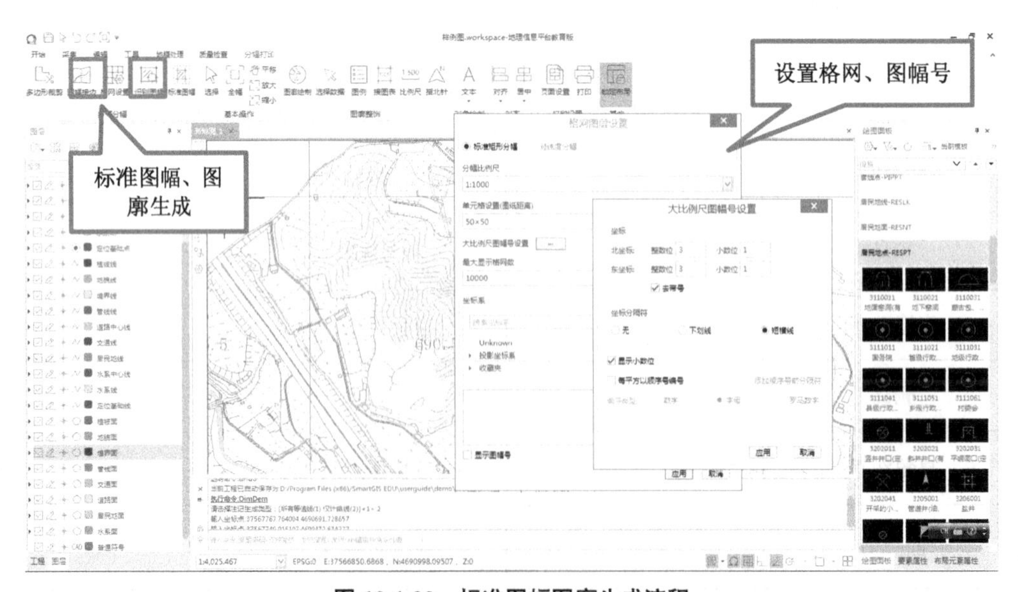

图 10-1-20　标准图幅图廓生成流程

在工程管理器，选择新生成的布局并打开，在可视化的布局窗口中查看生成的布局效果，并可对生成后的图廓进一步修改、调整，如图 10-1-21 所示。

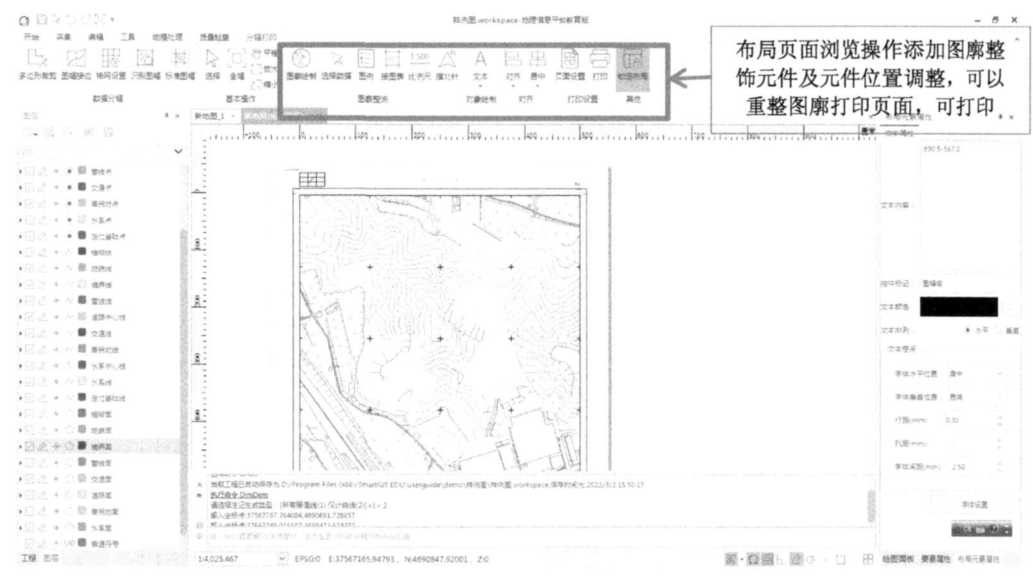

图 10-1- 21 图廓修改

7. 打印出图

将布局页面中的图形以 pdf 的格式输出，使用打印机、绘图仪进行打印，如图 10-1-22 和图 10-1-23 所示。

图 10-1-22 打印设置

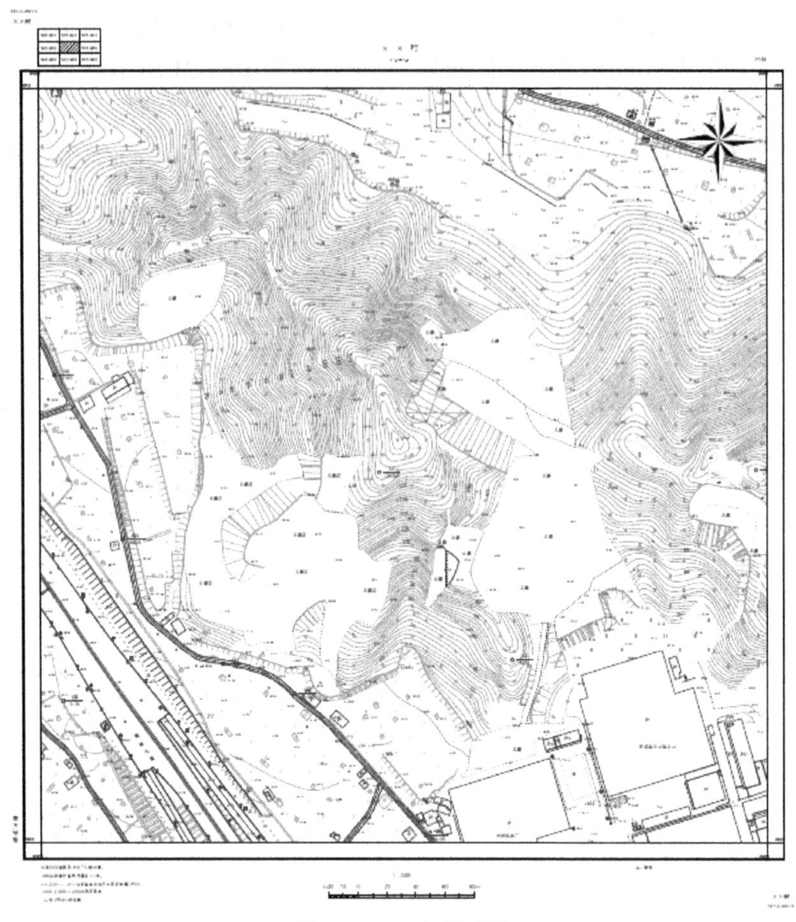

图 10-1-23　打印出图

【技能训练】

大比例尺地形图绘制：运用 SmartGIS Survey EDU 进行大比例尺地形图生产实训。

【思考与练习】

（1）简述大比例尺地形图生产流程。

（2）简述测站改正的定义以及如何进行测站改正。

项目十一

虚拟仿真实训

【项目描述】

虚拟仿真实验软件采用虚拟现实技术构建测量设备，使用者在虚拟仿真环境中进行设备结构认知学习及设备操作，实现虚拟仿真环境下的数据采集工作。

【项目目标】

（1）学会在虚拟仿真环境中使用电子水准仪，掌握水准测量作业流程。

（2）学会在虚拟仿真环境中使用 GNSS 接收机，掌握基准站和移动站架设、求转换参数、校正向导、坐标采集及数据导入导出等操作。

（3）学会在虚拟仿真环境中使用 GNSS 接收机进行控制测量，掌握图根点布设和图根点坐标采集。

（4）学会在虚拟仿真环境中使用全站仪，掌握对中整平、坐标采集、数据导入导出等操作。

任务一　水准测量仿真实训

【任务导入】

水准测量仿真实验软件采用虚拟现实技术构建电子水准仪、三脚架、尺垫、铟钢尺等设备，实现虚拟环境下水准测量全流程学习。

【任务实施】

1. 软件界面认知

软件载入后进入开始界面，界面包含的模块有指南、关于、设置、退出、开始，如图 11-1-1 所示。

水准测量仿真实验软件基本操作

图 11-1-1　开始界面

（1）单击“指南”，进入按键指南及符号说明页面。

（2）单击“关于”，显示软件版本信息、软件生产商等。

（3）单击“设置”，进入窗口化、分辨率、画质、语言、音效、音乐设置页面。

（4）单击“退出”，软件退出至桌面。

（5）单击“开始”，进入实训界面（图 11-1-2），在实训界面中单击“ESC”键可返回主菜单或者退出软件，单击“V”键可以锁定或解锁鼠标。

图 11-1-2　实训界面

（6）单击“导航地图”，显示人物所在位置。

（7）单击“按键说明”，显示按键指南。

（8）单击“背包”或“TAB”键，显示仪器设备，如图 11-1-3 所示。

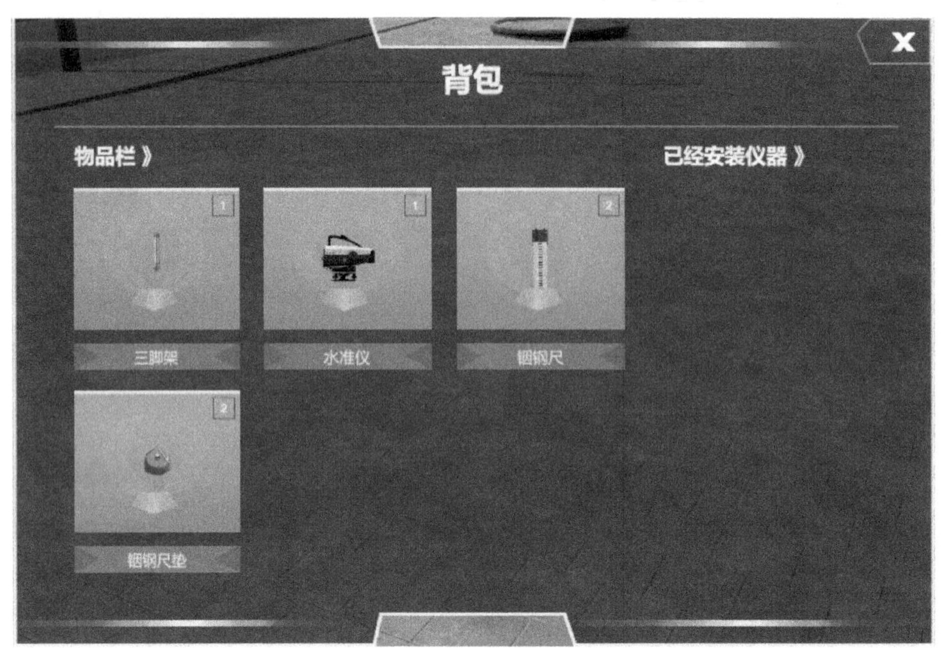

图 11-1-3　背包界面

（9）单击“地图”或“M”键，显示测区地图，如图 11-1-4 所示。

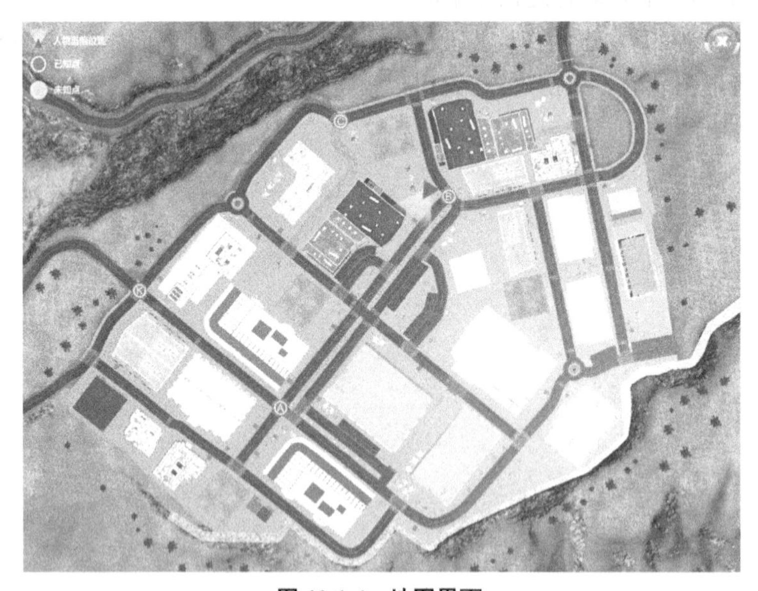

图 11-1-4　地图界面

（10）单击“记录簿”或“T”键，显示二等水准测量手簿及高程误差配赋表，如图 11-1-5 和图 11-1-6 所示。

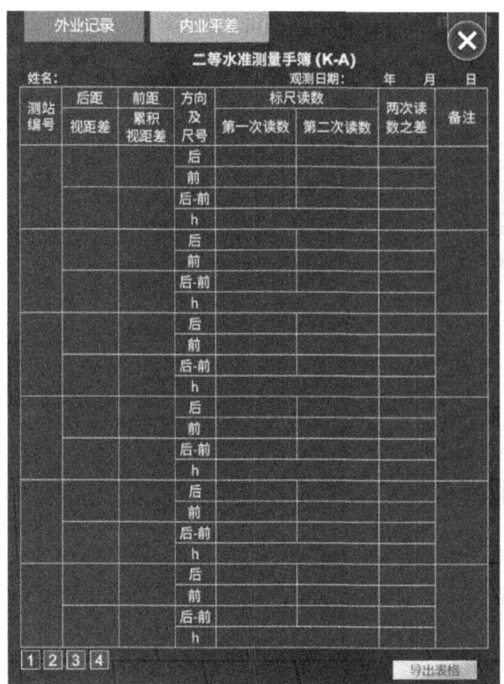

图 11-1-5　水准测量手簿界面

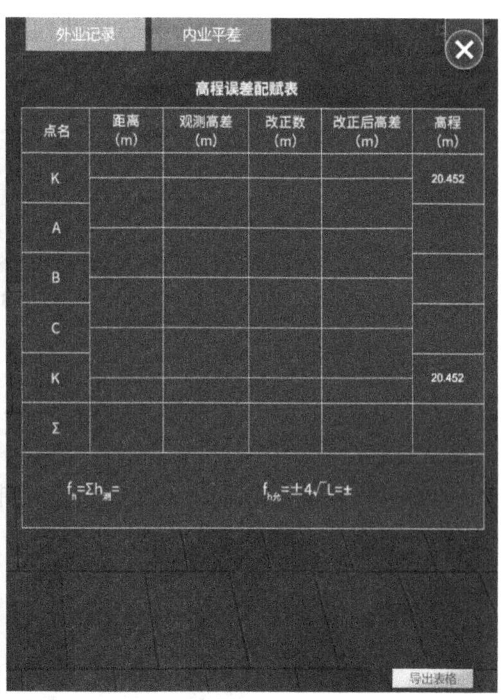

图 11-1-6　高程误差配赋表

（11）单击“任务”或“P”键，显示“二等水准测量闭合线路作业”任务，单击“开始考试”，即可进行考核，如图 11-1-7 所示。

图 11-1-7　任务界面

（12）“步数栏”显示人物与水准仪、水准仪与铟钢尺之间的距离（一步大约为0.75 m），如图 11-1-8 所示。

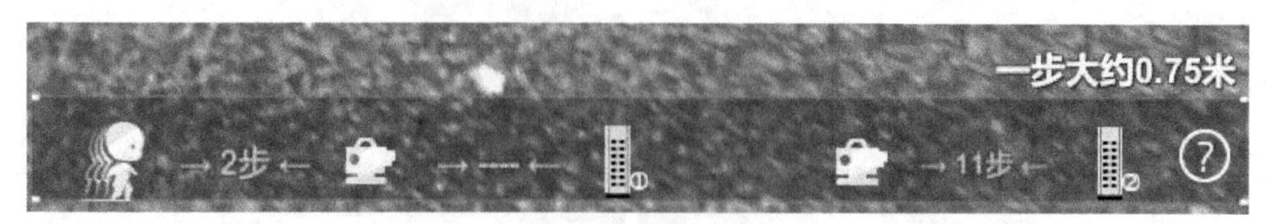

图 11-1-8　步数栏

2. 铟钢尺架设

（1）单击“背包”或“TAB”键，光标移动至尺垫处，取出尺垫，并放置尺垫（物品显示绿色即可放置）。

（2）打开“背包”取出铟钢尺，将铟钢尺放置在尺垫上，铟钢尺也可直接放置在测钉上，如图 11-1-8 所示。

图 11-1-9　架设铟钢尺

3. 水准仪架设

（1）打开“背包”取出三脚架，并放置三脚架。

（2）打开“背包”取出水准仪，将水准仪放置在三脚架上，如图 11-1-10 所示。

图 11-1-10　架设水准仪

4. 水准仪操作

（1）水准仪架设完毕后，按“F”键进入水准仪操作界面，其中各按键说明如下。

F：退出仪器操作

Q、E：左右旋转视野。

W、S：前后移动视野。

A、D：上下移动视野。

J、L：水准仪左右旋转。

Space：复位。

T：打开记录簿。

1：水准仪望向铟钢尺①。

2：水准仪望向铟钢尺②。

3：铟钢尺①望向水准仪。

4：铟钢尺②望向水准仪。

（2）按开机键开机。

（3）调平水准仪。鼠标移动至脚螺旋处，滑动鼠标滚轮可转动脚螺旋，使水泡居中，如图 11-1-11 所示。

（4）光标移动至目镜调焦螺旋处，滑动鼠标滚轮调整十字丝直至清晰，如图 11-1-12 左上角圆形小窗所示。

（5）光标移动至物镜调焦螺旋处，滑动鼠标滚轮调整成像清晰度，如图 11-1-13 左上角圆形小窗所示。

（6）鼠标移动至水平微动螺旋处，滑动鼠标滚轮进行水平微动，如图 11-1-14 所示。

图 11-1-11　水准仪调平

图 11-1-12　目镜调焦

图 11-1-13　物镜调焦

图 11-1-14　水平微动

5. 闭合水准路线测量

单击“任务”或“P”键，显示“二等水准测量闭合线路作业”任务，从已知水准点 *K* 出发，途经 *A*、*B*、*C* 三个未知水准点，再回到 *K* 点。具体操作步骤如下。

水准测量仿真实验软件闭合水准路线测量

（1）单击“地图”或“M”键打开地图，单击 *K* 点可传送至该点。

（2）在 *K* 点测钉上放置铟钢尺①。

（3）移动至距离铟钢尺①≥ 3 m 且≤ 50 m 处（软件内 1 步约为 0.75 m）架设水准仪。

（4）移动至水准仪前方架设铟钢尺②（前后视距差≤ 1.5 m）。

（5）按“F1”键定位水准仪，光标移动至水准仪，单击“F”进入水准仪操作界面，水准仪调平后，按开机键开机。

（6）依次单击“测量”“线路测量”“二等水准测量”“作业”，输入作业名称和测量员等信息后，单击“确定”，再单击“线路”，输入线路名 / 起始点名 / 起始点高程，单击“确定”，再单击“开始”。按照规范规定，往测奇数站照准标尺顺序为后前前后，水准仪有相应提示，B 代表照准后尺、F 代表照准前尺。

（7）在 F 操作模式下，单击“1”水准仪望向铟钢尺①，单击“3”铟钢尺①望向水准仪，调焦后单击“E”向右旋转视野，单击侧方红色测量按钮，进行后尺第一次读数，单击“T”打开记录簿将数据填入，单击水准仪屏幕【确定】。

（8）单击“2”水准仪望向铟钢尺②，单击“4”铟钢尺②望向水准仪，调焦后单击“E”向右旋转视野，单击侧方红色测量按钮，进行前尺第一次读数，单击“T”打开记录簿将数据填入，单击水准仪屏幕“确定”。

（9）重复步骤（8），进行前尺第二次读数。

（10）重复步骤（7），进行后尺第二次读数。

（11）水准仪提示“确认保存吗？”单击“确定”保存第一站信息。

（12）完成该测站后，进行搬站。单击“F”退出水准仪操作，光标移动至三脚架，单击“R”拾起水准仪及三脚架，移动至下一测站点处，重新架设水准仪。

（13）单击“F2”定位铟钢尺①，单击“R”将铟钢尺①拾起，单击“X”将铟钢尺①收回背包，移动至距离水准仪合适位置，架设铟钢尺①，铟钢尺②位置不动；按照规范规定，往测第二站照准标尺顺序为前后后前。

（14）重复步骤（5），操作水准仪。

（15）重复步骤（7），进行前尺第一次读数。

（16）重复步骤（8），进行后尺第一次读数。

（17）重复步骤（8），进行后尺第二次读数。

（18）重复步骤（7），进行前尺第二次读数。

（19）重复步骤（11），保存第二站信息。

（20）后续工作依次进行，直至完成。

（21）完成任务后单击“结束考试”，提交后，系统自动评分。

【技能训练】

二等水准虚拟仿真训练：掌握电子水准仪的使用方法，学会二等水准测量的操作流程。

【思考与练习】

（1）软件中如何快速打开背包和地图？

（2）软件中如何调节水准仪目镜和物镜？

任务二　GNSS 测量仿真实训

【任务导入】

GNSS 测量仿真实验软件采用虚拟现实技术构建 GNSS 接收机及附件，可进行接收机部件认知学习，实现虚拟环境下 GNSS 测量全流程学习。

【任务准备】

以创享 G7 GNSS 接收机设备为主导，构建利用 GNSS 接收机进行数据采集的大型虚拟三维外业环境，实现数据采集全过程虚拟作业和数据处理，支持交互。

GNSS 测量仿真实验软件基本操作

【任务实施】

1. 软件界面认知

创享 RTK 摸拟器开始界面包括设置、关于、退出、学习、练习、测评、操作和测量，如图 11-2-1 所示。

图 11-2-1　开始界面

（1）单击“设置”，设置实训软件画面、分辨率、窗口化等。

（2）单击“关于”，查看版本信息。

（3）单击“退出”，退出软件。

（4）单击“学习”，学习仪器部件结构。

（5）单击“练习”，练习仪器部件结构。

（6）单击“测评”，对仪器部件学习效果进行测评。

（7）单击“操作”，进入操作界面。

（8）单击“测量”，进入实训场景。

2. 学习界面

单击“学习”，进入学习界面（图 11-2-2），学习仪器部件名称，可按以下三种方式进行。

图 11-2-2　学习界面

（1）单击左侧列表按钮选择需要熟悉的部件。

（2）鼠标双击仪器部件根据弹出的提示学习。

（3）单击右上角“自动”，按播放步骤学习。

单击“返回”，返回至软件主界面。

GNSS 测量仿真实验软件 GNSS 接收机操作

3. 练习界面

单击“练习”进入练习界面，单击左侧列表，选择需要练习的部件，双击接收机上部件所在位置，如图 11-2-3 所示。

UHF天线接口

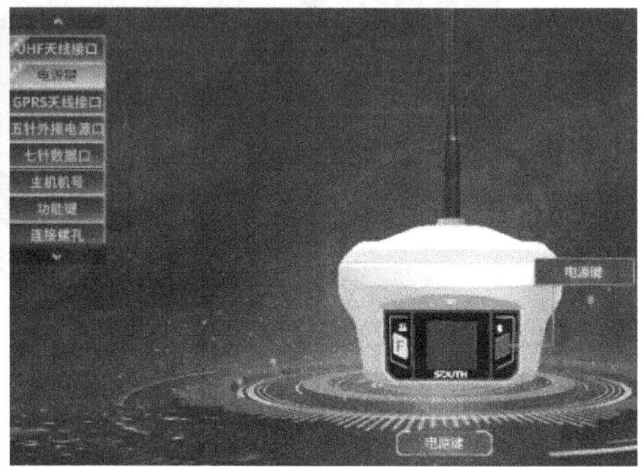

电源键

GPRS天线接口

五针外接电源口

七针数据口

主机机号

功能键

连接螺孔

触摸显示屏

图 11-2-3　部件位置图

4. 测评界面

单击“测评”进入操作界面，单击左侧列表，测评开始，长按鼠标左键可拖拽、旋转仪器，双击部件且高亮显示，单击“确定”，软件自动跳转至下一题，完成后单击“提交成绩”即可，单击“查看成绩”弹出成绩单。

5. 操作界面

单击“操作”进入操作界面，如图 11-2-4 所示。

（1）单击“垂直旋转”，仪器在垂直方向旋转。

（2）单击“水平旋转”，仪器在水平方向旋转。

（3）单击“自由旋转”，仪器在任意方向旋转。

（4）单击“重置”，仪器回归到某一固定位置。

（5）单击“返回”，返回至软件主界面。

图 11-2-4　操作界面

6. 测量场景界面

以第一人视角在实训场景中操作 GNSS 接收机进行数据采集，还原真实测量中的操作过程。单击“测量”进入实训场景（图 11-2-5），在实训场景中单击“ESC”键可返回主菜单或者退出软件，单击“V”键可以锁定或解锁鼠标。

图 11-2-5　测量场景界面

（1）“导航小窗口”，显示当前所在位置。

（2）单击“按键说明”，显示快捷键认知页面。

（3）单击“背包”或“Tab”，打开背包。

（4）单击“地图”或“M”，显示地图。

GNSS 接收机具体的操作方法，参考项目九进一步学习。

【技能训练】

GNSS 接收机使用虚拟仿真训练：掌握 GNSS 接收机的部件名称和功能，学会 GNSS 接收机的基本操作，能够使用 GNSS 接收机进行数据采集。

【思考与练习】

（1）简述 GNSS 接收机各部件名称。

（2）如何在软件中设置 GNSS 接收机的工作模式？

任务三　数字测图仿真实训

【任务导入】

数字测图仿真实验软件是基于数字测图实训开发的一款 PC 端软件，采用虚拟现实技术构建 GNSS 接收机和全站仪，可在虚拟环境中完成图根点布设及碎部点数据采集工作。

【任务准备】

数字测图流程如下：

（1）基准站架设；

（2）移动站架设；

（3）求转换参数；

（4）图根控制测量；

（5）碎部点数据采集；

（6）数据导出；

（7）数据导入 SmartGIS Survey EDU 进行处理，详细讲解参考本书项目十内容。

【任务实施】

1. 软件界面认知

软件载入后进入开始界面（图 11-3-1），其中，包含训练营、指南、关于、设置、退出、开始。

数字测图仿真实验软件基本操作

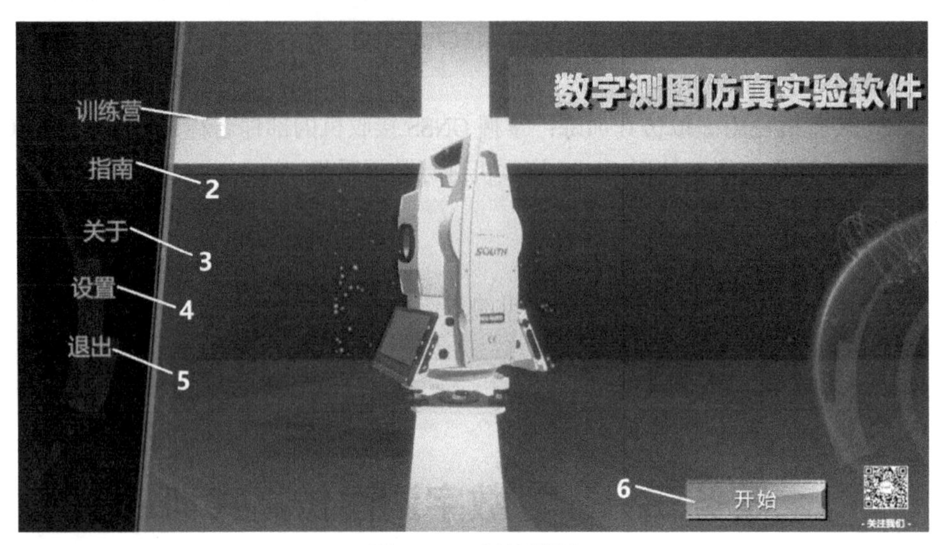

图 11-3-1　开始界面

（1）单击“训练营”，进入训练关卡。

（2）单击“指南”，进入快捷键说明认知页面。

（3）单击“关于”，显示软件版本信息、软件生产商等。

（4）单击“设置”，进入窗口化、分辨率、画质、声效等选择，单击“确定”保存设置。

（5）单击“退出”，软件退出至桌面。

（6）单击“开始”，进入实训场景。

2. 训练营认知

单击“训练营”，进入训练关卡，如图 11-3-2 所示。训练关卡为六个，通过对每个关卡的操作可学习仪器的使用。

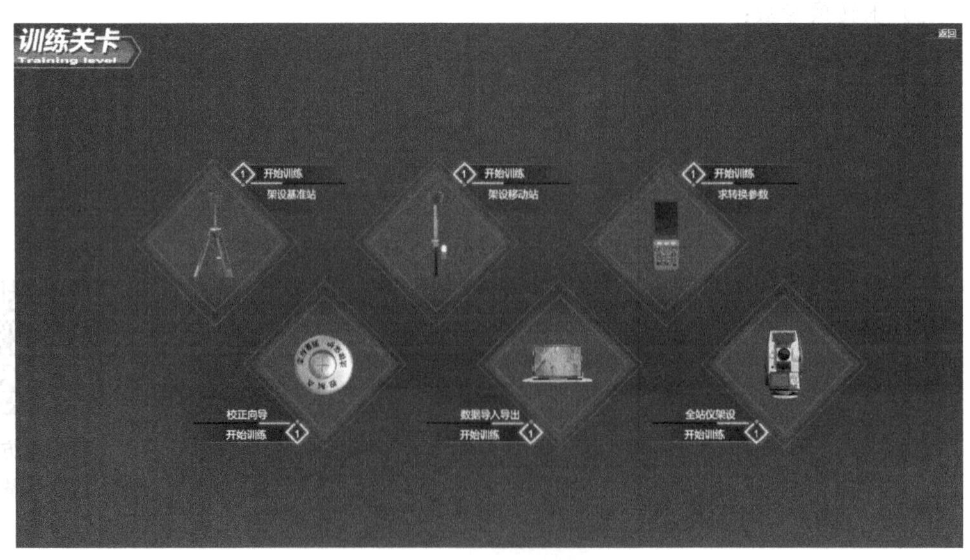

图 11-3-2　训练营界面

（1）架设基准站：训练基准站的组装。

架设基准站界面（图 11-3-3）介绍：

①单击“背包”或“Tab”，显示本关卡所需物品；

②单击“按键说明”，显示快捷键认知页面；

③单击“步骤栏”，显示本关卡的操作步骤；

④单击“返回”，返回至训练营界面。

完成该关卡后，训练关卡下方显示“已通过”，已通过的训练关卡也可以重复进行操作。

图 11-3-3　架设基准站界面

（2）架设移动站：训练移动站的组装。

“架设基准站点”关卡和“架设移动站”关卡的操作步骤如图 11-3-4 所示。

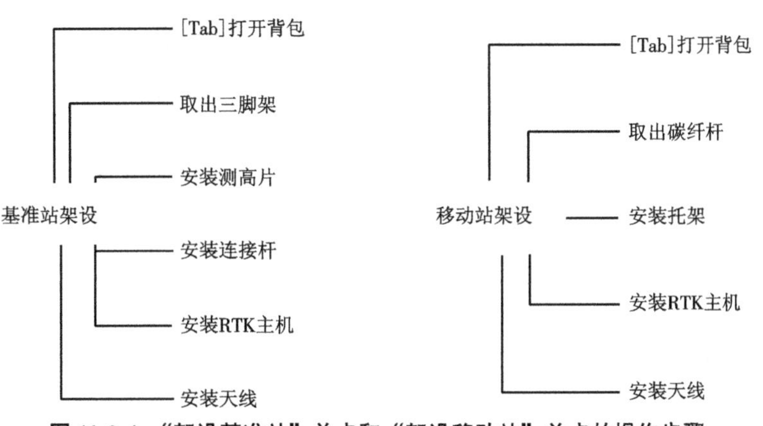

图 11-3-4　“架设基准站”关卡和“架设移动站”关卡的操作步骤

（3）求转换参数：训练电台工作模式设置、转换参数求取、控制点采集，操作步骤如图 11-3-5 所示。

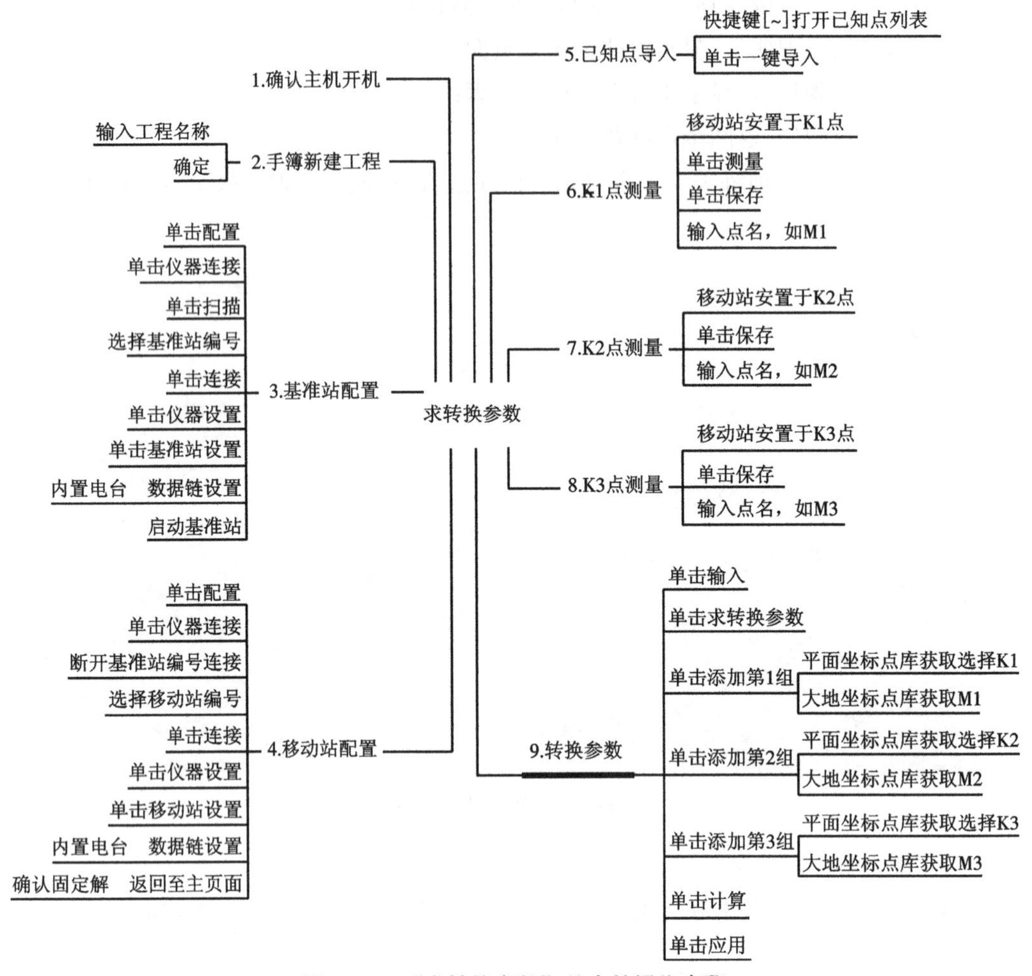

图 11-3-5 “求转换参数”关卡的操作步骤

（4）校正向导：训练网络工作模式设置、单点校正，操作步骤如图 11-3-6 所示。

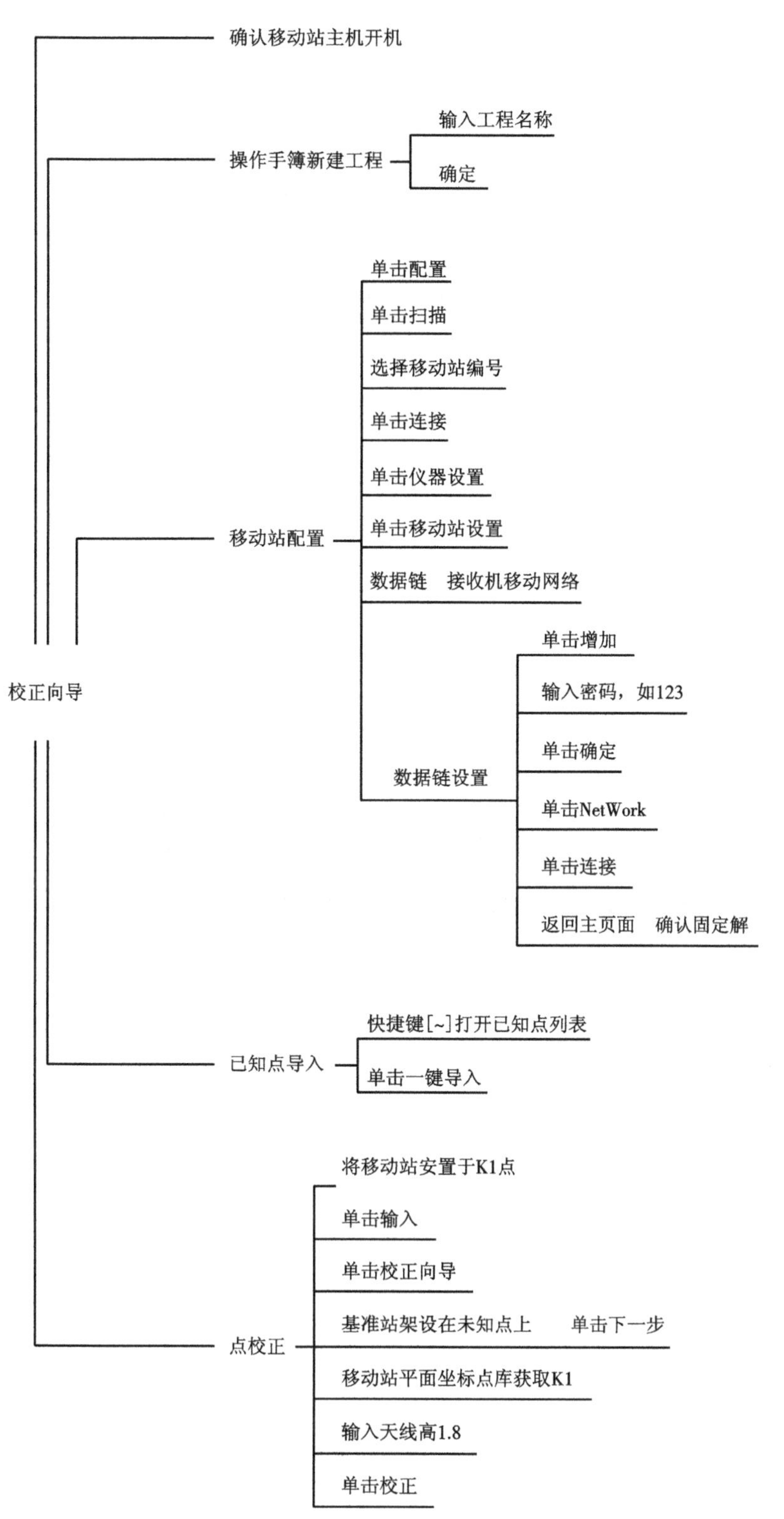

图 11-3-6 “校正向导”关卡的操作步骤

（5）数据导入导出：训练手簿中控制点 / 图根点数据和碎部点数据的导出，控制点 / 图根点数据导入全站仪，操作步骤如图 11-3-7 所示。

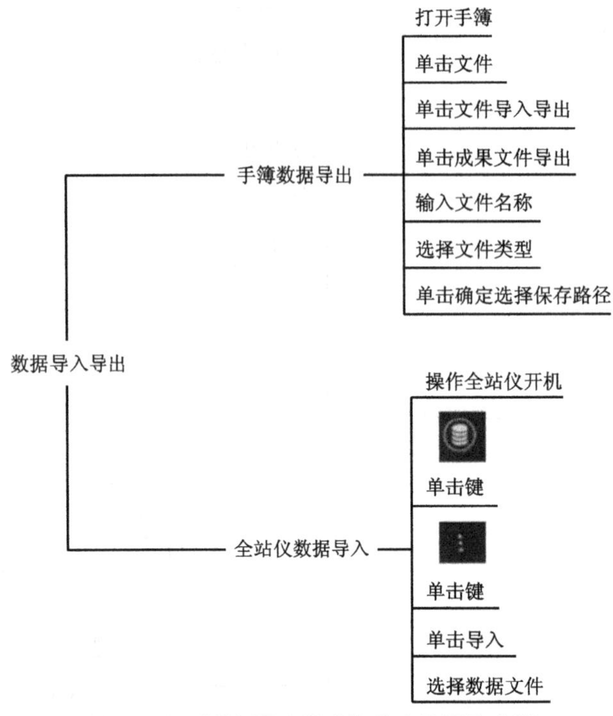

图 11-3-7 “数据导入导出”关卡的操作步骤

（6）全站仪架设：训练全站仪的组装及对中整平，操作步骤如图 11-3-8 所示。

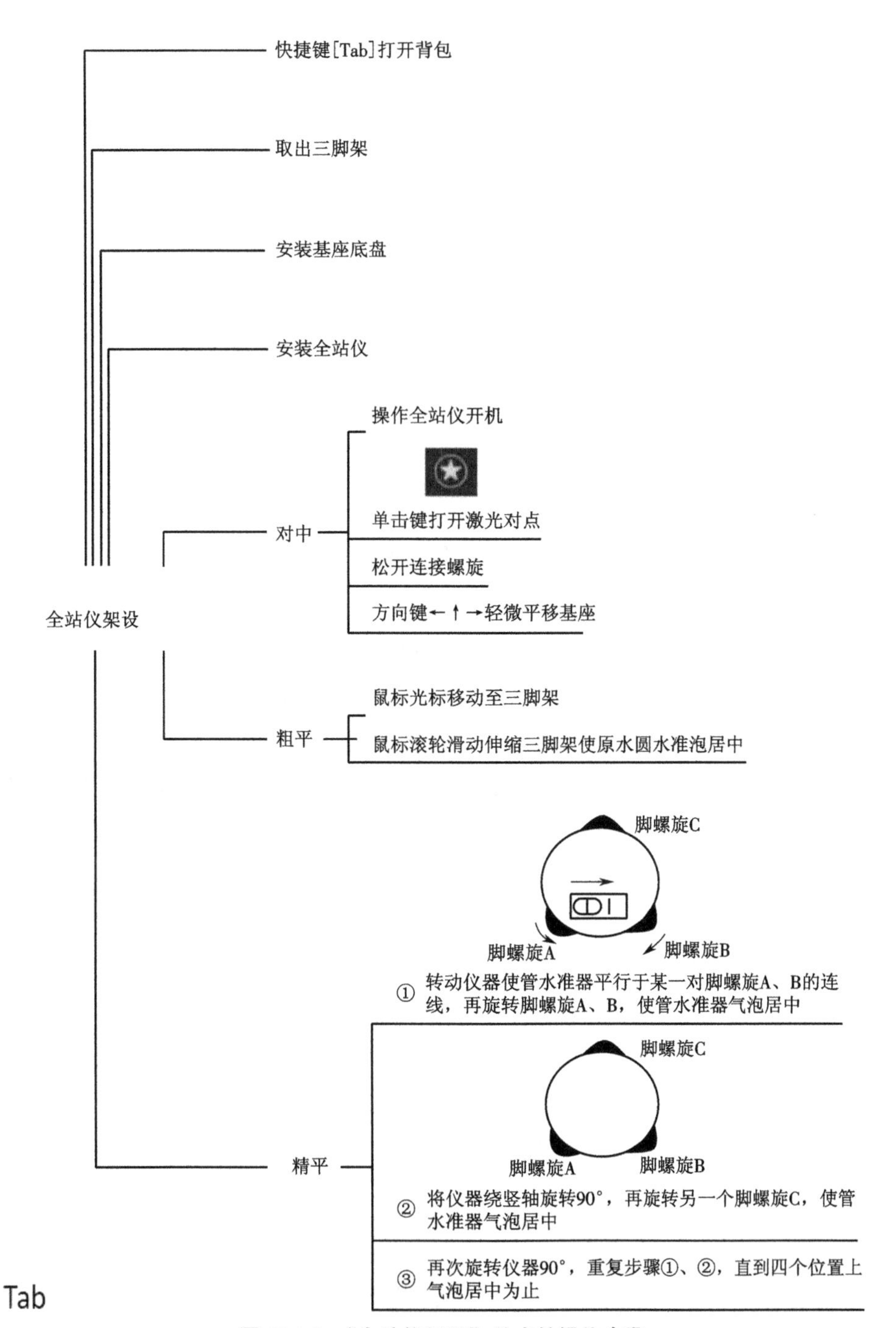

图 11-3-8　“全站仪架设”关卡的操作步骤

3. 实训场景认知

单击“开始”进入实训场景（图 11-3-9），在实训场景中单击“ESC”可返回主菜单或者退出软件，单击“V”可以锁定或解锁鼠标。

图 11-3-9　实训场景界面

（1）“导航小窗口”，显示当前所在位置。

（2）单击“按键说明”，显示快捷键认知页面。

（3）单击“背包”或“Tab”，打开背包，如图 11-3-10 所示。左侧“物品栏”以列表的形式罗列所有仪器，单击即可取用，每种仪器左上方的数字表示所剩数量。右侧“已安装仪器”，单击“定位”，可一键传送到该仪器处，单击“回收”，仪器回收至背包。在实训场景中靠近仪器时，单击“R”拾取仪器，单击“X”回收仪器。

图 11-3-10　背包界面

（4）单击“地图”或“M”打开地图（图 11-3-11），单击地图上的图根点 / 控制点，一键传送至该点附近。

①红色圆点为控制点（已知点），用于使用 GNSS 接收机“求转换参数”。

②黄色圆点为图根点（使用测钉布设，GNSS 接收机测量出其三维坐标，用于架设全站仪及棱镜）。

③三角形为人物当前位置。

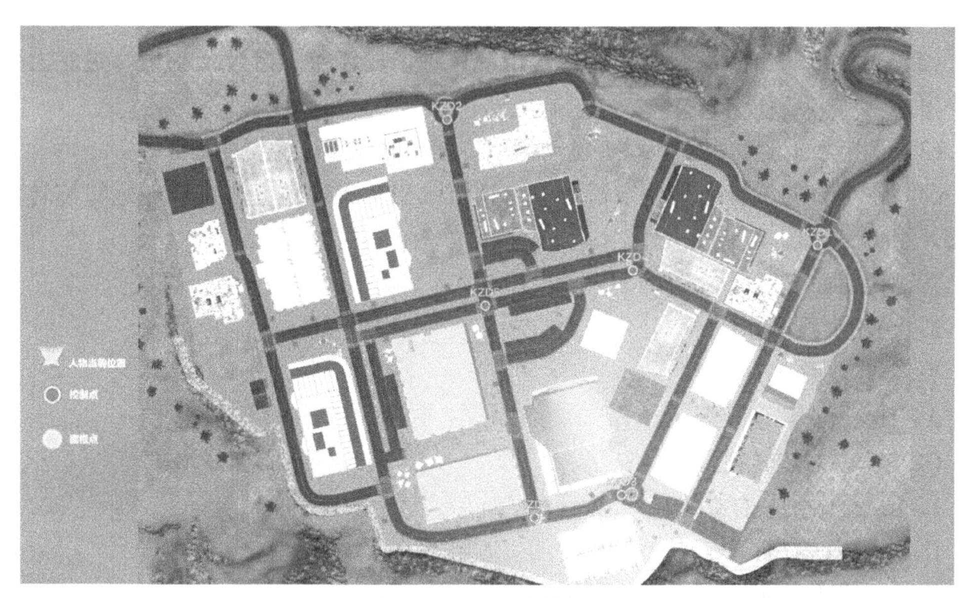

图 11-3-11　地图界面

（5）单击“已知点”，显示已知点坐标（图 11-3-12），单击“一键导入”，将已知点导入 RTK 手簿坐标管理库和全站仪坐标管理库中。

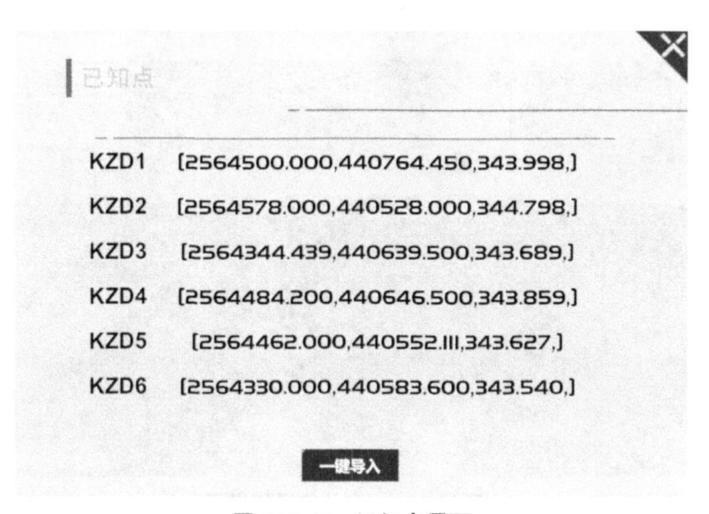

图 11-3-12　已知点界面

4. 全站仪操作

在一已知点架设全站仪完毕后，在另一已知点安置棱镜，按“tab”打开背包，取出支架棱镜，将其放置在已知点上，按“f3”操作支架棱镜，按“E”键，使其对准全站仪方向，并单击右下角“量取仪器高”查看并记录仪器高，完成后按“f2”切换到操作全站仪界面。

（1）光标移动至物镜调焦螺旋处，滑动鼠标滚轮调整成像清晰度（见左上角圆形小窗，可以放大）。

（2）光标移动至目镜调焦螺旋处，滑动鼠标滚轮调整十字丝清晰度（见左上角圆形小窗）。

（3）调节水平制动螺旋和垂直制动螺旋，使全站仪照准棱镜中心。

（4）右下方的旋转速率调节滑块，可调节水平角旋转角度幅度和望远镜旋转角度幅度，用J、L、I、K完成操作。

按键说明如下。

F：退出仪器操作。

W、S：前后移动视野。

A、D：上下移动视野。

Q、E：左右旋转视野。

J、L：全站仪左右旋转。

I、K：望远镜上下旋转。

Space：操作全站仪面板。

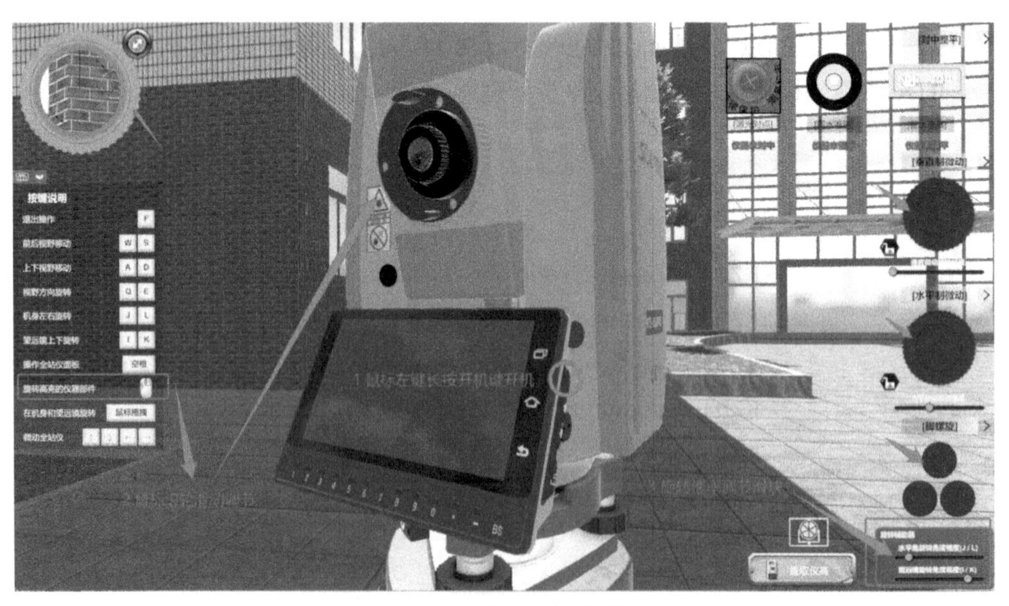

图 11-3-13　全站仪操作界面

5. GNSS 接收机数据采集操作步骤

（1）单击“开始”进入实训场景

数字测图仿真实验软件 GNSS 数据采集

（2）GNSS 接收机架设、工作模式设置，达到固定解状态，新建工程同项目九。

（3）求转换参数：单击“已知点”，单击“一键导入”，将已知点导入手簿坐标管理库；靠近移动站，单击“R”拾取移动站，单击“M”打开“地图”，单击地图上已知点 K1 一键传送，将移动站安置在图根点 K1 上，光标移动至手簿，单击“F”打开手簿，单击“测量”—“控制点测量”—“保存”，输入点名 M1。同样方法，测量控制点 K2、K3。单击“输入”—“求转换参数”—“添加”，平面坐标“更多获取方式”—“点库获取”选择 K1，大地坐标“更多获取方式”—“点库获取”选择 M1，同样方法，添加 K2、K3 两组点，单击“计算”，单击“应用”，单击“确定”，将该参数应用到当前工程。

（4）控制测量：根据现场情况布设图根点，打开背包取出测钉，使用 GNSS 接收机测量出其三维坐标，用于架设全站仪及棱镜。单击“测量”—“控制点测量”—“保存”，输入点名后单击“开始”—“保存”。控制点成果命名规则：一般按 K1、K2、…、KN 进行命名。

（5）碎部点采集：使用 GNSS 接收机进行碎部点坐标采集，道路、地貌等可使用 GNSS 接收机采集。单击“测量”—“点测量”—“保存”，输入点名后单击“保存”。碎部点命名规则：一般按 G1、G2、…、GN 进行命名。

（6）测量成果导出：单击“文件”—“文件导入导出”—“成果文件导出”，输入文件名称，选择需要的文件类型，单击“确定”，测量成果保存到指定路径。

（7）在外业采集的过程中，要同步进行草图绘制，方便后续内业成图。

6. 全站仪数据采集操作步骤

（1）全站仪架设：在布设的图根点 P_1 上架设全站仪，打开背包取出三脚架，安装基座底盘，放置全站仪。

数字测图仿真实验软件全站仪数据采集

（2）对中：单击“E”向右旋转视野，鼠标左键长按开机键开机，单击“Space”操作全站仪面板。单击，打开激光指向和激光下对点。松开三脚架连接螺旋，按四个方向键轻微移动基座，使仪器对中。

（3）粗平：光标移动至三脚架，松开三脚架伸缩螺旋，滑动鼠标滚轮伸缩三脚架，使圆水准气泡居中，旋紧三脚架伸缩螺旋。

（4）精平：转动全站仪，使管水准器平行于某一对脚螺旋的连线，双击鼠标选中这一对脚螺旋，滑动鼠标滚轮使气泡居中，将仪器绕竖轴旋转 90° 后旋转第三个脚螺旋使气泡居中，再反方向旋转 90°，观察气泡是否居中。

（5）控制点及图根点坐标导入：将使用 GNSS 接收机采集的控制点及图根点坐标导入全站仪，单击，打开全站仪坐标管理库，选择文件格式，单击“导入”，选择需要导入的数据文件，单击“F”退出操作。

（6）棱镜架设：打开地图，单击自设图根控制点 P_2，图根点 P_2 上架设支架棱镜作为后视棱镜，单击“F”操作支架棱镜，单击“E”棱镜照准全站仪，单击“量取镜高”查看并记录棱镜高，单击“F”退出操作。

（7）新建工程：单击“F2”操作全站仪，单击“工程”—“+”，输入工程名称，单击“完成”，返回主界面。

（8）建站：单击“建站”—“已知点建站”，单击测站“+”—“调用”选择已知点坐标，同样方式设置后视点，输入仪高和镜高，单击“对准支架棱镜”，单击“设置”完成建站。

（9）后视检查：建站结束后，单击“后视检查”，单击“测量”，检查是否超限。

（10）全站仪数据采集：全站仪数据采集可以选择棱镜模式或者无合作模式，在测量建筑物时，可使用无合作模式。单击“采集”—“点测量”，选择无合作，旋转仪器，照准建筑物角点，借助激光指向辅助，用 J、L、I、K 完成照准操作。照准目标后输入点名，一般按 Q1、Q2、…、QN 进行命名，单击“测存”保存数据。在测量独立地物时，可选择棱镜模式，打开背包取出单杆棱镜，放置在待测点上，全站仪照准棱镜测量并记录坐标值。

（9）全站仪数据导出：单击打开全站仪坐标管理库，选择文件格式，单击“导出”。

（10）外业工作结束后，将 GNSS 接收机及全站仪采集的数据全部导入地形成图软件，完成接下来的内业成图工作。

（11）在外业采集的过程中，要同步进行草图绘制，方便后续内业成图。

【技能训练】

完成训练营内的 6 个关卡：使用 GNSS 接收机进行控制测量，使用 GNSS 接收机与全站仪结合进行碎部测量，空旷地区的地物、地貌使用 GNSS 接收机采集，建筑物、构筑物使用全站仪采集。

【思考与练习】

（1）软件中如何使用 GNSS 接收机进行坐标转换？

（2）软件中如何使用全站仪建站？

参考文献

[1] 李向民. 建筑工程测量 [M]. 北京：机械工业出版社，2016.

[2] 魏静. 建筑工程测量 [M]. 2 版. 北京：机械工业出版社，2014.

[3] 陈东佐，许丽丽. 建筑工程测量 [M]. 西安：西北工业大学出版社，2014.

[4] 洪波. 地籍与房产测量 [M]. 北京：测绘出版社，2010.

[5] 中华人民共和国住房和城乡建设部. 工程测量标准：GB 50026—2020[S]. 北京：中国计划出版社，2021.

[6] 中华人民共和国住房和城乡建设部. 城市测量规范：CJJ/T 8—2011[S]. 北京：中国建筑工业出版社，2012.

[7] 中华人民共和国国家质量监督检验检疫总局. 国家三、四等水准测量规范：GB/T 12898—2009[S]. 北京：中国标准出版社，2009.

[8] 李艳双. 建筑工程测量 [M]. 北京：人民邮电出版社，2015.

[9] 殷耀国，郭宝宇，王晓明. 土木工程测量 [M]. 3 版. 武汉：武汉大学出版社，2021.

[10] 周建郑. GNSS 定位测量 [M]. 北京：测绘出版社，2013.

[11] 中华人民共和国国家质量监督检验检疫总局，中国国家标准化管理委员会. 全球定位系统（GPS）测量规范：GB/T 18314—2009[S]. 北京：中国标准出版社，2009.

[12] 国家测绘局. 测绘技术总结编写规定：CH/T 1001—2005[S]. 北京：中国标准出版社，2006.

[13] 刘仁钊，马啸. 数字测图技术 [M]. 武汉：武汉大学出版社，2021.

[14] 国家测绘局. 全球定位系统实时动态测量（RTK）技术规范：CH/T 2009—2010 [S]. 北京：测绘出版社，2010.

[15] 中华人民共和国国家质量监督检验检疫总局.1∶500 1∶1000 1∶2000 外业数字测图规程：GB/T 14912—2017[S]. 北京：中国标准出版社，2017.

ДВУЯЗЫЧНЫЕ УЧЕБНЫЕ МАТЕРИАЛЫ ДЛЯ ПРОФЕССИОНАЛЬНО-ТЕХНИЧЕСКОГО ОБУЧЕНИЯ

Инженерно-геодезическое оборудование и применение

Главный редактор: Ли Яньшуан, Ван Суся

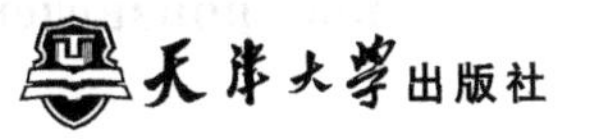

Данные каталогизации книг в публикации(CIP)

Инженерно-геодезическое оборудование и применение: китайский и русский язык/главный редактор: Ли Яньшуан, Ван Суся.

Тяньцзинь: Издательство Тяньцзиньского университета, 06.2022

Двуязычные учебные материалы для профессионально-технического обучения

ISBN978-7-5618-7230-7

Ⅰ.①Завод… Ⅱ.①Лий… ②Вэй… Ⅲ.①Инженерная съёма — Двуязычное обучение — Высшее профессионально-техническое обучение — Учебные материалы — Китайский язык и русский язык Ⅳ.①TB22

Китайская библиотека с правом получения обязательного экземпляра, № CIP: (2022) 124398

Издательство	Издательство Тяньцзиньского университета
Адрес	300072, г. Тяньцзинь, д.92, в Тяньцзиньском университете
Телефон	Отдел выпуска, 022-27403647
URL-адрес	www.tjupress.com.cn
Печать	ООО «Пекинская научно-техническая компания по сетевому коммерческому печатанию «Шэньтун»»
Комиссионная продажа	Книжные магазины Синьхуа по всей стране
Формат книги	185мм × 260 мм
Печ. л.	34.75
Количество слов	940 тыс.
Издание	Версия 1 июня 2022г.
Версия печати	Первоочередная версия, июнь 2022 года
Цена	80, 00 юаней

При наличии проблем с качеством, таких как отсутствие страниц, перевернутые страницы, неполные страницы и т.д., пожалуйста обратитесь в отдел дистрибуции нашего издательства для обмена

Редакционная коллегия книги

Мастерская имени Лу Баня в Таджикистане построена Тяньцзиньским профессионально-техническим университетом управления городским строительством и Таджикским техническим университетом имени академика М. С. Осими с целью укрепления сотрудничества между Китаем и Таджикистаном в области прикладной технологии и профессионально-технического обучения, а также совместного использования высококачественных ресурсов китайского профессионально-технического обучения.

Данный учебник основан на потребностях в обучении и преподавании при мастерской имени Лу Баня в Таджикистане. С целью подготовки высококвалифицированных специалистов в области инженерных геодезических технологий, центр обучения интелектуальной геодезии и картографии при мастерской имени Лу Баня, используя инженерно-измерительное оборудование, представляет миру знания о высококачественном инженерно-геодезическом оборудовании и технологиях Китая.

Материал разработан в соответствии с проектной моделью и концепцией профессионального образования, ориентированной на практические рабочие задачи, выделяет особенности связи профессионально-технического обучения и практического образования, делает акцент на сочетании теории и практики, интегрируя модульное обучение через теорию и практику. Пособие сопровождается информационными учебными ресурсами, которые можно просмотреть, отсканировав QR-код в книге с помощью мобильного телефона.

Данное учебное пособие объединяет в себе китайские государственные стандарты, квалификационные стандарты отбора и аттестации профессиональных навыков специалистов в области инженерных измерений. Учебник состоит из 11 учебных проектов об инженерно-измерительном оборудовании и его применении, а также практическое обучение по моделированию экспериментального программного обеспечения, 36 типичных

задач по инженерно-измерительным работам, и 52 видеоматериала. Согласно нормам восприятия знаний учащимися, каждая задача состоит из таких разделов, как «Задача проекта», «Подготовка к задаче», «Выполнение задачи». Проекты I и III были подготовлены Ху Мэнъяо; проекты II и IV — Цзи Цзяцзя; ; проект V — Не Мин; проекты VI и VIII — Ли Яньшуан; проект VII — Ван Суся и Не Мин; проект IX — Чжан Сяо и Ван Суся; проект X — Юй Ян; проект XI —Тань Ян. В разработке учебных материалов принял и участие Тешаев Умарджон Риёзидинович, Джалилов Тохир Файзиевич, Муниев Джуракул Дехконович из кафедры Таджикского технического университета имени академика М.С. Осими. У Хайюе участвовала в проверке перевода.

Данное пособие составлено на китайском и русском языках, подходит для обучения и профессиональной подготовки в различных учебных заведениях стран с китайской и русской языковой средой, может служить справочным пособием для технических специалистов по геодезии.

Данный учебник был разработан группой преподавателей по инженерно-геодезической технике Тяньцзиньского профессионально-технического университета управления городским строительством совместно с техническими специалистами, при содействии и поддержке со стороны ООО Южной геодезической и картографической компании города Гуанчжоу. Часть книги была составлена с учетом соответствующих литературных материалов, в связи с чем мы выражаем искреннюю благодарность.

Из-за ограниченности объема знаний редакторов в данной области, книга может содержать некоторые ошибки и недочеты, поэтому критика и исправления от читателей приветствуется.

от Редактора

Июнь 2022 г.

Содержание

Содержание видео

Проект I

Безопасное использование измерительных приборов

【Описание проекта】

Измерительный прибор является рабочим партнером съемщика и ключом к обеспечению успешного выполнения задачи измерения. Правильное и безопасное использование и научное обслуживание измерительного прибора может обеспечить качество результатов изм ерения, повысить эффективность работы и продлить срок службы прибора, что является базовыми навыками и базовым качеством, которыми должен овладеть каждый съемщик.

【Цели проекта】

Тщательно изучить содержание этого проекта, чтобы понять важные пункты и меры предосторожности для безопасного использования измерительных приборов.

Задача Ⅰ Безопасное использование измерительных приборов

【Ввод задачи】

Чтобы обеспечить безопасное и успешное выполнение измерительных работ и максимально обеспечить безопасность съемщиков и измерительных приборов, необходимо тщательно изучить безопасное использование измерительных приборов, повысить осознание безопасности, предотвратить и сдержать возникновение аварий безопасности по первопричины.

Безопасное использование измерительных приборов

【Подготовка к задаче】

Понимать соответствующие правила управления измерительным оборудованием, ознакомиться с руководством по эксплуатации или инструкцией по эксплуатации измерительного оборудования, а также ознакомиться с характеристиками и особенностями каждого оборудования.

【Выполнение задачи】

В целях удовлетворения требованиям к безопасной работе и формирования у съемщиков хорошей привычки к цивилизованной эксплуатации и правильному использованию измерительных приборов, в данном задании описывается безопасное использование измерительных приборов по восьми аспектам: заимствование приборов, возврат приборов, распаковка, взятие, укладка и упаковка приборов, монтаж приборов, эксплуатация приборов, устранение неисправностей приборов, перемещение станции приборов и использование батарей.

1. Заимствование приборов

(1) Проверка ящика приборов: проверить, закрыта ли крышка ящика приборов, заперта ли она, прочна ли защелка замка, а также прочны ли ремень и ручка ящика приборов.

(2) Проверка штатива: проверить соответствие штатива приборам, прочность штатива и исправность частей.

(3) Проверка приборов: проверить приборы на наличие повреждений, комплектность принадлежностей в ящике, нормальность функции зажимного винта и микрометрического винта, свободное вращение алидады, нормальность функции фокусировки окуляра и объектива, наличие пятен грязи на объективе, умеренный зазор между установочными винтами и свободное вращение, нормальность функции центрира, нормальность функции кнопок и ручек и т.д.. Для электронных приборов и оборудования следует провести испытание под током.

(4) Проверка вспомогательного оборудования: тщательно проверять функцию, качество и количество вспомогательного оборудования (например, призма, нивелирная рейка, башмак, стальная линейка).

(5) После проверки правильности заполнить наряд на заимствование и заимствовать прибор после подписания.

2. Возврат приборов

(1) Перед возвратом прибора следует установить установочный винт и микрометрический винт в подходящее положение, удалить пыль от прибора мягкой щеткой и закрыть крышку объектива.

(2) Протереть грязь и пыль со штатива.

(3) При возникновении ненормальной ситуации во время эксплуатации приборов следует своевременно сообщить инструктору или управляющему приборами.

(4) Учесть количество приборов и вспомогательного оборудования и вернуть их полностью.

(5) После использования и выключения электронных приборов своевременно вынуть батареи и передать управляющему приборами для управления.

(6) Определить состояние прибора после его использования, после подписания наряда на заимствование вернуть прибор в исходное место.

3. Распаковка, взятие, укладка и упаковка приборов

(1) Перед распаковкой положить ящик приборов ровно на землю или другую платформу.

(2) После открытия ящика приборов, запомнить состояние размещения приборов в ящике, после использования упаковать их по исходному состоянию.

(3) При взятии прибора одной рукой держать корпус, а другой рукой – основание и обращаться с ним осторожно.

(4) Избегать прикосновения к окуляру, объективу, призме и другим оптическим частям прибора руками во избежание загрязнения и влияния на качество изображения. Категорически запрещается протирать оптическую часть прибора пальцами или платком.

(5) После взятия прибора из ящика следует немедленно закрыть ящик приборов во избежание потери принадлежностей в ящике или попадания пыли и других посторонних предметов в ящик.

(6) После взятия прибора должно немедленно закрепить его на заранее установленном треножнике.

(7) После окончания использования приборов следует очистить поверхность приборов специальной чистящей тканью, положить их в ящик приборов, запереть крышку ящика и вернуть приборы.

(8) Запрещается наступать или сидеть на ящике приборов.

4. Монтаж приборов

(1) После вытягивания ножки треножника следует затянуть закрепительный винт во избежание самоусадки ножки и повреждения прибора,

а также не допускается повреждение винта из-за чрезмерной силы.

(2) При монтаже прибора угол, на который разводятся ножки, должен быть подходящим. При слишком большом угле, возможно скольжение, а при слишком маленьком угле, расположение прибора может быть нестабильным.

(3) При размещении прибора на штативе следует немедленно затянуть центральный соединительный винт, чтобы предотвратить его повреждение. Сила затяжки должна быть умеренной.

(4) При установке прибора следует убедиться, что он находится в безопасной среде.

5. Использование приборов

(1) При размещении прибора на станции наблюдения необходимо присмотреть за ним.

(2) При эксплуатации прибора следует приложить умеренное усилие во избежание повреждения прибора.

(3) Избегать воздействия солнечного света, дождя или влаги на прибор, на случай холодов допускается постепенная адаптация прибора к температуре окружающей среды перед использованием, в противном случае это повлияет на точность измерения.

(4) При использовании лазерных приборов строго запрещается смотреть прямо на лазерный луч или использовать лазерный луч для нацеливания на других.

(5) Категорически запрещается наводить телескоп на солнце.

(6) При использовании стальной линейки не допускается скручивание поверхности линейки, не допускается тянуть и топать на земле, после использования вытирать.

6. Устранение неисправностей приборов

(1) При обнаружении отклонения приборов и оборудования от стандартного состояния или неточности из-за неправильной регулировки в процессе использования, необходимо остановить их и повторно калибровать.

(2) При возникновении неисправности следует выяснить причину и отправить в соответствующий орган для ремонта. Строго запрещается самовольная разборка, нецелесообразно проводить ремонт приборов в полевых условиях.

7. Перемещение станции приборов

(1) При перемещении станции на большое расстояние или через зону с неудобной ходьбой, необходимо упаковать приборы в ящик для перемещения, при перемещении запрещается бегать во избежание повреждения приборов.

(2) При перемещении станции на короткое расстояние и в ровной местности, сначала затянуть зажимный винт прибора, проверить крепкость соединительного винта, потом собрать штатив, одной рукой поднять штатив под ребро, другой рукой крепко держать основание и поставить прибор на грудь, строго запрещается удерживать прибор одной рукой или взвалить прибор на плечо.

(3) При каждом перемещении станции следует учесть все приборы, принадлежности, арматуры и т.д., чтобы избежать потери.

8. Использование батарей

(1) При включении источника питания нельзя вынуть батарею из прибора, вынуть ее только после выключения источника питания.

(2) Нельзя непрерывно заряжать или разряжать батарею, и избегать чрезмерно длительной зарядки.

(3) При длительном неиспользовании прибора, следует вынуть батарею и зарядить ее раз в месяц.

【Размышления и упражнения】

(1) Каковы меры предосторожности при монтаже приборов?

(2) Каковы меры предосторожности при использовании батарей?

Проект II

Технология измерения стальной линейки

【Описание проекта】

Стальная линейка является широко используемым мерным инструментом, который широко используется в инженерных геодезиях и обычно используется для измерения расстояния не более длины одного линейного участка. В данном проекте применяется стальная рулетка 50м в качестве примера, чтобы представить ее применение в точках разбивки методом засечек расстояний и разбивке под определенным углом.

【Цели проекта】

(1) Ознакомится с типом и характеристиками стальной линейки.

(2) Освоить меру использоапния уравнения длины стальной линейки.

(3) Освоить определяемые точки разбивки методом засечек расстояний.

(4) Освоить конкретный угол разбивки стальной линейкой.

Задача Ⅰ Технология измерения стальной линейки

【Ввод задачии】

Используя стальную линейку для измерения расстояния, съемщик должен понять характеристики стальной линейки, применение уравнения длины линейки и меры предосторожности при измерении расстояния.

【Подготовка к задаче】

1. Определение наземных точек

Измерение—это технология определения формы, размера и положения наземной точки Земли. Измерение выполняется на поверхности Земли, его базовой плоскостью является геоид, базовой линией является линия отвеса, а базовой плоскостью, используемой для измерения и расчета, является опорная эллипсоидальная плоскость, а базовой линией является нормаль.

Суть измерительной работы заключается в определении положения

наземной точки, то есть определения трех независимых величин наземной точки в пространственной системе координат. В обычном измерении эти три величины обычно представлены положением вертикальной проекции данной точки на эталонном эллипсоиде (т.е. координатами на плоскости x, y) и расстоянием от данной точки до геоида в направлении проекции (т.е. отметкой H).

В практической работе мера определения координат на плоскости и отметки точки состоит в том, чтобы сначала измерить геометрическое соотношение между определяемой точкой и известной точкой, т.е. угол, расстояние и разницу высот, а затем рассчитать координаты на плоскости и отметку определяемой точки. Поэтому измерение угла, измерение расстояния и измерение разницы высот являются тремя основными работами измерения.

Инженерная геодезия относится к различным измерительным работам, выполняемым на этапах инженерного планирования и проектирования, разбивки строительства и управления эксплуатацией. Комплексное применение различных измерительных приборов, оборудования, технологий и методов для предоставления топогеодезического обеспечения строительства объекта. Когда область измерения мала или объект требует низкой точности, можно заменить уровненную поверхность горизонтальной плоскостью, непосредственно проецировать наземную точку на горизонтальную плоскость для определения ее положения. Существует определенный предел замены уровненной поверхности горизонтальной плоскостью, и погрешность, возникающая после проекции, не должна превышать допуск измерения.

Когда расстояние составляет 20км, погрешность расстояния составляет всего 1/300000, не учитывается для обычных измерений. Поэтому при измерении в положении в плане в радиусе 20км можно заменить уровненную поверхность горизонтальной плоскостью. Когда расстояние составляет 200м, погрешность высоты составляет 3, 1 мм, поэтому кривизна Земли оказывает большое влияние на высоту. При измерении высот, даже если расстояние короткое, влияние кривизны Земли следует учитывать.

2. Тип и характеристика стальной линейки

Стальная линейка представляет собой ленточную линейку из тонкой стальной плиты толщиной около 0, 4мм и шириной около 10-15мм. Вся стальная лента разделена на миллиметры с указанием метров, дециметров и

сантиметров. Нижеуказанные представлены стальные линейки длиной 5м и 50м, стальная линейка 5м представляет собой самонамоточную стальную рулетку, а стальная линейка 50м представляет собой ручную стальную рулетку, как показано на рисунке 2-1-1.

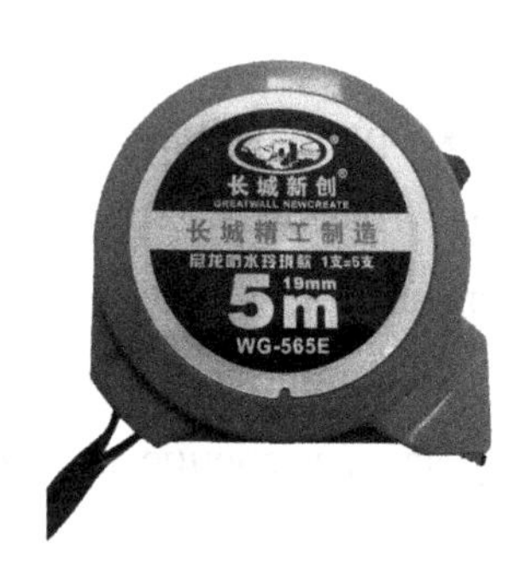

(a) Самонамоточная стальная рулетка

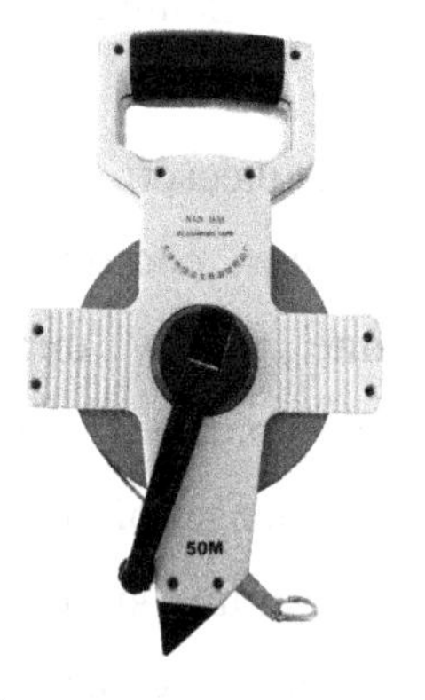

(b) Ручная стальная рулетка

Рис. 2-1-1 Стальная рулетка

(a) Самонамоточная стальная рулетка (b) Ручная стальная рулетка

При использовании стальной линейки обратить внимание на положение нулевой точки стальной линейки, стальная линейка 5м является концевой лентой, а крайняя крайняя линия линейки используется в качестве положения нулевой точки. Стальная линейка 50м является штриховой лентой, риска «0», выгравированная на передней части стальной линейки, используется в качестве нулевой точки стальной линейки, как показано на рисунке 2-1-2.

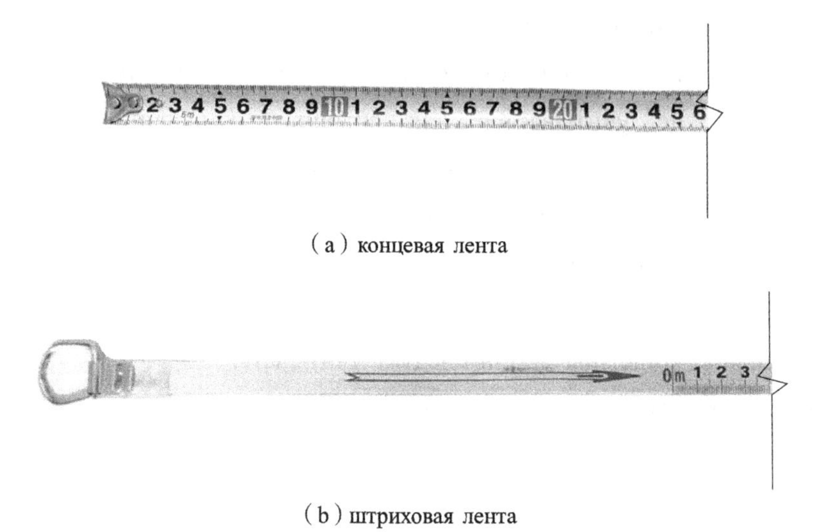

(a) концевая лента

(b) штриховая лента

Рис. 2-1-2 Стальная линейка с разными нулями

Стальная линейка имеет высокую прочность на растяжение и не подвергается деформации при растяжении. Однако стальная линейка хрупкая, легко ломается и легко ржавеет. При использовании следует избегать скручивания и влаги.

3. Уравнение длины стальной линейки

Из-за погрешности нанесения, неравномерного материала, деформации при использовании, влияния температурных изменений и различных растяжений во время измерения ее фактическая длина часто не равна номинальной длине. Таким образом, путем проверки вычисляется фактическая длина стальной линейки при стандартной температуре (20 ℃) и стандартном растяжении (стандартное растяжение стальной линейки 30м—100Н, стальной линейки 50м—150Н), для исправления результатов измерения получается уравнение длины линейки :

$$l_t = l_0 + \Delta l + \alpha l_0 (t - t_0) \quad \text{формула 2-1-1}$$

где: l_t——фактическая длина стальной линейки при температуре t (м);

l_0——номинальная длина стальной линейки, т.е. длина номинальной спецификации (м);

Δl——поправка длины линейки, т.е. разница между фактической длиной стальной линейки при температуре t_0 и номинальной длиной;

α——коэффициент расширения стальной линейки, обычно принимается 1, 25×10^{-5}м/℃;

t——температура при измерении расстояния стальной линейкой;

t_0——стандартная температура для проверки стальной линейки.

4. Расчет линейного участка точного расстояния измерения стальной линейки, измерение расстояния с прецизионной линейкой подлежит коррекции длины линейки, коррекции температуры и коррекции наклона в соответствии с линейным участком, чтобы получить исправленное горизонтальное расстояние линейного участка.

1) Коррекция длины линейки

$$\Delta l_d = \frac{\Delta l}{l_0} l \quad \text{формула 2-1-2}$$

где: Δl_d——поправка длины линейки линейного участка;

l——результат наблюдения за линейным участком.

2）Коррекция температуры

$$\Delta l_t = \alpha(t - t_0)l \qquad \text{формула 2-1-3}$$

где: Δl_t——поправка температуры линейного участка.

3）Коррекция наклона

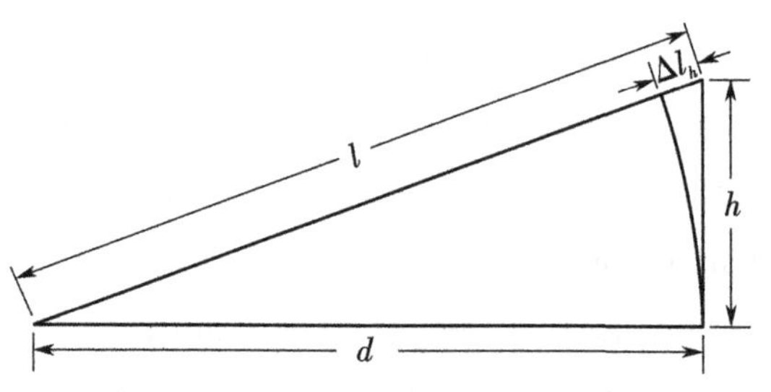

Рис. 2-1-3　Коррекция наклона

Как показано на рисунке 2-1-3, l и h—наклонное расстояние и разница высот между двумя точками соответственно, d—горизонтальное расстояние, Δl_h—поправка наклона линейного участка:

$$\Delta l_h = -\frac{h^2}{2l} \qquad \text{формула 2-1-4}$$

То исправленное горизонтальное расстояние d:

$$d = l + \Delta l_d + \Delta l_t + \Delta l_h \qquad \text{формула 2-1-5}$$

【Выполнение задачи】

1. Точка разбивки методом засечек расстояний

Как показано на рисунке 2-1-4, A и B являются точками управления с координатами (x_A, y_A) и (x_B, y_B), в настоящее время необходимо отметить точку разбивки P на поверхности земли с координатами (x_P, y_P).

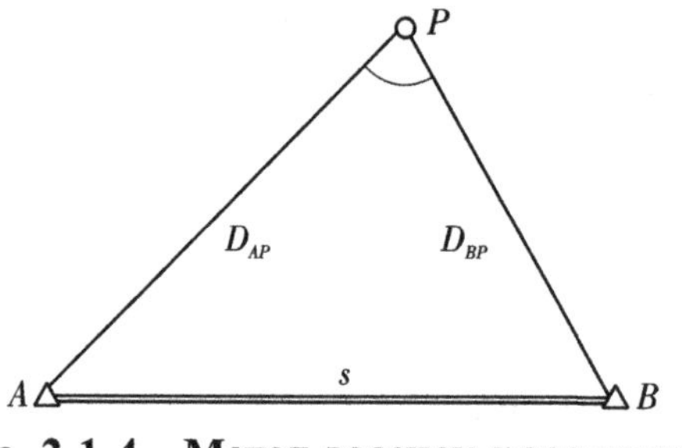

Рис. 2-1-4　Метод засечек расстояний

Рассчитать горизонтальное расстояние D_{AP} и D_{BP} между AP и BP с использованием известных координат

$$D_{AP} = \sqrt{\left(x_A - x_P\right)^2 + \left(y_A - y_P\right)^2} \quad \text{формула 2-1-6}$$

$$D_{BP} = \sqrt{\left(x_B - x_P\right)^2 + \left(y_B - y_P\right)^2} \quad \text{формула 2-1-7}$$

Нарисовать дугу на поверхности земли с известной точкой A на поверхности земли в качестве центра окружности и горизонтальным расстоянием D_{AP} в качестве радиуса, по аналогии нарисовать дугу с известной точкой B на поверхности земли в качестве центра окружности и горизонтальным расстоянием D_{BP} в качестве радиуса, точка пересечения двух дуг является положением точки разбивки P в плане.

2. Простая разбивка прямого угла

В объекте метод, в котором сумма квадратов двух прямоугольных сторон прямоугольного треугольника равна квадрату гипотенузы, обычно используется для простой разбивки прямого угла. Известная сторона AP, теперь необходимо разбить прямой угол в точке A, т.е. установить точку , чтобы направление AC было перпендикулярно известному ребру AP (Рис. 2-1-5) .

Простая разметка прямого угла

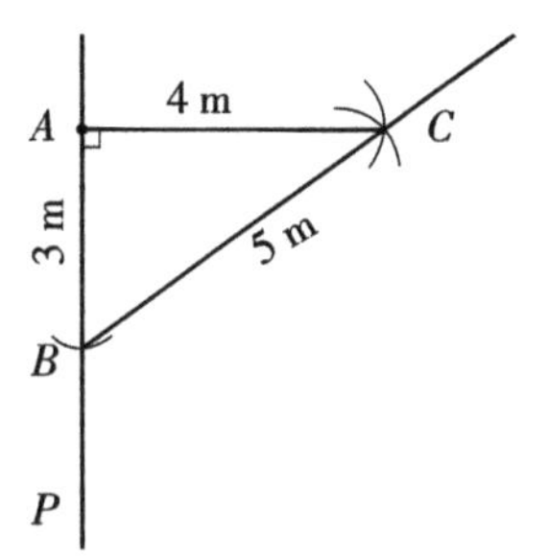

Рис. 2-1-5 Разбивка прямого угла стальной линейкой

(1) Использовать точку A в качестве начальной точки, измерить расстояние 3м на стороне AP, отметить точку B.

(2) На одной стороне стороны AP соответственно нарисовать дуги с точкой A в качестве центра окружности и радиусом 4м, точкой B в качестве центра окружности и радиусом 5м, две дуги пересекаются в точке C.

(3) Соединить A с C, направление AC перпендикулярно направлению AP,

при этом ∠CAB представляет собой прямой угол.

【Обучение навыкам】

Точка разбивки методом засечек расстояний. Выполнить разбивку определяемых точек в соответствии с шагами выполнения задачи.

【Размышления и упражнения】

(1) Сравнивая стальную линейку 30м со стандартной линейкой, обнаружите, что данная линейка длиннее стандартной линейки на 14мм. Известно, что уравнение длины стандартной линейки $l_t = 30м+0,0032м+1,25\times10^{-5}\times30\times(t-20\ ℃)$ м, температура при сравнении стальных линеек составляет 11 ℃, найти уравнение длины данной стальной линейки.

(2) Номинальная длина некоторой стальной линейки составляет 30м, коэффициент расширения составляет 0, 000 015, длина при растяжении 100Н и температуре 20 ℃ составляет 29, 986м, в настоящее время измеренное наклонное расстояние между двумя точками A и B при температуре 16 ℃ составляет 29, 987м, разница высот между двумя точками A и B составляет 0, 66м, найти горизонтальное расстояние из точки A в точки B.

(3) Каковы основные факторы, влияющие на измерение расстояния стальной линейкой? Как повысить точность измерения расстояния?

Проект III

Опыт применения портативного лазерного дальномера

【Описание проекта】

Портативный лазерный дальномер—это прибор, использующий лазеры для точного измерения цели и расстояния. В данном проекте используется ручной лазерный дальномер PD-510SC в качестве примера, чтобы описать основные функции и применение ручного лазерного дальномера.

【Цели проекта】

(1) Ознакомится с принципом работы портативного лазерного дальномера.

(2) Освоить метод работы портативного лазерного дальномера.

(3) Освоить применение портативного лазерного дальномера при измерении площади недвижимости.

Задача | Основные операции портативного лазерного дальномера

【Ввод задачии】

Ручной дальномер является широко используемым лазерным дальномером в настоящее время, его основные функции включают измерение расстояния, расчет площади и объема и т.д.

【Подготовка к задаче】

Принцип работы портативного лазерного дальномера состоит в том, чтобы излучать лазерный луч на объект, а фотоэлектрический элемент принимает лазерный луч, отраженный от объекта, и таймер измеряет время от излучения до получения лазерного луча, рассчитывается расстояние от базовой стороны до объекта.

Основные функции портативного лазерного дальномера

Описание наименования кнопок портативного лазерного дальномера PD-510SC и описание отображения на экране прибора приведены в табл. 3-1-1.

Табл. 3-1-1 Описание названия кнопок портативного лазерного дальномера PD-510SC

Измерение				
	Кнопка измерения			
Очистка	CLEAR			
	Кнопка очистки			
Включение/ выключение		OFF		
	Кнопка включения	Кнопка выключения		
Функция		MENU		
	Кнопка вспомогательного наведения	Кнопка меню	Кнопка равенства	Кнопка трапеции
	+		−	
	Кнопка сложения	Кнопка площади и объема	Кнопка вычитания	Базовая кнопка
	TIME	%		
	Кнопка задержки	Кнопка наклона	Кнопка разбивки	Кнопка меньшего и большего катетов

Табл. 3-1-2 Описание отображения на экране портативного лазерного дальномера PD-510SC

Включение лазера	Задняя база	Передняя база	База удлиненной пластины	База штатива
		52.5°	255	5s
Кол-во электр.	Включение Bluetooth	Горизонтальный угол	Номер неисправности	Измерение с задержкой

Единичное измерение	Непрерыв. измер.	Измерение площади	Измерениеобъема	Измерение меньшего и большего катетов 1
Измерение меньшего и большего катетов 2	Измерение меньшего и большего катетов 3	Измерение меньшего и большего катетов 4	Измерение треугольника	Измерението трапеции
			+m	−m
Измерение наклона	Косвенное измерение	Разбивка	Сложение расстояния	Вычитание расстояния
$+m^2$	$-m^2$	$+m^3$	$-m^3$	
Сложение площади	Вычитание площади	Сложение объема	Вычитание объема	Считать данные
Сохранение постоянной	Сохранить настройки	Не сохранить	Главное меню	Данные
		0		
Установка единицы измерения	Настройка освещения	Настройка смещения	Заводская настройка	Настройка Bluetooth
m	ft	in	ftin 1/32	′″ 1/32
Ед. изм.: м	Ед. изм.: фут	Ед. изм.: дюйм	Ед. изм.: фут и дюйм	Ед. изм.: фут и дюйм

【Выполнение задачи】

1. Начальная операция прибора

1) Включение и выключение

Нажать [Кнопку включения] для одновременного запуска прибора и лазера. Прибор войдет в режим измерения. Нажать [Кнопку выключения] OFF и удерживать около 1 сек. для выключения прибора. Если продолжительность приостановки прибора превышает 30 сек., прибор выключит лазер и дисплей затемнится. Если в этом состоянии нет работы в течение 3 мин., прибор

автоматически выключится.

2) Установка базовой стороны

Коротко нажать [Базовую кнопку] для циркуляционного переключения базовой стороны. После выключения восстановить настройку заднего конца прибора по умолчанию.

3) Настройка меню

Длительно нажать [Кнопку меню] MENU, чтобы войти в интерфейс < Главное меню>. Коротко нажать [Кнопку сложения] + или [Кнопку вычитания] − для перемещения курсора к требуемому пункту настройки, коротко нажать [Кнопку меню] MENU для входа в состояние изменения параметров, коротко нажать клавишу [Кнопку сложения] + или [Кнопку вычитания] − для изменения параметров, после завершения изменения нажать [Кнопку меню] MENU для подтверждения параметров и возврата в главное меню. В интерфейсе <Главное меню> длительно нажать [Кнопку меню] MENU, чтобы сохранить измененные параметры и выйти из главного меню, нажать [Кнопку очистки] CLEAR, чтобы выйти из главного меню без сохранения изменных параметров.

2. Применение основных функций прибора

1) Единичные и непрерывные измерения

В режиме включения прибора коротко нажать [Кнопку измерения], если лазер не горит, зажечь лазер и войти в состояние ожидания измерения расстояния, снова коротко нажать [Кнопку измерения], чтобы включить <Единичное измерение>; если лазер зажжен, то прямо включить <Единичное измерение>.

В режиме включения прибора длительно нажать [Кнопку измерения], чтобы включить <Непрерывное измерение>, коротко нажать [Кнопку измерения] или [Кнопку очистки] CLEAR, чтобы остановить непрерывное измерение.

2) Измерение площади и объема

В режиме включения прибора коротко нажать [Кнопку площади и объема] один раз, чтобы переключить на функцию <Площадь>, выполнить измерение соответствующей длинной стороны и широкой стороны по подсказке

значка функции в интерфейсе отображения, автоматически рассчитать значение площади.

В режиме включения прибора коротко нажать [Кнопку площади и объема] два раза, чтобы переключить на функцию <Объем>, выполнить измерение соответствующей длинной стороны, широкой стороны и высокой стороны по подсказке значка функции в интерфейсе отображения, автоматически рассчитать значение объема.

3) Измерение меньшего и большего катетов и измерение треугольника

В режиме включения прибора коротко нажать [Кнопку меньшего и большего катетов], чтобы переключить на требуемую функцию измерения меньшего и большего катетов, выполнить измерение соответствующих сторон по подсказке значка функции в интерфейсе отображения, автоматически рассчитать длину стороны объекта.

В режиме включения прибора коротко нажать [Кнопку меньшего и большего катетов] пять раз, чтобы переключить на функцию <Измерение треугольника>, выполнить измерение соответствующих сторон по подсказке значка функции в интерфейсе отображения, автоматически рассчитать значение площади треугольника.

4) Измерение трапеции

В режиме включения прибора коротко нажать [Кнопку трапеции], чтобы переключить на функцию <Измерение трапеции>, выполнить измерение соответствующих сторон в соответствии с значком функции интерфейса дисплея и автоматически рассчитайте длину стороны объекта.

5) Измерение наклона и косвенное измерение

В режиме включения прибора коротко нажать [Кнопку наклона], чтобы переключиться на функцию <Измерение угла>, включить единичное измерение или непрерывное измерение, можно измерить значение наклона и расстояния.

В режиме включения прибора коротко нажать [Кнопку наклона] два раза, чтобы переключиться на функцию <Косвенное измерение>, включить единичное измерение или непрерывное измерение, можно измерить значение наклона и расстояния, автоматически рассчитать вертикальное и горизонтальное расстояния.

6) Разбивка

В режиме включения прибора коротко [Кнопку разбивки] три раза, чтобы войти в функцию <Разбивка>. Экран мигает, чтобы подсказать расстояние разбивки, нажать [Кнопку сложения] и [Кнопку вычитания] для настройки расстояния разбивки, нажать [Кнопку измерения] для подтверждения расстояния разбивки и начала измерения. Переместить прибор вперед и назад, и на экране отображается текущее расстояние, расстояние до объекта и разница между текушим расстоянием и расстоянием до объекта.

7) Измерение с задержкой

В режиме включения прибора длительно нажать [Кнопку задержки] для входа в функцию <Измерение с задержкой>, на интерфейсе отображения будет подсказка обратного отсчета времени, можно коротко нажать [Кнопку сложения] или [Кнопку вычитания] для изменения значения обратного отсчета времени.

8) Вспомогательное наведение

В режиме включения прибора коротко нажать [Кнопку вспомогательного наведения], чтобы включить функцию вспомогательного наведения, при этом нажать [Кнопку измерения] для измерения, коротко нажать [Кнопку очистки], чтобы выйти из функции вспомогательного наведения.

9) Действие сложения и вычитания

Прибор может провести действие сложения и вычитания для результатов измерений одного типа. Например: сложить значение расстояния с значением расстояния. После измерения первого значения расстояния коротко нажать [Кнопку сложения], на интерфейсе жидкокристаллического дисплея появится значок <Сложение расстояния>, нажать [Кнопку измерения] для измерения второго значения расстояния, затем коротко нажать [Кнопку равенства], чтобы отобразить результат после сложения на интерфейсе.

10) Хранение

Длительно нажать [Кнопку меню], чтобы войти в интерфейс <Главное меню>, выбрать <Данные>, коротко нажать [Кнопку меню], чтобы войти в интерфейс <Чтение данных> для просмотра постоянной, коротко нажать

[Кнопку сложения] + или [Кнопку вычитания] −, чтобы просмотреть историческое измеренное или рассчитанное значение, длительно нажать [Кнопку меню] MENU, чтобы установить текущее отображаемое измеренное или рассчитанное значение в постоянную.

Постоянная и все исторические измеренные значения могут быть вызваны коротким нажатием [Кнопки равенства] = в интерфейсе <Чтение данных> для функционального измерения или действия сложения и вычитания.

【Обучение навыкам】

Обучение ознакомлению с ручным дальномером. Ознакомиться с наименованием кнопок ручного дальномера PD-510SC и попрактиковаться в основных функциях.

【Размышления и упражнения】

(1) Портативный лазерный дальномер представляет собой прибор для измерения расстояния с использованием принципов______,_____,______и т.д.

(2) — означает кнопки__________ и ____________; означает кнопку ____________

(3) Попробовать проанализировать сходство и различие между измерениями расстояния портативным лазерным дальномером и стальной линейкой.

Задача II Применение портативного лазерного дальномера

【Ввод задачи】

Портативный лазерный дальномер широко используется. В данной задаче описывается применение портативного лазерного дальномера в измерении и расчете площади недвижимости.

【Подготовка к задаче】

Существует три основных типа методов измерения и расчета площади дома: метод анализа координат, метод измерения расстояния на месте и графический метод. В данной задаче в основном описывается метод измерения расстояния на месте. Метод измерения расстояния на месте относится к расчету графической площади путем измерения длины стороны дальномером на месте и в настоящее время является наиболее распространенным методом измерения и расчета площади в измерении недвижимости. Для регулярных фигур, таких как прямоугольные или квадратные дома или комнаты, можно использовать дальномер для непосредственного измерения их длины стороны и расчета их площади; для нерегулярных фигур они могут быть разложены на несколько простых геометрических фигурах, и площади этих фигур могут быть рассчитаны отдельно, а затем может быть рассчитана конечная площадь.

【Выполнение задачи】

Применение ручного дальномера

Взять в качестве примера некоторую аудиторию. Аудитория в основном прямоугольная. Портативный лазерный дальномер можно использовать для непосредственного измерения измерения длины стороны и расчета площади. Основные шаги приведены ниже:

(1) Длительно нажать кнопку включения, чтобы включить портативный лазерный дальномер.

(2) Коротко нажать кнопку площади/объема один раз, чтобы переключить на функцию «Измерение площади», как показано на рис. 3-2-1.

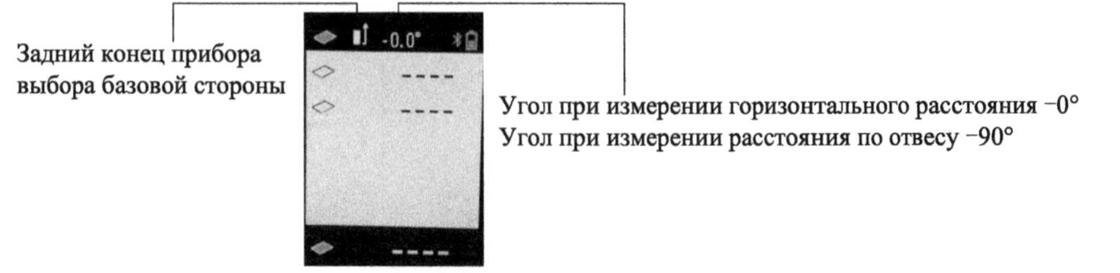

Рис. 3-2-1 Интерфейс измерения площади 1

(3) В первую очередь измерить длину одной стороны аудитории, выровнять головную часть дальномера с измеряемой стеной, при этом лазерный луч сформирует красную точечную индикацию, нажать кнопку измерения,

чтобы измерить длину данной стороны, и прибор автоматически запишет значение.

(4) Измерить длину другой стороны таким же образом, как и в шаге 3.

(5) После записи двух значений длины стороны прибор автоматически вычисляет площадь.

(6) После завершения измерения можно просмотреть длину стороны и площадь в этом интерфейсе, как показано на рис. 3-2-2.

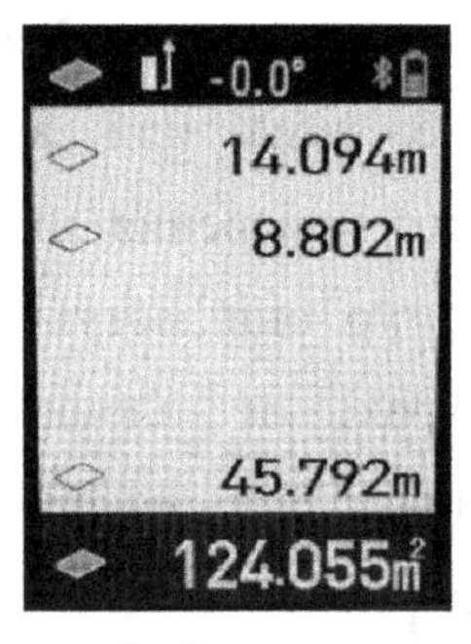

Рис. 3-2-2 Интерфейс измерения площади 2

【Обучение навыкам】

Обучение применению портативного лазерного дальномера . Выбрать подходящую площадку и попрактиковаться в использовании функций измерения расстояния и расчета площади в дальномере PD-510SC.

【Размышления и упражнения】

(1) Каковы области применения портативного лазерного дальномера ?

(2) Изучение методов измерения углов и разбивки с помощью дальномера.

Проект IV

Технология измерения оптического нивелира

【Описание проекта】

Оптический нивелир является широко используемым прибором для измерения высот в инженерной геодезии. В данном проекте применяется автоматический нивелир типа DSZ3 «Наньфан» в качестве примера, чтобы описать основную конструкцию оптического нивелира и его применение в нивелировании Ⅲ, Ⅳ и Ⅴ классов.

【Цели проекта】

(1) Ознакомится с конструкцией и характеристиками автоматического нивелира, наименование и функцию узлов.

(2) Освоить метод использования и измерения автоматического нивелира.

(3) Освоить выполнение измерения и обработку данных нивелирования Ⅲ, Ⅳ и Ⅴ классов.

(4) Освоить проверку и коррекцию автоматического нивелира.

Задача Ⅰ Основные операции оптического нивелира

【Ввод задачи】

Нивелир — это прибор, который измеряет отметку наземной точки методом нивелирования. В настоящее время автоматический нивелир, широко используемый в инженерной геодезии, выполняет нивелирование путем ручного отсчета.

【Подготовка к задаче】

1. Автоматический нивелир

На рис. 4-1-1 показан автоматический нивелир типа DSZ3 «Наньфан», где D, S, Z соответственно обозначают «геодезическую съемку», «нивелир» и «автоматическое выравнивание», цифра «3» обозначает, что величина средней квадратической ошибки разницы высот измерения туда и обратно на километр

нивелира данного типа не превышает ± 3мм.

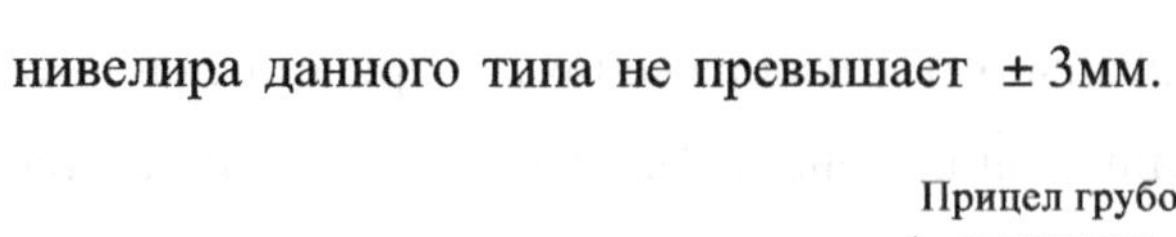

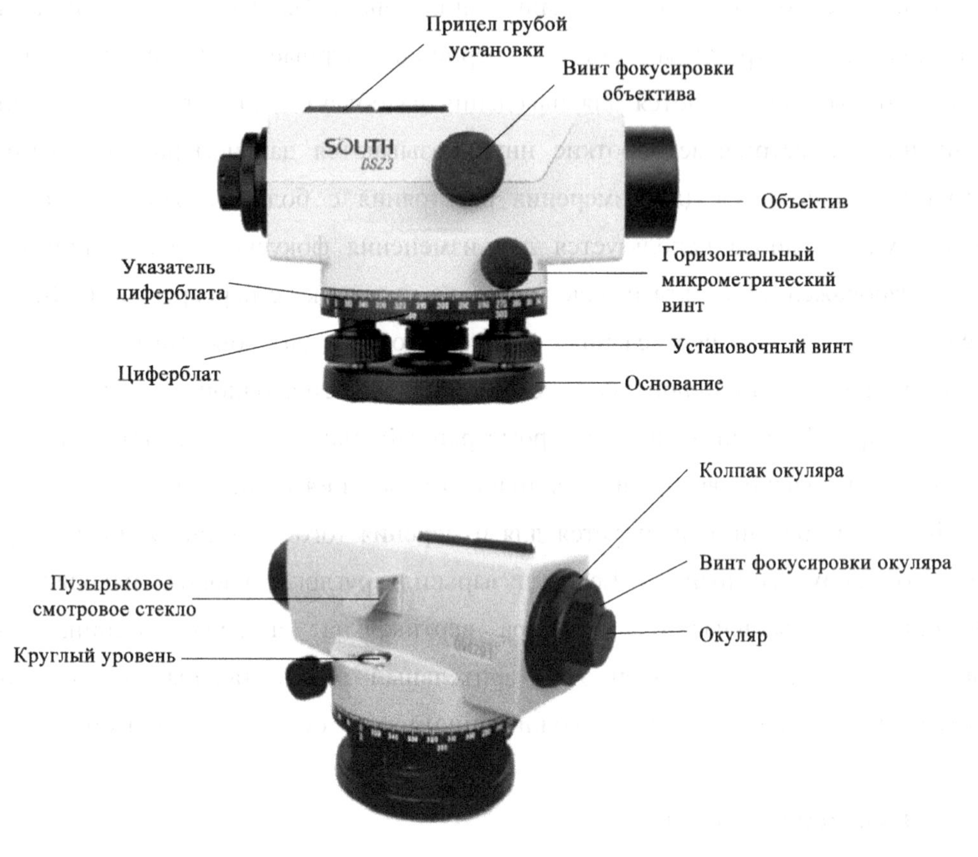

Рис. 4-1-1 Автоматический нивелир DSZ3 «Наньфан»

Автоматический нивелир в основном состоит из основания, телескопа, круглого уровня и зрительного горизонтального компенсатора и т.д..

Часть основания включает в себя опорную шейку, установочный винт, нижнюю плиту и т.д. Её функции заключается в поддержке верхней части прибора и соединении со треножником. В том числе опорная шейка используется для вращения вертикальной оси прибора, установочный винт используется для регулировки примерного уровня прибора.

Телескоп представляет собой компонент, установленный на основании для наведения на объект и отсчета на нивелирной рейке. Он может вращаться горизонтально вокруг опорную шейку основания. Он в основном состоит из объектива, окуляра, фокусирующей линзы и пластинки с перекрестием. В том числе объектив используется для формирования уменьшенного и яркого реального изображения удаленного объекта пластинки с перекрестием; окуляр

используется для увеличения реального изображения, представленного объектива, с крестом для формирования виртуального изображения; на пластинке с перекрестием есть две перпендикулярные друг другу длинные нити, которые используются для наведения на объект и отсчет, а две верхние и нижние симметричные короткие нити называются дальномерными нитями, которые используются для измерения расстояния с более низкой точностью; фокусирующая линза используется для изменения фокусного расстояния так, чтобы изображение объекта падало прямо на пластинке с перекрестием. Линия, соединяющая точку пересечения оптического центра объектива и креста, называется коллимационной осью телескопа и является одной из важных осей на нивелире. Горизонтальный микрометренный маховик позволяет телескопу совершать небольшое вращение для точного наведения на объект.

Круглый уровень используется для измерения того, находится ли прибор в горизонтальном состоянии. Если пузырьки круглого уровня находятся в середине, вертикальная ось прибора вертикальна, а коллимационная ось примерно горизонтальна. При этом зрительный горизонтальный компенсатор автоматически компенсирует коллимационную ось до горизонтального состояния.

2. Нивелирная рейка

Автоматический нивелир DSZ3 применяется в комплекте с двухсторонней нивелирной рейкой. Как показано на рисунке 4-1-2, две стороны нивелирной линейки окрашены соответственно в черно-белый и красно-белый квадратный формат с делениями в сантиметрах. Черно-белая сторона — это черная линейка, также известная как основная линейка, начальная точка нижней части — ноль; красно-белая сторона — это красная линейка, также известная как вспомогательная линейка. Начальные отсчеты по нижней части пары линеек составляют 4687мм и 4787мм соответственно. Каждый дециметр отмечен примечанием, состоящим из двух цифр. Первая цифра представляет метр, а вторая цифра представляет дециметр. На боковой стороне нивелирной рейки установлен круглый уровень, при этом пузырьки находятся середине, нивелирная рейка расположена вертикально. Двухсторонняя нивелирная рейка в основном используется в нивелировании Ⅲ, Ⅳ и Ⅴ классов.

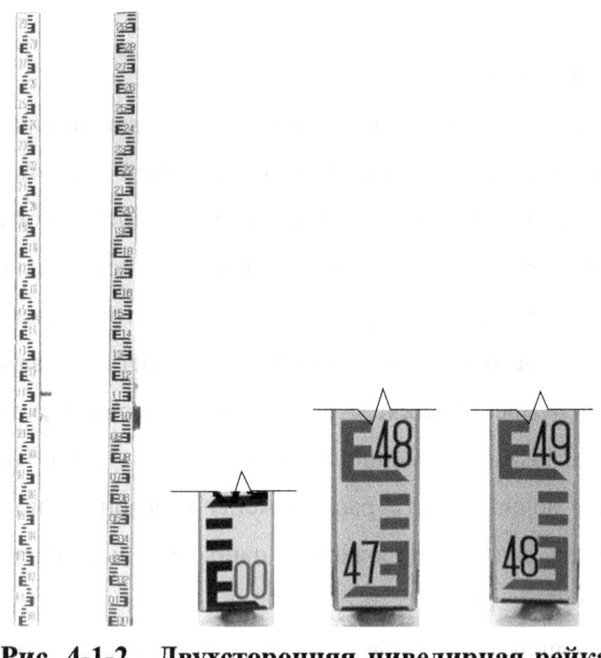

Рис. 4-1-2 Двухсторонняя нивелирная рейка

3. Башмак

Башмак отлит из чугуна с полусферическими выступами в верхней середине и тремя ножками в нижней части. Башмак используется в точке поворота непрерывного нивелирования в нескольких станциях наблюдения, чтобы предотвратить опускание нивелирной рейки и перемещение точки стояния рейки. При использовании следует прочно вдавить ножки прокладки нивелирной рейки в землю, а затем установить нивелирную рейку на вершине полусферического выступа. Масса башмака для нивелирного наблюдения третьего (четвертого) национального класса не менее 1кг.

Рис. 4-1-3 Башмак

【Выполнение задачи】

Шаги операции нивелира: установка прибора, выравнивание, наведение,

отсчет

1.Установка прибора

Основные функции оптического нивелира

(1) Освободить закрепительный винт ножки треножника, выдвинуть три ножки для обеспечения подходящей высоты, потом затянуть закрепительный винт ножки, установить треножник в точке стояния. Если он находится на относительно ровной поверхности земли, следует расположить три ножки примерно в виде равностороннего треугольника, отрегулировать высоту установки треножника, а верхняя поверхность треножника должна быть примерно горизонтальной; если на склоне, две ножки должны быть расположены горизонтально под склоном, а другая ножка должна быть расположена в направлении склона, и наступать на ножку для установки штатива.

(2) Открыть ящик приборов, вынуть приборы, запомнить состояние размещения приборов в ящике, чтобы после использования упаковать их по исходному состоянию.

(3) Поместить нивелир на головку штатива, одной рукой держать прибор, другой рукой закрепить прибор на треножнике с помощью соединительного винта.

2. Выравнивание

(1) Обратить внимание, что центр пузырька отклоняется от положения нулевой точки, если пузырек находится в положении на рис.4-1-4 (а), вращать установочные винты 1 и 2 обеими руками одновременно в противоположном направлении, чтобы пузырек переместился к середине вдоль параллельного направления линии, соединяющей винтов 1 и 2. Закон движения пузырька: направление движения пузырька одинаково с направлением вращения установочного винта большим пальцем левой руки.

(2) Равным образом вращать третий установочный винт, как показано на рис. 4-1-4 (b), чтобы пузырек находился в середине.

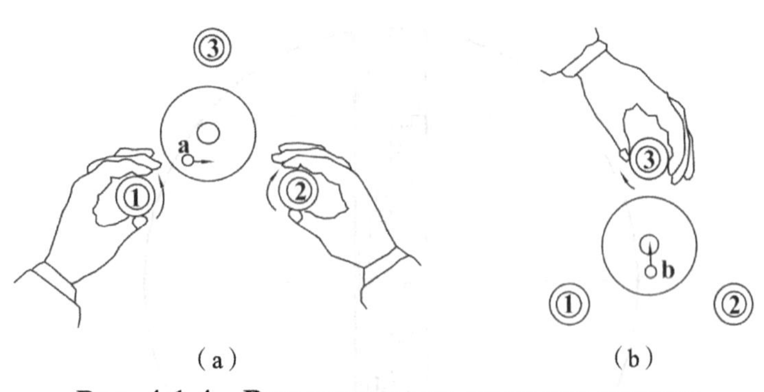

Рис. 4-1-4 Выравнивание круглого уровня

3. Наведение и фокусировка

(1) Наблюдать за окуляром телескопа, вращать фокусировочную кремальеру окуляра, чтобы сделать изображение пластинки с перекрестием четким.

(2) Наводить грубый визир на приборе на нивелирную рейку, вращать кремальеру фокусировки, чтобы сделать изображение нивелирной рейки четким, при этом глаза микро перемещаются вверх и вниз вблизи конца окуляра, если обнаружено, что крест и целевое изображение тоже изменяются, это явление называется параллаксом. Наличие параллакса повлияет на точность отсчета, он должен быть устранен. Способ устранения параллакса заключается в тщательном и повторном фокусировании окуляра и объектива до тех пор, пока изображение и крест не станут чистыми. Независимо от того, где глаз смотрит, отсчет, на который наводит горизонтальная нить креста, остается неизменными.

(3) Вращать горизонтальный микрометренная кремальера, чтобы вертикальная нить креста располагалась в середине нивелирной рейки.

4. Отсчет

Считать отсчет по средней нити креста на нивелирной рейке, прочитать по очереди четыре цифры метра, сантиметра, дециметра и миллиметра, из которых оценивается миллиметр. Как показано на рисунке 4-1-5, отсчет по средней нити составляет 1, 718м. После считывания наблюдателем регистратор должен повторно прочитать и немедленно записать соответствующие данные в журнале.

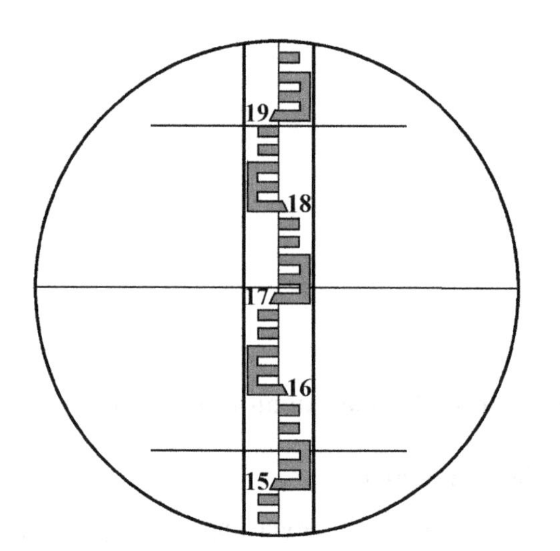

Рис. 4-1-5 Отсчет по нивелирной рейке

【Обучение навыкам】

Обучение ознакомлению и использованию оптического нивелира DSZ3. Завершить установку, выравнивание, наведение, перевод фокус и отсчет оптического нивелира DSZ3 по порядку, а также представить журнал для записей наблюдения и отчет об обучении.

【Размышления и упражнения】

(1) Кратко описать шаги операции автоматического нивелира.

(2) Как определить наличие параллакса на нивелире? Как устранить параллакс?

Задача Ⅱ Нивелирование Ⅲ, Ⅳ и Ⅴ классов

【Ввод задачи】

Технология нивелирования в основном используется для создания национальной нивелирной сети и решения проблемы измерения высот

инженерного строительства. В «Стандарте инженерной геодезии» (GB50026—2020) нивелирование подразделяется на 4 класса: Ⅱ, Ⅲ, Ⅳ, Ⅴ. В данной задаче в основном описывается выполнение измерения и обработка данных нивелира DSZ3 в нивелировании V класса, Ⅲ (Ⅳ) класса.

【Подготовка к задаче】

1. Принцип нивелирования

Как показано на рис.4-2-1, с помощью горизонтального луча визирования, предоставленной нивелиром, отсчет по нивелирной рейке в точках A и B соответственно — a и b, по формуле $h_{AB} = a - b$ вычислить разница высот h_{AB} между двумя точками на поверхности земли, затем по отметке H_A известной точки вычислить отметку H_B определяемой точки: $H_B = H_A + h_{AB}$.

Рис. 4-2-1 Принцип нивелирования

2. Репер

Репер является контрольной точкой, которая определяет отметку с помощью технологии нивелирования и обычно выражается BM. Для реперов национального класса следует установить постоянные знаки, как показано на рис. 4-2-2, левый рис. –знак репера, залегающий глубоко ниже линии мерзлоты поверхности земли, на верхней поверхности предусмотрен полусферический знак, изготовленный из нержавеющей стали или других некоррозийных материалов; правый рис. —знак репера на стене, установленный на устойчивом цоколе стены. Временные реперы могут быть забиты деревянными сваями на земле или установлены фиксированные знаки на твердых породах, зданиях с маркировкой и нумерацией красной краской, как показано на рис. 4-2-3. После завершения установки точки Ⅱ и Ⅲ классов должны быть отмечены, а другие

контрольные точки могут быть определены по мере необходимости. При необходимости следует также установить опознавательный столб.

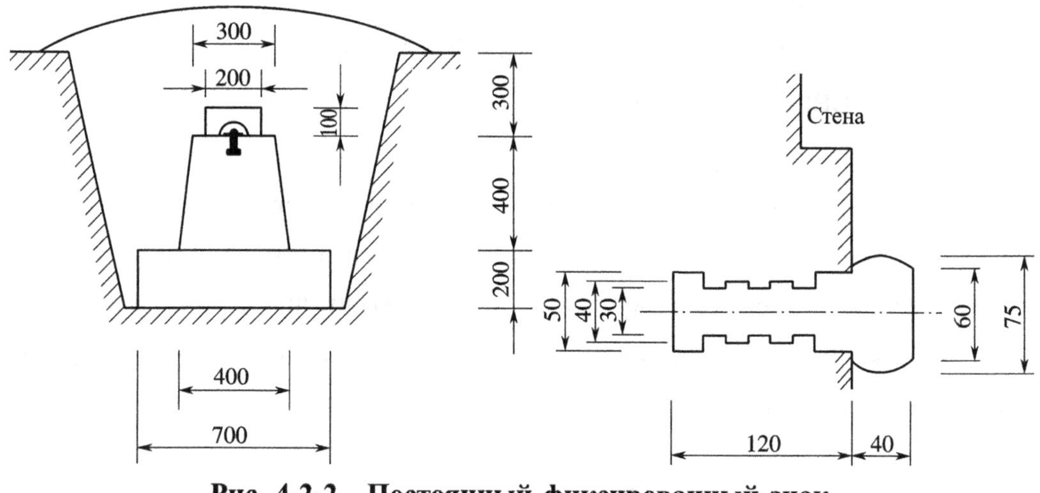

Рис. 4-2-2 Постоянный фиксированный знак

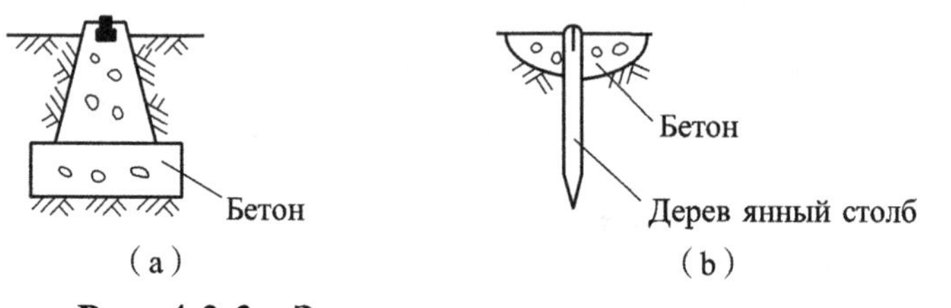

Рис. 4-2-3 Знак временного репера

3. Нивелирная трасса

При нивелировании трасса, соединяющая известные точки отметки с соседними определяемыми точками отметки по расположению реперов, называется нивелирной трассой и имеет вид размещения: замкнутая нивелирная трасса, разомкнутая нивелирная трасса и ответвительная нивелирная трасса, как показано в табл. 4-2-1. При наблюдении за нивелирной трассой наблюдение между двумя соседними реперами называется участком наблюдения, а разница высот между двумя точками наблюдения, когда прибор размещается на участке наблюдения, называется станцией наблюдения; временная точка стояния рейки для передачи отметки называется точкой поворота (TP).

Табл. 4-2-1 Вид размещения нивелирной трассы

Наименование	Определение трассы	Схема трассы
Разомкнутая нивелирная трасса	Начиная с одной известной точки отметки, нивелирование выполняется вдоль определяемых точек отметки и в конце концов прикрепляется к нивелирной трассе на другой известной точке отметки.	BM_1, h_1, 1, h_2, 2, h_3, BM_2
Замкнутая нивелирная трасса	Начиная с известной точки отметки, нивелирование выполняется вдоль определяемых точек отметки и в конце концов возвращается к нивелирной трассе исходной известной точки.	BM_3, h_1, 1, h_2, 2, h_3, 3, h_4
Ответвительная нивелирная трасса	Начиная с одной известной точки отметки, нивелирование выполняется вдоль определяемых точек отметки и в конце концов ни не возвращается к исходной известной точке, ни не прикрепляется к нивелирной трассе другой известной точки отметки.	BM_4, h_1, 1, h_2, 2

4. Технические требования

Технические требования к нивелированию Ⅲ, Ⅳ и Ⅴ классов в «Стандарте инженерной геодезии» приведены в табл. 4-2-3.

Табл. 4-2-2 Основные технические требования к нивелированию Ⅲ, Ⅳ и Ⅴ классов

Класс	Средняя квадратическая ошибка разницы высот на километр (мм)	Протяженность трассы (км)	Тип нивелира	Нивелирная рейка	Количество наблюдений		Разность измерения туда и обратно или невязка разомкнутой или кольцевой линии	
					Совместное измерение известных точек	Присоединение/замыкание	Ровное место	Горная местность
Ⅲ	6	$\leqslant 50$	DSZ3	С двух сторон	Каждый раз туда и обратно	Каждый раз туда и обратно	$12\sqrt{L}$	$4\sqrt{n}$
Ⅳ	10	$\leqslant 16$	DSZ3	С двух сторон	Каждый раз туда и обратно туда и обратно	Один раз туда	$20\sqrt{L}$	$6\sqrt{n}$

Класс	Средняя квадратическая ошибка разницы высот на километр (мм)	Протяженность трассы (км)	Тип нивелира	Нивелирная рейка	Количество наблюдений		Разность измерения туда и обратно или невязка разомкнутой или кольцевой линии	
					Совместное измерение известных точек	Присоединение/замыкание	Ровное место	Горная местность
V	15	—	DSZ3	Одностороннее	Каждый раз туда и обратно	Один раз туда	$30\sqrt{L}$	—

Примечание:

1. L—длина нивелирного маршрута с синтетическим замыканием (км), n—число измерительных пунктов;
2. Когда количество станций наблюдения на километр нивелирной трассы превышает 16, можно считать горным.

При выполнении нивелирования Ⅲ, Ⅳ и Ⅴ классов с помощью нивелир DSZ3 технические требования к наблюдению станции наблюдения приведены в табл. 4-2-3.

Табл. 4-2-3 Технические требования к станции наблюдения при нивелировании Ⅲ, Ⅳ и Ⅴ классов

Класс	Длина луча визирования/м	Разница между передним и задним видимым расстояниями/м	Накопленная разница видимого расстояния/м	Минимальная высота луча визирования от земли/м	Разность отсчетов по красной и черной поверхностям/мм	Разница между разницами высот красной и черной поверхностей/мм
Ⅲ	75	3, 0	6, 0	0, 3	2, 0	3, 0
Ⅳ	100	5, 0	10, 0	0, 2	3, 0	5, 0
Ⅴ	100	Приближенное равенство	—	—	—	—

【Выполнение задачи】

1. Нивелирование Ⅴ класса

Нивелирование осуществляется согласно соответствующим техническим требованиям для измерения разницы высот каждого участка наблюдения. Результаты измерения включают разницу высот участка наблюдения, длину участка наблюдения и количество станции наблюдения. Полевые работы на одном участке наблюдения при нивелировании показаны на рис. 4-2-4. Известно, что отметка точки А составляет 50,118м, В—определяемая точка отметки, расстояние между двумя точками велико, теперь необходимо установить несколько точек поворота между двумя точками, после непрерывного нивелирования на нескольких станциях наблюдения измерить

разницу высот между двумя точками h_{AB}, затем рассчитать отметку точки B.

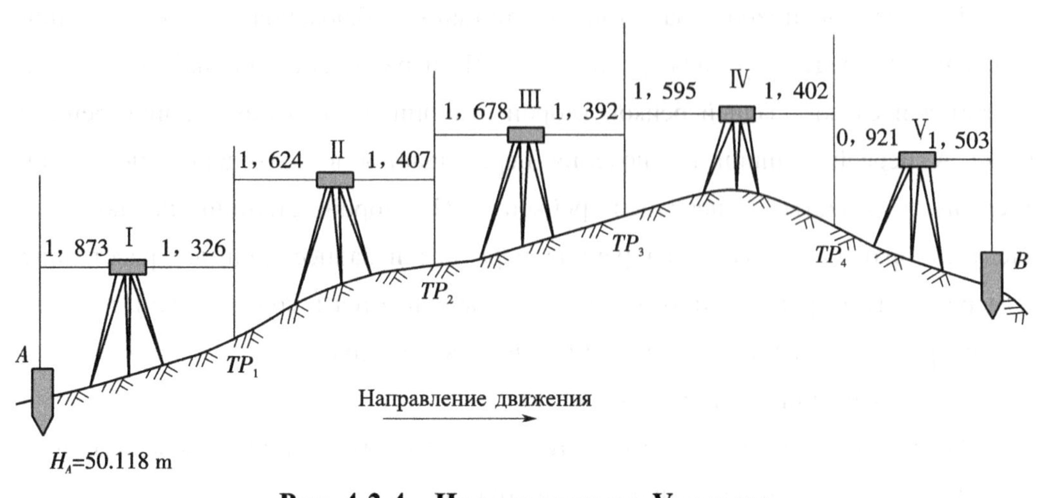

Рис. 4-2-4 Нивелирование V класса

1) Выполнение измерения

а) Первая станция наблюдения.

(1) На известной отметке А устанавливается репер в качестве линейки заднего вида.

(2) С начальной точки А по направлению трассы измерить расстояние шагами, предусмотреть станцию наблюдения для установки нивелира в месте, где заднее видимое расстояние не превышает предела, отрегулировать установочный винт, чтобы пузырьки круглого уровня находились в середине, выровнять нивелир;

(3) Продолжить движение вперёд от станции наблюдения в направлении точки B, когда количество шагов равен заднему видимому расстоянию, установить башмак, на башмаке вертикально установить нивелирную рейку, установить точку поворота TP1 в качестве передней рейки.

(4) Навести на черную поверхность задней рейки, после подтверждения устранения параллакса, считать отсчет по задней черной поверхности a1 (1, 873м) средней нитью креста и записать в журнал.

(5) Вращать телескоп, наводить на нивелирную рейку на передней точке TP1, считывать отсчет по передней черной поверхности b1 (1, 326м) средней нитью и записывать в журнал.

(6) Рассчитать разницу высот первой станции: $h_{A-TP_1} = a_1 - b_1 = 1.873м - 1.326м = +0.547м$.

b) Вторая станция наблюдения

Переместить прибор на вторую станцию наблюдения по направлению движения вперед, передняя рейка на TP1 первой станции наблюдения не движется и служит задней рейкой второй станции наблюдения, задняя рейка в точке A первой станции наблюдения перемещается в подходящее положение впереди в качестве передней рейкой TP2 второй станции наблюдения, следует обратить внимание на равное переднее и заднее видимое расстояние. Измерение на второй станции наблюдения выполняется в соответствии с той же процедурой наблюдения на первой станции наблюдения.

c) Последующие станции наблюдения

Наблюдать и записывать результаты на следующих станциях последовательно в направлении продвижения нивелирной трассы.

d) Последняя станция наблюдения

Передняя точка предпоследней станции является точкой поворота TP4, которая также является задней точкой последней станции наблюдения. Передняя точка последней станции наблюдения является точкой B. Установить прибор на равноудаленном расстоянии от двух точек TP4, B и центрировать пузырьки круглого уровня , установить нивелирную рейку в задней и передней точках обзора соответственно, наблюдать и регистрировать показания нивелирной рейки.

2) Проверка участка наблюдения

После завершения всех наблюдений на участке наблюдения регистратор вычисляет $\sum a$, $\sum b$, $\sum h_i$, в журнале для записей, при условии, что $\sum a-\sum b=\sum h_i$, вычисление является правильным, и в качестве результата наблюдения на участке наблюдения принимается измеренное превышение участка наблюдения $\sum h_i$ и соответствующее количество станций n. Как показано в табл. 4-2-4, результаты наблюдения на участке наблюдения $BM_A \to BM_B$: измеренное превышение h_{AB}=+0.661м, количество станций наблюдения n=5.

Если уравнение $\sum a-\sum b=\sum h_i$ не обосновано, это указывает на ошибку в расчете разница высот станции наблюдения, которая должна быть тщательно проверена и исправлена.

Табл. 4-2-4 Журнал для записей нивелирования V класса

Станция наблюдения	Точка измерения	Задний отсчет a /м	Передний отсчет b /м	Разница высот/м +	Разница высот/м −	Отметка /м	Примечание
1	A	1, 873		0, 547		50, 118	Известная точка
2	TP_1	1, 624	1, 326	0, 217			
3	TP_2	1, 678	1, 407	0, 286			
4	TP_3	1, 595	1, 392	0, 193			
5	TP_4	0, 921	1, 402		0, 582		
	B		1, 503			50, 779	Измеряемая точка
Σ		7, 691	7, 030	1, 243	0, 582		

2. Нивелирование Ⅲ (Ⅳ) класса

Нивелирование IV класса

Наблюдение за разницей высот участка наблюдения при нивелировании Ⅲ (Ⅳ) класса в основном такое же, как и в нивелировании V класса, различие заключается в том, что количество станций наблюдения на каждом участке наблюдения за нивелированием Ⅲ (Ⅳ) класса должно быть четным.

На примере разомкнутой трассы нивелирования, показанной на рис. 4-2-5, описывается процесс выполнения нивелирования Ⅳ класса. Известно, что отметки BM_1 и BM_2 составляют 105,875м и 102,895м соответственно, начиная с точки BM_1, пройдя через N_1, N_2, N_3 по очереди и, наконец, присоединяясь к BM_2, рассчитать отметки N_1, N_2, N_3.

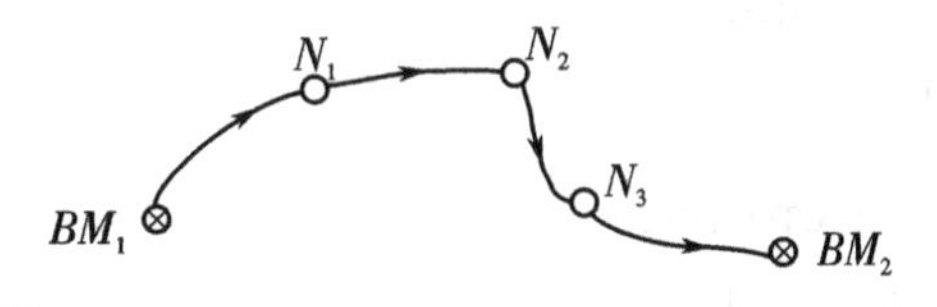

Рис. 4-2-5 Разомкнутая трасса нивелирования Ⅳ класса

1) Выполнение измерения

Нивелирование Ⅲ (Ⅳ) класса должно выполняться при хорошей видимости и четком изображении нивелирной рейки, последовательность наблюдения одной из станций наблюдения: «задняя (черная) — передняя (черная) — передняя (красная) — задняя (красная) »; конкретные шаги нижеследующие:

(1) Черная поверхность задней нивелирной рейки, считать отсчет по верхним и нижним дальномерным нитям и средней нити, записать его в (1), (2), (3) в табл. 4-2-5.

(2) Черная поверхность передней нивелирной рейки, считать отсчет по верхним и нижним дальномерным нитям и средней нити, записать его в (4), (5), (6) в табл. 4-2-5.

(3) Красная поверхность передней нивелирной рейки, считать отсчет по средней нити, записать его в (7) в табл. 4-2-5.

(4) Красная поверхность задней нивелирной рейки, считать отсчет по средней нити, записать его в (8) в табл. 4-2-5.

Нивелирование Ⅲ класса должно выполняться в соответствии с вышеуказанной последовательностью наблюдения, а нивелирование Ⅳ класса также может выполняться в соответствии с последовательностью «задняя (черная) — задняя (красная) — передняя (черная) — передняя (красная) ».

2) Проверка станции наблюдения

На участке наблюдения от BM_1 до N_1 предусмотрены 4 станции наблюдения, результаты наблюдения приведены в табл. 4-2-5, пункты (9) - (18) в таблице могут быть рассчитаны по следующей формуле, после выполнения расчета каждый пункт должен быть проверен по табл. 4-2-3 — Технические требования к нивелированию Ⅲ (Ⅳ) . Когда результаты проверки превышают предел, немедленно прекратить наблюдение, проанализировать и найти причину, повторно выполнить наблюдение на данной станции.

Заднее видимое расстояние:

$$(9) = 100 \times [(1) - (2)]$$

Переднее видимое расстояние:

$$(10) = 100 \times [(4) - (5)]$$

Разница в видимом расстоянии d:

$(11) = (9) - (10)$

Накопленная разница в видимом расстоянии $\sum d$:

$(12) = 本站\ (11) + 上站\ (12)$

постоянная погрешность линейки:

$(13) = K_{后} + (3) - (8)$

$(14) = K_{前} + (6) - (7)$

Погрешность разницы высот между черной и красной поверхностями:

$(15) = (3) - (6)$

Разница высот черной поверхности:

$(16) = (8) - (7)$

Разница высот красной поверхности:

$(17) = (15) - [(16) \pm 100]$

Проверка разницы между разницами высот красной и черной поверхностей:

$(17) = (13) - (14) = (15) - [(16) \pm 100]$.

При (16) > (17) принимается «+»; при (16) < (17), принимается «-».

Если по сравнению с допуском результаты вышеуказанного расчета не выщли за пределы, то проверка пройдет. Затем рассчитать среднее число разницы высот и использовать его в качестве разницы высот станции наблюдения.

Среднее число разницы высот: $(18) = \{(15) + [(16) \pm 100]\} / 2$. При (16) > (17) принимается «+»; при (16) < (17), принимается «-».

3) Проверка участка наблюдения

После завершения наблюдения на одном участке наблюдения следует рассчитать разницу высот участка наблюдения и длину участка наблюдения, и использовать их в качестве результатов наблюдения на участке наблюдения, а затем проверить, чтобы убедиться в правильности.

Разница высот участка наблюдения = $\sum(18)$.

Длина участка наблюдения = $\sum(9) + \sum(10)$.

Проверка разницы высот: $\left[\sum(16) + \sum(17)\right]/2 = \sum(18)$.

Проверка видимого расстояния: $\sum(9) - \sum(10) = 末站(12)$.

Если вышеупомянутые 2 уравнения проверки не обоснованы, это означает, что процесс расчета неправильный, необходимо тщательно проверить до тех

пор, пока ошибка не будет обнаружена и исправлена. Если 2 уравнения обоснованы, разница высот участка наблюдения $\sum(18)$, длина участка наблюдения $\left(\sum(9)+\sum(10)\right)$ и количество станций наблюдения (самый большой серийный номер станции наблюдения) используются в качестве результатов наблюдения на участке наблюдения.

Табл. 4-2-5 Журнал нивелирования Ⅳ класса

Номер станции наблюдения	Номер точки	Задняя рейка/мм: Верхняя нить / Нижняя нить; Заднее видимое расстояние/м; Разница в видимом расстоянии d/м	Передняя рейка/мм: Верхняя нить / Нижняя нить; Переднее видимое расстояние/м; Накопленная разница ∑d/м	Направление и номер линейки	Отсчет по нивелирной рейке: Черная поверхность/мм	Отсчет по нивелирной рейке: Красная поверхность/мм	K + черный минус красный/мм	Разность высоты Среднее число/м	Примечание
		(1)	(4)	Зад.	(3)	(8)	(13)		
		(2)	(5)	Перед.	(6)	(7)	(14)		
		(9)	(10)	Зад.- перед.	(16)	(17)	(15)	(18)	
		(11)	(12)						
1	BM_1~TP_1	1, 571	0, 739	Зад. 107	1384	6171	0		
		1, 197	0, 363	Перед. 106	551	5239	−1		
		37, 4	37, 6	Зад.- перед.	+833	+932	+1	+0, 8325	
		−0, 2	−0, 2						
2	TP_1~TP_2	2, 121	2, 196	Зад. 106	1934	6621	0		K— нивелирной рейки. K_{106}=4687 K_{107}=4787
		1.747	1, 821	Перед. 107	2008	6796	−1		
		37, 4	37, 5	Зад.- перед.	−74	−175	+1	−0, 0745	
		−0, 1	−0, 3						
3	TP_2~TP_3	1, 914	2, 055	Зад. 107	1726	6513	0		
		1, 539	1, 678	Перед. 106	1866	6554	−1		
		37, 5	37, 7	Зад.- перед.	−140	−41	+1	−0, 1405	
		−0.2	−0.5						
4	TP_3~N_1	1, 965	2, 141	Зад. 106	1832	6519	0		
		1, 700	1, 874	Перед. 107	2007	6793	+1		
		26, 5	26, 7	Зад.- перед.	−175	−274	−1	−0, 1745	
		−0, 2	−0, 7						
Участок наблюдения	$BM_1 \rightarrow N_1$	138, 8	139, 5		+444	+442		+0, 443	

3. Обработка данных нивелирования

Обработка данных нивелирования заключается в определении отметки каждой определяемой точки на основе отметки известного репера на нивелирной трассе и разницы высот каждого участка наблюдения. Процесс обработки данных нивелирования Ⅴ и Ⅲ（Ⅳ）классов включает в себя следующие аспекты: составление схемы и ввод информации → расчет невязки разницы высот и проверка → расчет поправки невязки разницы высот → проверка → расчет исправленной разницы высот → проверка расчета отметки определяемой точки.

1）Составление схемы и ввод информации

На основе разностей высты наблюдения каждого участка и соответствующего количества станций или длины наблюдения, полученные из журнала для записей, сформленного в ходе измерения, составить схему наблюдения за трассой нивелирования и по очереди заполнить в таблице расчета результатов нивелирования наименование точки, количество станций наблюдения ni или длину участка наблюдения L_i, измеренное превышение каждого участка наблюдения hi .

2）Расчет невязки разницы высот и проверка

Ответвительная нивелирная трасса:

$$f_h = \sum h_{\text{fù}} + \sum h_{\cdot\mu} \qquad \text{формула 4-2-1}$$

Разомкнутая нивелирная трасса:

$$f_h = \sum h_{\text{²â}} - \sum h_{\text{理}} = \sum h_{\text{²â}} - \left(H_{\text{ÖÕ}} - H_{\text{Ê¼}}\right) \qquad \text{формула 4-2-2}$$

Замкнутая нивелирная трасса:

$$f_h = \sum h_{\text{²â}} \qquad \text{формула 4-2-3}$$

где: f_h ——невязка разницы высот;

$\sum h_{\text{fù}}$ ——сумма измеренных разниц высот туда;

$\sum h_{\cdot\mu}$ ——сумма измеренных разниц высот обратно;

$\sum h_{\text{²â}}$ ——сумма измеренных разниц высот;

$H_{\text{ÖÕ}}$ ——известная отметка конца трассы;

$H_{\text{Ê¼}}$ ——известная отметка начала трассы.

Невязка разницы высот f_h используется для проверки годности результатов

измерения. Если f_h не превышает допустимое значение невязки разницы высот $f_{h容}$, результат считается положительным; в противном случае следует выяснить причину и повторно наблюдать. Допустимая невязка выбирается из соответствующих индексов в табл. 4-2-2 в зависимости от условий трассы измерения.

3）Расчет поправки разницы высот и проверка

На ответвительной нивелирной трассе нет избыточных наблюдений, и нет проблемы коррекции невязки.

Принцип распределения невязки разницы высот разомкнутой или замкнутой нивелирной трассы состоит в том, чтобы скорректировать противоположный знак невязки на измеренное превышение каждого участка наблюдения пропорционально расстоянию или количеству станций наблюдения. Для измеренного превышения i-го участка его поправка v_i рассчитывается по формуле:

$$V_i = -\frac{f_h}{\sum L} \cdot L_i \text{ или } V_i = -\frac{f_h}{\sum n} \cdot n_i \qquad \text{формула 4-2-4}$$

где: $\sum L$——Общая протяженность нивелирной трассы;

L_i——длина участка наблюдения;

$\sum n$——суммарное количество станций наблюдения на нивелирной трассе;

n_i——количество станций наблюдения на участке наблюдения.

После расчета поправки разницы высот каждого участка наблюдения по вышеуказанной формуле, она записывается в графе поправки. Сумма поправки разницы высот должна быть равна величине невязки разницы высот с противоположным знаком, т.е.

$$\sum V_i = -f_h \qquad \text{формула 4-2-5}$$

Эта формула может быть использована для проверки правильности расчета поправки.

4）Расчет исправленной разницы высот и проверка

Для ответвительной нивелирной трассы, когда невязка соответствует требованиям, среднее значение разницы высот измерения туда и обратно является исправленной разницей высот, знак соответствует знаку разницы высот измерения туда:

$$h_{\text{средняя}} = \frac{h_{\text{fù}} - h_{\cdot\mu}}{2}$$ формула 4-2-6

где: $h_{\text{средняя}}$——средняя разница высот;

$h_{\text{fù}}$——разница высот измерения туда;

$h_{\cdot\mu}$——разница высот измерения обратно.

Разомкнутая (или замкнутая) нивелирная трасса: прибавить наблюдаемое значение разницы высот каждого участка к соответствующей поправке разницы высот, чтобы получить значение скорректированной разницы высот каждого участка, т.е.:

$$h_{i改} = h_i + V_i$$ формула 4-2-7

Сумма исправленных разниц высот должна быть равна теоретическому значению суммы разниц высот.

5) Расчет отметки определяемой точки.

Ответвительная нивелирная трасса: необходимо рассчитать отметку определяемой точки из отметки начала в соответствии со средним значением двух разниц высот туда и обратно каждого участка наблюдения.

Разомкнутая или замкнутая нивелирная трасса: необходимо рассчитать отметки других точек один за другим по отметке начала в соответствии с исправленной разницей высот. Расчетная отметка последней известной точки должна быть равна ее известной отметке, чтобы проверить правильность расчета.

$$H_i = H_{i-1} + h_{i改}$$ формула 4-2-8

Как показано на рис. 4-2-6, для разомкнутой нивелирной трассы IV класса, выполненной в холмистой местности равнины, в соответствии с журналом для записей, выполненным в ходе измерения, собрать измеренное превышение каждого участка наблюдения и соответствующее количество станций наблюдения, составить схему наблюдения разомкнутой нивелирной трассы. BM_1 — известная точка начальной отметки, BM_2 — известная точка конечной отметки, N_1, N_2, N_3 — ожидаемая точка отметки.

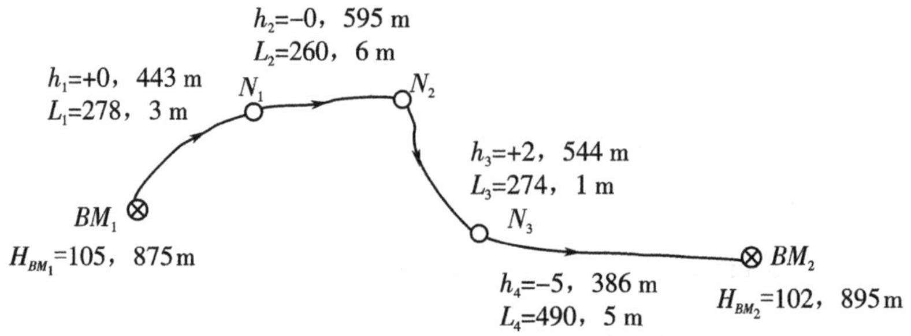

h_2=−0，595 m
L_2=260，6 m
h_1=+0，443 m
L_1=278，3 m
N_1
N_2
h_3=+2，544 m
L_3=274，1 m
BM_1
N_3
H_{BM_1}=105，875m
BM_2
h_4=−5，386 m
L_4=490，5 m
H_{BM_2}=102，895m

Рис. 4-2-6　Схема разомкнутой нивелирной трассы

Табл. 4-2-6 получена путем сортировки и расчета в соответствии с пятью шагами обработки данных нивелирования.

Табл. 4-2-6　Расчет расчета результатов разомкнутого нивелирования

Наим. точки	Расстояние /м	Измеренное превышение /м	Поправка /м	Исправленная разница высот /м	Отметка точки /м	Примечание
Нивелирная трасса Ⅳ класса BM1-BM2						
BM_1					105,875	Известная точка
	278,3	+0,443	+0,003	+0,446		
N_1					106,321	Определяемая точка
	260,6	−0,595	+0,003	−0,592		
N_2					105,729	Определяемая точка
	274,1	+2，544	+0,003	+2,547		
N_3					108,276	Определяемая точка
	490,5	−5,386	+0,005	−5,381		
BM_2					102,895	Известная точка
Σ	1303,5	−2,994	+0,014	−2,980		
$f_h = +0.014$ m $f_{h容} = \pm 20\sqrt{L} = \pm 22$ mm，$\lvert f_h \rvert < \lvert f_{h容} \rvert$，результаты наблюдения являются положительными.						

【Обучение навыкам】

Обучение нивелированию Ⅳ класса. Завершить наблюдение за одним участком наблюдения нивелирования Ⅳ класса, представить журнал нивелирования Ⅳ класса, схему трассы, таблицу расчета результатов нивелирования и обобщение обучения.

【Размышления и упражнения】

(1) Установить точку A в качестве задней точки, B в качестве передней точки, отметка точки A составляет 56,428м, если задний отсчет составляет 1,204м, передний отсчет составляет 1,515м, спросить, какова разница высот между двумя точками A и B? Точка B выше или ниже точки A? Какова отметка точки B? Пожалуйста, нарисуйте схему.

(2) Какова роль кругового уровня на нивелире? Каков винт используется при пузырях в середине? Каков закон при регулировании винта?

(3) Какова процедура наблюдения при нивелировании Ⅳ класса на одной станции наблюдения? Каковы требования к допуску?

(4) Табл. 4-2-7 представляет собой результаты наблюдения разомкнутой нивелирной трассой V класса, получить отметку каждой каждой определяемой точки после проверки и распределения невязки.

Табл. 4-2-7 Таблица расчета результатов нивелирования

Номер участка наблюдения	Наим. точки	Станция наблюдения	Измеренная разница высот/м	Поправка/м	Исправленная разница высот /м	Отметка /м	Примечание
	BM_A					212,267	Известная точка
1		8	3,135				
	1						
2		10	2,096				
	2						
3		16	−4,381				
	3						
4		12	5,824				
	BM_B					218,998	Известная точка
Σ							

Задача Ⅲ Высотная разбивка

【Ввод задачи】

Высотная разбивка является распространенным содержанием работы в инженерной съемке, которая обычно выполняется с помощью автоматического нивелира. Высотная разбивка основана на известных реперах в районе съемки, положение проектной отметки отметить на месте.

【Подготовка к задаче】

Меры по калибровке положения отметки могут быть определены в соответствии с инженерными требованиями и условиями на месте. Для каменно-земляных работ обычно использовать деревянные сваи для калибровки положения отметки разбивки, можно нарисовать горизонтальные линии на боковой стороне деревянных свай или отметить на вершине свай; бетонные и кладочные работы обычно отмечены красной краской и отмечены на их боковых фасадах или опалубках.

Использовать нивелир, чтобы обеспечить горизонтальный луч визирования для высотной разбивки, как правило, используется метод отметки луча визирования.

【Выполнение задачи】

1. Высотная разбивка в ровной местности

Как показано на рис.4-3-1, проектная отметка точки B составляет H_B, отметка ближайшего репера A составляет H_A, теперь проектная отметка точки B разбита на боковом фасаде деревянной сваи точки B и отмечена. Шаги операции приведены ниже:

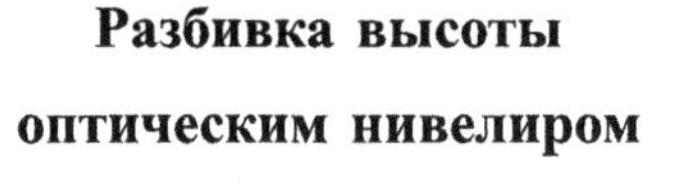

Разбивка высоты оптическим нивелиром

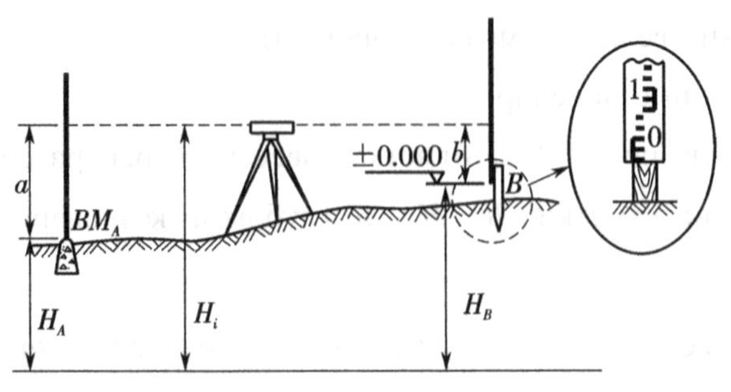

Рис. 4-3-1 Отметка разбивки методом отметки луча визирования

(1) Расчет высоты луча визирования. Установить нивелир в среднее промежуточное двух точек A и B, вертикально установить нивелирную рейку в точке A, выровнять прибор и прочитать отсчет по средней нити рейки A a. Рассчитать отметку луча визирования H_i.

$$H_i = H_A + a \qquad \text{формула 4-3-1}$$

(2) Рассчитать теоретический отсчет, когда дно нивелирной рейки является проектной отметкой. Если на проектной отметке точки B установлена рейка, на нивелирной рейке должен быть получен передний отсчет b.

$$b = H_i - H_B \qquad \text{формула 4-3-2}$$

(3) Высотная разбивка. На боковой стороне деревянной сваи в точке B установлена нивелирная рейка, наблюдатель командует персоналом рейки перемещения нивелирной рейки вверх и вниз. Когда отсчет по средней нити в данной рейке точно равен b, нарисовать горизонтальную линию на боковой стороне деревянной сваи вдоль дна рейки. Отметка данной горизонтальной линии является проектной отметкой точки B.

(4) Проверка. Чтобы проверить правильность точки отметки разбивки, использовать нивелир, чтобы измерить отметку точки разбивки и сравнить ее с проектной отметкой, чтобы определить правильное положение отметки проектной точки.

Если на одной и той же станции наблюдения разбито несколько точек с одинаковой проектной отметкой, операция начинается с шага 3.

Если на одной и той же станции наблюдения разбито несколько точек с разными проектными отметками, операция начинается с шага 2.

2. Высотная разбивка с большей разницей высот

Когда разница высот между отметкой, подлежащей разбивке, и репером

известной отметки велика, можно провести высотную разбивку стальной линейкой в сочетании с нивелиром.

Как показано на рис. 4-3-2, отметка известного репера составляет A, для разбивки проектной отметки $B—H_B$ в глубоком котловане, шаги разбивки приведены ниже:

(1) На краю котлована установить опору, подвесить конец нулевой точки проверенной стальной линейки вниз на опору, под стальной линейкой повесить тяжелый молоток, равный требуемому натяжению стальной линейки.

(2) См. рис. 4-3-2, Сначала установить нивелир вблизи известного репера, считать отсчет a_1 по нивелирной рейке в точке A и отсчет b_1 по стальной линейке, затем установить нивелир на месте котлована, считать отсчет a_2 по стальной линейке, как показано на рис. 4-3-2, можно получить считываемое значение b_2 нивелирной рейки на проектной отметке точки В котлована,

$$b_2 = (H_A + a_1) - (b_1 - a_2) - H_B \qquad \text{формула 4-3-3}$$

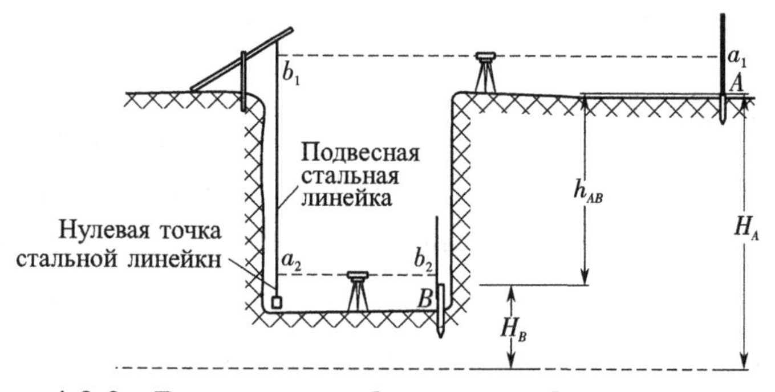

Рис. 4-3-2 Высотная разбивка в глубоком котловане

(3) Наблюдатель командует персоналом рейки перемещения нивелирной рейки в положении B котлована вверх и вниз, когда отсчет точно равен b_2, по нижнему краю рейки нарисовать горизонтальную линию, которая является положением проектной отметки.

Способ разбивки отметки высотных зданий из низких мест на высокие аналогичен, как показано на рис. 4-3-3, отметка известного наземного репера A составляет H_A, необходимо разбить проектную отметку H_A строительной поверхности здания B на высоком месте, на данной поверхности подвесить проверенную стальную линейку, на нижнем конце стальной линейки подвесить тяжелый молоток. Сначала установить нивелир на низком месте, считать отсчет

a_1 по нивелирной рейке и отсчет b_1 по стальной линейке, затем установить нивелир на высоком месте, считать отсчет a_2 по стальной линейке, и можно рассчитать считываемое значение b_2 нивелирной рейки на проектной отметке точки B на высоком месте,

$$b_2 = (H_A + a_1) + (a_2 - b_1) - H_B \qquad \text{формула 4-3-4}$$

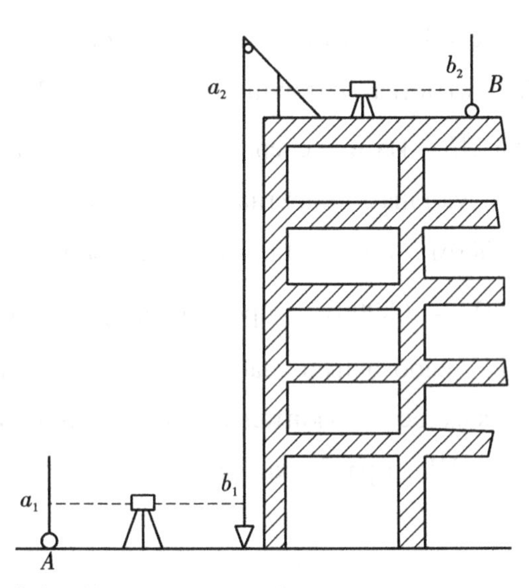

Рис. 4-3-3 Высотная разбивка высотного здания

3. Высотная разбивка с небольшой разницей высот, но проектной точкой над лучом визирования

При производстве работ в подземных выработках разбивочная точка отметки расположена в верхней части выработки, которая выше луча визирования нивелира. Можно провести высотную разбивку методом перевернутой рейки, т.е. нулевой конец нивелирной рейки поднимается вверх при разбивке. Как показано на рис. 4-3-4, отметка известного репера A составляет H_A, а B—положение с подлежащей разбивке отметкой H_B, поскольку $H_B = H_A + a + b$, в точке B должный отсчет по рейке $b_{应} = H_B - H_A - a$. Поэтому скапотировать нивелирную рейку и переместить ее вверх и вниз рядом с деревянной сваей в точке B до тех пор, пока не появится отсчет b по рейке, и нарисовать положение проектной отметки H_B на дне рейки.

3. Разбивка линии уклона

При строительстве дорог, прокладке верхних и нижних трубопроводов и выемке дренажных каналов необходимо провести разбивку проектной линии уклона на земле для руководства строительным персоналом строительства. Метод разбивки линии уклона нивелиром приведен в ниже 2 меры.

С методом горизонтального визирования можно ввести разбивку линии уклона.

Как показано на рис.4-3-4, на строительной площадке имеется контрольная точка отметки BM_1, отметка которой составляет 30,500м, что требует разбивки линии уклона AB. Из инженерных чертежей видно, что A、B — два концы проектной линии уклона, проектная отметка известной начальной точки A составляет $H_A = 30{,}000$м, горизонтальное расстояние между двумя точками A и B составляет $D_{AB} = 72{,}000$м, проектный уклон составляет 1%, для удобства строительства необходимо забивать деревянные сваи в прямом направлении АВ через каждое горизонтальное расстояние $d = 20$м, Установить на сваях линию уклона i. Шаги разбивки линии уклона АВ следующие

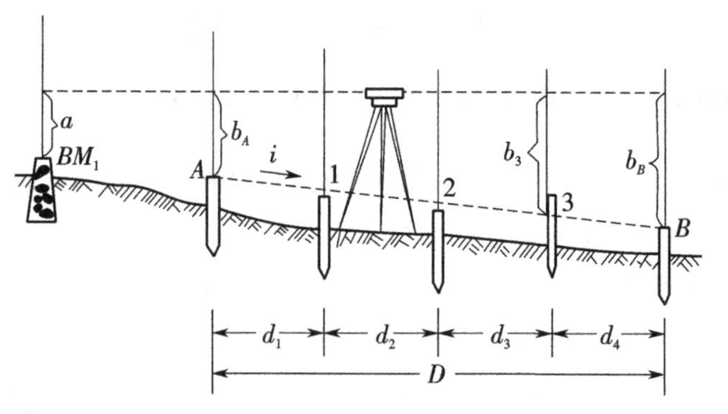

Рис. 4-3-4 Графическая линия уклона разметки методом горизонтального обзора

(1) На соединительной линии AB от точки A через каждые 20м установить деревянную сваю по очереди 1, 2, 3, то расстояние между двумя точками 3 и B составляет 12м.

(2) Расчет проектных отметок точек свай по формуле расчета

$$H_{设} = H_A + D_j \times i \qquad \text{формула 4-3-5}$$

Где: D_j——расстояние от начальной точки до точки j;

i — проектный уклон.

при этом проектная отметка наземных точек составляет

$$H_1 = H_A + D_1 \times i = [30.000 + 20 \times (-0.01)]\text{м} = 29.800\text{м}$$

$$H_2 = H_A + D_2 \times i = [30.000 + 40 \times (-0.01)]\text{м} = 29.600\text{м}$$

$$H_3 = H_A + D_3 \times i = [30.000 + 60 \times (-0.01)]\text{м} = 29.400\text{м}$$

$$H_B = H_A + D_B \times i = [30.000 + 72 \times (-0.01)]\text{м} = 29.280\text{м}$$

（3）Установить нивелир вблизи известного репера BM_1, затем посмотреть на нивелирную рейку на нем, получить отсчет $a = 1{,}456\text{м}$ по средней нити, рассчитать высоту $H_i = H_1 + a = (30{,}500 + 1{,}456)\text{м} = 31{,}956\text{м}$ луча визирования прибора, затем рассчитать данные разбивки при разбивке точек по проектным отметкам точек: $b_{应} = H_i - H_{设}$. Конкретно

$$b_A = H_i - H_A = (31{,}956 - 30{,}000)\text{м} = 1{,}956\text{м}$$

$$b_1 = H_i - H_1 = (31{,}956 - 29{,}800)\text{м} = 2{,}156\text{м}$$

$$b_2 = H_i - H_2 = (31{,}956 - 29{,}600)\text{м} = 2.356\text{м}$$

$$b_3 = H_i - H_3 = (31{,}956 - 29{,}400)\text{м} = 2{,}556\text{м}$$

$$b_B = H_i - H_B = (31{,}956 - 29{,}280)\text{м} = 2{,}676\text{м}$$

（4）Прикрепить нивелирную рейку к боковым поверхностям деревянных свай, переместить рейку вверх и вниз до тех пор, пока не появится отсчет $b_{应}$ по рейке, нарисовать горизонтальную линию на дне рейки близко к боковой стенке деревянной сваи, чтобы получить положение разбивки точек, и линия уклона AB будет отмечена на земле.

【Обучение навыкам】

Высотная разбивка автоматического нивелира. Тренировать и осваивать основные методы высотной разбивки в строительном производстве.

【Размышления и упражнения】

（1）На определенной строительной площадке имеется репер A, отметка которого H_A=234,456м, проектная отметка для разбивки составляет 235,000м, установить нивелир, отсчет по нивелирной рейке на репере A составляет 1,234м, рассчитать данные разбивки и пояснить метод разбивки.

（2）Как разбить отметку строительного этажа, когда высотное здание выше длины стальной линейки？

Задача Ⅳ Проверка и коррекция оптического нивелира

【Ввод задачи】

В соответствии с принципом нивелирования, между основными осями нивелира должны удовлетворены определенные геометрические условия, которые обычно соответствуют требованиям к точности при выпуске прибора с завода, но могут изменяться в результате длительного использования или воздействия столкновения, вибрации и т.д.. Поэтому следует часто проводить проверку и коррекцию прибора.

【Подготовка к задаче】

Основные оси оптического нивелира: коллимационная ось CC, ось цилиндрического уровня LL, вертикальная ось (ось вращения прибора) VV и ось круглого уровня $L'L'$; второстепенная ось: горизонтальная нить креста для считывания отсчета по нивелирной рейке. Как показано на рис. 4-4-1, нивелир должен удовлетворять следующим геометрическим условиям:

(1) Ось цилиндрического уровня LL должна быть параллельна коллимационной оси CC;

(2) Ось круглого уровня $L'L'$ должна быть параллельна вертикальной оси прибора VV;

(3) Горизонтальная нить креста должна быть перпендикулярна вертикальной оси прибора VV

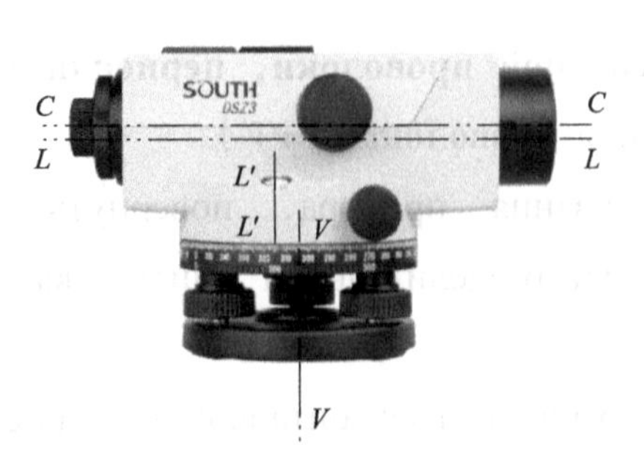

Рис. 4-4-1 Основные оси оптического нивелира

【Выполнение задачи】

1. Общие проверки

Проверить, эффективны ли микрометрический винт, окуляр и винт фокусировки объектива; гибкость установочного винта; надежность соединения соединительного винта с головкой треножника; наличие ослабления ножки треножника.

2. Проверка и коррекция оси круглого уровня параллельной вертикальной оси прибора (L' L' $//VV$)

Установить нивелир на штативе, используйте ножку, чтобы точно центрировать пузырь круглого уровня, повернуть телескоп, если пузырь всегда находится в центре разделительного круга, это означает, что круглый уровень расположен правильно; в противном случае, как показано на рис. 4-4-2 (a), необходимо провести коррекцию следующим образом:

(1) Повернуть спираль ножки, чтобы пузырь перемещался к центру окружности разделения, величина движения составляет половину отклонения пузыря от центра, как показано на рис. 4-4-2 (b);

(2) Отрегулировать регулировочный винт круглого уровня, как показано на рис. 4-4-2 (c), чтобы пузырь переместился в центр разделительного круга, повторять его вышеуказанным методом до тех пор, пока пузырь не будет смещен с вращением телескопа, как показано на рис. 4-4-2 (d) .

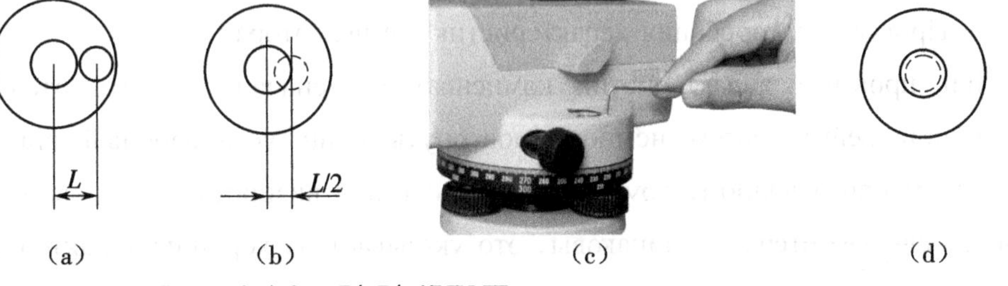

Рис. 4-4-2 L' L' $//VV$ Проверка и коррекция

3. Проверка поперечной проволоки, перпендикулярной вертикальной оси прибора（поперечная проволока ⊥ *VV*）

（1）После выравнивания прибора, повернуть точку *M* по центру крестообразной проволоки разделительной плиты, как показано на рис.4-4-3（a）.

（2）Медленно поворачивать горизонтальную микроспираль и наблюдать.

（3）Если точка М не отклоняется от поперечной проволоки, как показано на рис.4-4-3（b）, то это означает, что поперечная проволока перпендикулярна вертикальной оси; Если точка М постепенно отклоняется от поперечной нити, создавая смещение на другом конце, как показано на рис.4-4-3（c）, а поперечная нитка не перпендикулярна вертикальной оси, то прибор направляется в ремонтную организацию для коррекции разделительной плиты.

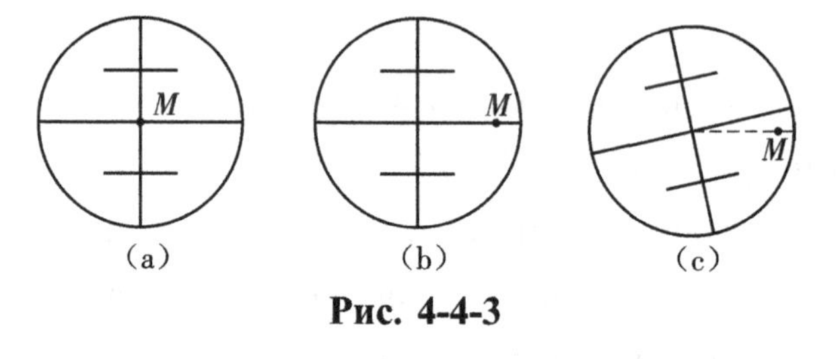

Рис. 4-4-3

4. Проверка и коррекция параллельности оси цилиндрического уровня к коллимационной оси（*LL* // *CC*）

Автоматический нивелир не имеет цилиндрический уровень, но его автоматический компенсатор может автоматически получить горизонтальный луч визирования, можно рассматривать автоматический компенсатор как цилиндрический уровень, при нормальной работе автоматический компенсатор эквивалентен оси цилиндрического уровня, параллельной коллимационной оси. Если это геометрическое соотношение выполнено, могут быть выполнены два аспекта задач проверки и коррекции: проверка характеристик компенсатора и уровня коллимационной оси.

1）Проверка и коррекция характеристик компенсатора

При проверке характеристик компенсатора, сначала считать отсчет по нивелирной рейке, затем немного повернуть один установочный винт под объективом или окуляром, вручную наклонить луч визирования, снова считать отсчет; если два отсчеты одинаковы, это указывает на хорошие характеристики компенсатора, в противном случае его нужно отремонтировать специалистом.

2) Проверка и коррекция уровня коллимационной оси

Если устройство автоматической компенсации имеет отклонение, коллимационная ось будет наклонена на небольшой угол (т.е. погрешность угла i) относительно горизонтальной линии, что приведет к отклонению отсчета. Как показано на рис. 4-4-4, данная погрешность может быть проверена следующим образом:

(1) Установить прибор в середине между двумя точками с расстоянием примерно 50м в ровном месте, выровнять прибор, установить нивелирную рейку на двух точках A b B , навести прибор на нивелирную рейку и считать отсчеты a_1 и b_1 , как показано на рис.4-4-4 (a), получить разницу высот h_1 между двумя точками A и B.

$$h_1 = a_1 - b_1 \qquad \text{формула 4-4-1}$$

(2) Провести два наблюдения методом переменной высоты приборов, если разница между двумя разницами высот не превышает 3мм, то принять среднее значение двух разниц высот h_1 и h_1' в качестве разницы высот h_{AB} между двумя точками A и B.

$$h_{\mathrm{AB}} = \frac{1}{2}\left(h_1 + h_1'\right) \qquad \text{формула 4-4-2}$$

(3) Переместить прибор на расстояние около 2м (точка C) от точки A (или точки B), выровнять устройство и снова считать отсчеты по нивелирной рейке a_2 и b_2 , получить разницу высот h_{AB}' между двумя точками A и B, как показано на рис.4-4-4 (b).

$$h_{AB}' = a_2 - b_2 \qquad \text{формула 4-4-3}$$

(4) Если $h_{AB}' \neq h_{AB}$, между осями имеется угловая погрешность i , величина которого составляет

$$i = \frac{h_{AB}' - h_{AB}}{D_{AB}} \rho \qquad \text{формула 4-4-4}$$

где: D_{AB} ——расстояние между точками A и B; $\rho = 206265''$.

Согласно «Государственным правилам нивелирования Ⅲ , Ⅳ класса (GB/T 12 898—2009) », когда значение угол i нивелира типа DSZ3 больше 20″ , необходимо провести коррекцию следующим образом:

(1) Выполнить коррекцию в точке C, снять колпак окуляра, затем

ослабить крепежные винты.

(2) Ослабить или затянуть корректирующий винт пластинки с перекрестием шестигранным торцевым гаечным ключом 2, 5мм, чтобы риска пластинки с перекрестием была выровнена с правильным отсчетом: . $b_2 = a_2 - (a_1 - b_1)$, как показано на рис.4-4-4 (c).

(3) Повторить вышеуказанные шаги, чтобы проверить и откорректировать до тех пор, пока погрешность угла i не меньше 20».

(4) После завершения коррекции, повторно проверить.

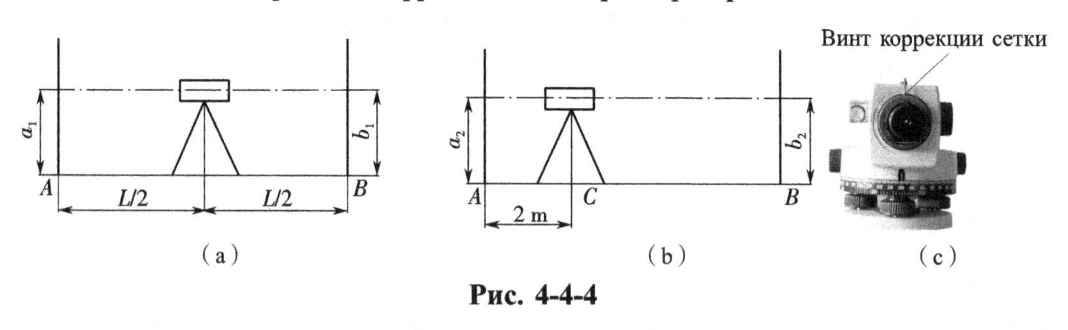

Рис. 4-4-4

【Обучение навыкам】

Обучение проверке и коррекции нивелира. Выполнить четыре задачи проверки в соответствии с общими проверками и методом проверки геометрических соотношений основных осей, и представить таблицу проверки.

【Размышления и упражнения】

1. Установить нивелир между двумя точками A и B, и сделать расстояние от нивелира до точек A и B одинаковым, по 40м для каждого, и измерить разницу высот между точками A и B $h_{AB} = 0{,}224$м. Затем переместить прибор ближе к точке B, отсчет по рейке B $b_2 = 1{,}446$м, отсчет по рейке A $a_2 = 1{,}695$м. Спросите, параллельна ли ось цилиндрического уровня коллимационной оси? Если она не параллельна коллимационной оси, наклоняется ли луч визирования вверх или вниз? Как проводить коррекцию?

2. Геометрические условия, которым должны соответствовать оси уровня: ________, ________, ________. Наиболее важным из них является________, что является ключом к тому, чтоб нивелир дал ли горизонтальный луч визирования. Остаточный эффект после такой коррекции может быть устранен или уменьшен методом________.

Проект V

Технология измерения цифрового нивелира

【Описание проекта】

Цифровой нивелир основан на автоматическом нивелире, добавляет светоделитель и детектор на оптическом пути телескопа, применяет рейку со штрих-кодом и электронную систему обработки изображений, оснащен программным обеспечением для обработки данных, представляет собой оптико-электромеханический интегральный измерительный прибор, обычно применяется для высокоточного измерения высот. В данном проекте используется цифровой нивелир DL-2003 A в качестве примера, чтобы были представлены базовую конструкцию цифрового нивелира и его применение в нивелировании Ⅱ класса.

【Цели проекта】

(1) Ознакомиться с конструкцией и характеристиками цифрового нивелира.

(2) Освоить метод использования и измерения цифрового нивелира.

(3) Освоить основной метод и рабочий процесс наблюдения при нивелировании Ⅱ класса и расчета результатов.

(4) Освоить содержание и метод проверки и коррекции цифрового нивелира.

Задача Ⅰ Основные операции цифрового нивелира

【Ввод задачи】

Цифровой нивелир в сочетании с нивелирная рейка может автоматически завершать сбор, хранение и обработку данных, а также реализовывать интегрированные операции сбора и обработки данных.

【Подготовка к задаче】

1. Цифровой нивелир

Цифровой нивелир также известен как электронный нивелир, в оптическом

пути телескопа нивелира добавлены светоделитель и фотоэлектрический детектор (матрица ПЗС) и т.д., применяется нивелирная рейка со штрих-кодом и электронная система обработки изображений, образуется интегрированная система нивелирования для хранения и обработки оптических, механических, электрических и информационных данных. Принцип показан на рис. 5-1-1.

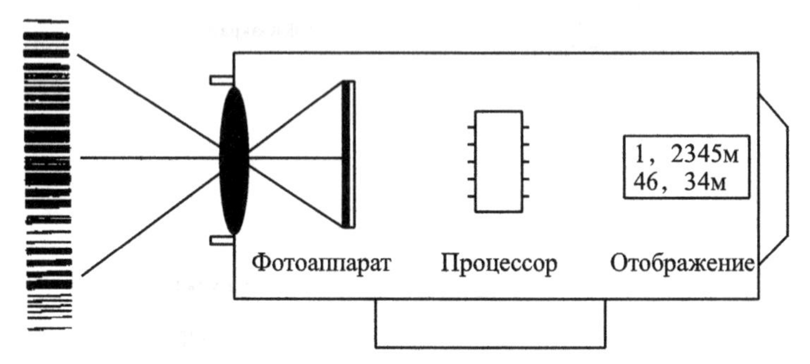

Рис. 5-1-1 Принцип цифрового нивелира

1) Основные узлы

Обзор цифрового нивелира

Внешний вид цифрового нивелира DL-2003 A показан на рис. 5-1-2.

2) Панель

Функциональная панель цифрового нивелира DL-2003 A показана на рис. 5-1-3, описание ее функциональных кнопок приведено в табл. 5-1-1.

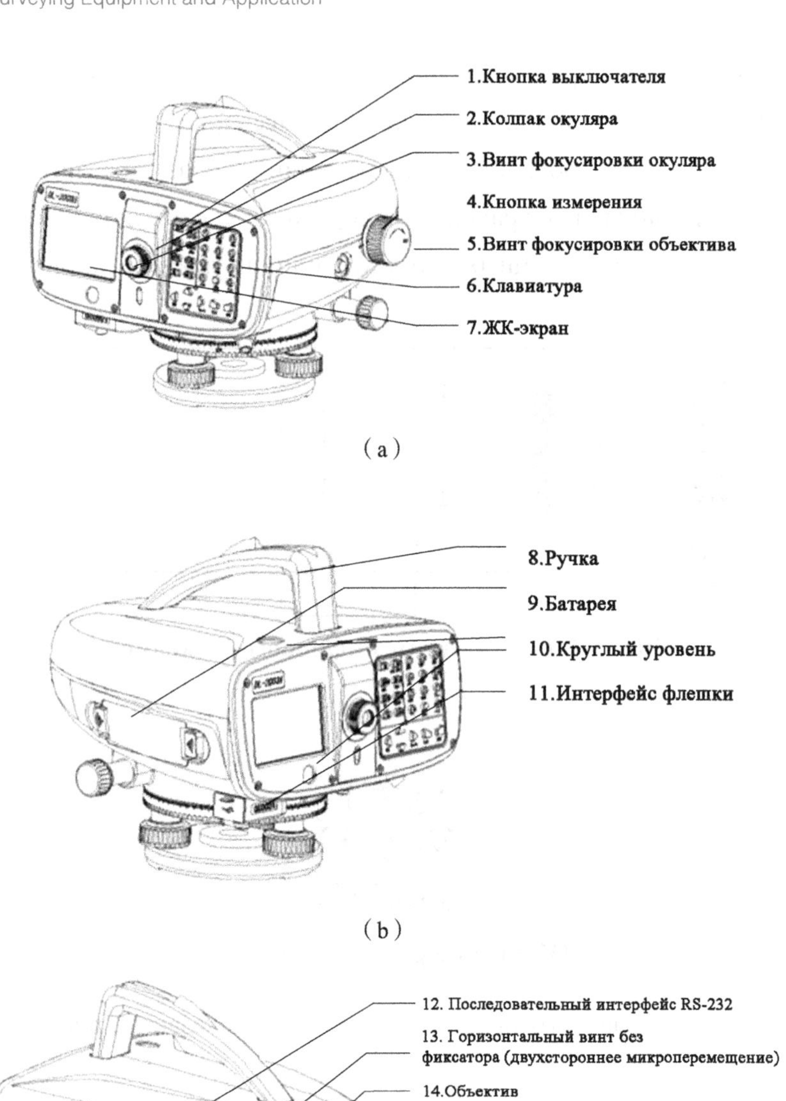
1.Кнопка выключателя
2.Колпак окуляра
3.Винт фокусировки окуляра
4.Кнопка измерения
5.Винт фокусировки объектива
6.Клавиатура
7.ЖК-экран
(a)
8.Ручка
9.Батарея
10.Круглый уровень
11.Интерфейс флешки
(b)
12. Последовательный интерфейс RS-232
13. Горизонтальный винт без фиксатора (двухстороннее микроперемещение)
14.Объектив
15.Горизонтальный микрометрический винт
16.Установочный винт
17.Основание
(c)

Рис. 5-1-2 Цифровой нивелир DL-2003 A

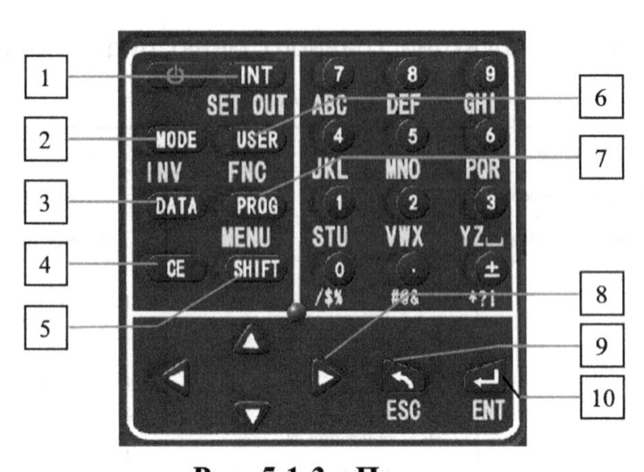

Рис. 5-1-3 Панель

Табл. 5-1-1 Описание функциональных кнопок цифрового нивелира DL-2003 A

Номер	Функциональный кнопка	Описание функции
1	[INT]	Переключение на измерение по точкам
2	[M0DE]	Кнопка настройки режима измерения
3	[DATA]	Кнопка устройства управления данными
4	[CE]	Удаление символа или информации
5	[SHIFT]	Вторая функциональная кнопка выключателя (SET OUT, INV, FNC, MENU, LIGHTING, PgUp, PgDn) и преобразование входной цифры или буквы
6	[USER]	Любая функциональная кнопка, определенная по меню FNC
7	[PROG]	Программа измерения, кнопка главного меню
8	[↑ ↓ ←→]	Кнопка навигации, перемещение курсора
9	[ESC]	Выход из программы измерения, функции или редактирования шаг за шагом, кнопка отмены/остановки измерения
10	[ENT]	Кнопка подтверждения

3) Главное меню программного обеспечения

Главное меню программного обеспечения цифрового нивелира DL-2003 A показано на рис. 5-1-4, описание его функций приведено в табл. 5-1-2.

Рис. 5-1-4 Главное меню цифрового нивелира DL-2003 A

Табл. 5-1-2 Описание функций главного меню цифрового нивелира DL-2003 A

Главное меню	Субменю	Субменю	Описание
1 Измерение	Измерение высот		Измерение высот
	Измерение разбивки		Измерение разбивки
	Измер.линии	Нивелирование Ⅰ класса	Нивелирование Ⅰ класса
		Нивелирование Ⅱ класса	Нивелирование Ⅱ класса
		Нивелирование Ⅲ класса	Нивелирование Ⅲ класса
		Нивелирование Ⅳ класса	Нивелирование Ⅳ класса
		Измерение самоопределяемой линии	Измерение самоопределяемой линии
	Измерение последовательного порта/измерение Bluetooth	Измерение последовательного порта	Измерение последовательного порта RS232
		Измерение Bluetooth	Измерение Bluetooth
	Стандартное измерение		Стандартное измерение
2 Данные	Редактирование данных	Точка измерения	Просмотр информации о точках измерения в линии
		Известная точка	Просмотр, добавление, удаление известных точек
		Операции	Просмотр, добавление и удаление заданий
		Таблица кодов	Просмотр, добавление, удаление, поиск кода
		Линия	Просмотр, добавление, удаление линии
		Допуск линии	Просмотр, добавление и удаление допуска линии
	Управление памятью	Информация о памяти	Просмотр количества рабочих линий в памяти, количества известных точек
		Форматирование памяти	Форматировать память
	Экспорт данных	Экспорт заданий	Экспорт заданий из памяти в указанное место (флешка или устройство Bluetooth)
		Экспорт линии	Экспорт линии из памяти в указанное место (флешка или устройство Bluetooth)

Главное меню	Субменю	Субменю	Описание
3 Корректировка	Проверка и регулировка		Проверка нивелира
	Проверка двух осей		Провести проверку двух осей
4 Расчет	Уравнивание линии		Уравнивание линии
5 Настройка	Быстрая настройка		Настройка выключателя атмосферной коррекции, выключателя кривизны Земли, кнопки USER, числа десятичных знаков
	Полная настойка	Измерительные параметры	Число десятичных знаков, единица данных, формат данных, коррекция кривизны Земли, перевертка рейки, выключатель атмосферной коррекции, коэффициент атмосферной коррекции
		Параметры системы	Настройки звука, настройка подсветки, другие настройки и т.д.
		Информация об приборе	Проверка количества заданий, заряда батареи, использованной памяти, даты выпуска, номера прибора, информации о версии и т.д.
		Восстановить исходное состояние	Восстановить исходное состояние
	Электронный пузырь		Электронный пузырь
6 Помощь	Руководство по эксплуатации	Описание клопки	Описание основных кнопок управления, функциональных кнопок и комбинированных кнопок
		Схема корректировки	Схема коррекции четырех методов проверки

2. Нивелирная рейка

Нивелирная рейка со штрих-кодом в комплекте с цифровым нивелиром обычно изготавливается из стекловолокна или индиевой стали. При измерении датчик изображения захватывает изображение нивелирной рейки в поле зрения прибора в качестве измерительного сигнала, сравнивает со справочным сигналом прибора, получает высоту луча визирования и горизонтальное расстояние, а также сохраняет результаты обработки и отправляет их на экран для отображения. На рис. 5-1-5 показана нивелирная рейка со штрих-кодом из индиевой стали в комплекте с цифровым нивелиром DL-2003 A. Поскольку узоры штрих-кодов, кодируемые рейками разных производителей, различны, как правило, не допускается применение рейки и штрих-кода смешаного производства.

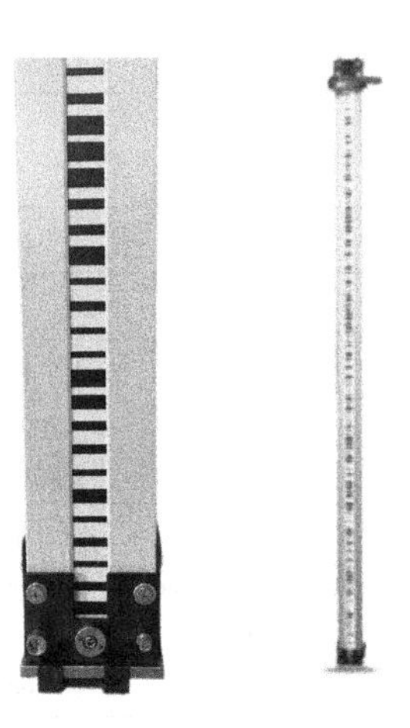

Рис. 5-1-5 Нивелирная рейка со штрих-кодом

Для того чтобы данные измерения были более точными, при сборе данных измерения рейки из индиевой стали она обычно используется вместе с подставкой рейки и опорой рейки. Масса рейки, используемой для национального нивелирного наблюдения Ⅰ и Ⅱ классов, должна быть не менее 5 кг.

【Выполнение задачи】

1. Применение цифрового нивелира

Шаги операции цифрового нивелира: установка прибора → выравнивание прибора → настройка параметров → создание файла → наведение на нивелирную рейку → устранение параллакс → измерение → передачи данных. Среди них шаги операции установки прибора, выравнивания прибора, наведения на нивелирную рейку и устранения параллакса см. содержание оптического нивелира и другие шаги операции нижеследующие:

Настройка параметров: в режиме самоопределяемого нивелирования необходимо установить допуск.

Создание файла и измерение: войти в главное меню, чтобы выбрать режим измерения линии, ввести наименование задания, наименование линии, выбрать метод измерения (измерение самоопределяемой линии), ввести наименование начальной точки и начальную отметку. Вертикально установить нивелирную рейку со штрих-кодом в задней и передней точка и начать измерение.

Передача данных: после завершения полевой работы данные измерения выводятся из памяти на флешку или устройство Bluetooth (применимо к

устройству системы Android) через интерфейс, разделяются на «экспорт задания» и «экспорт линии». Шаги операции «экспорта задания» данных приведены в табл. 5-1-3.

Табл. 5-1-3 Шаги операции экспорта данных

№ п/п	Шаги	Интерфейс	Описание
1	Включить и войти в интерфейс измерения, в порядок выбор данных → экспорт данных → экспорт задания	【Экспорт работы】N Эспорт в: Bluetooth Проект: DEFAULT Тип данных: DL-200 Назад Экспор	
2	Выбрать цель хранения (флешка или Bluetooth)	[Экспорт данных] ① Экспортировать задание ② Экспортировать путь Вернуть	Целевое положение — флешка. Установить задание, формат и производный каталог. Нажать «Вывод», чтобы начать экспорт задания на флешку.
		【Экспорт работы】N Эспорт в: U-Диск Проект: DEFAULT Тип данных: DL-200 Экспорт меню DEFAULT Целевой путь /DL200 Назад Экспор	Целевое положение — Bluetooth. Установить задание, формат. Нажать «Вывод», чтобы начать экспорт задания на устройство Bluetooth.

2. Измерение линии цифрового нивелира

Измерения, выполняемые на этапах проектирования и изысканий , строительства и управления линейными объектами, такими как железные дороги, автомагистрали, реки, линии электропередачи и трубопроводы, в совокупности называются измерениями линии. См. табл.5-1-4. Существует несколько методов измерения линии, таких как BF, aBF, BFFB, aBFFB, BBFF и точка двойного поворота в один конец.

Табл. 5-1-4 Метод измерения линии

Способ	Нечетная станция	Четная станция
BF	BF	BF
aBF (попеременно BF)	BF	ФАРНБОРО
BFFB	BFFB	BFFB
aBFFB (попеременно BFFB)	BFFB	FBBF

Способ	Нечетная станция	Четная станция
BBFF	BBFF	BBFF
Точка двойного поворота в один конец	Левая и правая линии измеряются по BF/BFFB	

Цифровой нивелир DL-2003 A имеет пять режимов измерения линии: нивелирование Ⅰ, Ⅱ, Ⅲ, Ⅳ классов и измерение самоопределяемой линии. Для нивелирования Ⅰ, Ⅱ, Ⅲ, Ⅳ классов предусмотрены встроенные методы измерения и допуски в программе измерения. Шаги самоопределяемого нивелирования приведены в табл. 5-1-5.

Табл. 5-1-5 Шаги операция самоопределяемого нивелирования

№ п/п	Шаги	Интерфейс	Описание
1	Включить и войти в интерфейс измерения, выбрать ③ измерение линии	【Измерение】 ① Высота ② Разбивка ③ Измерение хода ④ COM/Bluetooth ⑤ Стандартный Измерение Назад	
2	Выбрать необходимый класс измерения линии ивойти в окно программы измерения линии.	[Съёмка] ① Нивелирование 1 класса ② Нивелирование 2 класса ③ Нивелирование 3 класса ④ Нивелирование 4 класса ⑤ Настраиваемое нивелировани Вернуть	
3	Настройка наименования задания	[Измерение пути] ① Задание: DEFAULT ② Путь: ③ Настроить допуск ④ Начать Вернуть	Наименование задания (не может совпадать с существующим наименованием), имя съемщика, а также примечание о задании, дата и время.
4	Настройка линии	[Новый путь] N Наименование пути: LINE0 Режим измерений: BF Начальное имя точки: A1 Поиск Начальная высотная отметка: 0 m Обратный ход: Выкл. Вернуть Принять	Выбрать метод измерения: BF, aBF, BFFB, aBFFB, BBFF. Ввести наименование начальной точки и начальную отметку.

№ п/п	Шаги	Интерфейс	Описание
5	Настройка допуска	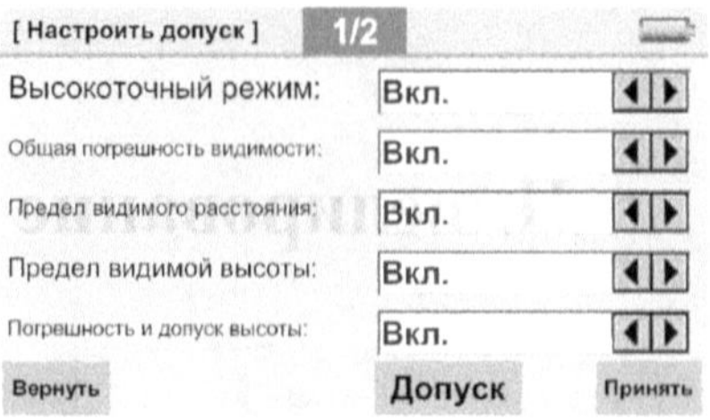 [Настроить допуск] 1/2 Высокоточный режим: Вкл. Общая погрешность видимости: Вкл. Предел видимого расстояния: Вкл. Предел видимой высоты: Вкл. Погрешность и допуск высоты: Вкл. Вернуть Допуск Принять	Самоопределяемое нивелирование требует настройки допуска
6	Наблюдение	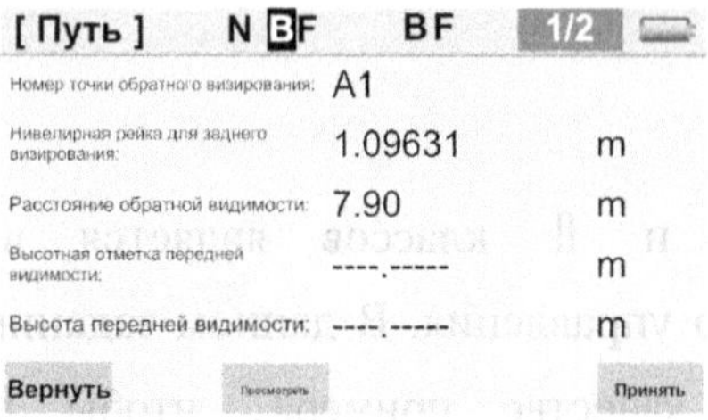 [Путь] NBF BF 1/2 Номер точки обратного визирования: A1 Нивелирная рейка для заднего визирования: 1.09631 m Расстояние обратной видимости: 7.90 m Высотная отметка передней видимости: ----.----- m Высота передней видимости: ----.----- m Вернуть Просмотреть Принять	Ввести все необходимые параметры, затем начать измерение. B: Наведение на заднюю нивелирную рейку F: Наведение на переднюю нивелирную рейку
7	Сохранение результатов измерения	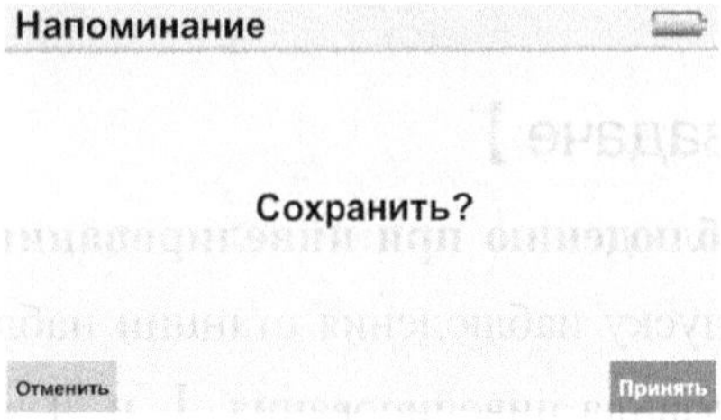 Напоминание Сохранить? Отменить Принять	Нажать «Подтверждение», чтобы сохранить результаты измерения и продолжить наблюдение.
8	Просмотр результатов	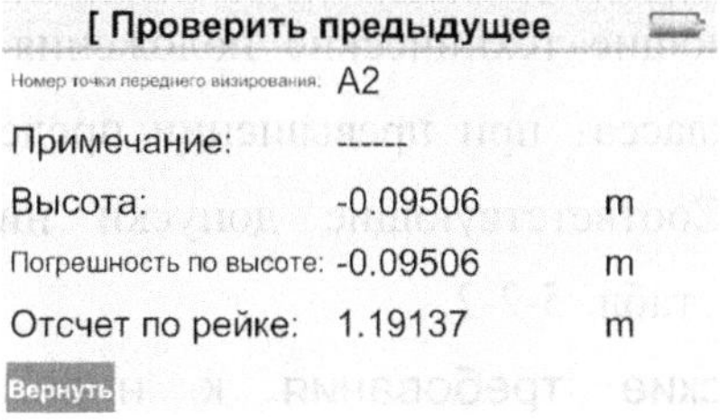 [Проверить предыдущее Номер точки переднего визирования: A2 Примечание: ------ Высота: -0.09506 m Погрешность по высоте: -0.09506 m Отсчет по рейке: 1.19137 m Вернуть	Нажать «Просмотр», чтобы отобразить окончательные результаты измерения и данные. “Возврат” для выхода из данного интерфейса.

【Обучение навыкам】

Применение цифрового нивелира. Ознакомиться с наименованиями и функциями узлов цифрового нивелира DL-2003 A, а также можно квалифицированно управлять прибором.

【Размышления и упражнения】

(1) Кратко описать конструкцию цифрового нивелира.

(2) Кратко описать рабочий порядок измерения линии.

Задача Ⅱ Нивелирование Ⅱ класса

【Ввод задачи】

Нивелирование Ⅰ и Ⅱ классов является всеобъемлющей основой национального высотного управления. В данном задании используется цифровой нивелир DL-2003 A в качестве примера, чтобы представить выполнение нивелирования Ⅱ класса.

【Подготовка к задаче】

1. Требования к наблюдению при нивелировании Ⅱ класса

1) Требования к допуску наблюдения станции наблюдения

«Государственные правила нивелирования Ⅰ и Ⅱ классов» (GB/T 12 897—2006) содержат следующие технические положения в процессе наблюдения при нивелировании Ⅱ класса: при превышении предела необходимо провести повторное измерение. Соответствующие допуски нивелирования Ⅱ класса приведены в табл. 5-2-1, табл. 5-2-2.

Табл. 5-2-1 Технические требования к нивелированию Ⅱ класса (цифровой нивелир, рейка 2м)

Длина луча визирования /м	Разница между передним и задним видимым расстояниями/м	Накопленная разница между передним и задним видимым расстояниями/м	Высота луча визирования/м	Разница между разницами высот двух отсчетов/мм	Количество повторных измерений нивелира	Невязка участка наблюдения и кольцевой линии /мм
$\geqslant 3$ и $\leqslant 50$	$\leqslant 1.5$	$\leqslant 6.0$	$\leqslant 1.85$ и $\geqslant 0.55$	$\leqslant 0.6$	$\geqslant 2$ раза	$\leqslant 4\sqrt{L}$

Примечание: L—общая протяженность трассы (км).

Табл. 5-2-2 Технические требования к нивелированию Ⅱ класса

Средняя квадратическая ошибка разницы высот на километр (мм)	Протяженность трассы (км)	Тип нивелира	Нивелирная рейка	Количество наблюдений		Разность измерения туда и обратно или невязка разомкнутой или кольцевой линии	
				Совместное измерение с известными точками	Разомкнутая или кольцевая линия	Равнинная местность (мм)	Горная местность (мм)
2	—	DS1	Инварная	Каждый раз туда и обратно	Каждый раз туда и обратно	$4\sqrt{L}$	—

Примечание:

① L—длина нивелирной трассы участка наблюдения туда и обратно, разомкнутой или кольцевой линии (км);

② Технические требования к измерению цифрового нивелира одинаковы с требованиями оптического нивелира одинакового класса;

③ Стандарт инженерной геодезии не имеет «первого класса».

2) Требования к измерению и записи

(1) Наблюдать и записывать цифры и тексты с указанием причины в графе примечания: «ошибка измерения» или «ошибка записи», не обязательно указывать причину ошибки расчета;

(2) В связи с тем, что погрешность наблюдения станции наблюдения превышает предел, после обнаружения на данной станции можно немедленно провести повторное измерение, при повторном измерении необходимо изменить высоту прибора. Если обнаружить это после перемещения станции, следует провести повторное измерение с предыдущей точки (начальная, закрытая или определяемая точка);

(3) Цифры и тексты записей должны быть четкими и аккуратными, не должны быть небрежным; запись выполняется по последовательности измерения, без пустых граф; страницы не должны быть пустыми, не должны быть разорваны; результаты не должны быть перенесены; нельзя изменять, изменять слова словами; нельзя изменять последовательно; нельзя использовать ластик или царапать лезвием;

(4) Ошибочные результаты должны зачеркиваться правильно, при повторном измерении из-за превышения предела следует указать «превышение предела» в графе примечания;

(5) Количество станций наблюдения на каждом участке наблюдения

нивелирной трассы должно быть четным;

(6) Переносить станцию можно только после завершения записи и расчета каждой станции наблюдения.

2. Полевые работы по нивелированию Ⅱ класса.

1) Последовательность наведения на рейку для четных станций измерения туда и обратно:

(1) Передняя рейка;

(2) Задняя рейка;

(3) Задняя рейка;

(4) Передняя рейка.

Нивелирование II класса

2) Шаги нивелирования Ⅱ класса, процедура операции одной станции наблюдения приведены ниже (принять нечетную станцию в качестве примера)

(1) Выровнять прибор (телескоп вращается вокруг вертикальной оси, а круглый пузырек всегда находится в центре индикаторного кольца);

(2) Навести телескоп на заднюю рейку, навести вертикальную нить на центр штрих-кода, точно фокусировать до ясного изображения штрих-кода, нажать кнопку измерения, считать и записать заднее расстояние в месте (1) и первые данные задней рейки в месте (2) в журнале;

(3) Повернуть телескоп, чтобы навести на штрих-код передней рейки, точно фокусировать до ясного изображения штрих-кода, нажать кнопку измерения, считать и записать переднее расстояние в месте (3) и первые данные передней рейки в месте (4) в журнале;

(4) Повторно навести на переднюю рейку, нажать кнопку измерения, считать и записать вторые данные передней рейки в месте (5) в журнале;

(5) Повернуть телескоп, чтобы навести на штрих-код задней рейки, нажать кнопку измерения, считать и записать вторые данные передней рейки в месте (6) в журнале;

(6) Расчетное видимое расстояние и разница высот заполняются в местах (7) - (14) в журнале.

Расчет записей полевых наблюдений нивелирования Ⅱ класса заполняется по последовательности, указанной в табл. 5-2-3.

Табл. 5-2-3 Журнал нивелирования Ⅱ класса

Номер станции наблюдения	Заднее расстояние	Переднее расстояние	Направление и номер линейки	Отсчет по рейке		Разница между двумя отсчетами	Примечание
	Разница в видимом расстоянии	Накопленная Разница в видимом расстоянии		Первый отсчет	Второй отсчет		
Нечетная станция	(1)	(3)	Зад.	(2)	(6)	(10)	
			Перед.	(4)	(5)	(9)	
	(7)	(8)	Зад.- перед.	(11)	(12)	(13)	
			h	(14)			

Пример записи наблюдений при нивелировании Ⅱ класса показан в табл. 5-2-4.

Табл. 5-2-4 Пример записи нивелирования Ⅱ класса

Номер станции наблюдения	Заднее расстояние	Переднее расстояние	Направление и номер линейки	Отсчет по рейке		Разница между двумя отсчетами	Примечание
	Разница в видимом расстоянии	Накопление Разница в видимом расстоянии		Первый отсчет	Второй отсчет		
1	31，5	31，6	Зад. A1	153969	153958	+11	
			Перед.	139269	139260	+9	
	-0，1	-0，1	Зад.- перед.	+14700	+14698	+2	
			h	+0，146 99			
2	36，9	37，2	Зад.	137400	137411 137351	-11	Ошибка измерения
			Перед.	114414	114400	+14	
	-0，3	-0，4	Зад.- перед.	+22986	+23011	-25	
			h	+0，22 998			
3	41，5	41，4	Зад.	113916	143906	+10	
			Перед.	109272	139260	+12	
	+0，1	-0，3	Зад.- перед.	+4644	+4646	−2	
			h	+0，046 45			
4	46，9	46，5	Зад.	139411	139400	+11	
			Перед. B1	144150	144140	+10	
	+0，4	+0，1	Зад.- перед.	−4739	−4740	+1	
			h	-0，047 40			

Номер станции наблюдения	Заднее расстояние	Переднее расстояние	Направление и номер линейки	Отсчет по рейке		Разница между двумя отсчетами	Примечание
	Разница в видимом расстоянии	Накопление Разница в видимом расстоянии		Первый отсчет	Второй отсчет		
5	23, 5	24, 4	Зад. B1	13306	135815	−9	Превышение момента
			Перед.	134615	134506	+109	
	−0, 9	-0, 8	Зад.- перед.	+ 691	+ 1309		
			h				
5	23, 4	24, 5	Зад. B1	142306	142315	-9	Повторное измерение
			Перед.	137615	137606	+9	
	−1, 1	−1, 0	Зад.- перед.	+4691	+ 4709	−18	
			h	+0, 047 00			

3) Расчет простого уравнивания нивелирования Ⅱ класса

Принцип расчета простого уравнивания нивелирования Ⅱ класса (подробно см. Проект Ⅳ Технология измерения оптического нивелира), расстояние результата уравнивания принимается до 0.1м, разница высот и ее поправка — до 0, 00 001м, отметка — до 0, 001м. Как показано в табл. 5-2-5.

Табл. 5-2-5 Таблица ошибок высотной отметки

Название точки	Расстояние (м)	Измеренное превышение (м)	Поправка (м)	Исправленная разница высот (м)	Отметка (м)
BM1					182, 034
	435, 1	+0, 12 460	-0, 001 19	+0, 123 41	
B1					182, 157
	450, 3	-0, 011 50	-0, 001 23	-0, 012 73	
B2					182, 144
	409, 6	+0, 023 80	-0, 001 12	+0, 022 68	
B3					182, 167
	607, 0	-0, 131 70	-0, 001 66	-0, 133 36	
BM1					182, 034
Σ	1902, 0	+0, 005 20	-0, 005 20	0	
f_h =+5, 2мм $f_{容}$ = ± 5, 5мм					

【Обучение навыкам】

Обучение нивелированию Ⅱ класса. В соответствии с требованиями к инженерному строительству, в сочетании с характеристиками естественных и географических условий учебного поля кампуса, учебная группа используется в качестве единицы для сотрудничества, чтобы завершить наблюдение, запись, расчет и упорядочение результатов нивелирования Ⅱ класса, а также представить положительные результаты.

【Размышления и упражнения】

(1) Кратко описать требования к допуску нивелирования Ⅱ класса цифрового нивелира.

(2) Кратко описать рабочий порядок наблюдения при нивелировании Ⅱ класса.

Задача Ⅲ Проверка и коррекция цифрового нивелира

【Ввод задачи】

Для обеспечения точности результатов нивелирования перед началом нивелирования необходимо провести необходимую проверку используемого нивелира по государственным правилам нивелирования. Проверка цифрового нивелира DL-2003 A в основном включает в себя общий осмотр, проверку угла i и двух осей.

【Подготовка к задаче】

Цифровой нивелир DL-2003 A аналогичен автоматическому нивелиру, все они могут иметь ошибку наклона луча визирования. Для отсчета по рейке электронного измерения прибор автоматически корректирует по заранее сохраненной ошибке наклона.

После точного выравнивания прибора отображаемое значение угла наклона должно быть приблизительно к нулю, в противном случае будет погрешность нулевой точки датчика наклона, что повлияет на результаты измерения.

【Выполнение задачи】

1. Общий осмотр

Общий осмотр в основном оценивает цифровой нивелир по внешнему виду и записывает его. Пункты и содержание проверки следующие:

(1) Внешний осмотр: чистота узлов, отсутствие ушибов, царапин,

пятен, обесклеивания и отслаивания покрывающей пленки;

(2) Проверка вращающихся частей : гибкость и плавность вращения вращающихся частей, оси вращения, регулировки и торможения, наличие ослабления, разрегулировки и явного колебания частей, степень износа резьбы и т.д.;

(3) Проверка оптических свойств : является ли поле зрения телескопа ярким, четким и равномерным, правильная ли фокусировка и т.д.;

(4) Проверка компенсационной характеристики;

(5) Учет количества оборудования : учёт комплектности узлов приборов, принадлежностей и запасных деталей.

2. Проверка угла i

шаги проверки и корректировки угола i см. табл. 5-3-1

Табл. 5-3-1 проверка и корректировка угола i

№ п/п	Шаги	Интерфейс	Описание
1	Включить и войти в главное меню, выбрать [3 Корректировка]	[Съёмка] 1 Съёмка 2 данные 3 Калибровка 4 Вычислить 5 Настройки 6 Помощь	
2	Выбрать «① Проверка и регулировка»	[Калибровка] ① Проверка и регулировка ② Двойное освидетельствовани Вернуть	
3	Установить параметры [Метод контроля]	[Выбрать задание] Задание: AXBX Рейка1: 1 Рейка2: 2 Вернуть Добавить Принять	Войти в интерфейс «Метод контроля» для выбора метода контроля, метод «AXBX» и метод «AXXB» (A и B обозначает положение рейки, X обозначает положение прибора).

№ п/п	Шаги	Интерфейс	Описание
4	Метод «AXXB»	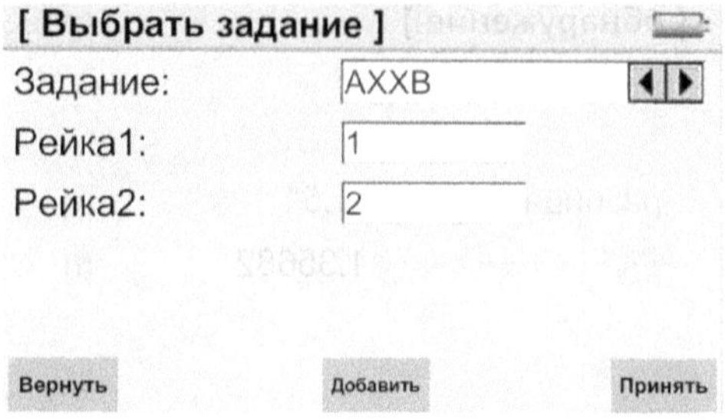 [Выбрать задание] Задание: AXXB Рейка1: 1 Рейка2: 2 Вернуть Добавить Принять	Установить прибор на 1/3 расстояния между двумя рейками, расстояние между двумя рейками составляет около 40-60м. Расположение станции наблюдения 1: 0, 2×D<Dist_A1<0, 4×D; Расположение станции наблюдения 2: 0, 2×D<Dist_B2<0, 4×D.
5	Выбрать «3 Начало»	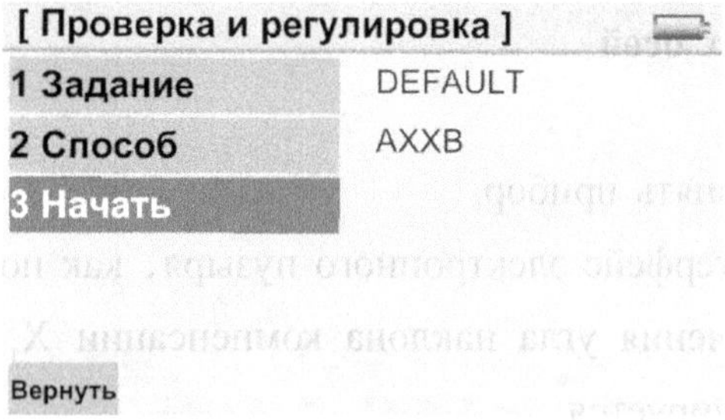 [Проверка и регулировка] 1 Задание DEFAULT 2 Способ AXXB 3 Начать Вернуть	
6	Пример отображения измерения	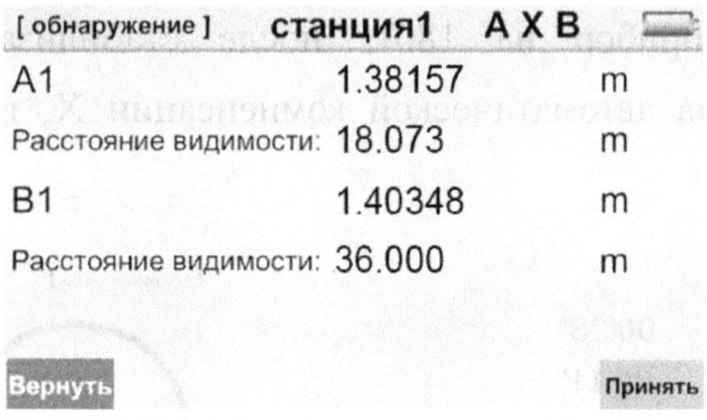 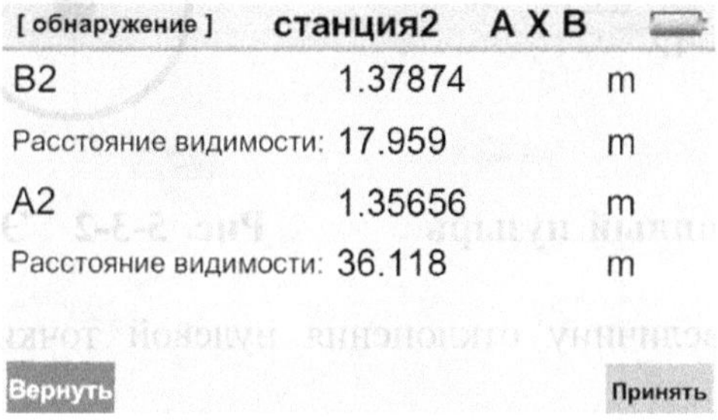 [обнаружение] станция1 A X B A1 1.38157 m Расстояние видимости: 18.073 m B1 1.40348 m Расстояние видимости: 36.000 m Вернуть Принять [обнаружение] станция2 A X B B2 1.37874 m Расстояние видимости: 17.959 m A2 1.35656 m Расстояние видимости: 36.118 m Вернуть Принять	

№ п/п	Шаги	Интерфейс	Описание
7	Отобразить результаты измерения после завершения измерения	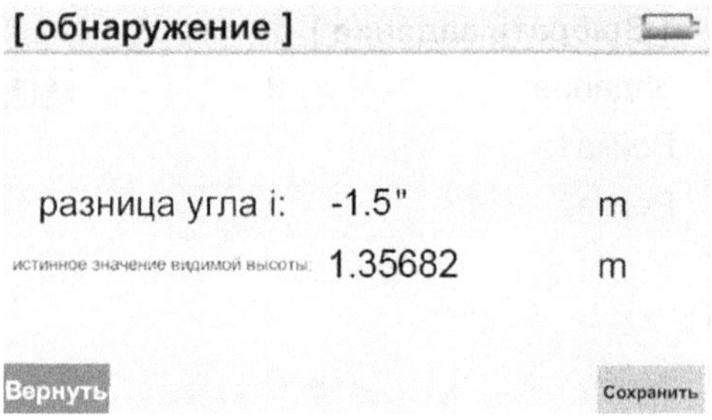 [обнаружение] разница угла i: -1.5" m истинное значение видимой высоты: 1.35682 m Вернуть Сохранить	Щелкнуть «сохранкеие», новая ошибка наклона луча визирования, сохраненная в приборе в качестве поправки. Щелкнуть возврат, выйти из обнаружения и установить, чтобы исходный угол ошибки наклона i продолжал сохраняться.

3. Проверка двух осей

1) Проверка

(1) Точно выровнять прибор.

(2) Открыть интерфейс электронного пузыря, как показано на рис.5-3-1.

(3) Считать значения угла наклона компенсации X_1 и Y_1 после того, как отображение стабилизируется.

(4) Повернуть прибор на 180°, после стабилизации отсчета считать значения угла наклона автоматической компенсации X_2 и Y_2. Как показано на рис. 5-3-2.

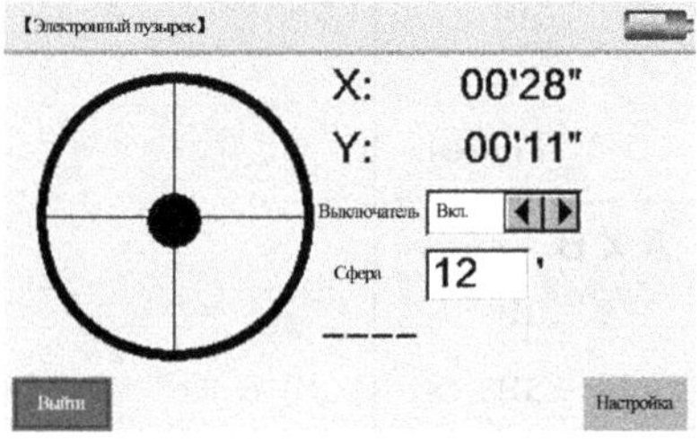

Рис. 5-3-1 Электронный пузырь

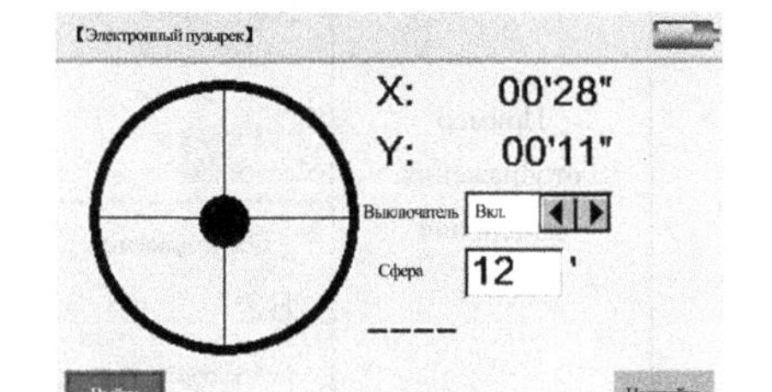

Рис. 5-3-2 Электронный пузырь

(5) Рассчитать величину отклонения нулевой точки датчика наклона по следующей формуле:

Отклонение в направлении X = $(X_1+X_2)/2$

Отклонение в направлении Y = $(Y_1+Y_2)/2$

2) Коррекция

Если расчетное отклонение находится в пределах ±15», не требуется коррекция, в противном случае выполнить коррекцию по следующим шагам.

(1) Войти в компенсатор в меню корректировки, прибор выровнен.

(2) Войти в функцию «Проверка двух осей» в меню корректировки. Как

показано на рис. 5-3-3.

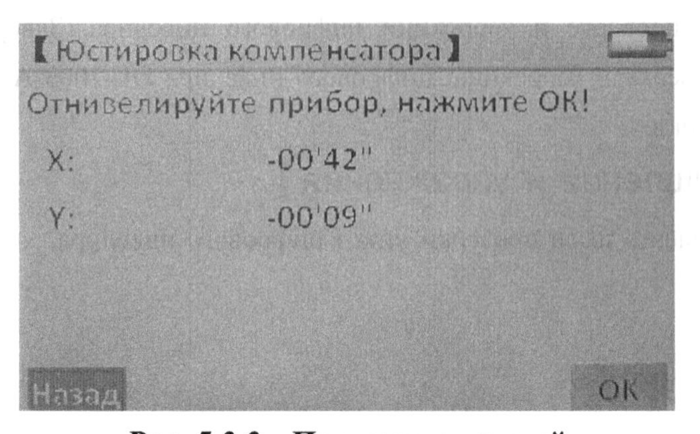

Рис. 5-3-3 Проверка двух осей

(3) Нажать [Подтверждение], затем повернуть прибор на 180°. Как показано на рис. 5-3-4.

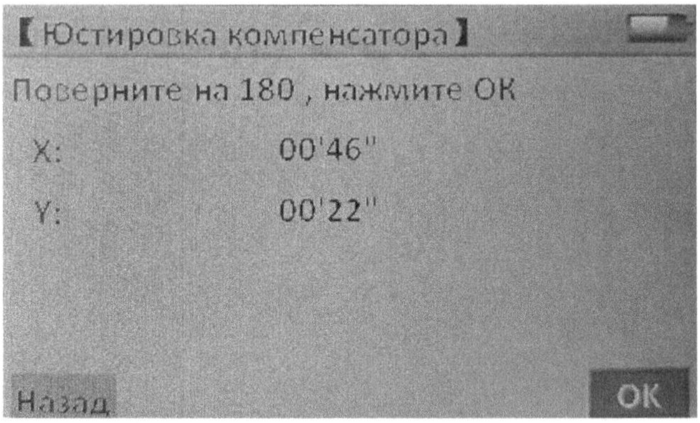

Рис. 5-3-4 Проверка двух осей

(4) Подтвердить, находится ли значение коррекции в диапазоне коррекции, если значения X и Y находятся в диапазоне коррекции, нажать кнопку [Подтверждение] для обновления значения коррекции, в противном случае выйти из операции коррекции и отправить в профессиональный корректор.

(5) Повторно проверить в соответствии с шагами «1-5» проверки, если результат проверки находится в пределах ±15», то коррекция завершена, в противном случае следует повторно провести коррекцию, если результат все еще превышает предел после 2-3 раза коррекции, пожалуйста, отправить в профессиональный корректор.

【Обучение навыкам】

Обучение проверке и коррекции цифрового нивелира. Завершить общую проверку, проверку и коррекцию цифрового нивелира DL-2003 A и представить таблицу проверки.

【Размышления и упражнения】

Кратко описать шаги проверки угла i цифрового нивелира.

Проект VI

Технология измерения электронного теодолита

【Описание проекта】

Теодолит является обычным углоизмерительным прибором. Электронный теодолит является электронным и интеллектуальным измерительным прибором, основанным на оптическом теодолите, который часто используется для измерения угла и вешения прямой линии в инженерной геодезии. В данном проекте применяется электронный теодолит NT-02 L в качестве примера, чтобы представить составные части электронного теодолита, его эксплуатацию и его применение в инженерной геодезии.

【Цель проекта】

(1) Ознакомиться с основной конструкцией электронного теодолита и хорошо овладеть основными методами работы электронного теодолита;

(2) Освоить методы наблюдения и расчета для измерения горизонтального и вертикального углов;

(3) Освоить методы разбивки точек теодолитом и стальной линейкой.

Задача Ⅰ Основные операции электронного теодолита

Обзор электронного теодолита

【Ввод задачии】

Электронный теодолит используется в качестве углоизмерительного прибора, прибор разработан и изготовлен для удовлетворения требований к измерению угла. Углоизмерительный прибор должен иметь круг с показаниями угла, который обеспечивает нахождение круга в горизонтальном или вертикальном положении с помощью операции. Центр горизонтального круга может находиться на одной отвесной линии с вершиной измеренного угла через центрирование. Прибор имеет телескоп, который может наводить на целевую точку. Телескоп может вращаться вверх, вниз, влево и вправо, чтобы наводить на объекты в разных направлениях, и может формировать проекцию на круге для получения соответствующего проекционного отсчета.

【Подготовка к задаче】

1. Состав и функции электронного теодолита

Внешний вид электронного теодолита NT-02 L и наименование его компонентов приведены на рис. 6-1-1.

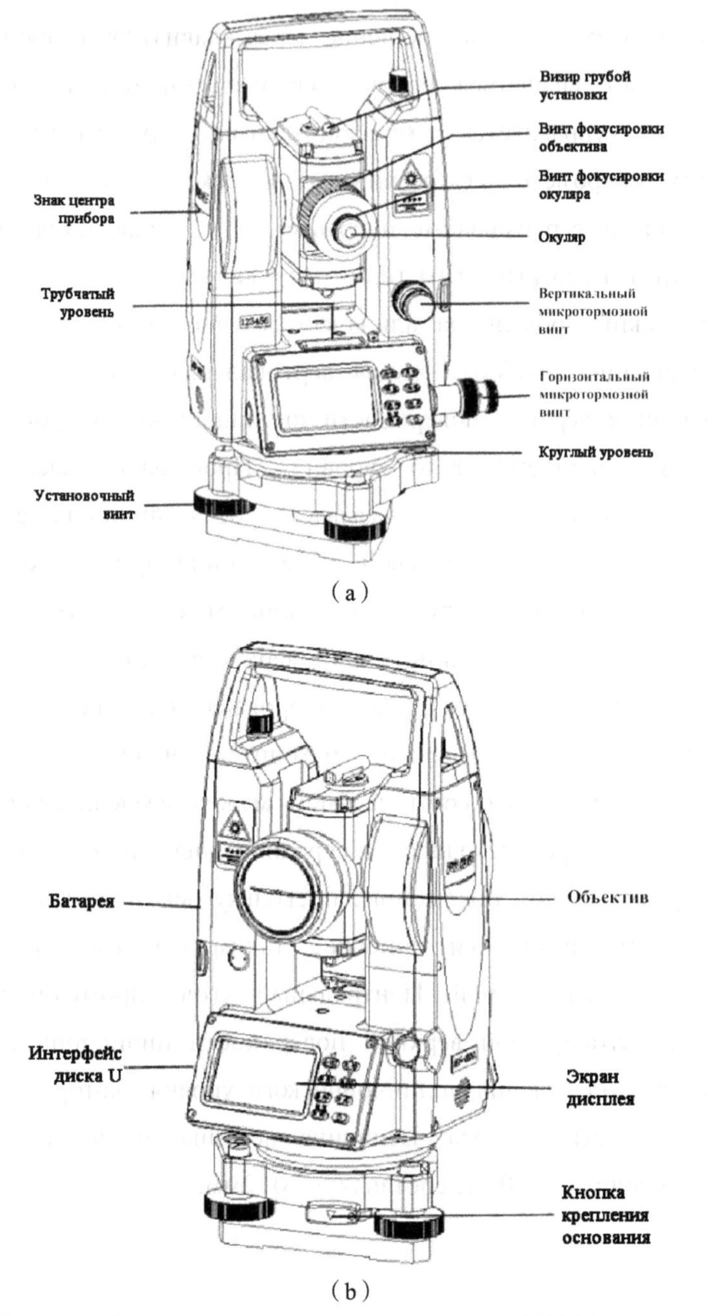

Рис. 6-1-1 Внешний вид электронного теодолита NT-02 L и наименования его компонентов

Электронный теодолит состоит из основания, алидады и системы отсчета. Основание оснащено установочным винтом и круглым уровнем. Алидада включает в себя вертикальную ось, U-образную опору, горизонтальную ось, телескоп, круг, цилиндрический уровень, центрир и т.д.. Система отсчета в основном включает в себя клавиатуру, дисплей и т.д.. Электронный теодолит осуществляет человеко-машинное общение через клавиатуру и дисплей.

Алидада может вращаться вокруг вертикальной оси в горизонтальном направлении и управляется горизонтальным тормозным винтом и горизонтальным микрометрическим винтом; телескоп может вращаться вокруг вертикальной оси в вертикальном направлении и управляется вертикальным тормозным винтом и вертикальным тормозным винтом.

Цилиндрический уровень на алидаде (см. рис. 6-1-2) предназначен для точного выравнивания прибора, чтобы вертикальная ось была вертикальной. Центр дугообразной верхней поверхности цилиндрического уровня называется нулевой точкой цилиндрического уровня. Продольная касательная LL, проходящая через нулевую точку, называется осью цилиндрического уровня. Центр пузырька совпадает с нулевой точкой цилиндрического уровня, что называется расположением пузырька в середине. Чтобы облегчить определение расположения пузырька в середине, на поверхности цилиндрического уровня симметрично с нулевой точкой выгравирована разделительная линия с интервалом 2мм, можно определить, находится ли пузырек в середине в соответствии с позиционным соотношением между разделительной линией и пузырьком. Когда пузырек находится в середине, ось цилиндрического уровня находится в горизонтальном положении, поскольку ось цилиндрического уровня ортогональна вертикальной оси прибора, таким образом вертикальная ось прибора является вертикальной. Центральный угол, противоположный дуги длиной 2мм на дугообразной верхней поверхности цилиндрического уровня, называется величиной деления цилиндрического уровня, которая варьируется в зависимости от класса прибора. Величина деления цилиндрического уровня электронного теодолита NT-02 L составляет 20″/2мм.

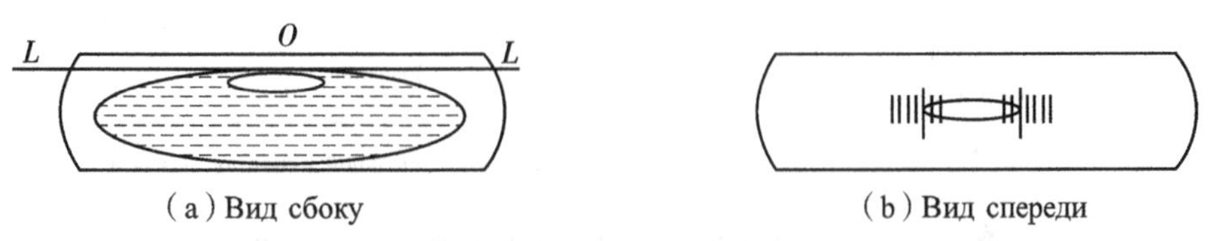

(a) Вид сбоку　　(b) Вид спереди

Рис. 6-1-2 Цилиндрический уровень

Центрир применяется для центрирования прибора, чтобы центр прибора или центр горизонтального круга находился на одной отвесной линии с точкой наземного знака. Электронный теодолит NT-02 L имеет функции лазерной калибровки и лазерного указания, с красным видимым лазерным лучом вместо луча визирования, что удобно для размещения диагональной точки прибора и обеспечивает видимую коллимация в различных строительных работах.

2. Клавиатура и дисплей

1) Описание клавиатуры и дисплея приведено в табл. 6-1-1

Табл. 6-1-1 Описание клавиатуры и дисплея

Схема клавиатуры и дисплея	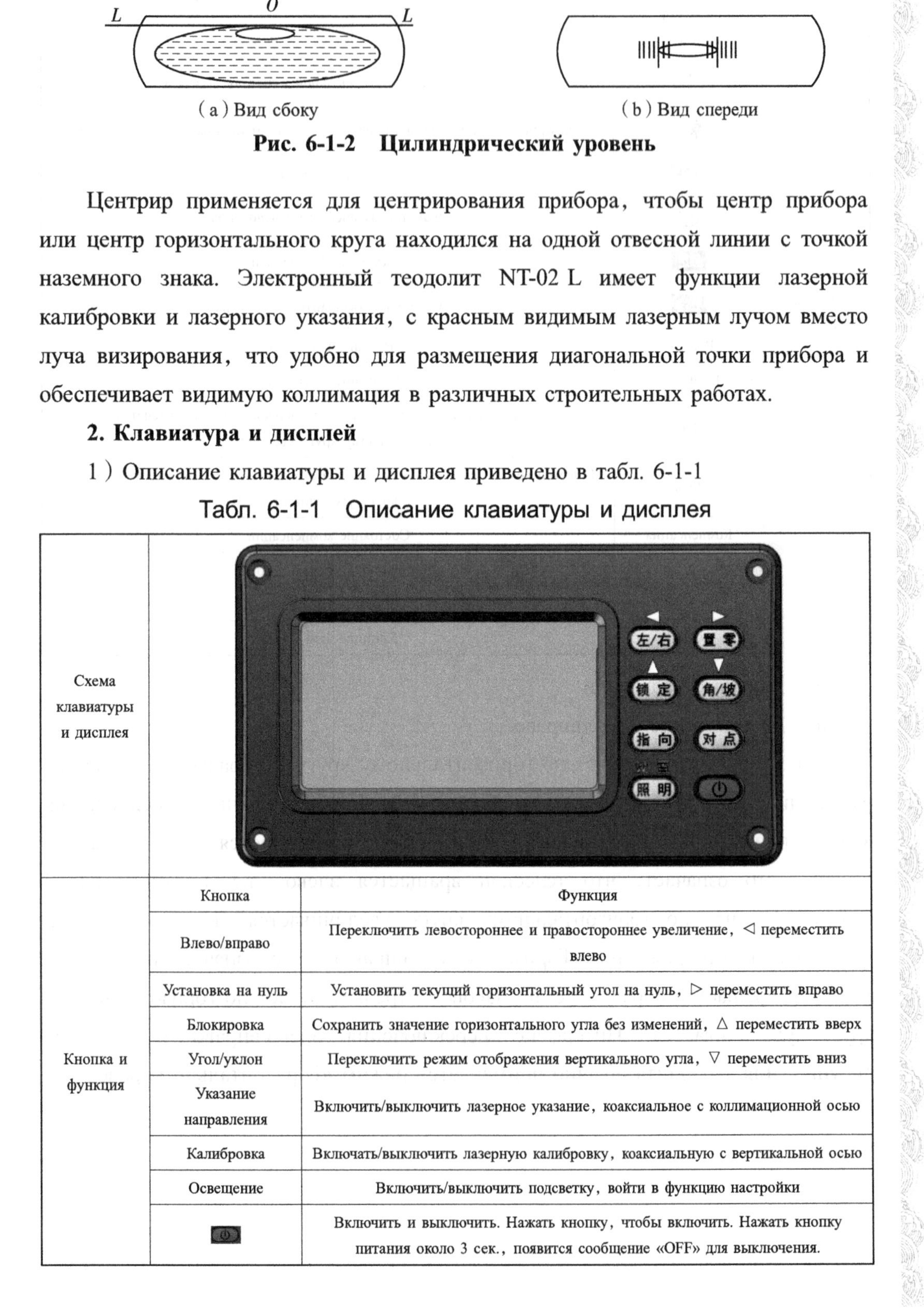	
Кнопка и функция	Кнопка	Функция
	Влево/вправо	Переключить левостороннее и правостороннее увеличение, ◁ переместить влево
	Установка на нуль	Установить текущий горизонтальный угол на нуль, ▷ переместить вправо
	Блокировка	Сохранить значение горизонтального угла без изменений, △ переместить вверх
	Угол/уклон	Переключить режим отображения вертикального угла, ▽ переместить вниз
	Указание направления	Включить/выключить лазерное указание, коаксиальное с коллимационной осью
	Калибровка	Включать/выключить лазерную калибровку, коаксиальную с вертикальной осью
	Освещение	Включить/выключить подсветку, войти в функцию настройки
	⏻	Включить и выключить. Нажать кнопку, чтобы включить. Нажать кнопку питания около 3 сек., появится сообщение «OFF» для выключения.

	Символ отображения	Значение
Значение символов отображения	⁑	Знак открытия диагональной точки под лазером
	✷→·	Лазерное указание (линия направления коллимационная оси телескопа)
	▮▮▮	Заряд батареи
	⏲	Знак автоматического выключения
	锁定	Состояние блокировки
	蜂鸣	Состояние квадрантного зуммера
	Вертик.	Вертикальный угол
	Горизонт.	Горизонтальный угол
	Лев.	Телескоп вращается влево (против часовой стрелки), отсчет по горизонтальному кругу увеличивается
	Прав.	Телескоп вращается вправо (по часовой стрелке), отсчет по горизонтальному кругу увеличивается
	Компенсация	Состояние компенсации
	X	Состояние компенсации оси X
	G	Единица угла в гоне
	M	Единица угла в мил

2) Основные настройки

a) Переключение влево/вправо

После включения отсчет по горизонтальному кругу отображается в нижней части дисплея, как показано на рис. 6-1-3. Нажать кнопку переключения «влево/вправо», в левой нижней части экрана отображается «Горизонтально влево», что означает, что телескоп вращается влево, т.е. против часовой стрелки, отсчет по горизонтальному кругу увеличивается; в левой нижней части экрана отображается «Горизонтально вправо», что означает на то, что телескоп вращается вправо, т.е. по часовой стрелке, отсчет по горизонтальному кругу увеличивается. Интерфейс переключения влево/вправо показан на рисунке. Для теодолита обычно применяется режим «Горизонтально вправо».

Рис. 6-1-3 Интерфейс переключения влево/вправо

b) Установка на нуль

Интерфейс установки на нуль показан на рис. 6-1-4. После наведения на объект, при завинчивании горизонтального тормозного винта, непрерывно нажать кнопку «Установка на нуль» дважды, чтобы отсчёт горизонтального угла стал нулевыми. Данная операция действует только для горизонтального угла, и не действует в состоянии «Блокировка». Во избежание неправильной операции интервал времени между двумя нажатиями кнопки не превышает 3 сек., автоматически восстанавливается первоначальное состояние при превышении времени.

Вертик. 338°34'38"
Гориз. справа 26°16'17"

Перед установкой на нуль

Вертик. 338°34'38"
Гориз. справа 0°00'00"

Перед установкой на нуль

Рис. 6-1-4 Интерфейс установки на нуль

c) Блокировка

В процессе измерения значение горизонтального угла должно оставаться неизменным, и можно использовать функцию «Блокировка», как показано на рис. 6-1-5. После получения требуемого значения горизонтального круга путем вращения алидады нажать кнопку «Блокировка», на интерфейсе будет отображаться символ 锁定, затем повернуть прибор, и значение горизонтального угла останется неизменным. После наведения на объект нажать кнопку «Блокировка», отображаемый на интерфейсе символ 锁定 исчезнет, т.е.

«Блокировка» будет снята, а затем повернуть прибор, значение горизонтального угла будет продолжать изменяться. «Блокировка» действует только для горизонтального угла и может завершить конфигурацию круга.

Рис. 6-1-5 Интерфейс блокировки

Другие настройки приведены в Инструкции по эксплуатации прибора.

【Выполнение задачи】

Основные функции электронного теодолита

1. Установка прибора

1) Установка треножника

Поднять треножник до подходящей высоты, открыть его под соответствующим углом, чтобы верхняя поверхность треножник была приблизительно горизонтальной и находилась прямо над точкой стояния.

2) Установка прибора и калибровка

Установить прибор на треножник, завинтить центральный соединительный винт, включить лазерный отвес. Отрегулировать положение треножника, чтобы точечное пятно лазерного отвеса было выровнено с центром точки стояния.

3) Грубое выравнивание прибора с помощью круглого уровня

Выдвинуть ножки треножника, чтобы пузырек круглого уровня прибора находился в середине.

4) Точное выравнивание прибора с помощью цилиндрического уровня

(1) Вращать алидаду, чтобы цилиндрический уровень был параллелен направлению соединения любых двух установочных винтов, как показано на рис.6-1-6 (а). Отрегулировать эти два установочных винта в противоположном направлении, чтобы пузырек цилиндрического уровня находился в середине. Направление движения пузырька одинаково с направлением вращения

установочного винта большим пальцем левой руки.

(2) Вращать алидаду на 90° , регулировать третий установочный винт, как показано на рис.6-1-6 (b), чтобы пузырек цилиндрического уровня находился в середине. Повторить выше операцию до тех пор, пока пузырек не будет центрирован в горизонтальных и вертикальных направлениях, при этом погрешность центрирования пузырька не должна превышать одну сетку.

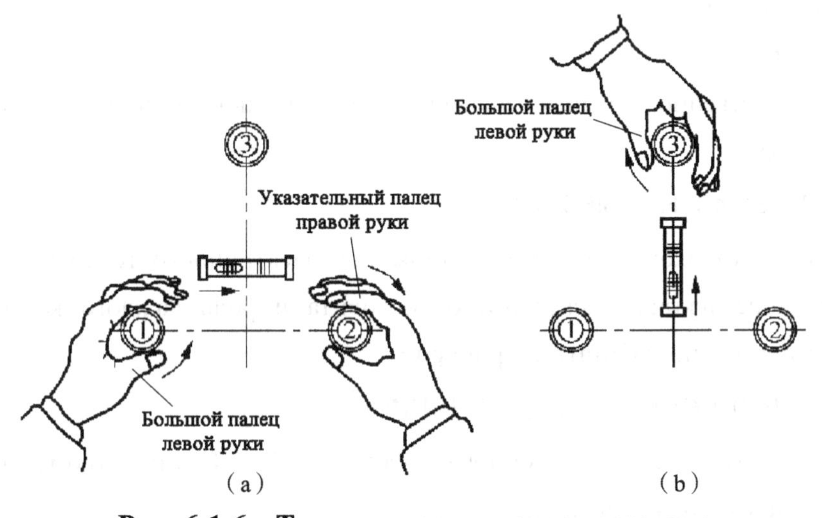

Рис. 6-1-6 Точное выравнивание теодолита

5) Точное центрирование и выравнивание

Выполнить повторное наблюдение центрального положения светового пятна, слегка ослабить центральный соединительный винт, переместить прибор на верхнюю поверхность треножника, точно выровнять центр точки стояния, затянуть центральный соединительный винт и снова точно выровнять прибор. Повторить эту операцию до тех пор, пока прибор не будет точно выровнен и центрирован. Выключить лазерный отвес после завершения.

2. Регулировка телескопа и наведение на объект

(1) Навести телескоп на ясное небо и повернуть винт фокусировки окуляра, чтобы крест стал четким.

(2) Навести на целевую точку вершину треугольного знака, расположенного внутри визира грубой установки, при наведении должно сохраняться определенное расстояние между глазом и визиром.

(3) Использовать винт фокусировки объектива, чтобы сделать изображение объекта четким. Обратить внимание на устранение параллакса, т.е.

при перемещении глаз вверх, вниз, влево и вправо, положение креста на объекте не изменяется.

(4) Вращать вертикальные и горизонтальные микрометрические винты, точно наводить на объект. Если измеряется горизонтальный угол, использовать вертикальную нить креста, чтобы точно навести на объект; если измеряется вертикальный угол, использовать горизонтальную нить креста, чтобы точно навести на объект.

3. Отсчет

Непосредственно считать значение горизонтального или вертикального круга на экране

【Обучение навыкам】

Обучение ознакомлению и использованию электронного теодолита. Понять основную конструкцию электронного теодолита и роль каждого компонента; научиться правильно работать с прибором.

【Размышления и упражнения】

(1) Каковы оси электронного теодолита? Каким геометрическим условиям удовлетворяют эти оси?

(2) Кратко описать шаги калибровки и выравнивания электронного теодолита.

(3) Кратко описать шаги установки отсчета по горизонтальному кругу на 90°.

Задача Ⅱ Измерение горизонтального угла

【Ввод задачи】

Чтобы определить плоское положение точки, необходимо измерить горизонтальный угол. В данной задаче описывается метод измерения горизонтального угла электронным теодолитом.

【Подготовка к задаче】

Горизонтальный угол-это двугранный угол между проекциями двух прямых линий, пересекающихся в пространстве на горизонтальную плоскость. Горизонтальный угол обычно выражается β, значение угла составляет 0° 360°.

Принцип измерения горизонтального угла показан на рис. 6-2-1. Измерить горизонтальный угол теодолитом, установить прибор в точке стояния, после центрирования и выравнивания горизонтальный круг находится в горизонтальном состоянии, и его центр находится на одной отвесной линии с точкой стояния, соответственно навести телескоп на две направления для получения отсчетов a и c, отсчет по горизонтальному кругу обычно увеличиваются по часовой стрелке, поэтому $\beta = c - a$, т.е. значение горизонтального угла равно отсчету правого направления за вычетом отсчета левого направления, если полученное значение отрицательное, то следует добавить 360°.

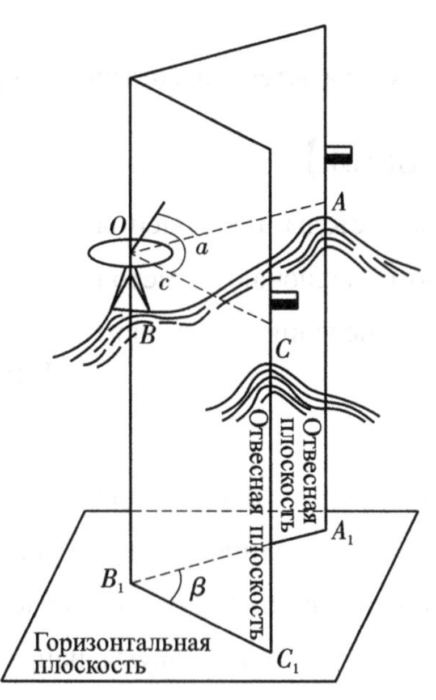

Рис. 6-2-1 Принцип измерения горизонтального угла

При наблюдении за углом необходимо использовать положение круга лево и положение круга право для наблюдения. Когда наблюдатель смотрит на окуляр телескопа, расположение вертикального круга на левой стороне телескопа называется кругом лево (или кругом влево), расположение

вертикального круга на правой стороне телескопа называется кругом право (или кругом вправо) . Состояние круга лево и состояние круга право наблюдаются отдельно, что в совокупности называется наблюдением приема. Состояние круга лево и состояние круга право теодолита показаны на рис. 6-2-2.

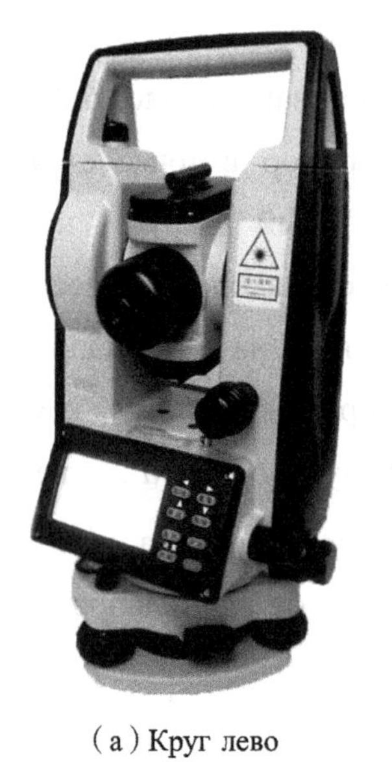

(a) Круг лево

(b) Круг право

Рис. 6-2-2 Состояние круга влево и состояние круга право теодолита

【Выполнение задачи】

Измерение горизонтального угла электронным теодолитом

Обычно используемые методы наблюдения за горизонтальным углом включают метод приемов и способ измерения методом направлений.

1. Метод приемов

Метод приемов подходит только для наблюдения одного угла, образованного двумя направлениями на станции наблюдения. Как показано на рис. 6-2-3, в точке стояния B необходимо измерить горизонтальный угол β между двумя направлениями BA、BC, шаги операции следующие:

(1) Установка прибора. Установить теодолит в точке стояния B, выполнить центрирование и выравнивание, и установить знак наведения в двух точках A、C.

Рис. 6-2-3 Измерение горизонтального угла методом приемов

(2) Наблюдение полуприема при КЛ. Установить теодолит в состояние круга лево. Вращать алидаду, использовать визир телескопа для предварительного наведения на точку A, затягивать горизонтальный тормозной винт, регулировать винты фокусировки окуляра и объектива, чтобы изображения креста и объекта были четкими, устранить параллакс. Затем использовать горизонтальные и вертикальные микрометрические винты для точной регулировки до тех пор, пока продольная нить креста не наводила на объект. В зависимости от размера и расстояния объекта выбрать использование одной нити или двух нитей, чтобы навести на объект. Нажать кнопку «Установка на нуль», чтобы установить отсчет по горизонтальному кругу на ноль. Или использовать кнопку «Блокировка» для установления начального направления на значение, немного превышающее ноль. Считать отсчет a_L и записать в журнал для записей, как показано в табл. 6-2-1. Ослабить тормозной винт, повернуть алидаду по часовой стрелке, выполнить операцию там же, навести на целевую точку C, считать отсчет c_L и записать в журнал. Значение угла полуприема при КЛ составляет:

$$\beta_L = c_L - a_L \qquad \text{формула 6-2-1}$$

(3) Наблюдение полуприема при КП. Ослабить тормозной винт, чтобы установить теодолит в состояние круга право. Сначала навести на объект C, считать отсчет c_R; затем повернуть алидаду против часовой стрелки, навести на объект A, считать отсчет a_R, тогда значение угла полуприема при КП составляет:

$$\beta_R = c_R - a_R \qquad \text{формула 6-2-2}$$

(4) Расчет значения угла одного приема. Когда $\Delta\beta = \beta_R - \beta_L$ находится в пределах допуска, среднее значение значения угла полуприема при КЛ и значения угла полуприема при КП принимается в качестве значения угла одного приема; Если $\Delta\beta$ превышает предела допуска, следует повторно наблюдать. Значение горизонтального угла одного приема составляет:

$$\beta = \frac{\beta_L + \beta_R}{2} \quad \text{формула 6-2-3}$$

При высоких требованиях к точности измерения угла можно наблюдать несколько приемов, и их среднее значение принимается в качестве окончательного результата измерения горизонтального угла. Чтобы уменьшить влияние ошибки дифференциации круга, начальный отсчет полуприема при КЛ каждого приема устанавливается в соответствии со значением углового интервала 180° / *n*, *n* является количеством приемов. Например: если необходимо измерить 4 приема для определенного горизонтального угла, начальные отсчеты приемов должны быть установлены немного больше 0°, 45°, 90° и 135° соответственно.

Табл. 6-2-1 Журнал для записей измерения горизонтальных углов методом приемов

Станция наблюдения	Цель	Положение вертикального круга	Отсчет по горизонтальному кругу	Значение угла полуприема	Среднее значение угла одного приема	Среднее значение приемов
Первый прием B	A	Лев.	0° 06′ 24″	111° 39′ 54″	111° 39′ 51″	111° 39′ 52″
	C		111° 46′ 18″			
	A	Прав.	180° 06′ 48″	111° 39′ 48″		
	C		291° 46′ 36″			
Вторичный прием B	A	Лев.	90° 06′ 18″	111° 39′ 48″	111° 39′ 54″	
	C		201° 46′ 06″			
	A	Прав.	270° 06′ 30″	111° 40′ 00″		
	C		21° 46′ 30″			

2. Способ измерения методом направлений

Способ измерения методом направлений подходит для наблюдения за несколькими углами, образованными более чем двумя направлениями на станции наблюдения. При наблюдении в качестве начального направления выбирается четкий и стабильный объект, который называется нулевым направлением. Когда существует более трех направлений, после наведения на

требуемый наблюдаемый объект и считывания каждого полуприема, следует снова навести на нулевое направление и считать отсчет, этот метод называется способом круговых приемов. Когда направления наблюдения не более трех, допускается не возвращение к нулю.

Технические требования к способу измерения методом направлений горизонтального угла приведены в табл. 6-2-2.

Табл. 6-2-2 Технические требования к способу измерения методом направлений горизонтального угла

Класс	Класс точности прибора	Разность возвращения полуприема к нулю	Допуск разности между макс. и мин. значениями 2c в одном приеме	Допуск разности между макс. и мин. значениями каждого приема одного и того же значения направления
Класс IV и выше	Прибор класса 0,5″	≤ 3″	≤ 5″	≤ 3″
	Прибор класса 1″	≤ 6″	≤ 9″	≤ 6″
	Прибор класса 2″	≤ 8″	≤ 13″	≤ 9″
Класс I и ниже	Прибор класса 2″	≤ 12″	≤ 18″	≤ 12″
	Прибор класса 6″	≤ 18″	—	≤ 24″

Способ круговых приемов показан на рис. 6-2-4, точка стояния является точкой O, есть четыре направления наблюдения A, B, C, D, необходимо измерить горизонтальный угол между двумя соседними направлениями, шаги операции следующие:

(1) Установить теодолит в точке O, точно центрировать и выровнять. Выбрать четкую точку A в качестве нулевого направления.

(2) Наблюдение полуприема при КЛ. Наводить круг лево на нулевое направление A, устанавливать на ноль или определенное значение, отсчитывать; вращать алидаду по часовой стрелке, после того, как наводить на объекты B, C, D по очереди и отсчитывать, затем снова наводить на нулевое направление A и отсчитывать во второй раз. Все отсчеты записываются в соответствующей графе в журнале в последовательном порядке, см. табл. 6-2-3.

(3) Наблюдение полуприема при КП. Наводить круг право на нулевое направление A, отсчитывать; вращать алидаду против часовой стрелки, после того, как наводить цели D, C, B по очереди и отсчитывать, наводить на нулевое направление A по очереди и отсчитывать. Все отсчеты записываются в соответствующей графе в журнале в последовательном порядке.

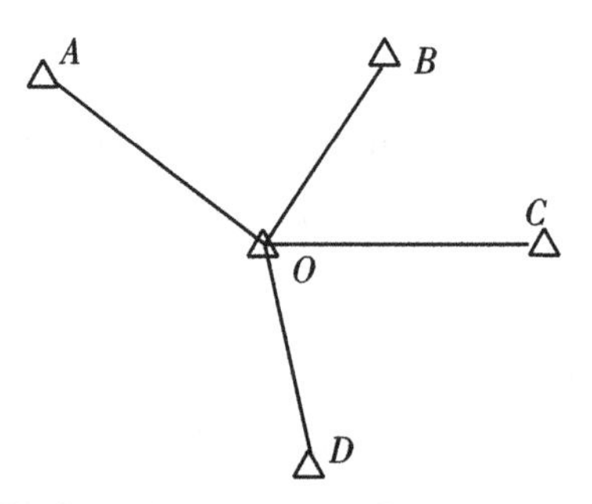

Рис. 6-2-4 Наблюдение способом круговых приемов

При необходимости наблюдения за n приемов, в начальном направлении полуприема при КЛ каждого приема устанавливается отсчет по горизонтальному кругу в соответствии со значением углового интервала $180°/n$.

(4) Расчет способа круговых приёмов.

① Вычислять разность возвращения полуприёма к нулю. Разность возвращения полуприёма к нулю представляет собой разность отсчета начального объекта двукратного наведения в полуприеме круга лево или круга право.

② Вычислять двойную коллимационную ошибку 2 C, проверять разность между макс. и мин. значениями 2 C в одном приеме.

Разность двойной коллимационной ошибки в одном и том же приеме, то есть разность между макс. и мин. значениями 2 C, является одним из важных параметров для оценки качества наблюдения горизонтального угла.

$$2C = L - (R \pm 180°) \qquad \text{формула 6-2-4}$$

③ Вычислять среднее значение по всем направлениям $\overline{L}$, при наличии наблюдения возвращения к нулю, следует снова принять среднее значение нулевого направления в качестве значения нулевого направления.

$$\overline{L} = \frac{L + (R \pm 180°)}{2} \qquad \text{формула 6-2-5}$$

④ Вычислять значения направления каждого приема после возвращения к нулю $\overline{L}_0$. Значение направления возвращения к нулю представляет собой разность между средним значением каждого направления в одном и том же приеме и средним значением начального направления.

$$\overline{L}_0 = \overline{L} - \overline{L}_A \qquad \text{формула 6-2-6}$$

⑤ Вычислять среднее значение направления каждого приема. Когда

разность значения направления после вращения к нулю каждого приема в одном и том же направлении находится в пределах допуска, использовать среднее значение каждого приема после вращения к нулю в данном направлении в качестве конечного результата.

⑥ Вычислять значение горизонтального угла. Значение горизонтального угла получается путем вычитания двух значений направления.

Таб. 6-2-3 Журнал для записей измерения горизонтальных углов способом круговых приёмов

Станция наблюдения	Количество съемки	Цель	Показание		2 C=влево−(вправо ± 180°)	Средний отсчет = $\frac{1}{2}$ [влево + (180° вправо)]	После возвращения к нулю Значение направления	Среднее значение направления возвращения к нулю каждого приема
			Круг лево	Круг право				
1	2	3	4	5	6	7	8	9
O	1	*A B C D A*	0° 02′ 06″ 51° 15′ 42″ 131° 54′ 12″ 182° 02′ 24″ 0° 02′ 12″	180° 02′ 00″ 231° 15′ 30″ 311° 54′ 00″ 2° 02′ 24″ 180° 02′ 06″	+6″ +12″ +12″ 0″ +6″	(0° 02′ 06″) 0° 02′ 03″ 51° 15′ 36″ 131° 54′ 06″ 182° 02′ 24″ 0° 02′ 09″	0° 00′ 00″ 51° 13′ 30″ 131° 52′ 00″ 182° 00′ 18″	
O	2	*A B C D A*	90° 03′ 30″ 141° 17′ 00″ 221° 55′ 42″ 272° 04′ 00″ 90° 03′ 36″	270° 03′ 24″ 321° 16′ 54″ 41° 55′ 30″ 92° 03′ 54″ 270° 03′ 36″	+6″ +6″ +12″ +6″ 0″	(90° 03′ 32″) 90° 03′ 27″ 141° 16′ 57″ 221° 55′ 36″ 272° 03′ 57″ 90° 03′ 36″	0° 00′ 00″ 51° 13′ 25″ 131° 52′ 04″ 180° 00′ 25″	0° 00′ 00″ 51° 13′ 28″ 131° 52′ 02″ 182° 00′ 22″

【Обучение навыкам】

Обучение измерению горизонтального угла теодолитом с способом круговых приёмов. Научиться наблюдению горизонтального угла электронным теодолитом по методу круговых приёмов; овладеть рабочей процедурой и методом расчёта метода уравнивания по направлениям; овладеть требованиям к допуску на штативе.

【Размышления и упражнения】

(1) Кратко описать шаги измерения горизонтального угла методом круговых приёмов .

(2) Кратко описать источник погрешности измерения горизонтального угла и меры их устранения.

（3）В точке В устанавливать теодолит для наблюдения направлений А и С, сначала наводить положение круга лево на точку А, затем точку С, отсчет по горизонтальному кругу составляют 6° 23′ 30″ и 95° 48′ 00″; наводить положение круга право на точку С, а потом на точку А. отсчет по горизонтальному круг составляют 275° 48′ 18 ″ и 186° 23′ 18 ″ соответственно. Заполнять таблицу 6-2-4 записи измерения угла методом приёмов и рассчитывать значение угла приема.

Таблица 6-2-4 записи измерения угла методом приёмов

Станция наблюдения	Положение круга	Цель	Отсчет по горизонтальному кругу（° ′ ″）	Значение угла полуприема（° ′ ″）	Значение угла одного приема（° ′ ″）	Примечание

Задача Ⅲ　Измерение вертикального угла

【Ввод задачи】

Необходимо наблюдать вертикальный угол при преобразовании расстояния наклона в горизонтальное расстояние или тригонометрическое нивелирование. В данной задаче описывается метод измерения вертикального угла электронным теодолитом.

【Подготовка к задаче】

Вертикальный угол представляет собой угол между целевым направлением и специальным направлением в одной и той же вертикальной плоскости, как правило, обозначается α, значение угла составляет -90° ~90°. Вертикальный угол, образованный линией зрения над горизонтальной линией, является углом возвышения, а символ положительный; Вертикальный угол, образованный линией зрения ниже горизонтальной линии, является углом понижения, а

символ отрицательный, значение угла представляет собой угол между целевым направлением и обратным направлением линии отвеса, то есть зенитным направлением, который называется зенитным расстоянием. Как правило, обозначается Z, значение угла 0° 180°.

Принцип измерения вертикального угла показан на рис. 6-3-1. Когда теодолит находится в теоретическом состоянии, при горизонтальной коллимационной оси телескопа отсчет по вертикальному кругу должен быть 90° или кратным целым 90°. Разность между отсчетом целевого направления и горизонтальным отсчетом линии зрения является значением вертикального угла. Если при изготовлении прибора имеется ошибка в установке индекса вертикального круга или ошибка в компенсации датчика индекса вертикального круга, то при горизонтальной коллимационной оси телескопа между отсчетом по вертикальному кругу и 90° или кратным целым 90° имеется небольшая разность x, x называется ошибкой индекса вертикального круга. Ошибка измерения вертикального угла в результате ошибке индекса вертикального круга может быть устранена путем усреднения наблюдения «Круг лево-круг право» или путем расчета и коррекции. Допуск ошибки индекса прибора уровня 2 составляет 10. При превышении допуска прибор должен быть откорректирован. Ошибка разности индекса отражает качество наблюдения. Ошибка разности индекса на одном и том же штативе должна быть не более установленного допуска.

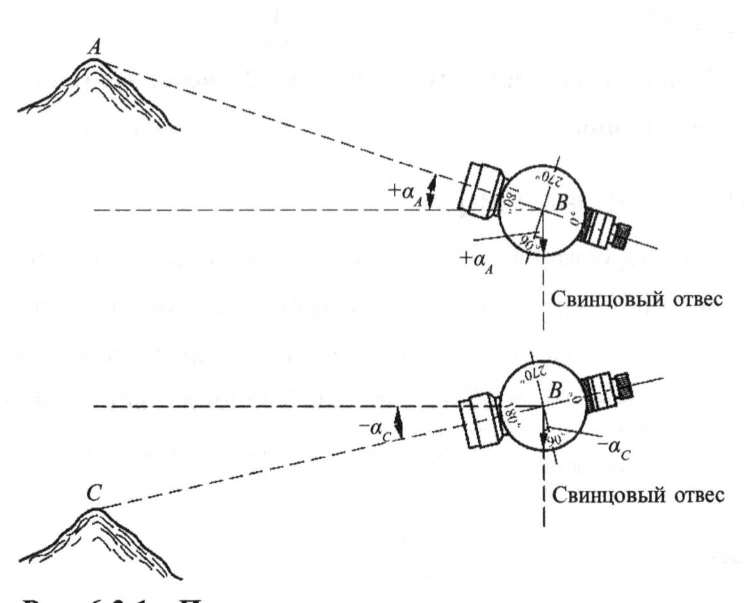

Рис. 6-3-1 Принцип измерения вертикального угла

Вертикальный угол в основном используется для преобразования наблюдаемого наклонного расстояния в горизонтальное расстояние или для расчета тригонометрической высоты.

1. Наклонное расстояние преобразуется в горизонтальное расстояние

Как показанона рис. 6-3-2, измеренное наклонное значение точки A、B, S и вертикальный угол α, то горизонтальное расстояние между двумя точками D:

$$D = S\cos\alpha \qquad \text{формула 6-3-1}$$

2. Расчет тригонометрической высоты

Как показано на рис. 6-3-3, используются измеренные на рисунке наклонное расстояние S, вертикальный угол α, высота прибора i, высота цели v, получается разница в высоте h_{AB} по следующей формуле:

$$h_{AB} = S\sin\alpha + i - v \qquad \text{формула 6-3-2}$$

При высоте H_A в точке A то высота H_B в точке B:

$$H_B = H_A + h_{AB} = H_A + S\sin\alpha + i - v \qquad \text{формула 6-3-3}$$

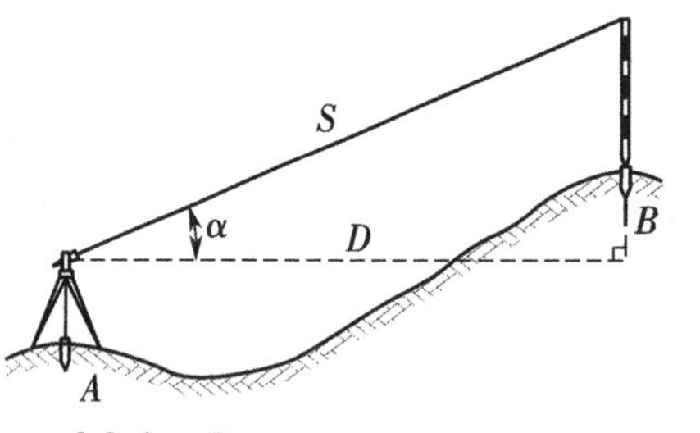

Рис. 6-3-2 Расчет горизонтального расстояния

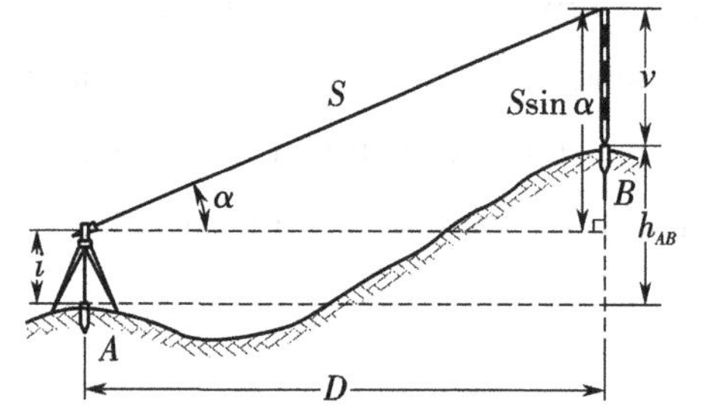

Рис. 6-3-3 Расчет тригонометрической высоты

【Выполнение задачи】

Технические требования «Стандарта инженерной геодезии» (GB50026-2020) к наблюдению вертикального угла тригонометрического нивелирования 4-го, 5-го классов и класса съемочного обоснования приведены в табл. 6-3-1.

Таб. 6-3-1 Технические требования к наблюдению вертикального угла

Класс измерения угла	Класс прибора	Количество съемки	Разность ошибки индекса (″)	Разность приема (″)
Тригонометрическая высота 4-ого класса	Уровень 2	3	≤ 7″	≤ 7″

Класс измерения угла	Класс прибора	Количество съемки	Разность ошибки индекса (″)	Разность приема (″)
Тригонометрическая высота 5-ого класса	Уровень 2	2	≤ 10″	≤ 10″
Тригонометрическая высота съемочного обоснования	Уровень 6	2	≤ 25″	≤ 25″

Для наблюдения вертикального угла необходимо точно наводить горизонтальную нить креста на объект. Операционная процедура наблюдения методом приемов вертикального угла приведена ниже:

(1) Устанавливать прибор. Устанавливать теодолит в точке стояния, центрировать и ровнять.

Измерение вертикального угла электронным теодолитом

(2) Определять формулу расчета вертикального угла.

Устанавливать теодолит в положение круга влево, горизонтальна коллимационная ось, отсчет по вертикальному кругу—90°, поднимать телескоп, отсчет по вертикальному кругу уменьшается, по определению вертикального угла определяется формула расчета вертикального угла данного теодолита:

Положение круга влево:

$$\alpha_L = 90° - L \qquad \text{формула 6-3-4}$$

Положение круга право:

$$\alpha_R = R - 270° \qquad \text{формула 6-3-5}$$

(3) Наблюдение полуприема при КЛ. Наводить на объект при положении круга лево, так что горизонтальную нить креста пересекает объект, и считывается отсчёт по вертикальному кругу. Записывать данные в журнал, как показано в табл. 6-3-1. Рассчитывать вертикальный угол, измеренный при состоянии круга лево.

(4) Наблюдение полуприема при КП. Наводить на объект при положении круга право, так что горизонтальную нить креста пересекает объект на одинаковой точке, считывается отсчёт по вертикальному кругу и записывать в журнал, рассчитывать вертикальный угол, измеренный при состоянии круга право.

(5) Расчет ошибки индекса x. Расчётная формула ошибки индекса x

приведена ниже:

$$x=\frac{1}{2}(\alpha_R-\alpha_L)=\frac{1}{2}(R+L)-180^\circ \qquad \text{формула 6-3-6}$$

(6) Расчет значения одного приема вертикального угла . α

$$\alpha=\frac{1}{2}(\alpha_L+\alpha_R)=\frac{1}{2}[(R-L)-180^\circ] \qquad \text{формула 6-3-7}$$

Расчет записи вертикального угла приведен в таб. 6-3-2.

Таб. 6-3-2 Журнал наблюдения вертикального угла

Станция наблюдения	Цель	Вертикальное положение циферблата	Отсчет по вертикальному кругу ° ′ ″	Вертикальный угол полуприема ° ′ ″	Погрешность показателей	Вертикальный угол одного приема ° ′ ″
A	B	Лев.	81° 18′ 42″	+8° 41′ 18″	+6″	+8° 41’ 24″
		Прав.	278° 41′ 30″	+8° 41′ 30″		
	C	Лев.	124° 03′ 24″	−34° 03′ 24″	+9″	-34° 03’ 15″
		Прав.	235 56 54	−34 03 06		

【Обучение навыкам】

Практика измерения вертикального угла теодолитом: научиться наблюдению вертикального угла электронным теодолитом; овладеть рабочей процедурой и методом расчёта измерения вертикального угла; овладеть требованиями к допуску на штативе.

【Размышления и упражнения】

(1) Кратко описывать шаги измерения вертикального угла.

(2) Как устранять влияние ошибки индекса вертикального круга на наблюдение вертикального угла?

(3) В точке O установить теодолит для наблюдения вертикальных углов в направлениях P и Q, наводить положение круга лево на точку P, отсчёт по вертикальному кругу 88° 04′ 24″, а наводить положение круга лево на точку P, отсчёт по вертикальному кругу 271° 55′ 54″; наводить на точку Q, отсчёты при круге лево и круге право 115° 23′ 30″ и 244° 36′ 18″ соответственно. Заполнять таблицу для записей наблюдения вертикального угла и рассчитывать значение вертикального угла.

Станция наблюдения	Цель	Вертикальное положение циферблата	Отсчет по вертикальному кругу/ (° /′ /″)	полумерный угол возврата/ (° /′ /″)	Погрешность показателей/ (° /′ /″)	Значение угла приема/ (° /′ /″)
O	P	Лев.				
		Прав.				
	Q	Лев.				
		Прав.				

Задача Ⅳ Разбивка электронного теодолита

【Ввод задачи】

Разбивка является важной гарантией строительства по чертежу. В настоящем задании описывается положение или связанная геометрическая величина расчетной точки разбивки электронным теодолитом или стальной линейкой.

【Подготовка к задаче】

1. Разбивка вертикального угла

Разбивка горизонтального угла электронным теодолитом

Разбивка горизонтального угла заключается в том, что проектный горизонтальный угол β известен, по существующим сторонам AB отмечать другую сторону AC на земле. Для обеспечения точности разбивки длина стороны AC должна быть не более длины стороны AB .

1) Метод разделения посередине приема

Как показано на рис. 6-4-1 (a), на земле уже существует направление AB, в точке A применяется направление AB в качестве начального направления, проводить разбивку проектного горизонтального ушла β справа. Шаги разбивки приведены ниже:

(a) Метод разделения посередине при КЛ и КП (b) Метод поправки многоприемов

Рис. 6-4-1Метод разбивки горизонтального угла

(1) В точке А устанавливать теодолит, центрировать и выровнять, горизонтальный круг прибора находится в положении правого увеличения.

(2) Наводить круг лево (полуприем при КЛ) на объект в точке В, нажинать кнопку «установка на нуль», чтобы устанавливать горизонтальный круг на ноль, ослаблять тормозной винт, вращать алидаду по часовой стрелке, когда отсчет по горизонтальному кругу близится к проектному значению β, затягивать горизонтальный тормозной винт, регулировать горизонтальный микрометрический винт, когда отсчет по горизонтальному кругу составляет проектное значение β, направление коллимационной оси является направлением АС на другой стороне проектного угла, нажинать кнопку«направление», чтобы открывать направление лазера, временно отмечать точку C' на земле.

(3) Наводить круг право (полуприем при КП) на объект в точке В, считывать отсчёт по горизонтальному кругу. Вращать алидаду по часовой стрелке. Когда увеличение угла горизонтального круга составляет проектное значение β , отмечать временно точку C'' на земле при помощи лазерного указания.

(4) Принимать среднюю точку соединительной линии C'、C'' и отмечать ее как точку $\bar{c}$. $\bar{c}$ Точка представляет собой конечную точку на другой стороне AC проектного горизонтального угла β .

(5) Проверка. Измерять $\angle BAC$ методом приемов, по сравнению с проектным значением соответствие с требованиями считается удовлетворительным.

Если угол разбивки находится на левой стороне известной стороны, после того, как известное направление наведения установлено на ноль, вращать алидаду, чтобы привязать точку в направлении, где отсчет по горизонтальному

кругу составляет $360° - \beta$. Можно установить горизонтальный круг электронного теодолита в режим левого увеличения, после того, как горизонтальный круг в известном направлении установлен на ноль, проводить разбивку проектного горизонтального угла β непосредственно.

2) Метод поправки многоприемов

Метод поправки многоприемов показанна рис. 6-4-1 (b), шаги разбивки горизонтального угла нижеследующие:

(1) Средняя точка, отмеченная методом разделения посередине одного приема, является точкой $\bar{C}$.

(2) Измерять $\angle BA\bar{C}$ методм приемов (обычно 2-3 приема), принимать наблюдаемое среднее значение каждого приема $\bar{\beta}$, рассчитывать разность $\Delta\beta = \bar{\beta} - \beta$ между ним и проектным значением угла β ($\Delta\beta$ в секундах) . Измерять горизонтальное значение $D_{A\bar{C}}A\bar{C}$. Рассчитывать расстояние отклонения точки $\bar{C}$ от правильной точки C

$$\bar{C}C = D_{A\bar{C}} \tan\Delta\beta = D_{A\bar{C}} \times \frac{\Delta\beta}{\rho}$$ формула 6-4-1

Где, $\rho = 206265''$.

(3) Восставлять отвес в направлении $A\bar{C}$ через точку $\bar{C}$, при $\Delta\beta > 0$, снять внутрь горизонтальное расстояние $\bar{C}C$ по направлении отвесной линии, определить точку C ; при $\Delta\beta < 0$, снять кнаружи горизонтальное расстояние $\bar{C}C$ по направлении отвесной линии, определить точку C . Корректировать точку $\bar{C}$ до точки C . C Точка представляет собой конечную точку на другой стороне проектного горизонтального угла .

(4) Проверка. Измерять $\angle BAC$ методом приемов, по сравнению с проектным значением, если соответствует требованию, то годно.

2. Разбивка точек

Точка разбивки основана на геометрическом соотношении между точкой разбивки, подлежащей разбивке и контрольной точкой, а измерительные приборы и методы используются для калибровки точки разбивки, подлежащей разбивке, на строительном слое в соответствии с требуемой точностью. Выполнять работу по положению в плане точки разбивки методом прямоугольных координат при помощи теодолита и стальной линейки.

Метод прямоугольных координат представляет собой метод положения в плане точки разбивки на основе принципа прямоугольных координат.

Как показано на рис. 6-4-2, *A*, *B*, *C*, *D* являются известными точками управления, точки 1, 2, 3, 4 являются точками пересечения оси здания, подлежащего разбивке, линия направления между точками управления параллельна или перпендикулярна оси здания, подлежащего разбивке. В соответствии с координатами точки управления и координатами точки, подлежащей разбивке можно рассчитывать увеличение координат между ними. Ниже рассматривать точку разбивки 1 в качестве примера, чтобы описывать метод разбивки.

(1) Рассчитывать данные разбивки и проверять.

Насчитывать увеличение координат между точкой А и подлежащей разбивке точкой 1, то есть $\Delta x_{A1} = x_1 - x_A$, $\Delta y_{A1} = y_1 - y_A$.

(2) Разбивка на месте. При разбивке положения точки 1 в плане, в точке А установить теодолит, наводить на точку С, по направлению данной линии зрения разбивать горизонтальное расстояние Δy_{A1} от А по направлению АС, определять точку 1′. Затем устанавливать теодолит в точке 1 ‹, наводить на точку С, использовать Метод разделения посередине при КЛ и КП, чтобы разбить линию направления 90°, и разбить горизонтальное расстояние Δx_{A1} вдоль этого направления, чтобы устанавливать точку 1.

Можно разбивать положение точке 2, 3 и 4 с помощью того же метода.

(3) Проверка. Можно устанавливать теодолит в точках, которые были разбиты, чтобы проверить соответствие каждого угла проектным требованиям, и измерять длину или диагональ каждой стороны. Сравнивать их с проектным значением, если они находится в пределах допустимой погрешности, годно.

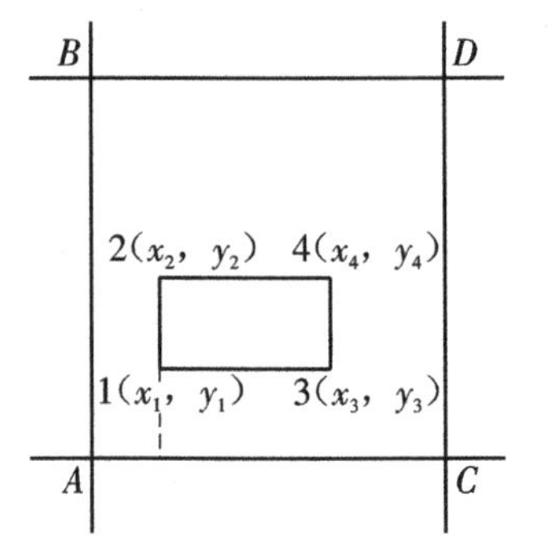

Рис. 6-4-2 Разбивка методом прямоугольных координат

3. Разбивка вертикальной поверхности

После выравнивания теодолита, вертикальная ось вертикальна, горизонтальная ось горизонтальна, и телескоп вращается вверх и вниз. коллимационная ось может представлять вертикальную поверхность. в объекте часто использовать вертикальную поверхность, предоставленную теодолитом, для переноса определенной двумя точками прямой линии на рабочей поверхности.

1) Вешение теодолитом

Как показано на рис.6-4-3, если планируется, что определять точки 1, 2 и т. д. на прямой линии AB для указания положения прямой линии, можно использовать теодолит для формирования вертикальной поверхности с прямой линией AB, и падать среднюю точку на землю.

(1) Устанавливать теодолит в точке A, центрировать и ровнять.

(2) Наводить телескоп на отметку, установленную в точке B, фиксировать алидаду теодолита, включать лазерное указание, смотреть на телескоп вниз, в направлении коллимационной оси в месте объекта имеется красное видимое пятно излучения лазера, вращать фокусировочную кремальеру объектива телескопа по часовой стрелке, чтобы уменьшить красное пятно излучения лазера, сделать отметку или вставить ориентир и другие ориентиры в месте лазерного указания, чтобы получить створную точку 1. Точка и AB находятся в той же вертикальной поверхности.

(3) Изменять угол понижения и возвышения телескопа, можно сбрасывать другие точки в ближнее или дальнее место, и точки переноса и AB находятся в одной вертикальной поверхности, таким образом можно определять точки или удлинять прямую линию AB между двумя точками AB . Использовать метод усреднения двух переносов при КЛ и КП для уменьшения ошибки точки привязки.

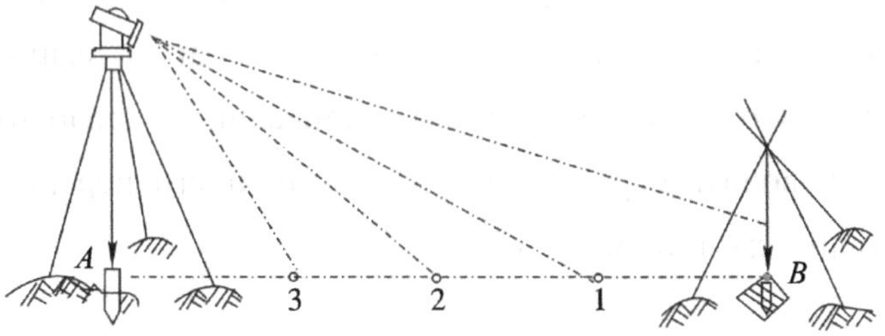

Рис. 6-4-3 Вешение теодолитом

2) Перенос оси теодолитом

Как показано на рисунке 6-4-4, A_1、A_2 представляют собой контрольный пикет оси, который простирается от инженерной точки разбивки до безопасной зоны. В настоящее время проводить перенос оси A_1–A_2 в котлован и работать по вышеуказанному методу вешения теодолитом. Если после установки теодолита в месте A_1 нет видимости с дна котлована, как показано на рис. 6-4-5, то сначала можно привязывать точку в месте A_1' между A_1'、A_2, где существует видимость со дна котлована, потом перемещать теодолит в место A_1', наводить точку A_2, проводить перенос точки P_1'、P_2 методом усреднения двух переносов при КЛ и КП. Можно выполнять перенос нескольких других осей одинаковым методом. После завершения переноса всех осей необходимо проводить проверку угла и расстояния, можно использовать в качестве основания строительства только после получения положительных результатов.

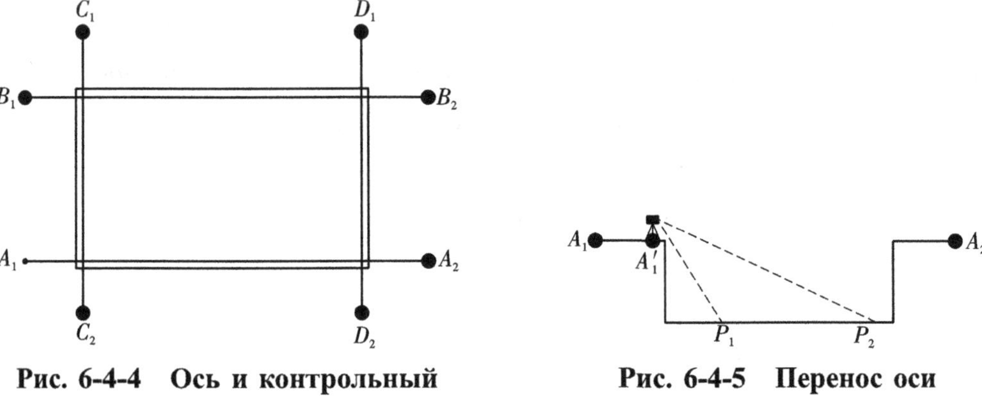

Рис. 6-4-4 Ось и контрольный пикет оси

Рис. 6-4-5 Перенос оси теодолитом

Можно проводить перенос оси на строительный слой на высоте при помощи данного метода, что называется методом внешнего переноса теодолитом, как показано на рис. 6-4-6. При высоком этаже угол возвышения теодолита велик, и ошибка будет увеличиваться. При этом следует использовать теодолит для переноса контрольного пикета оси вдали от здания, примерно в 1, 5 раза больше высоты здания, а затем устанавливать теодолит для переноса оси вверх. Или проводить перенос методом внутреннего переноса при помощи лазерной вертикали, см. в проекте Ⅷ.

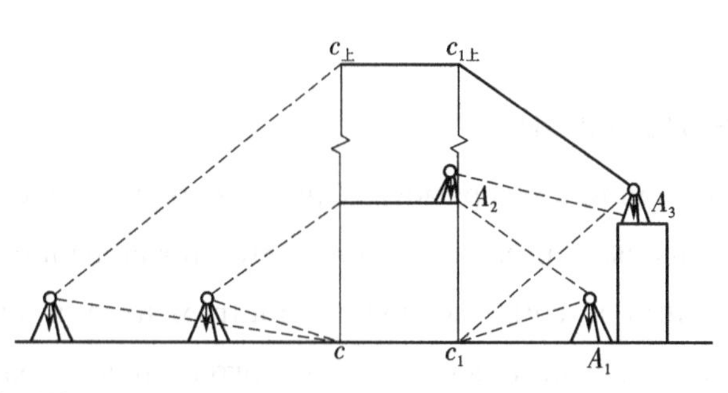

Рис. 6-4-6 Перенос оси методом внешнего переноса теодолита

3) Измерение вертикализации колонны

При монтаже колонн контроль вертикальности может быть выполнен теодолитом. Предварительно наносить шнуром центральную линию корпуса колонны на четырех сторонах колонны, после установки дна колонны в указанное положение устанавливать два теодолита на продольную и поперечную среднюю ось колонны расстоянием от колонны примерно в 1, 5 раза больше высоты колонны, как показано на рис. 6-4-7, сначала наводить на центральную линию дна колонны, затягивать горизонтальный тормозной винт, потом постепенно смотреть вверх на вершину колонны, если центральная линия отклоняется от вертикальной нити креста, это означает, что колонна не вертикальна, можно командовать строителями для того, чтобы колонна перпендикулярна путем регулировки с помощью натяжного троса, поддержки или удара клина. После соответствия требованию закреплять положение колонны.

Рис. 6-4-7 Измерение вертикализации колонны

Данный метод также может использоваться для мониторинга наклона

основной части объекта.

【Обучение навыкам】

Разбивать точку методом прямоугольных координат теодолита. Овладеть методом расчета данных разбивки; овладеть правильным использованием электронного теодолита и комплектующих инструментов и квалифицированно управлять; овладеть реализацией и проверкой точек разбивки методом прямоугольных координат электронного теодолита.

【Размышления и упражнения】

(1) Кратко описать шаги разбивки горизонтального угла теодолитом.

(2) Кратко описать шаги вешения теодолитом.

Задача V　Проверка и калибровка электронного теодолита

【Ввод задачи】

В соответствии с принципом измерения угла, между основными осями теодолита должны быть удовлетворены определенные геометрические условия, которые обычно соответствуют требованиям к точности при выпуске прибора с завода, но могут изменяться в результате длительного использования или воздействия столкновения, вибрации и т.д.. Поэтому следует часто проводить проверку и корректировку прибора.

【Подготовка к задаче】

Проверка и калибровка теодолита заключается в проверке соответствия требованию геометрических условий между основными осями прибора, если не соответствует, то следует корректировать. Соотношение системы осей теодолита показано на рис. 6-5-1: ость круглого уровня $L'L'$ параллельна вертикальной оси VV прибора, ось цилиндрического уровня LL ортогональна вертикальной оси VV прибора, коллимационная ось CC телескопа ортогональна

горизонтальной оси НН.

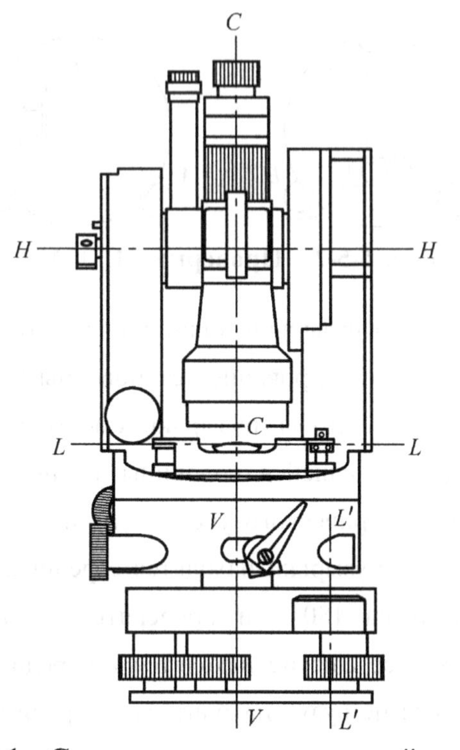

Рис. 6-5-1 Соотношение системы осей теодолита

【Выполнение задачи】

1. Ось нивелира визирной трубы перпендикулярна вертикальной оси прибора（LL ⊥ VV）

1）Проверка

Ослаблять горизонтальный тормозной винт и вращать прибор, чтобы цилиндрический уровень был параллелен соединительной линии пары установочного винта А и В. Затем вращать установочные винты А и В, чтобы пузырьки цилиндрического уровня находились середине. Вращать прибор на 180 градусов, проверьте, находятся ли пузырьки середине, и если нет, то необходимо корректировать.

2) Коррекция (см. рис. 6-5-2)

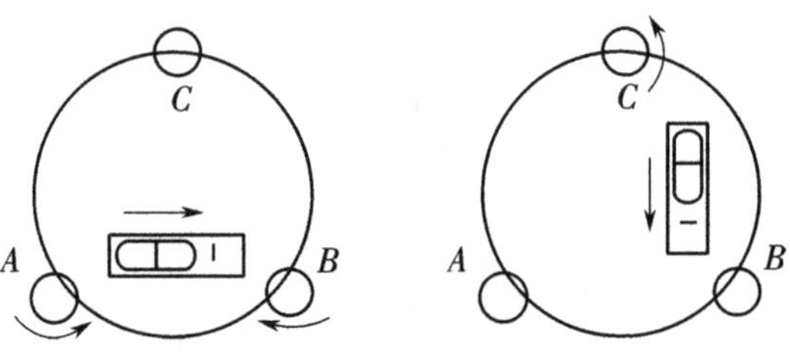

Рис. 6-5-2 Проверка LL ⊥ VV

(1) При проверке, если пузырьки цилиндрического уровня отклоняются от центра, сначала проводить регулирование установочным винтом, параллельным с цилиндрическим уровнем, чтобы пузырьки сместились к центру почти на половину смещения. Для оставшейся половины установочный штифт вращает исправительный винт цилиндрического уровня (на правой стороне уровня) для регулирования до того, как пузырьки находятся середине.

(2) Вращать прибор на 180° и проверять, находятся ли пузырьки в середине. Если пузырьки все еще не находятся в середине, повторять шаг (1) до тех пор, пока пузырьки не будут находиться в середине.

(3) Вращать прибор на 90° и регулировать третьим установочным винтом до того, как пузырьки находятся середине. Повторять шаги проверки и коррекции до тех пор, пока пузырьки не находятся середине независимо от направления вращения алидады.

(4) После получения положительного результата проверки цилиндрического уровня, не нужно корректировать, если пузырьки круглого уровня также находятся в середине. Если нет, то см. выше соответствующее содержание

2. Вертикальная нить креста перпендикулярна поперечной оси

1) Проверка

(1) После выравнивания прибора на линии зрения телескопа выбирается точка объекта А, наводить центр креста пластинки с перекрестием на А, закреплять горизонтальный и вертикальный тормозной винт.

(2) Вращать вертикальный микрометренный винт телескопа таким образом, чтобы точка А переместилась к краю поля зрения (точка А›) .

(3) Если точка А движется вдоль вертикальной нити креста, то точка А› все еще находится в пределах вертикальной нити, то крест не наклоняется и не

подлежит корректировке. Если точка A ‹отклоняется от центра вертикальной нити, как показано на рис. 6-5-3, это означает, что крест наклонен, и необходимо корректировать пластинку с перекрестием.

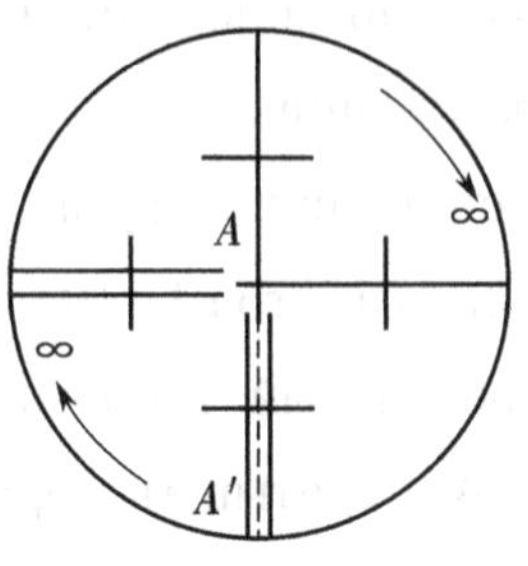

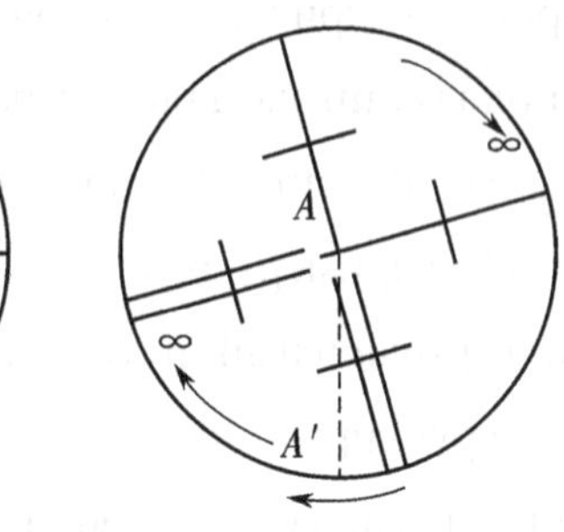

Рис. 6-5-3 Проверка вертикальной нити креста перпендикулярно горизонтальной оси

2) Коррекция (см. рис. 6-5-4)

Корректировка крестообразной проволоки приведет к неточности направления лазера из-за изменения оптической оси прибора, поэтому коррекция крестообразной проволоки должна быть выполнена организацией по ремонту прибора.

(1) Сначала снимать крышку защиты гнезда пластинки с перекрестием между окуляром телескопа и фокусировочной кремальерой окуляра, как показано на рис. 6-5-4.

(2) Равномерно ослаблять четыре крепежных винта отвёрткой, вращать седло пластинки с перекрестием вокруг коллимационной оси, чтобы точка A› попала в положение вертикальной нити.

(3) Равномерно завинтить крепежные винты, проверить результаты коррекции вышеуказанным методом.

(4) Устанавливать крышку защиты на исходное положение.

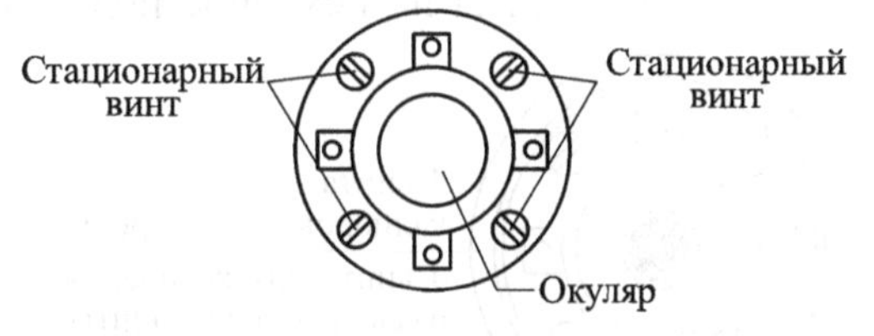

Рис. 6-5-4 Корректировка вертикальной нити креста перпендикулярно горизонтальной оси

3. Коллимационная ось телескопа перпендикулярна поперечной оси (CC ± HH)

1) Проверка

(1) Точно выровнять прибор и включать питание, устанавливать объект А в одном и том же положении на дальнем расстоянии.

(2) Наводить на объект А при состоянии круга лево, считывать горизонтальный угол (например: горизонтальный угол L=10° 13›10»)

(3) Ослаблять вертикальный и горизонтальный тормозной винт, вращать телескоп, наводить круг право на точку А, считывать горизонтальный угол (например: горизонтальный угол R=190° 13›40») .

(4) Рассчитать 2 C=L− (R ± 180°), при превышении предела необходимо корректировать (пример: 2 C=−30» ⩾ ± 20») .

2) Коррекция

При проведении коррекции 2 C применяется электронная коррекция, и автоматическая компенсация прибором

(1) Регулировать горизонтальным микрометрическим винтом отсчёт горизонтального угла до правильного отчета после устранения C: R+C=190° 13›40»−15»=190° 13›25».

(2) Как показано на рис. 6-5-5, снимать крышку защиты гнезда пластинки с перекрестием между окуляром телескопа и фокусировочной кремальерой окуляра, регулировать два горизонтальных исправительных винта креста на пластинке с перекрестием, сначала ослаблять винт на стороне, затем затягивать винт на другой стороне, перемещать пластинку с перекрестием, чтобы наводить центр креста на объект А.

(3) Повторять шаги проверки и корректировать до соответствия |2 C|<20 » требованию.

(4) Устанавливать крышку защиты на исходное положение.

Рис. 6-5-5 Корректировка коллимационной оси перпендикулярно поперечной оси

4. Совпадение оси центратора с вертикальной осью

1) Проверка

(1) Устанавливать прибор на штативе, рисовать накрест на белой бумаги и помещать его на землю непосредственно под прибором.

(2) Включать лазерный отвес, перемещать белую бумагу, чтобы накрест находился на середине светового пятна.

(3) Вращать установочный винт, чтобы световое пятно отвеса совпадало с точкой перекреста.

(4) Вращать алидаду, через каждые 90° наблюдать совпадение светового пятна отвеса с точкой перекреста.

(5) Если при вращении алидады световое пятно лазерного отвеса всегда совпадают с точкой перекреста, то нет необходимости корректировать. В противном случае следует провести корректировку по следующему методу.

2) Коррекция

Данная коррекция выполняется специализированным органом по корректировке приборов.

(1) Снимать крышку защиты лазерного отвеса.

(2) Фиксировать белую бумагу с крестом и отмечать на белой бумаге точки падения светового пятна точечного устройства при каждом повороте прибора на 90°, как показано на рисунке 6-5-6: точки *A*, *B*, *C*, *D*.

(3) Соединять диагональные точки A、C и B、D, прямой линией, точка пересечения двух линий — O.

(4) Регулировать четыре исправительных винта отвеса шестигранным торцевым гаечным ключом, чтобы высота центра центратора совпадала с точкой O.

(5) Повторять шаг проверки 4.

(6) Устанавливать крышку защиты на исходное положение.

Рис. 6-5-6　Корректировка лазерного центрира

【Обучение навыкам】

Проверка и калибровка электронного теодолита Овладеть содержанием обычной проверки электронного теодолита; овладеть методами проверки и корректировки электронного теодолита.

【Размышления и упражнения】

(1) Каковы основные оси теодолита? Какие геометрические условия между осями должны соблюдаться?

(2) Кратко описать метод проверки и корректировки оси цилиндрического уровня алидады перпендикулярно вертикальной оси прибора.

Проект VII

Технология измерения тахеометра

【Описание проекта】

Тахеометр—сокращённое название универсального электронного тахеометра, представляет собой трехмерную координатно-измерительную систему, состоящую из блоков электронного измерения угла, электронного измерения расстояния, электронного расчета и хранения данных, которая может автоматически отображать результаты измерения и представляет собой многофункциональный измерительный прибор с обменом информацией с периферийным устройством. Тахеометр полностью реализует интеграцию процесса измерения и обработки и широко используется в различных областях инженерной геодезии. В данном проекте рассматривать в качестве примера тахеометр NTS-552R8 «Наньфан», чтобы представить состав тахеометра, его эксплуатацию и его применение в инженерной геодезии.

【Цели проекта】

(1) Освоить структуру и функцию тахеометра и способностью использовать тахеометр для измерения угла, расстояния и координат.

(2) Освоить требование к размещению сети управления проводом, шагом измерения провода и расчетом результатов провода.

(3) Освоить использование тахеометра для полевой топографической съёмки.

(4) Освоить использование тахеометра для строительной разбивки проекта.

(5) Освоить проверку и корректировку тахеометра.

Задача Ⅰ Основные операции тахеометра

【Ввод задачи】

Тахеометр в качестве основного оборудования измерительной аппаратурой широко используется в инженерной разбивке, топографической съёмке, кадастровой съемке, мониторинге и других областях. Эта задача заключается в

объяснении структуры, функции, области применения и пункта для внимания тахеометра.

【Подготовка к задаче】

Тахеометр представляет собой высокотехнологический измерительный прибор, объединяющий оптику, механизм и электрон, является съёмочной аппаратурой, объединяющей функции измерения горизонтального угла, вертикального угла, расстояния (наклонного расстояния, горизонтального расстояния) и разности высоты. В связи с тем, что установка прибора за один раз позволяет выполнить все измерения на штативе, он называется тахеометром. Тахеометр состоит из электронного теодолита, фотоэлектрического (в основном инфракрасного) измерения расстояния, электронной компенсации и электронного микропроцессора, как показано на рис. 7-1-1.

1. Состав тахеометра

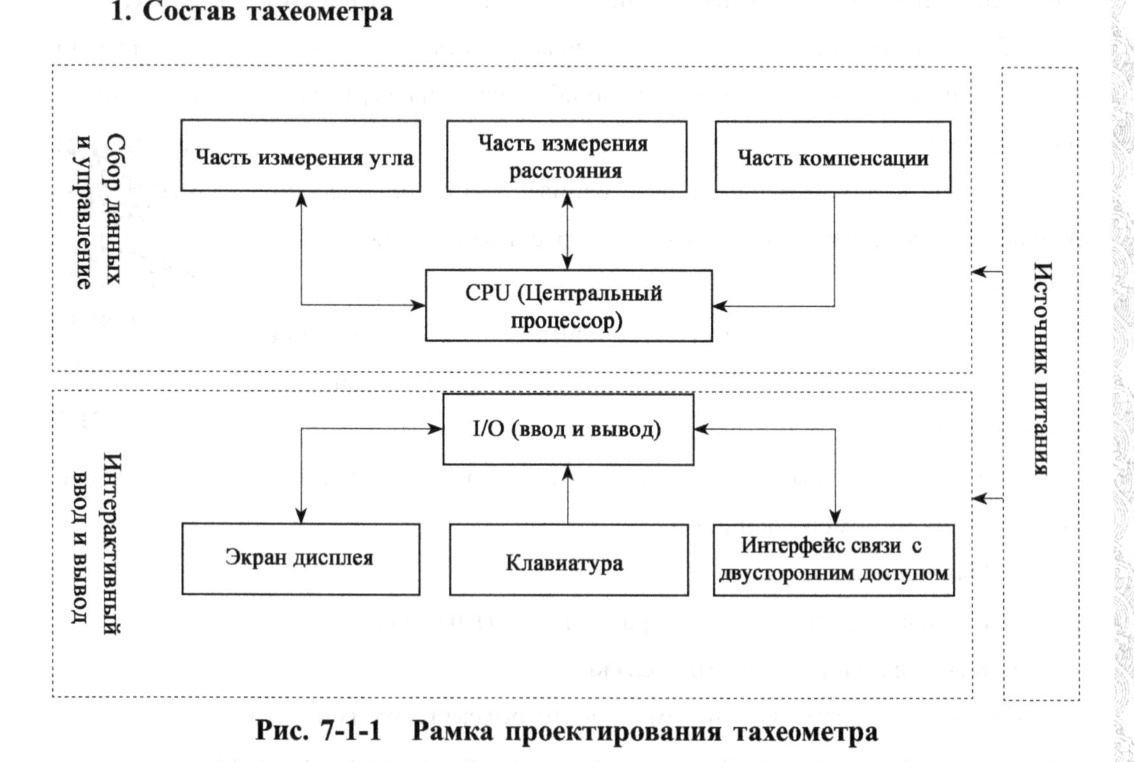

Рис. 7-1-1 Рамка проектирования тахеометра

Составные части тахеометра может разделяться на две части: первая часть — это специальное оборудование, установленное для сбора данных, в состав которого в основном входят электронная система измерения угла, электронная система измерения расстояния, система хранения данных, оборудование автоматической компенсации и т. д.; вторая часть — оборудование управления

процессом измерения, которое в основном предназначено для упорядоченной реализации функций каждой из вышеуказанных специальных систем, включая периферийное оборудование, подключенное к данным измерения, и микропроцессор, который выполняет вычисления и генерирует команды и т.д., см.рис 7-1-1. Только органическое сочетание этих двух частей может реально воплотить функцию «общестан.», не только автоматически завершать сбор данных, но и автоматически обрабатывать данные и управлять всем процессом измерения.

В т.ч.:

(1) Силовая часть—аккумулятор многократного действия, которая питает каждую часть.

(2) Часть измерения угла—электронный теодолит, который может измерять горизонтальный угол и вертикальный угол, устанавливать азимутальный угол.

(3) Компенсационная часть может осуществлять автоматическую компенсацию и коррекцию влияния ошибки наклона вертикальной оси прибора на измерение.

Основные функции тахеометра

(4) Часть измерения расстояния—электрооптический дальномер, который может измерять расстояние между двумя точками.

(5) Центральный процессор принимает входную команду, управляет различными режимами наблюдения, выполняет обработку данных и т.д.

(6) Ввод и вывод включают клавиатуру, дисплей и интерфейс двухстороннего обмена данными.

2. Наименование узлов

Наименование узлов тахеометра приведены на рис. 7-1-2.

3. Комплектующие инструменты

Необходимо размещать призм в месте объекта, когда тахеометр выполняет такие операции, как измерение расстояния в призменном режиме. Призма может быть установлена на штативе через основание и соединитель, а также непосредственно на центрировочной штанге, как показано на рис. 7-1-3.

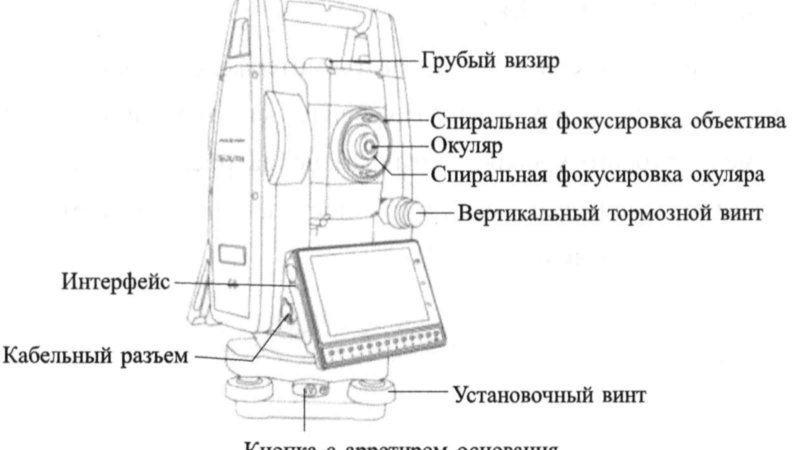

Рис. 7-1-2 Наименование узлов тахеометра

Рис. 7-1-3 Соответствующая одиночная призма и центрировочная штанга

【Выполнение задачи】

В данном задаче в основном узнавать интерфейс и основные операции тахеометра, щелкнуть меню первого уровня, как показано на рис. 7-1-4, посмотреть меню второго уровня, как показано на рис. 7-1-5, ознакомиться с функциональными кнопками быстрого доступа на главном интерфейсе тахеометра, как показано в табл. 7-1-1.

Рис. 7-1-4 Главный интерфейс

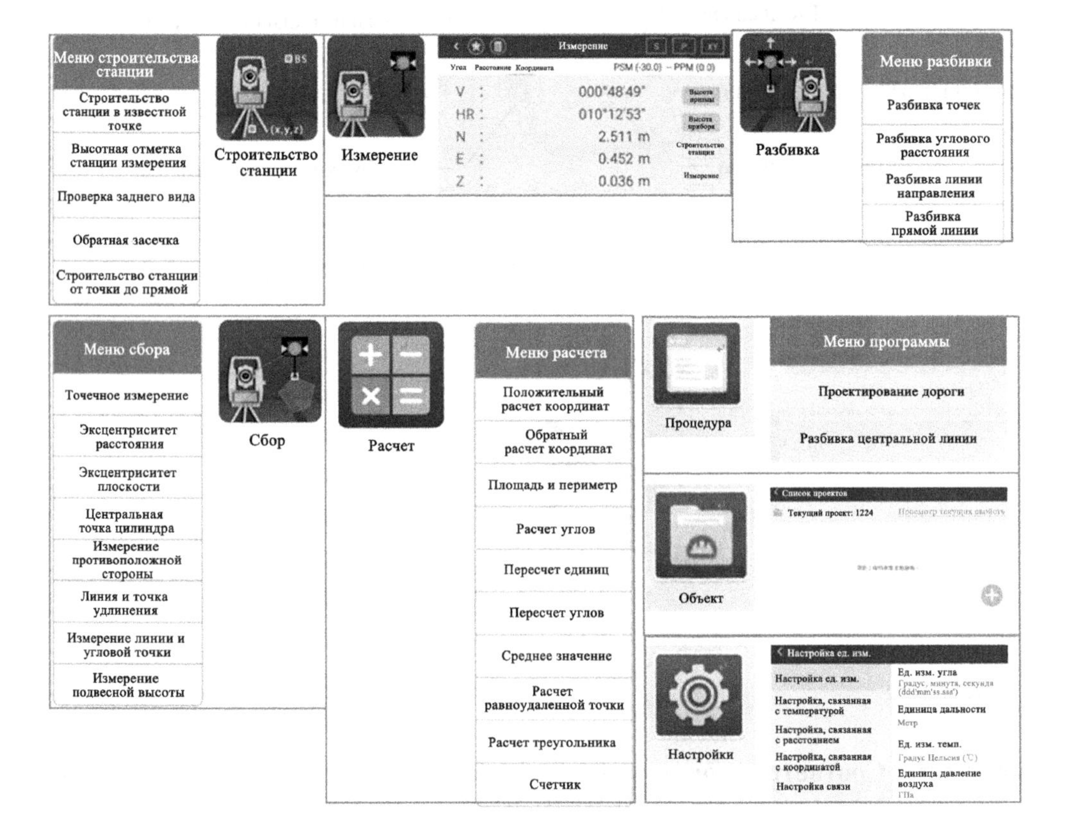

Рис. 7-1-5 Интерфейс управления тахеометром серии NTS-550

Табл. 7-1-1 Описание значка часто используемых функциональных кнопок быстрого доступа

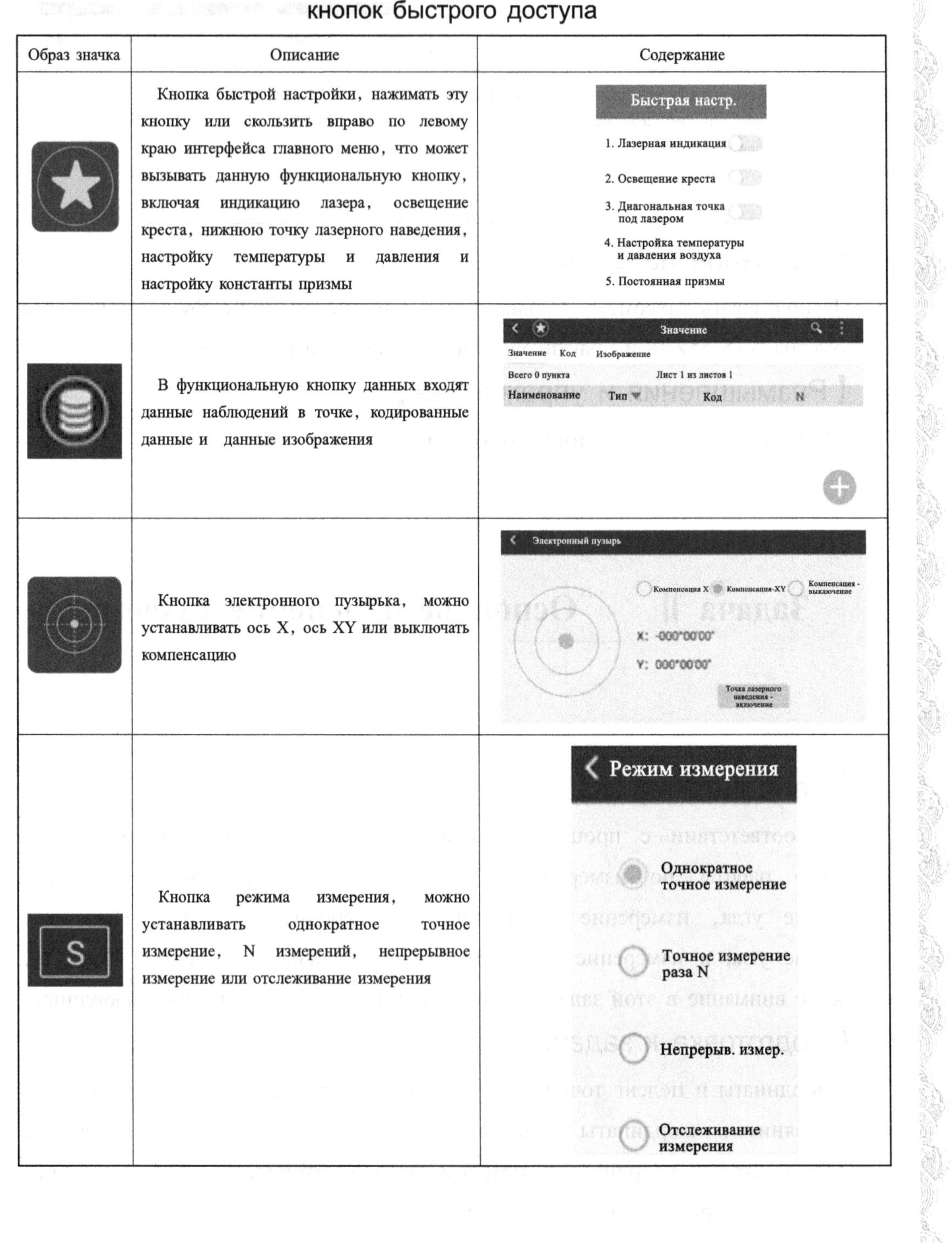

Образ значка	Описание	Содержание
	Кнопка быстрой настройки, нажимать эту кнопку или скользить вправо по левому краю интерфейса главного меню, что может вызывать данную функциональную кнопку, включая индикацию лазера, освещение креста, нижнюю точку лазерного наведения, настройку температуры и давления и настройку константы призмы	Быстрая настр. 1. Лазерная индикация 2. Освещение креста 3. Диагональная точка под лазером 4. Настройка температуры и давления воздуха 5. Постоянная призмы
	В функциональную кнопку данных входят данные наблюдений в точке, кодированные данные и данные изображения	Значение Значение Код Изображение Всего 0 пункта Лист 1 из листов 1 Наименование Тип Код N
	Кнопка электронного пузырька, можно устанавливать ось X, ось XY или выключать компенсацию	Электронный пузырь Компенсация X Компенсация-XY Компенсация - выключение X: -000°00'00" Y: 000°00'00" Точка лазерного наведения - включение
	Кнопка режима измерения, можно устанавливать однократное точное измерение, N измерений, непрерывное измерение или отслеживание измерения	Режим измерения Однократное точное измерение Точное измерение раза N Непрерыв. измер. Отслеживание измерения

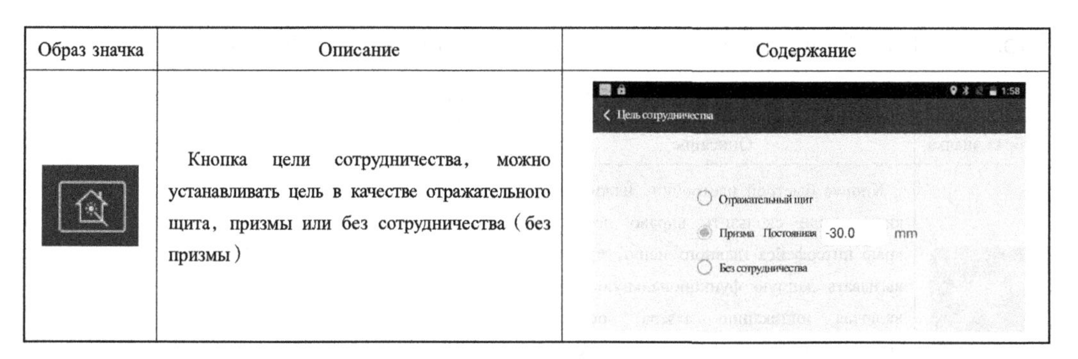

Образ значка	Описание	Содержание
	Кнопка цели сотрудничества, можно устанавливать цель в качестве отражательного щита, призмы или без сотрудничества (без призмы)	Цель сотрудничества Отражательный щит Призма Постоянная -30.0 mm Без сотрудничества

【Обучение навыкам】

Использовать тахеометр. Ознакомиться с наименование и функциями узлов тахеометра NTS-552R8 и практиковаться в управлении прибором.

【Размышления и упражнения】

Из каких элементов состоит тахеометр ?

Задача Ⅱ Основное измерение тахеометра

【Ввод задачи】

В соответствии с процедурой измерения можно выполнять некоторые базисные работы по измерению. В меню процедуры измерения входят измерение угла, измерение расстояния и измерение координат. Поскольку измерение угла и измерение расстояния были введены в проектах Ⅲ и Ⅵ, основное внимание в этой задаче заключается в описании измерения координат.

【Подготовка к задаче】

Координаты и пеленг точки известны, в соответствии с измеренным углом и расстоянием, координаты и высота другой точки могут быть измерены методом полярных координат и методом тригонометрического нивелирования. Как показано на рис. 7-2-1.

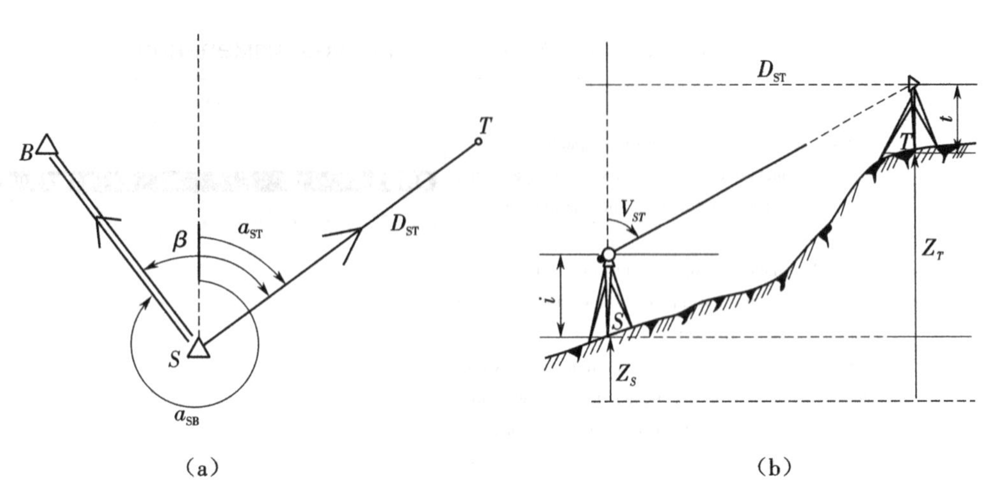

Рис.7-2-1 Принцип измерения координат

Как показано на рис. 7-2-1: если вводить координаты (Xs, Ys) точки S известного штатива и азимутальный угол α_{SB}, а также измерены горизонтальный угол и расстояние D_{st}, то:

Азимутальный угол SB:

$$\alpha_{SB} = \arctan\left(\frac{Y_B - Y_S}{X_B - X_S}\right) \qquad \text{формула 7-1-1}$$

Координаты:

$$\left.\begin{aligned} X_T &= X_S + D_{ST}\cos(\alpha_{SB} + \beta) \\ Y_T &= Y_S + D_{ST}\sin(\alpha_{SB} + \beta) \end{aligned}\right\} \qquad \text{формула 7-1-2}$$

Как показано на рис. 7-2-1 (b): если вводить высоту Zs точки S известного штатива, измерены высота прибора i, высота призмы t, горизонтальное расстояние D_{st}, зенитное расстояние Z_{St}, то:

Высота:

$$Z_T = Z_S + i - t + D_{ST} / \tan V_{ST} \qquad \text{формула 7-1-3}$$

【Выполнение задачи】

1. Описание меню процедуры измерения

В меню процедуры измерения входят измерение угла, измерение расстояния и измерение координат, содержание меню процедуры измерения приведено в таб. 7-2-1.

Табл. 7-2-1 Содержание меню процедуры измерения

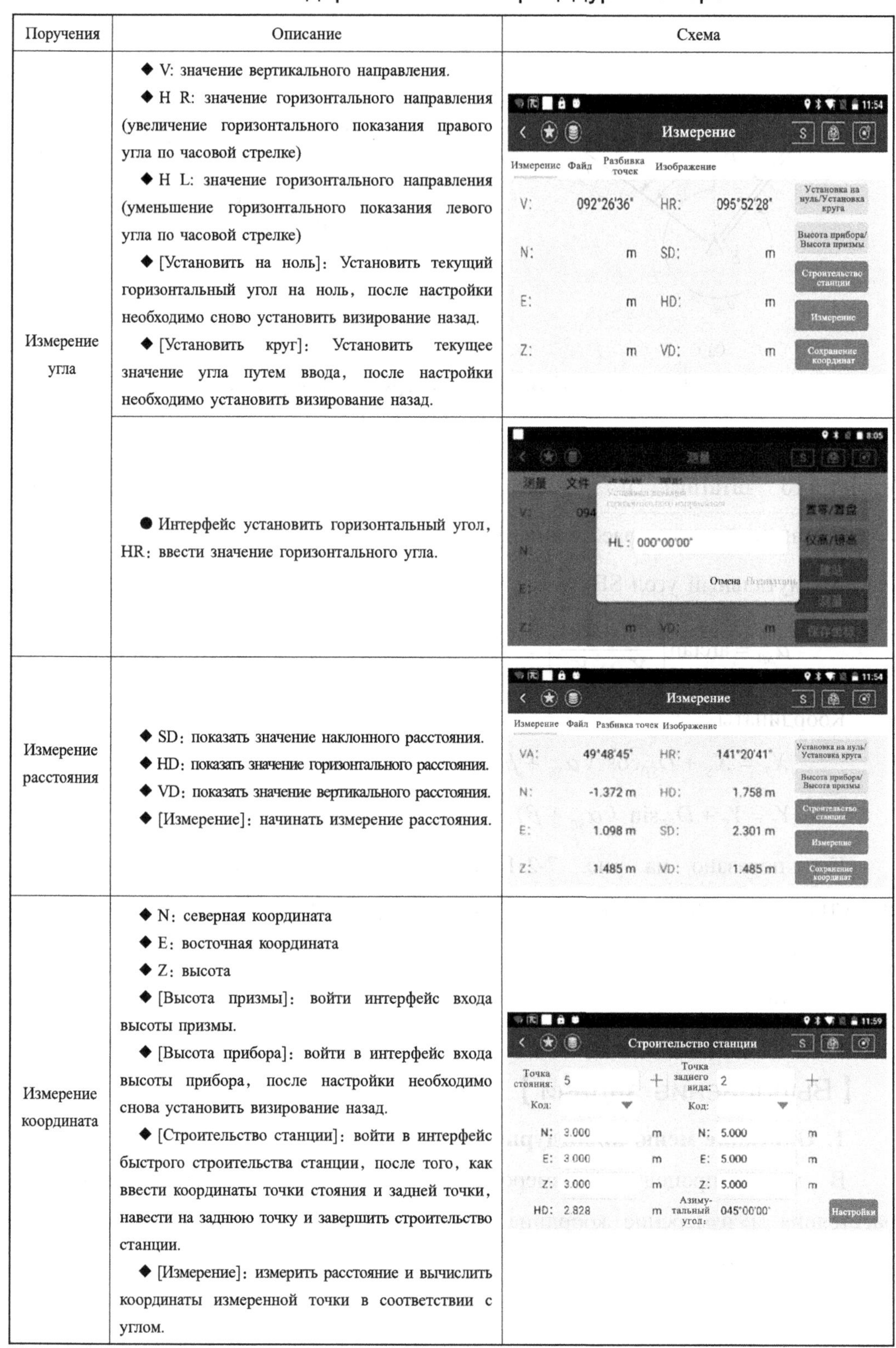

Поручения	Описание	Схема
Измерение угла	◆ V: значение вертикального направления. ◆ H R: значение горизонтального направления (увеличение горизонтального показания правого угла по часовой стрелке) ◆ H L: значение горизонтального направления (уменьшение горизонтального показания левого угла по часовой стрелке) ◆ [Установить на ноль]: Установить текущий горизонтальный угол на ноль, после настройки необходимо сново установить визирование назад. ◆ [Установить круг]: Установить текущее значение угла путем ввода, после настройки необходимо установить визирование назад.	
	● Интерфейс установить горизонтальный угол, HR: ввести значение горизонтального угла.	
Измерение расстояния	◆ SD: показать значение наклонного расстояния. ◆ HD: показать значение горизонтального расстояния. ◆ VD: показать значение вертикального расстояния. ◆ [Измерение]: начинать измерение расстояния.	
Измерение координата	◆ N: северная координата ◆ E: восточная координата ◆ Z: высота ◆ [Высота призмы]: войти интерфейс входа высоты призмы. ◆ [Высота прибора]: войти в интерфейс входа высоты прибора, после настройки необходимо снова установить визирование назад. ◆ [Строительство станции]: войти в интерфейс быстрого строительства станции, после того, как ввести координаты точки стояния и задней точки, навести на заднюю точку и завершить строительство станции. ◆ [Измерение]: измерить расстояние и вычислить координаты измеренной точки в соответствии с углом.	

2. Процесс измерения координат

1) Установление прибора

Устанавливать прибор в известной точке, которая является точкой стояния, центрировать и выравнивать, и измерять высоту прибора. Устанавливать призму в задней точке, центрировать и выравнивать, а измерять высоту призмы.

Измерение координат тахеометра

Примечание: существуют 2 метода включения лазерного отвеса тахеометра: первый метод — включать «нижняя точка лазерного наведения» в фунциональной кнопке быстрого доступа , а второй метод — нажимать «точка лазерного наведения — включение» в электронном пузырьке.

2) Строительство станции

На интерфейсе процедуры измерения, щелкать [Строительство станции], вводить координаты точки стояния (то есть координаты точки монтажа тахеометра), вводить координаты задней точки (то есть координаты точки монтажа призмы), вводить высоту прибора и высоту призмы, точно наводить тахеометр на призму визирования назад, щелкать [Настройка], чтобы завершить строительство станции.

3) Измерение

Устанавливать другую призму в измеряемой точке, наводить точно тахеометр на эту призму, щелкать [Измерение], чтобы завершить измерение координат, щелкать [Сохранение координаты], чтобы сохранить измеренное значение координат.

3. Пункты для внимания при измерении расстояния

Тахеометр NTS-552R8 имеет 3 режима измерения расстояния: режим без сотрудничества режим отражательного щита и призменный режим, режим без сотрудничества, т. е. не нужно устанавливать призму, можно проводить измерение только при наведении на измеряемую точку, в режиме отражательного щита необходимо устанавливать отражательный щит в измеряемой точке, а в призменном режиме необходимо устанавливать призму в

измеряемой точке. При трех режимах измерения необходимо обратить внимание на следующее:

1) При проведении измерения тахеометром следует избегать измерения расстояния при наведении отражённый предмет (таким как светофоры).

2) Пункты для внимания при измерении расстояния в режиме без сотрудничества

(1) Убедиться, что лазерный луч не отражается каким-либо предметом с высокой отражательной способностью вблизи оптического пути.

(2) В режиме измерения без отражателя и в режиме измерения с отражателем при измерении необходимо избежать прикрытия и помех светового луча.

(3) При измерении расстояния EDM измеряет расстояние предмета на оптическом пути. Измеренное EDM расстояние представляет собой расстояние до ближайшего препятствия, если в это время на оптическом пути есть временное препятствие (например, проезжающий автомобиль, сильный дождь, снег или туман).

(4) При измерении на большие расстояния отклонение лазерного луча от линии зрения оказывает влияние на точность измерения. Это связано с тем, что точка отражения расходящегося лазерного луча может не совпадать с точкой, на которую наводит крест.

(5) Не использовать два прибора для одновременного измерения одинакового объекта.

3) Пункты для внимания при измерении расстояния в призменном режиме

Для разных типов призм необходимо обеспечить правильность постоянной различных призм отражения, чтобы обеспечить точность измерения.

4) Пункты для внимания при измерении расстояния в режиме отражательного щита

Лазер также может использоваться для измерения расстояния отражательного щита. Точно так же, чтобы обеспечить точность измерения, лазерный луч должен быть перпендикулярным к отражательному листу и должен быть точно отрегулирован.

【Обучение навыкам】

Измерять координаты тахеометром. Уметь использовать тахеометр NTS-

552R8 для настройки штатива, ориентирования путем обратного визирования, сбора данных координат и т.д.

【Размышления и упражнения】

1. Кратко описывать шаги измерения координат тахеометром.

2. При каких обстоятельствах в процессе измерения координат тахеометром будет использоваться режим без сотрудничества? Каковы его преимущества и недостатки? Как изменить режим сотрудничества?

Задача Ⅲ Строительство станции тахеометра

【Ввод задачи】

В соответствии с принципом измерения координат и высоты, тахеометр должен измерять координаты и высоту измеряемой точки, необходимы известные условия, цель строительства станции состоит в том, чтобы вводить эти известные условия, и наводить тахеометр на заднюю точку в точке стояния, устанавливать горизонтальный угол тахеометра в азимутальный угол координат, потом вычислять координаты и высоту измеряемой точки по измеренным углу и расстоянию. Эта задача объясняет содержание в меню «Строительство станции», в основном объяснять двух метода строительства станции: строительство станции с известными точками и строительство станции способом обратной засечки, а также владеть основной операцией двух методов строительства станции посредством обучения навыкам.

【Подготовка к задаче】

В процессе инженерной геодезии метод обратной засечки является одним из важных методов измерения и ориентирования, шифрования опорной сети и строительной разбивки методом свободной станции, в способ обратной засечки тахеометра входят метод обратной засечки измерения угла и метод

обратной засечки одновременного измерения стороны и угла, как показано в табл. 7-3-1.

Табл. 7-3-1 Способ обратной засечки

Наименование	Содержание	Схема
Способ обратной засечки измерения угла	В измеряемой точке (P) устанавливать штатив, метод вычисления координат измеряемой точки (P) с использованием трех известных точек (A, B, C) и измеренных углов α и β. Как показано на правом рис. станция, представленная красными буквами, представляет собой точку стояния (P).	$P(x_A, y_A)$, α, β, $C(x_C, y_C)$, $A(x_A, y_A)$, $B(x_B, y_B)$
Обратная засечка одновременного измерения стороны и угла	Как показано на правом рисунке, A и B представляют известные точки, в измеряемой точке (P) устанавливать тахеометр, наблюдать горизонтальный угол и горизонтальное расстояние между точкой P и известными точками A и B, то можно вычислять координаты и высоту измерительной станции.	$P(x_A, y_A)$, D_{PB}, D_{PA}, α, $B(x_B, y_B)$, $A(x_A, y_A)$

Способ обратной засечки в основном применяется для того, что устанавливать тахеометр в неизвестной точке, автоматически рассчитывать и устанавливать координат точки стояния путем измерения горизонтального угла и расстояния между тахеометром и более чем двумя известными контрольными точками, после завершения ориентирования можно начать работу по измерению или разбивке.

【Выполнение задачи】

В процессе строительства станции, можно использовать «построение станции в известной точке», если тахеометр установлен в известной точке (координаты и высоты известны). Необходимо использовать «способ обратной засечки» для строительства станции, если прибор установлен в неизвестной точке. Необходимо провести «проверку заднего вида» для обеспечения правильности строительства станции после завершения строительства станции.

NTS-552 Установка станции интеллектуального Android тахеометра NTS-552

1. Строительство станции в известной точке

При известных координатах и высоте точки стояния известны можно построить станцию в известной точке, шаги операции приведены в табл. 7-3-2.

Табл. 7-3-2 Шаги строительства станции в известной точке

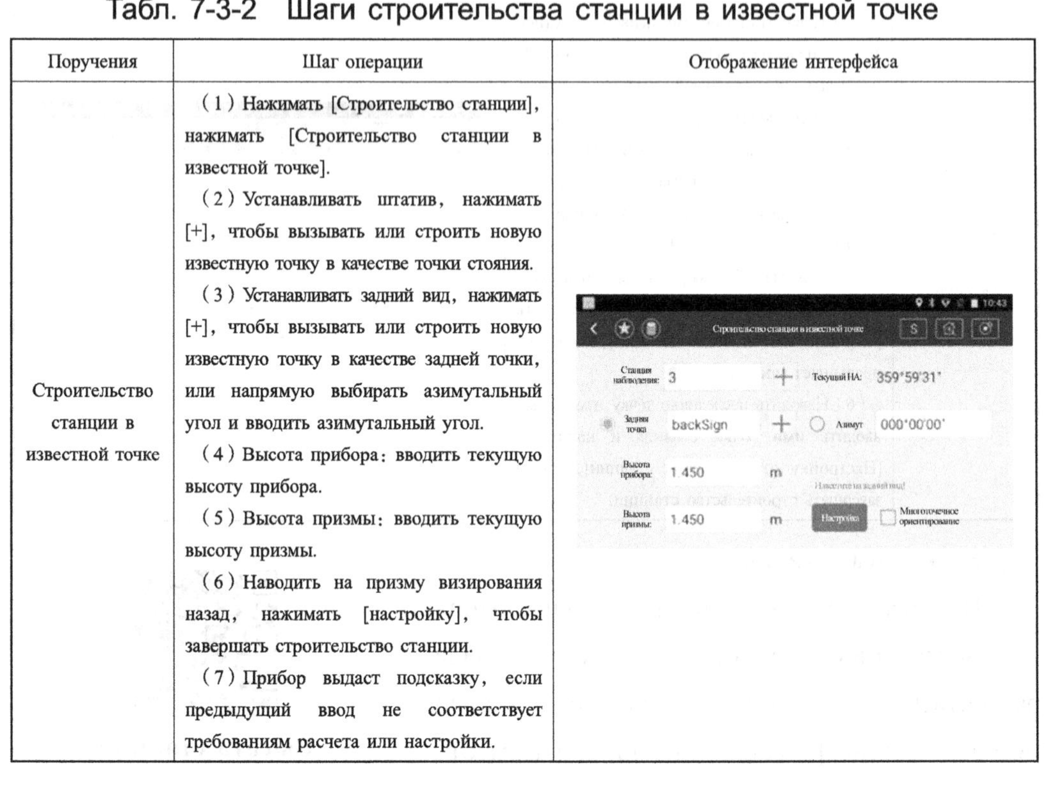

Поручения	Шаг операции	Отображение интерфейса
Строительство станции в известной точке	(1) Нажимать [Строительство станции], нажимать [Строительство станции в известной точке]. (2) Устанавливать штатив, нажимать [+], чтобы вызывать или строить новую известную точку в качестве точки стояния. (3) Устанавливать задний вид, нажимать [+], чтобы вызывать или строить новую известную точку в качестве задней точки, или напрямую выбирать азимутальный угол и вводить азимутальный угол. (4) Высота прибора: вводить текущую высоту прибора. (5) Высота призмы: вводить текущую высоту призмы. (6) Наводить на призму визирования назад, нажимать [настройку], чтобы завершать строительство станции. (7) Прибор выдаст подсказку, если предыдущий ввод не соответствует требованиям расчета или настройки.	Строительство станции в известной точке Станция наблюдения: 3 Текущий HA: 359°59'31" Задняя точка: backSign Азимут: 000°00'00" Высота прибора: 1.450 m Высота призмы: 1.450 m Настройка Многоточечное ориентирование

2. Строительство станции способом обратной засечки

При неизвестных координатах и высоте точки стояния можно сначала измерять координаты и отметки точки стояния способом обратной засечки, затем выполнять работы по строительству станции, шаги операции приведены в табл. 7-3-3.

Обратная засечка интеллектуального Android тахеометра NTS-552

Табл. 7-3-3 Шаги строительства станции способом обратной засечки

Поручения	Шаг операции	Отображение интерфейса
Строительство станции способом обратной засечки	(1) Нажимать [Строительство станции], нажимать [Обратную засечку]. (2) Наводить на призму первой известной точки, нажимать [Измерение 1-ой точки], нажимать [+], чтобы вызывать, строить новую или вводить первую известную точку, вводить высоту призмы, нажимать [Измерение угла и расстояния], нажимать [Завершение]. (3) Измерять 2-ую точку таким же образом. (4) Нажимать [Расчет]. (5) Нажимать[Данные], чтобы проверять, превышает ли «остаток» предел. Нажимать [Перейти к созданию станции], если не превышает предел. (6) Наводить последнюю точку измерения, вводить имя точки стояния и нажимать [Настройку строительства станции], чтобы завершать строительство станции.	

3. Высота штатива

При известных координатах точки стояния и неизвестной высоте можно сначала рассчитать отметку точки стояния с помощью [высоты штатива], устанавливать ее на высоту штатива, затем провести измерение, шаги операции приведены в табл. 7-3-4.

Высота станции интеллектуального Android тахеометра NTS-552

Табл. 7-3-4 Шаги высоты штатива

Поручения	Шаг операции	Отображение интерфейса
Высота штатива	(1) Нажимать [Строительство станции] и выбирать [Высоту штатива]. (2) Высота: вводить отметку другой известной точки или получать отметку известной точки путем вызова. (3) Высота призмы: устанавливать высоту текущей призмы. (4) Высота прибора: устанавливать высоту текущего прибора. (5) Нажимать [Измерение]: начинать измерение, прибор автоматически рассчитывает высоту штатива. (6) Нажимать [Настройку]: устанавливать полученную расчетом высоту на текущую высоту штатива.	

4. Проверка заднего вида

Следует проводить проверку заднего вида после завершения строительства станции, шаги операции приведены в табл. 7-3-5。

Проверка заднего вида интеллектуального Android тахеометра NTS-552

Табл. 7-3-5 Шаги проверки заднего вида

Поручения	Шаг операции	Отображение интерфейса
Проверка заднего вида	Проверять соответствие текущего значения азимутальному углу при настройке станции, и соответствие текущего значения измерения координат задней точки существующему значению. (1) Нажимать [Строительство станции], нажимать [Проверку заднего вида]. (2) Наводить на призму визирования назад. (3) Нажимать[Измерение], чтобы проверить, превышает ли «разность» предел.	Проверка заднего вида Наим. точки стояния: 5 Наим. задней точки: 2 Азимут: 045°00'00" Измерение HR: 095°52'26" dHA: 050°52'26" Сброс

【Обучение навыкам】

Строить станцию в известной точке тахеометром. Устанавливать приборы в известной точке, выполнять настройку штатива и работу по ориентированию заднего вида методом «Строительство станции в известной точке», и проводить проверку заднего вида, чтобы убедиться в правильности строительства станции.

【Обучение расширенным навыкам】

Строить станцию способом обратной засечки тахеометром. Устанавливать прибор в неизвестной точке, использовать метод «Строительство станции способом обратной засечки», наблюдая 2-3 известные точки, рассчитывать координаты точки стояния, выполнять настройку штатива и работу по ориентированию заднего вида, проводить проверку заднего вида, чтобы убедиться в правильности строительства станции..

【Размышления и упражнения】

1.При каких обстоятельствах будет использоваться способ обратной засечки для строительства станции ?

Задача Ⅳ Полигонометрическая съёмка тахеометром

【Ввод задачи】

Полигонометрическая съёмка является одной из основных технологий инженерной горизонтальной контрольной съёмки. В данном задании описывается метод полигонометрической съёмки тахеометром.

【Подготовка к задаче】

Точка, выбранная на земле на участке съемки в соответствии с определенными требованиями и имеющая контрольное значение, называется контрольной точкой. Ломаная, образованная соединением соседних контрольных точек на участке съемки, называется ходом, контрольная точка называется ходовой точкой, а сторона ломаной называется стороной хода. Измерение хода заключается в последовательном измерении значения длины и угла перелома каждой стороны хода, а затем рассчитывать дирекционный угол каждой стороны на основе начальных данных, чтобы получить координаты каждой ходовой точки, тем самым определить метод измерения положения в плане каждой точки.

1. Вид размещения хода

В соответствии с конкретными условиями на участке съемки, размещение единого хода имеет три основных типа: замкнутый ход, разомкнутый ход и висячий ход.

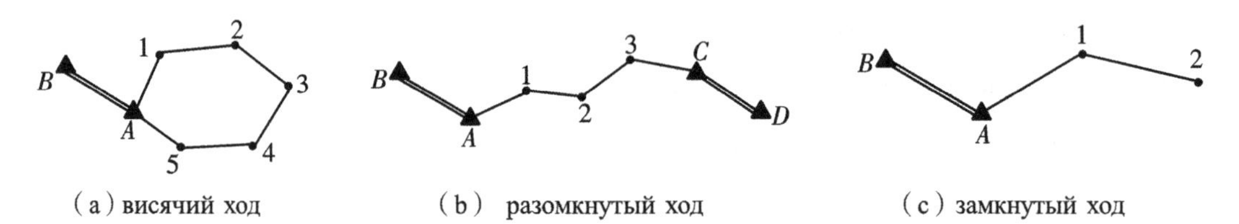

(a) висячий ход (b) разомкнутый ход (c) замкнутый ход

Рис. 7-4-1 Вид размещения хода

(1) Кольцевой ход, начинающийся и заканчивающийся в одной и той же известной точке, называется замкнутым ходом, как показано на рис. 7-4-1 (a).

(2) Единый ход, начинающийся и заканчивающийся между двумя известными точками, называется разомкнутым ходом, как показано на рис. 7-4-1 (b).

(3) Единый ход, начинающийся из известной точки и не закрытый в этой известной точке и не прикрепленный к другим известным точкам, называется висячим ходом, как показано на рис. 7-4-1 (c).

2. Основные технические показатели полигонометрической съёмки

На территории инженерной геодезии, согласно действующему стандарту «Стандарт инженерной геодезии», ход и сеть хода по очереди относятся к степени Ⅲ, Ⅳ и классу Ⅰ, Ⅱ, Ⅲ. Основные технические требования к полигонометрической съёмке приведены в табл. 7-4-1.

Табл. 7-4-1 Основные технические требования к полигонометрической съёмке

Класс	Длина хода (км)	Средняя длина стороны (км)	При измерении угла Погрешность (″)	rangfinding Средн. Погрешность (мм)	rangfinding Относительная среднеквадратическая погрешность	Количество съемки				Азимутальная невязка (″)	Относительная невязка по всей длине хода
						Прибор класса 0,5″	1″ прибор	Прибор класса 2″	Прибор класса 6″		
Класс Ⅲ	14	3	1, 8	20	1/150 000	4	6	10	—	$3,6\sqrt{n}$	≤ 1/55 000
Класс Ⅳ	9	1, 5	2, 5	18	1/80 000	2	4	6	—	$5\sqrt{n}$	≤ 1/35 000
Класс Ⅰ	4	0, 5	5	15	1/30 000	—	—	2	4	$10\sqrt{n}$	≤ 1/15 000
Класс Ⅱ	2, 4	0, 25	8	15	1/14 000	—	—	1	3	$16\sqrt{n}$	≤ 1/10 000
Класс Ⅲ	1, 2	0, 1	12	15	1/7000	—	—	1	2	$24\sqrt{n}$	≤ 1/5000

Основные технические требования к измерению длины стороны сети управления для всех классов соответствуют действующим нормам «Стандарте инженерной геодезии», см. табл. 7-4-2.

Табл. 7-4-2 Основные технические требования к измерению расстояния длины стороны опорной сети каждого уровня

Уровень сети опорных плановых пунктов	Класс точности прибора	Число приёмов на каждой стороне		Разность отсчета первого приема (мм)	Разность между каждым приемом в один конец (мм)	Разность измерения расстояния туда и обратно (мм)
		Туда	Обратно			
Класс Ⅲ	Прибор класса 5мм	3	3	≤ 5	≤ 7	≤ 2 (a+b · D)
	Прибор класса 10мм	4	4	≤ 10	≤ 15	
Класс Ⅳ	Прибор класса 5мм	2	2	≤ 5	≤ 7	
	Прибор класса 10мм	3	3	≤ 10	≤ 15	
Класс Ⅰ	Прибор класса 10мм	2	-	≤ 10	≤ 15	—
Класс Ⅱ, Ⅲ	Прибор класса 10мм	1	-	≤ 10	≤ 10	

Для съемки рельефа местности требования к точности не такие высокие, как у инженерной съемки, и на основе основной контрольной съемки можно дополнительно зашифровать с меньшей точностью, чтобы создать точку стояния для непосредственной съемки топографической карты. Эта контрольная съемка называется контрольной съемкой Figure root, длина стороны съемочного хода может быть измерена в одном направлении тахеометром. Основные технические требования к измерению хода Figure root приведены в табл. 7-4-3.

Табл. 7-4-3 Основные технические требования к съёмке съемочного хода

Длина хода (м)	Относительная невязка	Погрешность угловой съемки (″)		Азимутальная невязка (″)	
		Управление первой ступени	Управление шифрованием	Управление первой ступени	Управление шифрованием
≤ α •M	≤ 1/ (2000 X α)	20	30	$40\sqrt{n}$	$60\sqrt{n}$

Примечание: α—коэффициент пропорциональности, который рекомендуется принимать равным 1, при съемке в масштабе 1: 500, 1: 1000, можно выбирать α между 1-2, M—знаменатель съемочного масштаба, но для съемки диаграммы состояния горнопромышленного района, независимо от съемочного масштаба, значение M должно быть равен 500.

【Выполнение задачи】

Полевые работы полигонометрической съёмки тахеометра в основном включают в себя выбор точки инженерной рекогносцировки, наблюдение за

горизонтальным углом и измерение расстояния.

1. Выбор точки инженерной рекогносцировки

Перед выбором точки следует сначала собрать имеющуюся топографическую карту и данные о результатах существующих высокоуровневых контрольных точек на участке съемки, наносить контрольные точки на существующей топографической карте, затем составлять вариант размещения хода на топографической карте, наконец, проводить инженерную рекогносцировку в природных условиях, проверять на месте, изменять и осуществлять ориентирование ходовой точки, устанавливать знак.

При выборе точки следует обратить внимание на следующее:

(1) Положение точки должно быть выбрано на прочном участке, поле зрения должно быть широким и удобным для шифрования, расширения и поиска.

(2) Между соседними точками должна быть видимость, расстояние между динией зрения и препятствиями должно быть удобным для наблюдения.

(3) При измерении расстояния электромагнитными волнами, линия зрения между соседними точками должна избегать дымовой трубы, охлаждающей башни, охлаждающего бассейна, других нагревательных элементов и сильного электромагнитного поля.

(4) Следует использовать соответствующие требованиям существующие контрольные точки в полной мере.

2. Установка знака

На земле должны быть установлены знаки после выбора ходовой точки. Ходовая точка первой и второй ступеней и точка съемочного обоснования залегания камней относятся к контрольным точкам длительного хранения, следует устанавливать бетонную маркировку, как показано на рис. 7-4-2. Если ходовая точка относится к временной контрольной точке, то нужно только забивать деревянную сваю в точке и прибивать маленький гвоздь на вершине сваи, геометрический центр маленького гвоздя представляет собой знак центра ходовой точки, как временный знак, как показано на рис. 7-4-3.

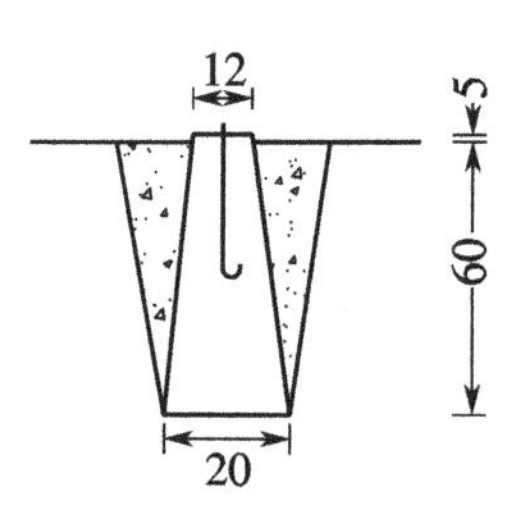

Рис. 7-4-2 Схема залегания постоянной ходовой точки

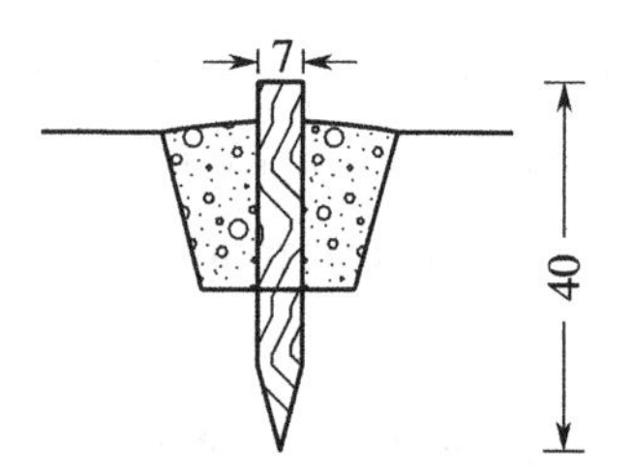

Рис. 7-4-3 Временная ходовой точка

Для облегчения поиска следует нарисовать абрисы ходовой точки и закрепленной и очевидной ситуационной точки вблизи, измерять и указывать их привязку в качестве «знак точки», как показано на рис. 7-4-4.

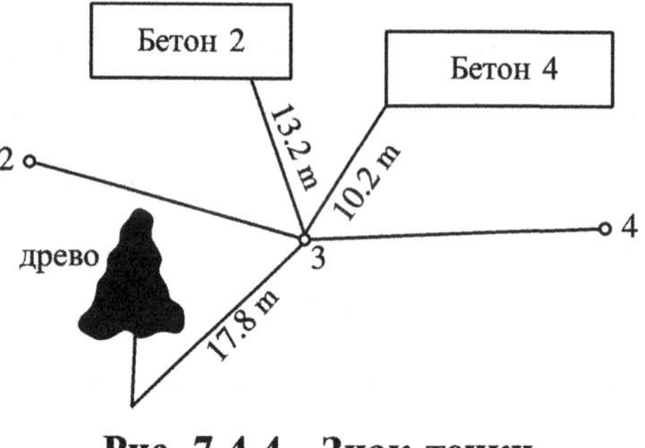

Рис. 7-4-4 Знак точки

3. Наблюдение горизонтального угла

Полигонометрическая съемка хода тахеометра

Измерение угла хода включает измерение угла перелома и измерение примычного угла. Угол, измеренный в каждой определяемой точке, углом перелома, а угол, образованный соединением хода и стороны управления высокого уровня, является примычным углом. Угол перелома расположен слева от направления вперед и называется левым углом; расположен справа от направления вперед и называется правым углом. Замкнутый ход обычно наблюдает внутренний угол, а разомкнутый ход обычно наблюдает левый угол. Ходовая точка, как правило, имеет только два направления, поэтому наблюдение осуществляется методом приёмов, подробные шаги см. Таб. 6-2-2 по измерению горизонтального угла электронным теодолитом в Проекте Ⅵ.

Для съемочного хода, как правило, использовать DJ6 или тахеометр для наблюдения одного приема. Разница между значениями угла при КЛ и КП не

превышает допуск ± 40″, и среднее значение принимается в качестве результата одного приема.

4. Измерение расстояний

Для измерения длин сторон опорной сети первого уровня и выше следует использовать тахеометр или электронно-оптический дальномер для измерения. Для ходов второй и третьей ступеней можно измерять как электронно-оптическим дальномером, так и стальной линейкой, подробная информация о измерении расстояния по стальной линейке приведена в Проекте Ⅱ.

【Обучение навыкам】

Полигонометрическая съёмка тахеометра Уметь использовать тахеометр для завершения полевого наблюдения замкнутого хода.

【Размышления и упражнения】

1. Каковы основные технические требования к полигонометрической съёмке?

Задача Ⅴ Внутренний расчет тахеометрического хода

【Ввод задачи】

Цели внутреннего расчета хода: во-первых, проверять соответствие точности данных полевого измерения требованию, во-вторых, при положительных результатах точности, рассчитывать плоские прямоугольные координаты каждой определяемой ходовой точки путем вычисления ошибки регулировки с использованием измеренных данных в полевых условиях на основе известных начальных данных. В данном задании в основном представлен внутренний расчет съемочного хода.

【Подготовка к задаче】

1. Северное направление координат

В процессе съемочной работы плоские прямоугольные координаты Гаусса

или независимые плоские прямоугольные координаты часто используются для определения положения точки земли. Поэтому параллельная линия вертикальной оси (ось X) координат используется в качестве стандартного направления ориентирования прямой линии, которое называется северным направлением координат. Продольная ось координат в плоской прямоугольной системе координат Гаусса представляет собой параллельную линию среднего меридиана в зоне проекции Гаусса. В инженерной геодезии северное направление координат обычно используется в качестве стандартного направления ориентирования прямой линии. Северное направление координат показано на рис. 7-5-1.

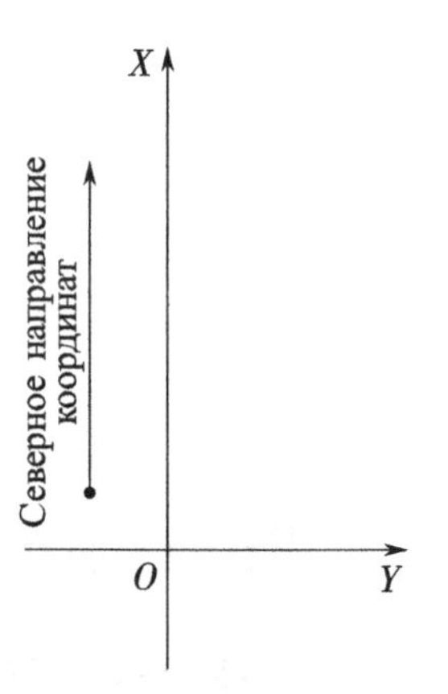

Рис. 7-5-1 Северное направление координат

2. Азимутальный угол

Горизонтальный угол, образующийся в результате вращения по часовой стрелке северного конца стандартного направления до определенной прямой линии, называется азимутальным углом прямой линии, и его диапазон составляет от 0 ° до 360 °. Дирекционный угол прямых линий от A до B обозначается α_{AB}, начальная точка прямой линии — A, а конечная точка — B. Дирекционный угол показан на рис. 7-5-2, любая прямая линия имеет два дирекционных угла, α_{AB} — положительный дирекционный угол линии AB, то α_{BA} — отрицательный дирекционный угол, разница между ними составляет 180°, то есть $\alpha_{AB} = \alpha_{BA} \pm 180°$.

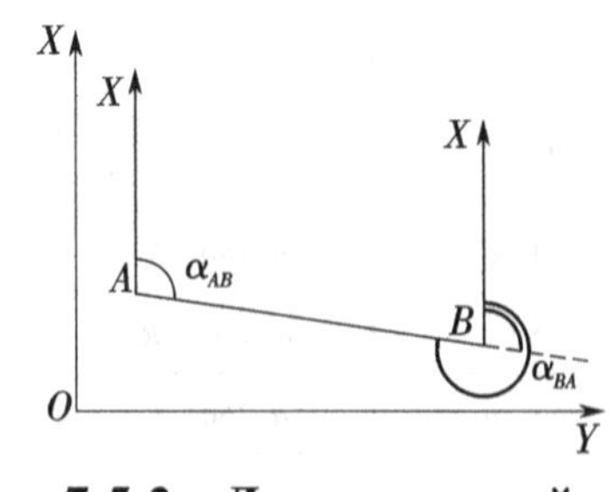

Рис. 7-5-2 Дирекционный угол

3. Пеленг

Пеленг какой-либо прямой линии рассчитывается от северного или южного конца стандартного направления начальной точки прямой линии и измеряется по часовой стрелке или против часовой стрелки до острого угла прямой линии, представленного R. При расчете азимутального угла следует принимать абсолютное значение ΔX, ΔY. Полученный по расчету — пеленг R, потом определять квадрант направления прямой линии на основе положительного или отрицательного приращения координат, как показано на рис. 7-5-3, потом преобразовать в дирекционный угол. Соотношение перевода между дирекционным углом и пеленгом приведено в таб. 7-5-1.

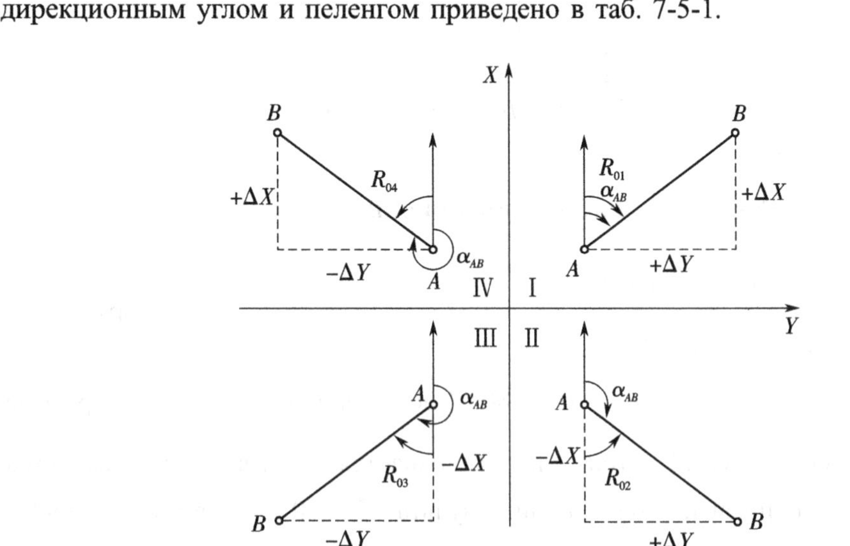

Рис. 7-5-3 Соотношение между приращением координат и квадрантом

Таб. 7-5-1 Соотношение перевода между дирекционным углом и пеленгом

Номер квадранта	Наименование квадранта	Расчёт пеленга по дирекционному углу	Расчёт дирекционного угла по пеленгу	Положительный и отрицательный знак приращения координат	
Ⅰ	Северо-Восток	$R=\alpha$	$\alpha=R$	$+\Delta X$	$+\Delta Y$

Номер квадранта	Наименование квадранта	Расчёт пеленга по дирекционному углу	Расчёт дирекционного угла по пеленгу	Положительный и отрицательный знак приращения координат	
Ⅱ	Юго-Восток	R=180° -α	α=180° -R	$-\Delta X$	$+\Delta Y$
Ⅲ	Юго-запад	R=α-180°	α=180° +R	$-\Delta X$	$-\Delta Y$
Ⅳ	Северо-Запад	R=360° -α	α=360° -R	$+\Delta X$	$-\Delta Y$

4. Расчёт дирекционного угла

Дирекционный угол может быть получен путем обращения координат или исходного дирекционного угла и измеренного угла перелома.

α_{12} Известно, что угол перелома 12 и 23 сторон равен β_2 (правый угол), а угол перелома 23 и 34 сторон равен β_3 (левый угол), рассчитывать α_{23}, α_{34}.

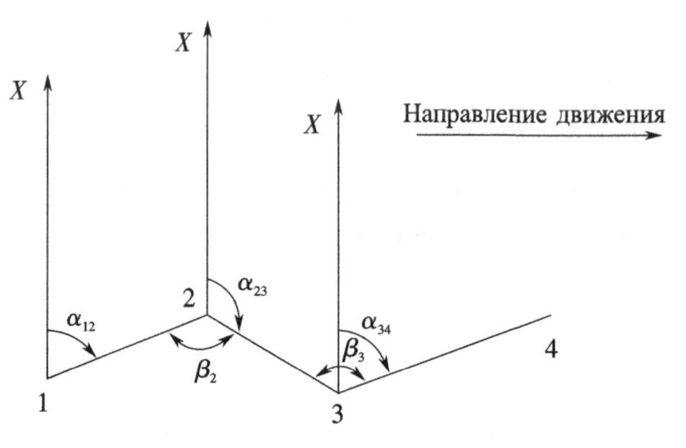

Рис. 7-5-4 Расчёт дирекционного угла

$$\alpha_{23} = \alpha_{12} + 180° - \beta_2 (\text{право})$$

$$\alpha_{34} = \alpha_{23} + 180° + \beta_3 (\text{лево})$$

Форма 7-5-1

Общая формула: $\alpha_{\text{перед}} = \alpha_{\text{зад}} \pm \beta + 180°$ (добавляется, когда угол перелома представляет собой левый угол, и уменьшается, когда угол перелома представляет собой правый угол); Если результат $\geqslant 360°$, то вычитать 360°; Если результат является отрицательным, прибавлять 360°.

1) Положительный расчет координат

Работа по вычислению координат другой конечной точки прямой линии на основе длины стороны прямой линии, дирекционного угла и координат одной конечной точки. Известны координаты точки A (x_A, y_A), D_{AB}, α_{AB}, определять координаты точки B. Схема расчета координат приведена на рис.

7-5-5:

$$\Delta x_{AB} = x_B - x_A = D_{AB}\cos\alpha_{AB}$$
$$\Delta y_{AB} = y_B - y_A = D_{AB}\sin\alpha_{AB}$$ Формула 7-5-2

$$x_B = x_A + \Delta x_{AB}$$
$$y_B = x_A + \Delta y_{AB}$$ Формула 7-5-3

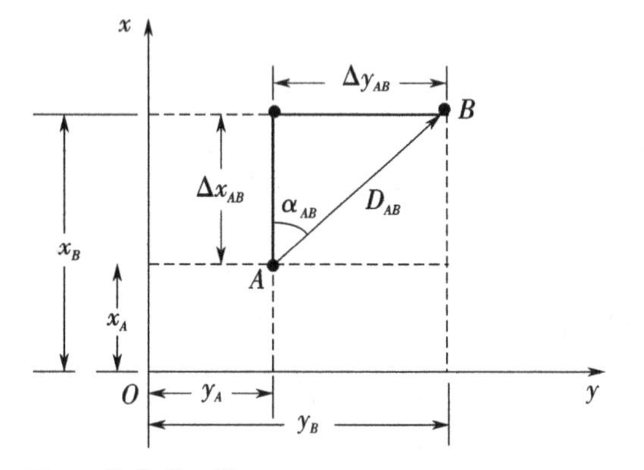

Рис. 7-5-5 Схема расчета координат

2) Обратный расчет координат

Имеет в виду работы по вычислению горизонтального расстояния прямой линии и ДУ в соответствии с координатами начальной и конечной точек прямой линии. Известно А (x_A, y_A), В (x_B, y_B), определять D_{AB}, α_{AB} . Как показано на рис. 7-5-5:

$$\alpha_{AB} = \arctan\frac{\Delta y_{AB}}{\Delta x_{AB}} = \arctan\frac{y_B - y_A}{x_B - x_A}$$ Форма 7-5-4

Примечание: необходимо определять квадрант α_{AB} в соответствии с плюсом-минусом ΔX, ΔY .

$$D_{AB} = \sqrt{(x_B - x_A)^2 + (y_B - y_A)^2}$$ Формула 7-5-5

5. Внутренний расчет хода

Действующие «Правила выполнения измерений параметров зданий и сооружений», что при расчете сети хода первого уровня и выше следует использовать метод строгого уравновешивания; Для сети хода второго и третьего уровня можно применять метод строгого уравновешивания или упрощенного уравновешивания. При уравновешивании упрощенным способом в качестве результата следует использовать угол и длину стороны обратного расчета координат после уравновешивания. Для съемочного хода применять

упрощенный способ для уравновешивания. Схема замкнутого хода приведена на рис. 7-5-6.

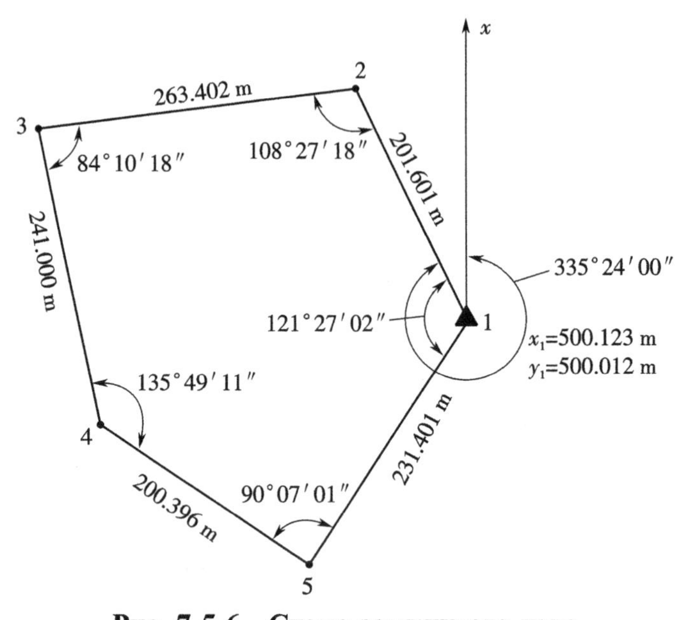

Рис. 7-5-6 Схема замкнутого хода

1) Заполнять наблюдаемые данные и начальные расчетные данные в Табл. 7-5-2 , начальные расчетные данные обозначаются двумя линиями

2) Расчет и регулировка угловой невязки

a) Расчет угловой невязки

Теоретическое значение суммы внутренних углов замкнутого хода n-угольника:

$$\sum \beta_{\text{Т}} = (n-2)\times 180^\circ \qquad \text{формула 7-5-6}$$

Где, n——количество стороны хода или число угла перелома.

Разница между суммой измеренных внутренних углов $\sum \beta_{\text{ИЗ}}$ и теоретическим значением $\sum \beta_{\text{Т}}$ называется угловой невязкой и обозначается f_β , то есть

$$f_\beta = \sum \beta_{\text{ИЗ}} - \sum \beta_{\text{Т}} = \sum \beta_{\text{ИЗ}} - (n-2)\times 180^\circ \qquad \text{Формула 7-5-7}$$

В этом примере, $f_\beta = \sum \beta_{\text{ИЗ}} - \sum \beta_{\text{Т}} = \sum \beta_{\text{ИЗ}} - (n-2) \times 180^\circ = 540^\circ\, 00'50'' - 540^\circ = +50''$.

b) Допустимое значение расчета угловой невязкой

Допустимое значение угловой невязки хода $f_{\beta允}$ приведено в табл. 7-4-3.

$f_\beta \geqslant f_{\beta 允}$, значит, что измеренный горизонтальный угол не соответствует требованию, следует повторно проверять или повторно измерять горизонтальный угол.

$f_\beta \leqslant f_{\beta 允}$, значит, что измеренный горизонтальный угол соответствует требованию, можно регулировать измеренный горизонтальный угол.

c) Регулировка угловой невязки (расчет числа исправления угла)

Равномерно распределять противоположный знак угловой невязки в каждый горизонтальный угол наблюдения, то можно рассчитывать число исправления v_i каждого угла наблюдения.

$$v_i = -\frac{f_\beta}{n} \qquad \text{Формула 7-5-8}$$

Когда f_β не может быть разделен на n, равномерно распределять остаток в угол наблюдения между некоторыми более коротким сторонами.

В этом примере число исправления угловой невязки, рассчитанной по 7-5-9 составляет $v_\beta = -10''$.

d) Расчет исправленного угла $\beta_{Испр}$

$$\beta_{Испр} = \beta_{ИЗ} + v_\beta \qquad \text{Формула 7-5-9}$$

В этом примере, $\beta_{2Испр} = \beta_2 + v_i = 108°27'18'' + (-10'') = 108°27'08''$.

Условия проверки расчета: сумма исправления горизонтального угла должна равна угловой невязке, знак — противный $\sum v_i = -f_\beta$.

В этом примере сумма внутренних углов замкнутого хода после исправления должна составлять $(n-2)\cdot 180°$, то есть $540°$.

3) Расчёт дирекционного угла

В соответствии с ДУ и углом перелома после исправления первой стороны рассчитывать ДУ другой стороны хода в соответствии с формулой 7-5-1.

В этом примере, $\alpha_{23} = \alpha_{12} + 180° + \beta_{2Испр} = 335°24'00'' + 180° + 108°27'08''$
$= 623°51'03'' - 360° = 263°51'08''$。

Проверять расчет, чтобы исходный дирекционный угол, полученный в конце, может быть равен значению собственного исходного дирекционного угла, в противном случае расчет неверен и необходимо повторно проверять расчет.

4) Расчет приращения координат

На основании рассчитанного ДУ каждой стороны хода и длины соответствующей стороны рассчитывать приращение координат каждой стороны.

$$\Delta X_i = D_i \cdot \cos\alpha_i \qquad \text{Формула 7-5-10}$$

$$\Delta Y_i = D_i \cdot \sin\alpha_i \qquad \text{Формула 7-5-11}$$

В этом примере, $\Delta x_{12} = D_{12}\cos\alpha_{12} == 201{,}601\text{м} \times \cos 335°24'00'' = +183.303\text{м}$, $\Delta y_{12} = D_{12}\sin\alpha_{12} = 201.601\text{м} \times \sin 335°24'00'' = -83.923\text{м}$.

5) Расчет невязки приращения координат и распределение

а) Расчет невязки приращения координат

Теоретическое значение замкнутого хода и алгебраической суммы приращения горизонтальной и вертикальной координат должно равно нулю, то есть

$$\left.\begin{aligned}\sum \Delta x_{\text{т}} = 0\\ \sum \Delta y_{\text{т}} = 0\end{aligned}\right\} \qquad \text{Формула 7-5-12}$$

В связи с погрешностью измерения, согласно ДУ и расстоянию, по 7-5-10, 7-5-11 рассчитывать приращения горизонтальной и вертикальной координат сторон каждого хода, сумма приращений координат $\sum \Delta x$、$\sum \Delta y$ обычно не равна их теоретическим значениям $\sum \Delta x_{\text{т}}$、$\sum \Delta y_{\text{т}}$, их несоответствие представляет собой невязку приращений горизонтальной и вертикальной координат, которые обозначаются f_x и f_y соответственно. Формула расчета приращения координат замкнутого хода:

$$\begin{aligned} f_x &= \sum \Delta x_{\text{из}} - \sum \Delta x_{\text{т}} = \sum \Delta x_{\text{из}} \\ f_y &= \sum \Delta y_{\text{из}} - \sum \Delta y_{\text{т}} = \sum \Delta y_{\text{из}} \end{aligned} \qquad \text{Формула 7-5-13}$$

В этом примере, $f_x = -0{,}300\text{м}$, $f_y = -0{,}100\text{м}$

b) Расчет невязки по всей длине хода

Существуют f_x, f_y, существует невязка по всей длине хода:

$$f_D = \sqrt{f_x^2 + f_y^2} \qquad \text{Формула 7-5-14}$$

В этом примере, $f_D = \sqrt{f_x^2 + f_y^2} = \sqrt{(-0{,}300)^2 + (-0.100)^2}\text{м} = 0.316\text{м}$

c) Расчет относительной невязки по всей длине хода

Только по значению f_D нельзя сказать, что точность полигонометрической съёмки соответствует требованию, поэтому следует сравнивать f_D с всей длиной хода $\sum D$, дробью, его числитель—1, обозначается невязка относительная по всей длине хода, то есть

$$K = \frac{f_D}{\sum D} = \frac{1}{\sum D / f_D} \qquad \text{Формула 7-5-15}$$

В этом примере, $K = \frac{f_D}{\sum D} = \frac{0.316}{1137.80} \approx \frac{1}{3600}$

d) Расчет допустимого значения относительной невязки по всей длине хода

При расчете хода невязка по всей длине хода K используется для оценки точности полигонометрической съёмки. Чем больше знаменатель K, тем выше точность.

Допустимое значение $K_{容}$ относительной невязки по всей длине хода разного уровня хода разно. Если $K>K_{容}$, это значит результаты неудовлетворительные, при этом следует проверять внутренние расчеты и полевые работы хода и повторно измерять при необходимости.

Если $K \leqslant K_{容}$, это значит соответствие результатов измерения требованию точности, можно регулировать.

Данный пример представляет собой съёмку съемочного хода, $K_{容} = 1/2000$.

e) Расчет числа исправления приращения координат

После подтверждения того, что результаты по длине стороны являются годными, противоположный по знаку f_x, f_y, приращения горизонтальной и вертикальной координат корректируются в соответствии с принципом «принцип пропорциональности, длинная сторона в первую очередь». Если число исправления приращения горизонтальной и вертикальной координат стороны представлено v_{x_i} и v_{y_i} соответственно, то

$$\left.\begin{aligned} v_{xi} &= -\frac{f_x}{\sum D} \times D \\ v_{yi} &= -\frac{f_y}{\sum D} \times D_i \end{aligned}\right\} \qquad \text{Формула 7-5-16}$$

В этом примере число исправления приращения координат первой стороны:

$$v_{x_{12}} = -\frac{f_x}{\sum D} D_{12} = -\frac{-0{,}300м}{1137{,}800м} \times 201{,}601м = +0{,}053м \; ;$$

$$v_{y_{12}} = -\frac{f_y}{\sum D} D_{12} = -\frac{-0{,}100м}{1137{,}800м} \times 201{,}601м = +0{,}018м \; .$$

Сумма числа исправления приращения горизонтальной и вертикальной координат должна соответствовать

$$\left.\begin{aligned} \sum v_x &= -f_x \\ \sum v_y &= -f_y \end{aligned}\right\}$$

Формула 7-5-17

Расчет приращения координат после исправления

$$\left.\begin{aligned} \Delta x_{Испр i} &= \Delta x_i + v_{xi} \\ \Delta y_{Испр i} &= \Delta y_i + v_{yi} \end{aligned}\right\}$$

Формула 7-5-18

Рассчитывать значение исправления приращения координат каждой стороны хода. Алгебраическая сумма приращений горизонтальной и вертикальной координат после исправления должна быть равна нулю соответственно.

$$\left.\begin{aligned} \sum \Delta x_{Испр} &= 0 \\ \sum \Delta y_{Испр} &= 0 \end{aligned}\right\}$$

Формула 7-5-19

f) Расчет значения координат каждой ходовой точки

$$\left.\begin{aligned} x_{перед} &= x_{зад} + \Delta x_{Испр} \\ y_{перед} &= y_{зад} + \Delta y_{Испр} \end{aligned}\right\}$$

Формула 7-5-20

В этом примере,

$$x_2 = x_1 + \Delta x_{12Испр} = (500{,}123 + 183{,}356)м = 683{,}478м$$

$$y_2 = y_1 + \Delta y_{12Испр} = (500{,}012 - 83{,}905)м = 416{,}107м \; .$$

Рассчитывать координаты каждой ходовой точки по очереди, и конечные координаты, полученные в конце концов, одинаковы с координатами известной точки.

【Обучение навыкам】

Внутренний расчет замкнутого хода.

【Размышления и упражнения】

1.Записывать соотношение перевода между пеленгом и дирекционным углом.

2. Кратко описывать основные шаги внутреннего расчета замкнутого хода.

Табл. 7-5-2 Расчет координат замкнутого хода

Номер точки	Угол наблюдения (левый угол)	Поправка	Исправленный угол	Дирекционный угол	Расстояние D/м	Расчетное значение приращения		Исправленное приращение		Значение координат		Номер точки
						Δx/м	Δy/м	Δx/м	Δy/м	x/м	y/м	
(1)	(2)	(3)	(4) = (2) + (3)	(5)	(6)	(7)	(8)	(9)	(10)	(11)	(12)	(13)
1										500.123	500.012	1
				335° 24′ 00″	201.601	+0.053 +183.303	+0.018 -83.923	+183.356	-83.905			
2	108° 27′ 18″	-10″	108° 27′ 08″							683.479	416.107	2
				263° 51′ 08″	263.402	+0.069 -28.209	+0.023 -261.887	-28.140	-261.864			
3	84° 10′ 18″	-10″	84° 10′ 08″							655.339	154.243	3
				168° 01′ 16″	241.000	+0.064 -235.752	+0.021 +50.020	-235.688	+50.041			
4	135° 49′ 11″	-10″	135° 49′ 01″							419.651	204.284	4
				123° 50′ 17″	200.396	+0.053 -111.590	+0.018 166.452	-111.537	+166.470			
5	90° 07′ 01″	-10″	90° 06′ 51″							308.114	370.754	5
				33° 57′ 08″	231.401	+0.061 +191.948	+0.020 +129.238	+192.009	+129.258			
1	121° 27′ 02″	-10″	121° 26′ 52″							500.123	500.012	1
				335° 24′ 00″								
2												
Σ	540° 00′ 50″	-50″	540° 00′ 00″		1 137.800	-0.300	-0.100	0	0			
Вспомогательный расчет	$f_\beta = \sum \beta_{测} - (n-2) \times 180°$ =540° 00′50″- (5-2) × 180° =+50″ $f_x = \sum \Delta x = -0.300$ m $f_{\beta 允} = \pm 60'' \sqrt{n} = \pm 60'' \sqrt{5} = \pm 134''$ $f_y = \sum \Delta y = -0.100$ m $\lvert f_\beta \rvert < \lvert f_{\beta 允} \rvert$ $f_D = \sqrt{f_x^2 + f_y^2} = \sqrt{(-0.3)^2 + (-0.1)^2} = 0.316$ m $K = \frac{f_D}{\sum D} = \frac{0.316}{1\,137.800} \approx \frac{1}{3\,600} < \frac{1}{2\,000}$											

Задача Ⅵ Съёмка тахеометра

【Ввод задачи】

Топографическая карта получена путем измерения и расчета при помощи измерительных приборов и инструментов для ракурса рельефа местности земной поверхности. Цифровая топографическая карта представляет собой топографическую карту, на которой по определенным правилам и методам используется компьютерное формирование топографической информации и хранение в формате компьютерных данных. В данном задании объясняется сбор данных детальной съемки цифровой топографической карты тахеометра.

【Подготовка к задаче】

Полевая топографическая съёмка—это метод, который использует приемник GNSS, тахеометр или другие полевые измерительные приборы для сбора данных о местности в полевых условиях и под поддержкой картографического программного обеспечения образуются результаты цифровой съёмки посредством компьютерной обработки. Съёмка тахеометра является одним из основных методов сбора данных полевой цифровой топографической съёмки.

1. Процесс полевой цифровой топографической съёмки

Процесс полевой цифровой топографической съёмки приведен на рис. 7-6-1.

Описание топографического пункта цифровой топографической съёмки содержать ниже 3 вида информации:

(1) Информация о геолокации: также называется информацией о точках, измеряется прибором при полевом измерении и, наконец, является трехмерным координатами, представленными x, y и z.

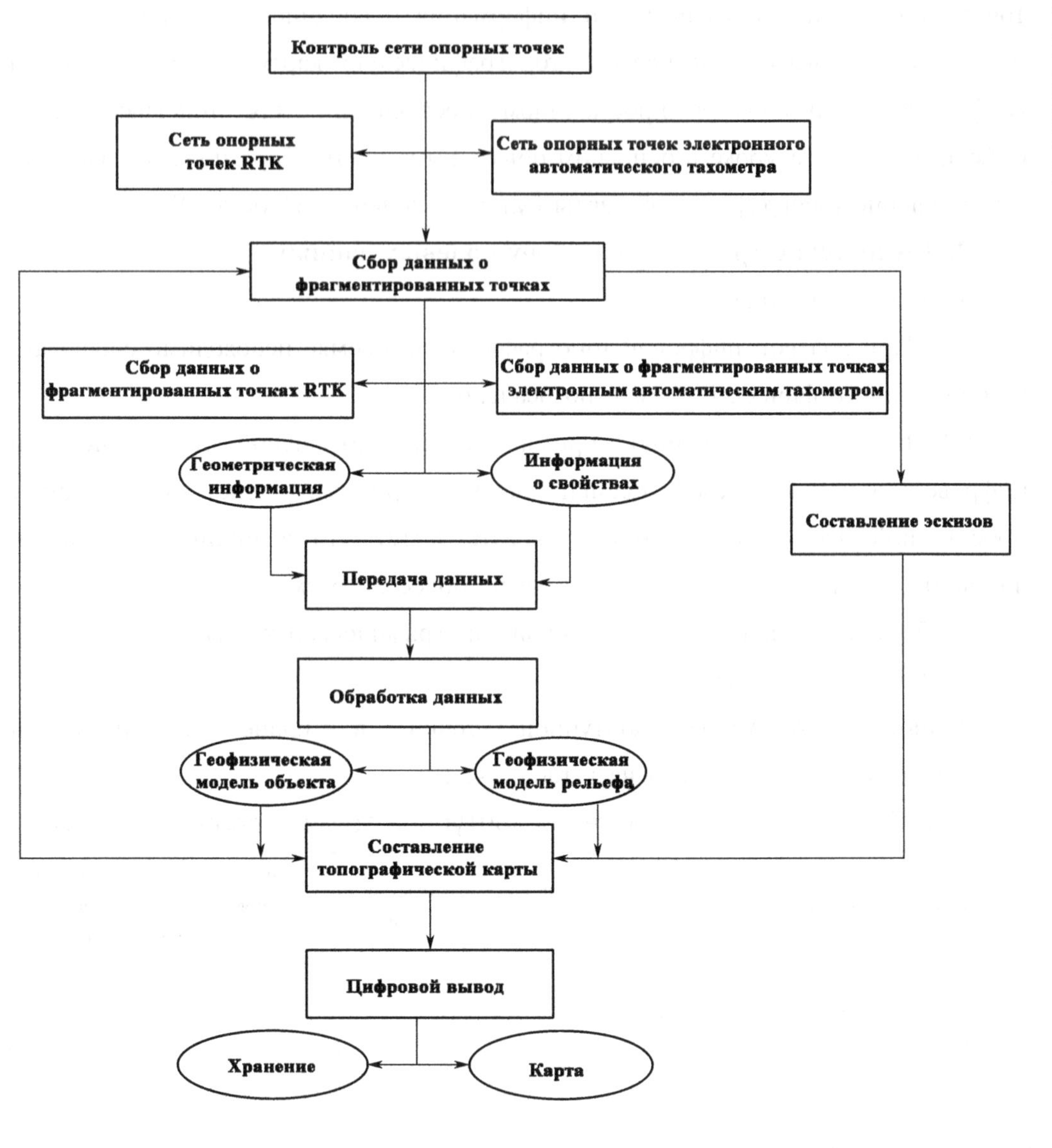

Рис. 7-6-1 Процесс полевой цифровой топографической съёмки

(2) Информация о соединении: это отношение соединения между точками измерения, включая номер точки соединения и тип соединительной линии, согласно этому можно соединять соответствующие точки.

(3) Информация о свойствах: называется негеометрической информацией, которая используется для описания характеристик топографического пункта и информации о свойствах местных предметов и обычно обозначается намеченным идентифицирующим кодом и текстом.

Сбору полевых данных необходима определенная информация о геолокации

точки, информация о свойствах и информация о соединении, передавать эти данные на компьютер, и чертить топографическую карту с использованием графического символа в программном обеспечении для топографической съёмки. На данном уроке в основном объясняется часть сбора полевых данных, а составление топографической карты будет объяснено в Проекте X.

2. Технические требования к сбору полевых данных

1) Общие правила

(1) При полевой цифровой топографической съёмке необходимо соблюдать принцип топографической съёмки по реальности.

(2) В качестве координат горизонтальной контрольной съёмки полевой цифровой топографической съёмки следует принимать систему координат проективной плоскости, и соответствовать тому, что величина деформации длины проекции на всем участке съемки не более 2, 5 см/км.

2) Требование к точности цифровой топографической карты

a) Точность плоскости

Точность положения контурной точки в плане на цифровой топографической карте приведена в табл. 7-6-1.

Табл. 7-6-1 Точность положения контурной точки в плане в метрах

Классификация территории	Масштаб	Средняя квадратическая ошибка по точкам	Средняя квадратическая ошибка в расстоянии между соседними контурными точками
Города и посёлки, зона промышленных сооружений, равнинная местность, холм	1: 500	± 0,30	± 0,20
	1: 1000	± 0,60	± 0,40
	1: 2000	± 1,20	± 0,80
Трудная местность, закрытая местность, горная местность, высокогорный район	1: 500	± 0,40	± 0,30
	1: 1000	± 0,80	± 0,60
	1: 2000	± 1,60	± 1,20

b) Точность высоты

(1) Значение высоты различной контрольной точки должно соответствовать измеренному значению высоты.

(2) Средняя квадратичная ошибка по высоте высотной точки с легендой относительно соседней точки съемочного обоснования должна быть не более 1/3 высоты основного сечения на топографической карте со соответствующим масштабом; в трудной местности допускается облегчать в 50%.

(3) Средняя квадратичная ошибка по высоте средней точки изогипсы относительно соседней точки съемочного обоснования должна быть не более 1/3 от высоты основного сечения для равного места, 1/2 от высоты основного сечения для холма, 2/3 от высоты основного сечения для горной местности, не более высоты основного сечения для высокогорного района.

3. Основные компоненты сбора полевых данных

В состав конкретного содержания на топографической карте входят 8 основных типов компонентов, основы ориентирования и название местности, легенда и т. д., как показано в Таблице 7-6-2.

Табл. 7-6-2 Содержание составления топографической карты

Тип местного предмета	Пример типа местного предмета
Водная система	Природные реки, искусственные водные артерии, озёра и пруды, водоём, морские элементы, подводные камни и береговая отмель, элементы водной системы, гидротехническое мероприятие.
Населенный пункт и сооружения	Обычные дома, обыкновенные дома, специальные дома, принадлежность домов, основание опоры, стены и решетки, горнодобывающая промышленность, промышленные объекты, сельхозобъект, общественные услуги, достопримечательности и памятники старины, культурные реликвии и религии, научные наблюдения, другие объекты
Транспорт	Железные дороги, окрестности железнодорожной станции, междугороднее шоссе, городские дороги, дороги сельского значения, принадлежность дороги, мосты, место переправы и пристань, навигационный знак
Трубопроводы	Силовая линия, линия связи, трубопровод, подземный ремонтный колодец, принадлежность трубопровода
Границы	Административная граница, другие границы
Растительный покров и качество почвы	Пахотная земля, сад, лесистая местность, злаковник, городские зелёные насаждения, противопожарная защита растительности, качество почвы
Рельеф	Изогипса, высотная точка, природный рельеф, антропогенный рельеф
Основание ориентирования	Планиметрическая контрольная точка, другие контрольные точки
Легенда	Легенда, специальная легенда

4. Способ сбора реечной точки

Реечная точка является характерной точкой местного предмета и рельефа, такой как угол дома, точка пересечения дорог, вершина горы, седловина и т. д. Процесс съемки и картографирования крупномасштабной топографической карты состоит в том, чтобы сначала определять положение реечной точки в плане и высоту, а затем сравнивать ситуацию на месте в соответствии с реечной точкой и рисовать соответствующими знаками местный предмет и

рельеф на карте.

1) Измерение точки

Принцип одинаков с задачей Проекта Ⅲ.

2) Измерения эксцентриситета расстояния

При невозможности непосредственного измерения измеряемой точки из-за того, что в измеряемой точке невозможно устанавливать призму или нет видимости, можно устанавливать призму в эксцентриковой точке недалекой от измеряемой точки. Измерение трехмерного расстояния от измеряемой точки до эксцентриковой точки может преобразовать координаты измеряемой точки, как показано на рис. 7-6-2.

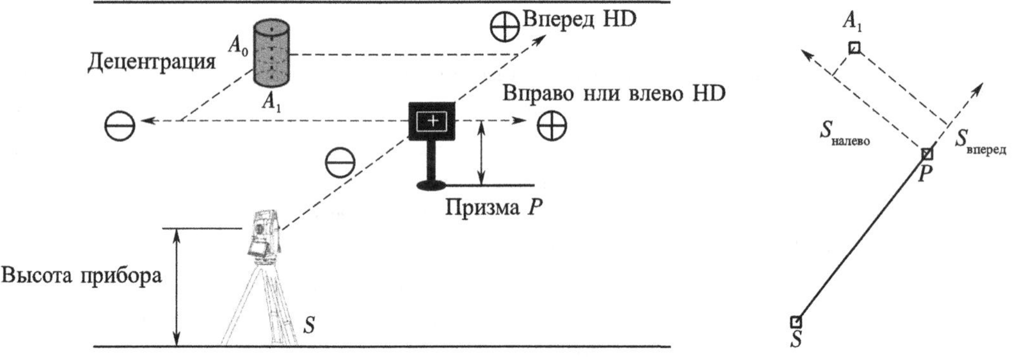

Рис. 7-6-2 Принцип измерения эксцентриситета расстояния

Как показано на рис. 7-6-2 Принцип измерения эксцентриситета расстояния, тахеометр находится в точке S, предполагая, что измеряемая точка A находится слева от точки вертикального зеркала P, координаты и высота измеряемой точки A обозначаются (X_A, Y_A, H_A), координаты и высота точки вертикального зеркала P обозначаются (X_P, Y_P, H_P), а $S_{左}$, $S_{前}$, $S_{上}$ — расстояние между измеряемой точкой A и точкой вертикального зеркала P, то формула расчета координат точки A приведена ниже:

$$X_A = X_P + S_{前}\cos\alpha_{sp} + S_{左}\sin\alpha_{sp} \quad \text{Формула 7-6-1}$$

$$Y_A = Y_P - S_{前}\sin\alpha_{sp} + S_{左}\cos\alpha_{sp}$$

$$H_A = H_P + S_{上} \quad \text{Формула 7-6-2}$$

3) Метод эксцентриситета плоскости

Как показано на рис. 7-6-3, тахеометр устанавливается в точке S. Если необходимо определять координаты измеряемой точки P0, то в точке PO

невозможно устанавливать призму, но известно, что PO находится в одной плоскости с P1, P2, P3, можно сначала определять координаты точек P1, P2, P3, тахеометр определит плоскость по этим трем точкам, при этом вращать тахеометр, чтобы наводить на точку P0, тахеометр автоматически вычислит координаты точки P0 по известной плоскости и углу набегания.

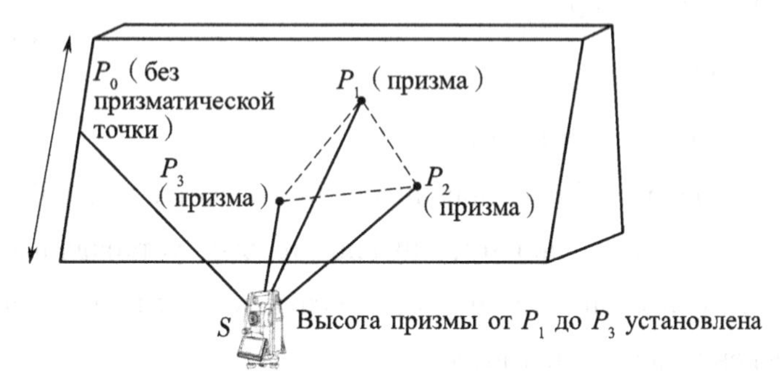

Рис. 7-6-3 Принцип измерения эксцентриситета плоскости

4) Центральная точка цилиндра

Как показано на рис. 7-6-4, при необходимости измерения центра стандартной цилиндрической формы, в связи с отсутствием доступа к внутреннему центру окружности, можно непосредственно измерять три точки на цилиндре, три точки определяют круг, тахеометр вычислит координаты центра окружности по этому кругу.

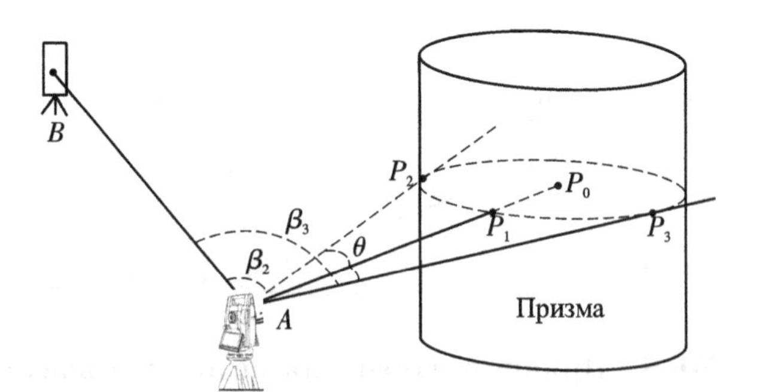

Рис. 7-6-4 Принцип измерения центральной точки цилиндра

Предположим, что радиус цилиндра равен R. Формула расчета приведена ниже:

$$a_{AP_2} = a_{AB} + \beta_2 \quad \text{Формула 7-6-3}$$

$$a_{AP_3} = a_{AB} + \beta_3 \quad \text{Формула 7-6-4}$$

$$a_{AP_0} = a_{AP_1} = 1/2(a_{AP_2} + a_{AP3}) \quad \text{Формула 7-6-5}$$

$\theta = 1/2(\beta_3 - \beta_2)$ Формула 7-6-6

$(R + D_{AP1})\sin\theta = R$ Формула 7-6-7

$R = D_{AP1}\sin\theta / (1 - \sin\theta)$ Формула 7-6-8

$D_{AP0} = D_{AP1} + R$ Формула 7-6-9

$$\left.\begin{aligned} X_P &= X_A + D_{AP_0}\cos a_{AP_0} \\ Y_P &= Y_A + D_{AP_0}\sin a_{AP_0} \end{aligned}\right\}$$ Формула 7-6-10

5) Измерение подвесной высоты

Как показано на рис. 7-6-7, для получения высоты целевой точки B, где невозможно устанавливать призму, нужно только устанавливать призму в любой точке на отвесной линии, где находится целевая точка, а затем выполнять измерение подвесной высоты.

Устанавливать призму ниже измеряемой высоты, вводить высоту призмы, наводить на призму для измерения расстояния, а затем наводить на объект, чтобы отобразить высоту от земли до объекта.

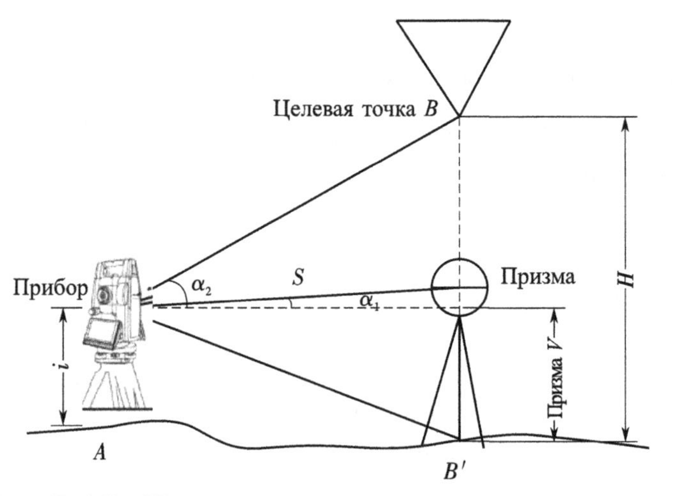

Рис. 7-6-5 Принцип измерения подвесной высоты

Отображаемая высота объекта H рассчитывается вычислительной программой собственной памяти тахеометра по следующей формуле.

$H = S\cos a_1 \tan a_2 - S\sin a_1 + v$ Формула 7-6-11

6) Измерение противоположной стороны

Как показано на рис. 7-6-6, на штативе последовательно измерять расстояния S_1, S_2 и горизонтальный угол θ призмы отражения, а также

разности высот h_{A1}, h_{A2}, можно получать расстояние C между P_1 и P_2 и разность высот h_{12}:

$$\left.\begin{aligned} C &= \sqrt{S_1^2 + S_2^2 - 2S_1S_2\cos\theta} \\ h_{12} &= h_{A2} - h_{A1} \end{aligned}\right\}$$

Формула 7-6-12

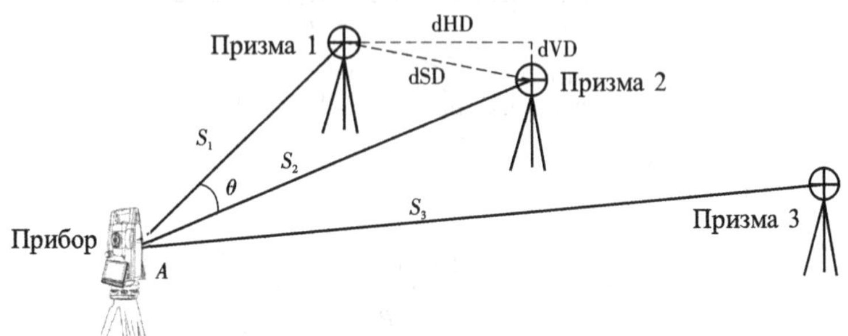

Рис. 7-6-6 Принцип и схема измерения противоположной стороны

7）Линия и точка удлинения

Как показано на рис. 7-6-7, когда измеряемая точка Q и две измеренные точки P1 и P2 находятся на одной прямой линии, можно рассчитать координаты измеряемой точки Q путем измерения расстояния от измеряемой точки Q до измеренной точки P2.

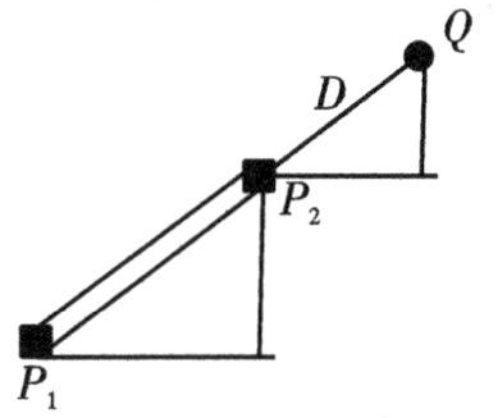

Рис. 7-6-7 Принцип измерения линии и точки удлинения

Используя принцип подобного треугольника, получены координаты определенной точки Q.

$$\left.\begin{aligned} X_Q &= X_2 + r(X_{P_2} - X_{P_1}) \\ Y_Q &= Y_2 + r(Y_{P_2} - Y_{P_1}) \end{aligned}\right\}$$

Формула 7-6-13

$$r = \frac{D}{\sqrt{(X_{P_2} - X_{P_1})^2 + (Y_{P_2} - Y_{P_1})^2}}$$

8) Измерение линии и угловой точки

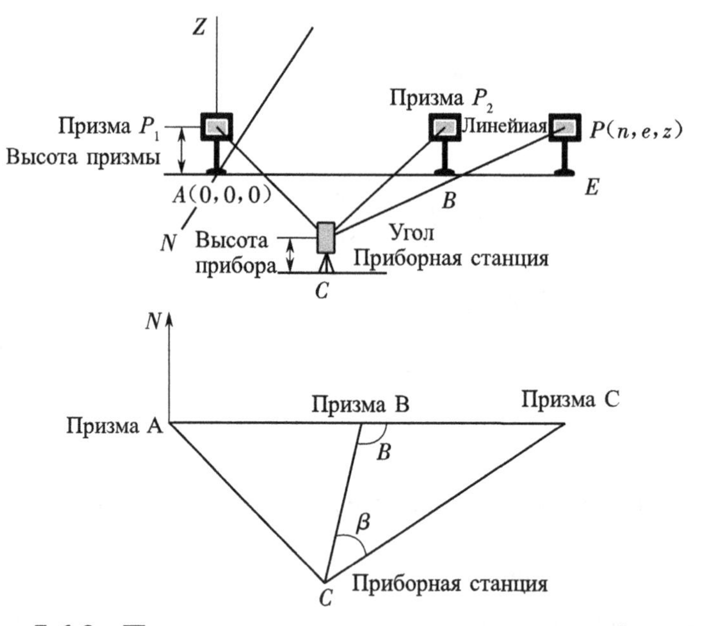

Рис. 7-6-8 Принцип измерения линии и угловой точки

Как показано на рис. 7-6-8, известно, что A, B и E находятся на одной прямой линии, и координаты измеряемой точки получают путем измерения координат двух точек A и B и угла β от штатива до измеряемой точки.

$$\alpha_{AB} = \arctan \frac{y_B - y_A}{x_B - x_A}$$ Формула 7-6-14

$$\angle B = \alpha_{BC} - \alpha_{AB}$$ Формула 7-6-15

$$S_{BE} = \frac{S_{CB}}{\sin (180° - \angle B - \beta)} \times \sin \beta$$ Формула 7-6-16

$$x_E = x_B + S_{BE} \cos \alpha_{AB}$$ Формула 7-6-17

$$y_E = y_B + S_{BE} \sin \alpha_{AB}$$ Формула 7-6-18

5. Топографическая съёмка эскизным методом тахеометра

Проводить полевое измерение характерной точки местности тахеометром, записывать внутренним запоминающим устройством информацию о геолокации измеренной точки, записывать другую информацию о черчении (например, информацию о свойствах, информацию о соединении) в эскизе, передавать данные измерения в компьютер в помещении, редактировать их в карту с помощью человеко-компьютерного взаимодействия.

1) Рабочий эскиз

Рабочий эскиз представляет собой основу камерального черчения, который может быть составлен в соответствии с существующими топографическими картами аналогичного масштаба на участке съемки, или нарисован при сборе реечной точки.

Содержание черчения рабочего эскиза включает в себя относительное положение местного предмета, основную линию рельефа, название точки, запись измерения расстояния, географическое название, описание и легенду.

При записи с штативом следует записывать название точки стояния, северное направление, время черчения, имя чертежника и т.д., желательно при каждом прибытии на штативе наблюдать окружающий местный предмет в целом, стараться обеспечить полное представление на одном эскизе местных предметов, измеренных на одном штативе, и отмечать места с плотными местными предметами и увеличивать их на одной странице.

2) Операционны е шаги определения реечной точки эскизным методом

(1) После входа в участок съемки получатель призмы (линейки) черчения эскиза сначала наблюдает за рельефом вокруг штатива и распределением местного предмета, уточняет направление, своевременно набросает эскиз с основным местным предметом и рельефом в приблизительном масштабе, чтобы при наблюдении на эскизе указывать положение и номер измеренной реечной точки.

(2) Установка прибора. Отклонение от центрировки прибора не более 5мм;

(3) Строительство станции. Вводить координаты точки стояния и координаты задней точки или направление обратного визирования в тахеометр и наводить на направление обратного визирования для ориентирования.

(4) Проверка ориентирования. Используя другую контрольную точку в качестве проверки, по расчету разность положения проверяемой точки в плане не превышает $0,2\times M\times 10^{-3}$ (м); разность высоты должна быть не более 1/6 высоты сечения рельефа. После соответствия результатов измерения требованию ориентирование заканчивается, в противном случае ориентирование должно быть перенаправлено до соответствия требованию.

(5) Измерение реечной точки. Собирать реечную точку в соответствии с требованием правил создаваемой карты; нарисовать информацию о черчении на

эскизе одновременно;

(6) Проверка заднего вида перед окончанием. В конце сбора данных каждой станции следует повторно проверять провешенное направление, если результаты проверки превышают допуск $0{,}2\times M\times 10^{-3}$ (м), результаты измеренных до проверки реечных точек должны быть пересчитаны, и следует проверять не менее двух реечных точек.

3) Пункты для внимания при составлении эскиза

(1) При использовании режима цифровой съемки для составления эскиза собранные местные предметы и рельефы в принципе рисуются в соответствии с положениями графического представления топографической карты, а сложные графические символа могут быть упрощены или определены самостоятельно. Однако географический код, используемый при сборе данных, должен соответствовать нарисованным символам на эскизе.

(2) На эскизе должен быть указан номер измеренной точки, и указанный номер измеренной точки должен соответствовать номеру измеренной точки в записи сбора данных.

(3) Положение, свойство и взаимосвязи элементов на эскизе должны быть четкими и правильными.

(4) Наименование, свойство объектов и т.д., подлежащие отметке на топографической карте, должны быть четко отмечены на эскизе

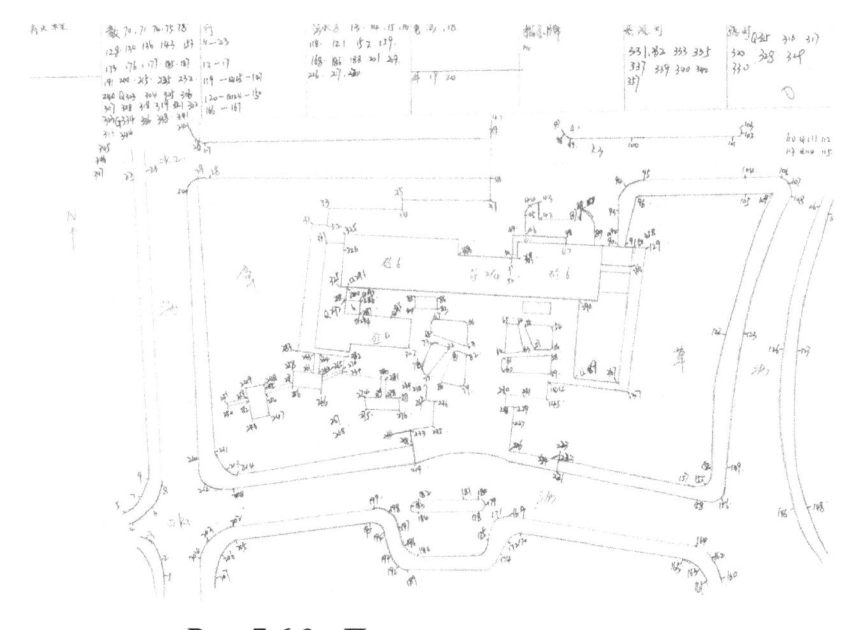

Рис. 7-6-9 Пример черчения эскиза

4) Формат сбора данных эскизным методом:

Формат данных, собранных тахеометром, может быть составлен в соответствующем программном обеспечении только после соответствия требованию. Формат данных, собранных тахеометром NTS-552R8, является «знак препинания, , значение координаты E (координата Y), значение координаты N (координата X), высота». Опять обращать внимание на то, что между двумя «, » после знака препинания допускается код или нет.

STUDY.DAT - 记事本

文件(F) 编辑(E) 格式(O) 查看(V) 帮助(H)

```
39,,53143.528,31175.002,492.553
40,,53136.817,31153.427,493.798
41,,53128.031,31140.155,492.225
42,,53116.101,31129.079,491.766
43,,53100.000,31200.000,494.600
44,,53100.000,31100.000,500.000
45,,53136.693,31223.800,0.000
46,,53134.228,31214.675,0.000
47,,53112.625,31190.051,0.000
48,,53097.691,31180.636,0.000
49,,53161.472,31173.024,0.000
50,,53162.272,31155.439,0.000
51,,53168.673,31155.759,0.000
52,,53176.033,31161.833,0.000
53,,53175.444,31173.642,0.000
54,,53203.302,31152.456,0.000
55,,53196.508,31142.986,0.000
```

Рис. 7-6-10 Пример формата данных, измеренных эскизным методом

【Выполнение задачи】

Измерение точек интеллектуальным тахеометром NTS-552 с операционной системой Android

Перед началом проекта необходимо строить новый инженер в строке меню [Инженер], завершать строительство станции в строке меню [Строительство станции], а затем выполнять сбор данных. В меню «Сбор» входят 8 методов сбора данных: точечное измерение, эксцентриситет расстояния, эксцентриситет плоскости, центральная точка цилиндра, измерение противоположной стороны, линия и точка удлинения, измерение линии и угловой точки, измерение подвесной высоты.

1. Точечное измерение

В состав интерфейса точечного измерения входят три интерфейса {измерение}, {данные}, {изображение}, интерфейс {данные} отображает результаты расчета или измерения в реальном масштабе времени, интерфейс {изображение} отображает отображение текущей координатной точки, а интерфейс {измерение} выполняет операции измерения и сохранения,

подробное описание интерфейса см. табл. 7-6-1, шаги точечного измерения см. 7-6-2.

Табл. 7-6-1 Описание интерфейса точечного измерения

Поручения	Описание интерфейса	Отображение интерфейса
Точечное измерение	◆ Название точки: вводить название точки измерения, после каждого сохранения название точки автоматически увеличивается (ниже то же самое) . ◆ Код: вводить или вызывать код точки измерения (ниже то же самое) . ◆ Высота призмы: отображается текущая высота призмы (ниже то же самое) . ◆ [Измерение]: начать измерение расстояния, рассчитать координаты N, E и Z по измеренному значению угла и расстоянию. ◆ [Сохранение]: сохранять результаты предыдущего измерения, при отсутствии измерения расстояния сохранять только текущее значение угла. ◆ [Измерение и сохранение]: проводить измерение расстояния, рассчитать координаты N, E и Z и сохранять результаты.	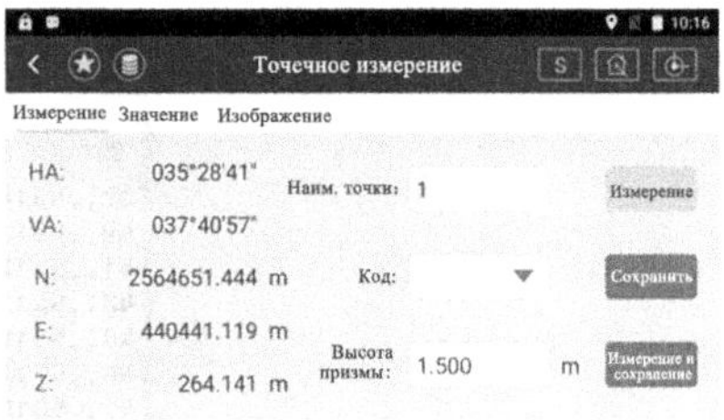 10:16 Точечное измерение S Измерение Значение Изображение HA: 035°28'41" Наим. точки: 1 Измерение VA: 037°40'57" N: 2564651.444 m Код: Сохранить E: 440441.119 m Z: 264.141 m Высота призмы: 1.500 m Измерение и сохранение

Табл. 7-6-2 Шаги точечного измерения

Шаг операции	Клавиша	Отображение интерфейса
① После завершения строительства станции, в главном меню нажимать [Сбор] и нажимать [Точечное измерение], чтобы входить в интерфейс измерения. После наведения на объект нажимать [Измерение], чтобы измерять значение горизонтального угла, значение вертикального угла и значение координаты текущей целевой точки, нажимать [Сохранение], чтобы сохранять измеренное значение, или непосредственно нажимать [Измерение и сохранение].	Точечное измерение	 10:16 Точечное измерение S Измерение Значение Изображение HA: 035°28'41" Наим. точки: 1 Измерение VA: 037°40'57" N: 2564651.444 m Код: Сохранить E: 440441.119 m Z: 264.141 m Высота призмы: 1.500 m Измерение и сохранение
② Нажимать {Данные}, чтобы показать подробную информацию о текущем измерении, название точки, координаты, код, горизонтальный угол, вертикальное расстояние, горизонтальное расстояние, вертикальное расстояние, наклонное расстояние.	Данные	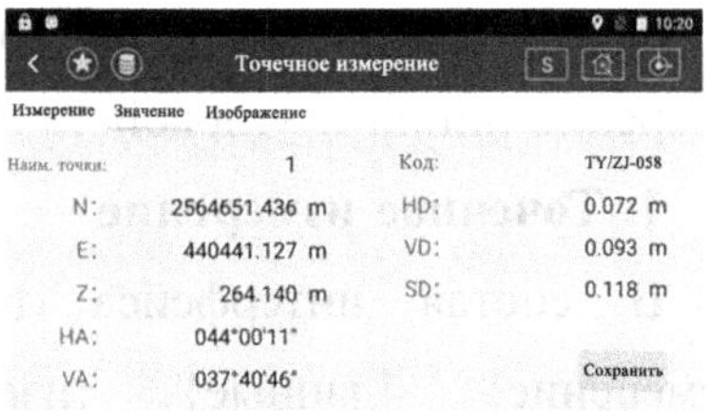 10:20 Точечное измерение S Измерение Значение Изображение Наим. точки: 1 Код: TY/ZJ-058 N: 2564651.436 m HD: 0.072 m E: 440441.127 m VD: 0.093 m Z: 264.140 m SD: 0.118 m HA: 044°00'11" VA: 037°40'46" Сохранить

Шаг операции	Клавиша	Отображение интерфейса
③ Нажимать {изображение}, чтобы отобразить отображение текущей координатной точки.		

2. Эксцентриситет расстояния

Схема эксцентриситета расстояния 7-6-2, описание интерфейса см. табл. 7-6-3, Шаги операции см. табл. 7-6-4.

Измерение эксцентриситета расстояния интеллектуальным тахеометром NTS-552 с операционной системой Android

Табл. 7-6-3 Описание интерфейса эксцентриситета расстояния

Поручения	Описание интерфейса	Отображение интерфейса
Эксцентриситет расстояния	◆ [Лев.] [Прав.]: ввод левого или правого отклонения ◆ [Перед.] [Зад.]: ввод переднего или заднего отклонения ◆ [Вер.] [Низ.]: ввод верхнего или нижнего отклонения ◆ Для других кнопок одинаковая точка — одинаковое измерение Перечисленные направления — угол зрения относительно измерителя.	

Табл. 7-6-4 Шаги эксцентриситета расстояния

Шаг операции	Клавиша	Отображение интерфейса
①После завершения строительства станции в главном меню нажимать [Сбор] и нажимать [Эксцентриситет расстояния].	Эксцентриситет расстояния	

Шаг операции	Клавиша	Отображение интерфейса
② Наводить на призму, в нижней строке «влево/вправо, вперед/назад, вверх/вниз» вводить величину отклонения призмы от измеряемой точки в каждом направлении, затем нажимать измерение расстояния или измерение и сохранение, чтобы получить координаты измеряемой точки.		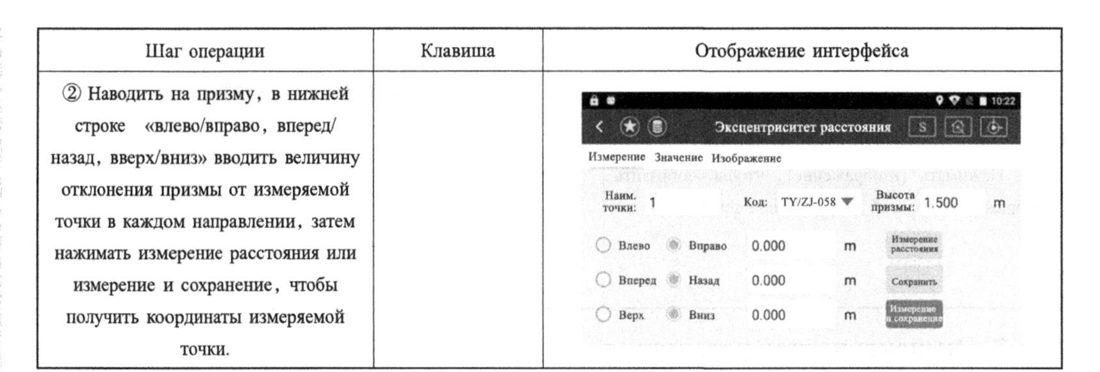

3. Эксцентриситет плоскости

В сочетании с рис. 7-6-3 описаны шаги эксцентриситета плоскости, описание интерфейса см. табл. 7-6-5, шаги см. табл. 7-6-6.

Измерение эксцентриситета плоскости интеллектуальным тахеометром NTS-552 с операционной системой Android

Табл. 7-6-5 Описание интерфейса эксцентриситета плоскости

поручения	Описание интерфейса	Отображение интерфейса
Эксцентриситет плоскости	На схеме эксцентриситета плоскости три точки призмы определяют плоскость, а точки без призмы являются произвольными точками ● Интерфейс эксцентриситета плоскости ◆ [Измерение]: измерять текущей точки. ◆ [Измеряемый]: Текущая точка пока не измерена, после измерения покажется завершение. ◆ [Просмотр]: просмотреть результаты измерения текущей точки. ◆ [Сохранение]: сохранить текущую точку результата расчета. ● {Данные}: Когда измерение всех трех точек выполнено и действительно, будут отображаться координаты точки пересечения плоскости, образующейся полученным по расчету текущим направлением наведения и тремя точками. ● {Изображение}: Отображать координаты точки измерения в режиме реального времени.	Эксцентриситет плоскости Измерение Значение Изображение Наим. точки: 1 Код: TY/ZJ-058 Высота призмы: 1.500 m A: Завершение Измерение Просмотр HA: 343°34′22″ B: Ожидание измерения Измерение VA: 302°58′33″ C: Ожидание измерения Измерение Сохранить

Табл. 7-6-6 Шаги эксцентриситета плоскости

Шаг операции	Клавиша	Отображение интерфейса
① После завершения строительства станции в главном меню нажимать [Сбор] и нажимать [Эксцентриситет плоскости].	Эксцентриситет плоскости	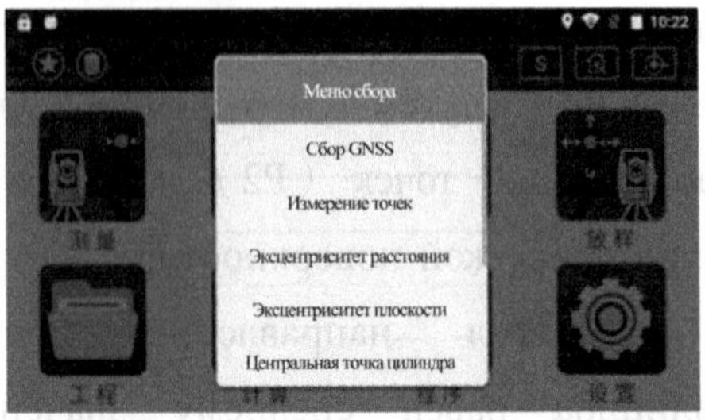 Меню сбора Сбор GNSS Измерение точек Эксцентриситет расстояния Эксцентриситет плоскости Центральная точка цилиндра
② Наводить на призму А, нажимать кнопку измерения для измерения.	Измерение	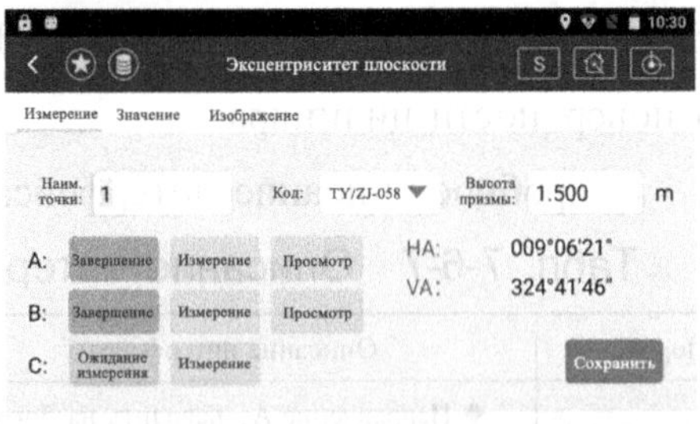 Эксцентриситет плоскости Измерение Значение Изображение Наим. точки: 1 Код: TY/ZJ-058 Высота призмы: 1.500 m A: Завершение Измерение Просмотр HA: 009°06'21" B: Завершение Измерение Просмотр VA: 324°41'46" C: Ожидание измерения Измерение Сохранить
② Наводить на призму В, нажимать кнопку измерения для измерения.	Измерение	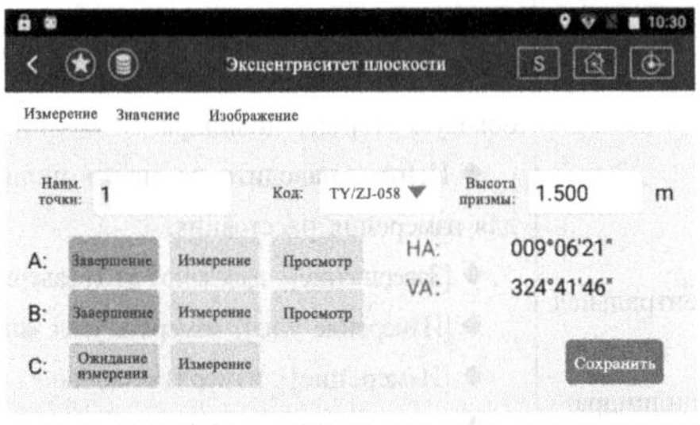 Эксцентриситет плоскости Измерение Значение Изображение Наим. точки: 1 Код: TY/ZJ-058 Высота призмы: 1.500 m A: Завершение Измерение Просмотр HA: 009°06'21" B: Завершение Измерение Просмотр VA: 324°41'46" C: Ожидание измерения Измерение Сохранить
④ наводить на призму С, нажимать кнопку измеения для измерения, определять плоскость.	Измерение	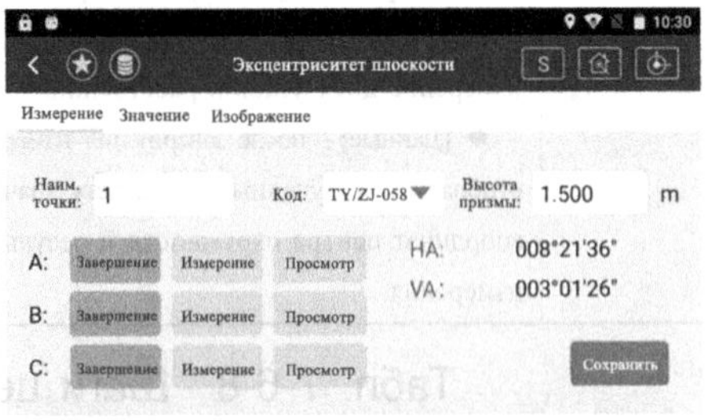 Эксцентриситет плоскости Измерение Значение Изображение Наим. точки: 1 Код: TY/ZJ-058 Высота призмы: 1.500 m A: Завершение Измерение Просмотр HA: 008°21'36" B: Завершение Измерение Просмотр VA: 003°01'26" C: Завершение Измерение Просмотр Сохранить
⑤ Если данные точки измерения правильны, то предъявлять к определению плоскости, и автоматически рассчитывать отношение точки пересечения, переходить на интерфейс данных, нажимать кнопку сохранения для сохранения результатов.	Сохранение	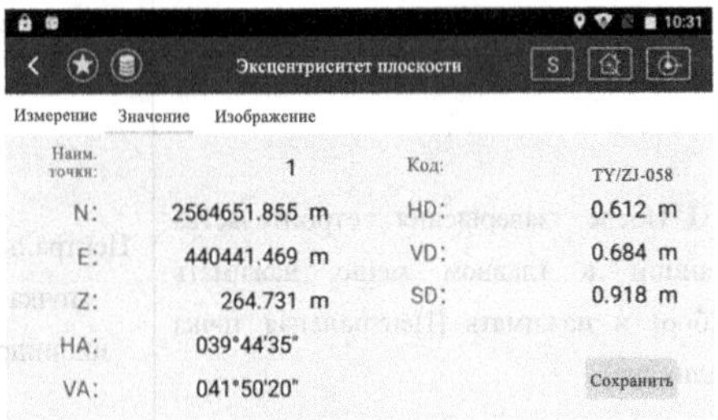 Эксцентриситет плоскости Измерение Значение Изображение Наим. точки: 1 Код: TY/ZJ-058 N: 2564651.855 m HD: 0.612 m E: 440441.469 m VD: 0.684 m Z: 264.731 m SD: 0.918 m HA: 039°44'35" VA: 041°50'20" Сохранить

4. Центральная точка цилиндра

Из схемы 7-6-4 Центральная точка цилиндра видно:

(1) Сначала непосредственно измерять расстояние между точками (P1) на цилиндрической поверхности, а затем рассчитывать расстояние, угол направления и координаты центра цилиндра путем измерения углы направления точек (P2) и (P3) на цилиндрической поверхности.

(2) Угол направления центра цилиндра равен среднему значению углов направления точек (P2) и (P3) на поверхности цилиндра.

Измерение центральной точки цилиндра интеллектуальным тахеометром NTS-552 с операционной системой Android

Подробное описание интерфейса см. табл. 7-6-7, а шаги см. табл. 7-6-8.

Табл. 7-6-7　Описание интерфейса центральной точки цилиндра

Поручения	Описание интерфейса	Отображение интерфейса
Центральная точка цилиндра	◆ Направление A: наводить на боковую сторону цилиндра. ◆ Направление B: наводить на другую боковую сторону цилиндра. ◆ Центр: наводить на центр цилиндра для измерения расстояния. ◆ [Завершение]: наведено, угол завершен. ◆ [Измерение угла]: измерять угол заново. ◆ [Измерение]: измерять заново. ◆ [Сохранение]: сохранять результаты измерения, необходимо сначала выполнять измерение двух углов и расстояний. ◆ {Данные}: после завершения измерения отображать полученные по расчету значения координат центра окружности и результаты измерения.	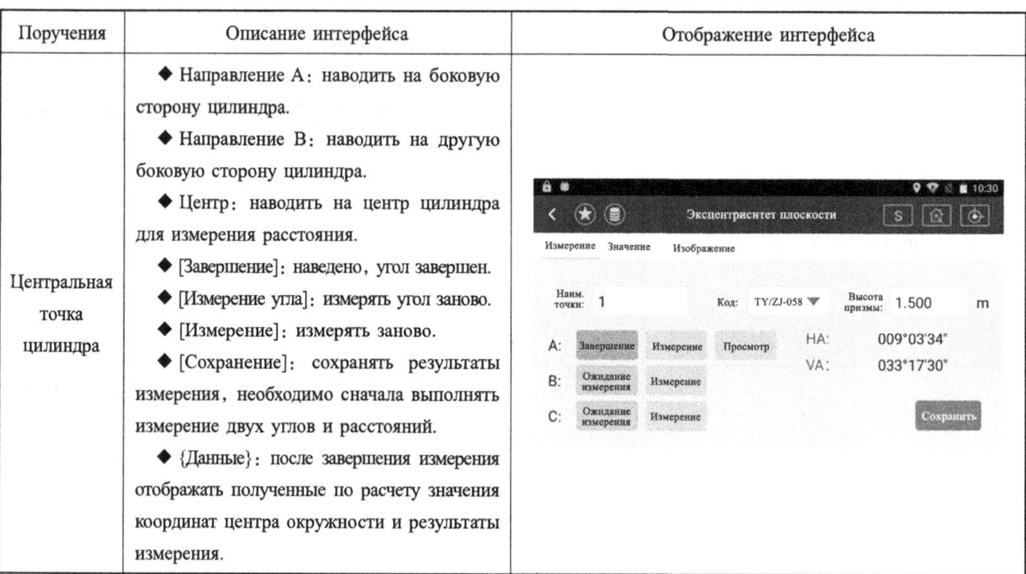

Табл. 7-6-8　Шаги центральной точки цилиндра

Шаг операции	Клавиша	Отображение интерфейса
① После завершения строительства станции в главном меню нажимать [Сбор] и нажимать [Центральная точка цилиндра].	Центральная точка цилиндра	

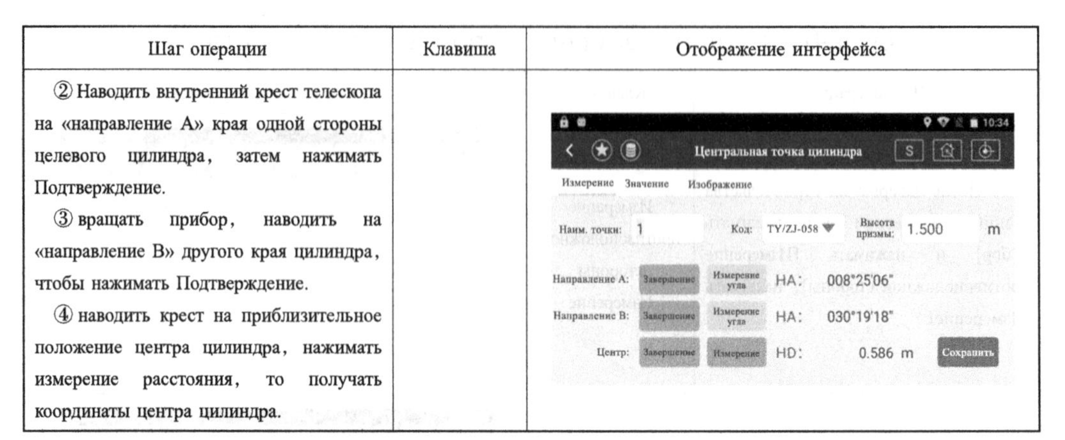

Шаг операции	Клавиша	Отображение интерфейса
② Наводить внутренний крест телескопа на «направление А» края одной стороны целевого цилиндра, затем нажимать Подтверждение. ③ вращать прибор, наводить на «направление В» другого края цилиндра, чтобы нажимать Подтверждение. ④ наводить крест на приблизительное положение центра цилиндра, нажимать измерение расстояния, то получать координаты центра цилиндра.		

5. Измерение противоположной стороны

Измерение противоположной стороны интеллектуальным тахеометром NTS-552 с операционной системой Android

Как показано на рис. 7-6-5, измерять горизонтальное расстояние (dHD), наклонное расстояние (dSD), разность высоты (dVD) и горизонтальный угол (HR) между двумя целевыми призмами. Также можно напрямую вводить значение координат или вызывать файл данных координат для вычисления, подробное описание интерфейса см. Табл. 7-6-9, шаги см. Табл. 7-6-10.

Табл. 7-6-9 Описание интерфейса измерения противоположной стороны

Поручения	Описание интерфейса	Отображение интерфейса
Измерение противоположной стороны	● Интерфейс измерения противоположной стороны ◆ [Измерение]: начинать измерение. ◆ [Расчет]: рассчитывать отношение между начальной точкой и конечной точкой измерения и автоматически переходить к интерфейсу данных. ◆ [Блокировка начальной точки]: блокировать текущую начальную точку, иначе начальная точка будет координатой предыдущей точки измерения.	
	● Интерфейс данных ◆ AZ: азимутальный угол от начальной точки до точки измерения. ◆ dHD: горизонтальное расстояние между начальной точкой и точкой измерения. ◆ dSD: наклонное расстояние между начальной точкой и точкой измерения. ◆ dVD: разность высот между начальной точкой и точкой измерения. ◆ V%: наклон между начальной точкой и точкой измерения.	

Табл. 7-6-10 Шаги измерения противоположной стороны

Шаг операции	Клавиша	Отображение интерфейса
① После завершения строительства станции, в главном меню нажимать [Сбор] и нажимать [Измерение противоположной стороны], нажимать [Измерение].	Измерение противоположной стороны Измерение	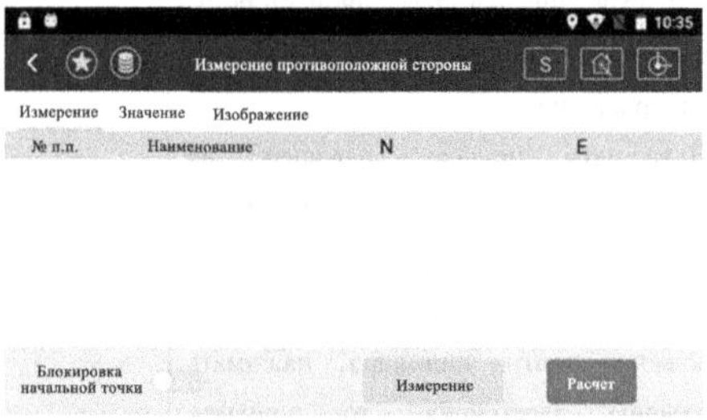
② Наводить на призму A, нажимать [Измерение угла и расстояния], показать расстояние между прибором и призмой A, нажимать кнопку [Завершение].	Измерение угла и дальности Завершение Сохранение	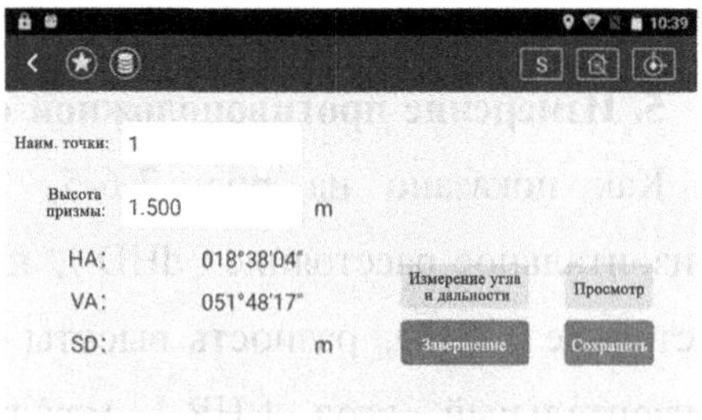
③ Можно выбрать наводить на следующий, нажимать [Измерение] или нажимать [Расчет] для просмотра результатов измерения.	Измерение Расчет	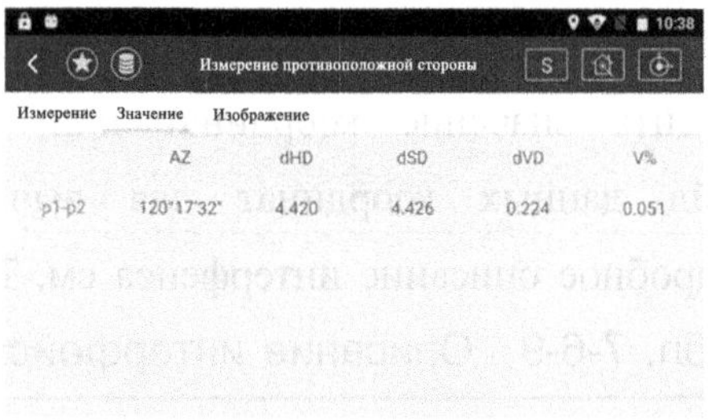

6. Линия и точка удлинения

Как показано на рис. 7-6-6, координаты точки измерения получаются путем измерения координат двух точек и ввода расстояния удлинения между начальной и конечной точек, описание интерфейса см. табл. 7-6-11, шаги см. табл. 7-6-12.

Измерение линии и точки удлинения интеллектуальным тахеометром NTS-552 с операционной системой Android

Табл. 7-6-11 Описание интерфейса линии и точки удлинения

Поручения	Описание интерфейса	Отображение интерфейса
Линия и точка удлинения	◆ Точка P1: наклонное расстояние до первой точки измерения ◆ Точка P2: наклонное расстояние до второй точки измерения ◆ [Измерение]: измерять координаты точки 1 или 2 ◆ [Просмотр]: Просмотреть координаты измеренной точки ◆ [Настройка расстояния]: вводить расстояние удлинения	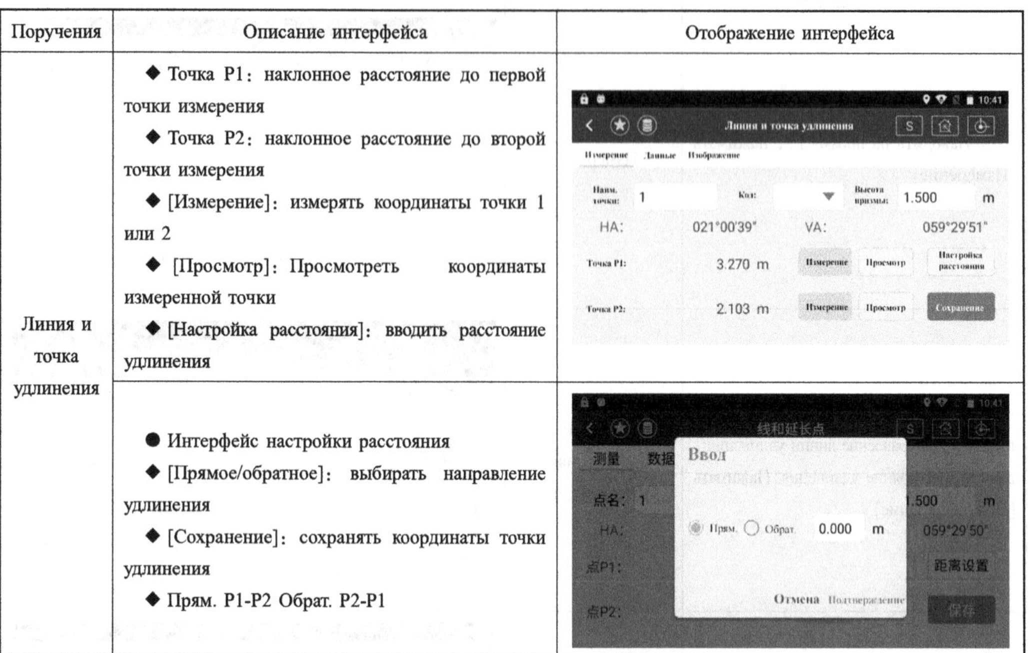
	● Интерфейс настройки расстояния ◆ [Прямое/обратное]: выбирать направление удлинения ◆ [Сохранение]: сохранять координаты точки удлинения ◆ Прям. P1-P2 Обрат. P2-P1	

Табл. 7-6-12 Шаги линии и точки удлинения

Шаг операции	Клавиша	Отображение интерфейса
① После завершения строительства станции в главном меню нажимать [Сбор] и нажимать [Линия и точка удлинения].	Линия и точка удлинения	
② Наводить на призму P1, нажимать [Измерение].	Измерение	

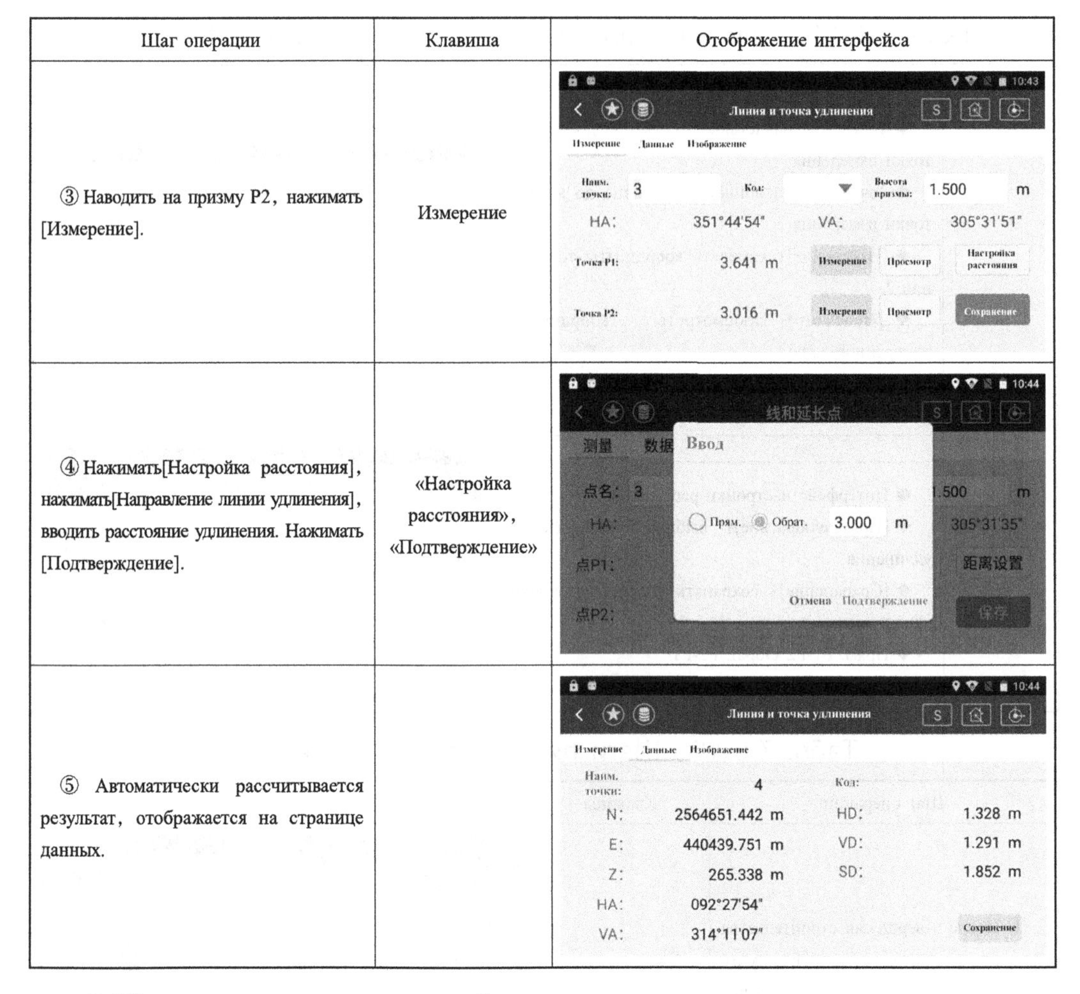

Шаг операции	Клавиша	Отображение интерфейса
③ Наводить на призму P2, нажимать [Измерение].	Измерение	Линия и точка удлинения; Наим. точки: 3; Высота призмы: 1.500 m; HA: 351°44'54"; VA: 305°31'51"; Точка P1: 3.641 m; Точка P2: 3.016 m
④ Нажимать[Настройка расстояния], нажимать[Направление линии удлинения], вводить расстояние удлинения. Нажимать [Подтверждение].	«Настройка расстояния», «Подтверждение»	Ввод; Прям. Обрат. 3.000 m; Отмена Подтверждение
⑤ Автоматически рассчитывается результат, отображается на странице данных.		Наим. точки: 4; N: 2564651.442 m; E: 440439.751 m; Z: 265.338 m; HA: 092°27'54"; VA: 314°11'07"; HD: 1.328 m; VD: 1.291 m; SD: 1.852 m

7. Измерение линии и угловой точки

Как показано на рис. 7-6-7, координаты измеряемой точки получают путем измерения координат двух точек и азимутального угла от штатива до измеряемой точки, описание интерфейса см. табл. 7-6-13, шаги см. табл. 7-6-14.

Измерение линии и угловой точки интеллектуальным тахеометром NTS-552 с операционной системой Android

Табл. 7-6-13 Описание интерфейса измерения линии и угловой точки

Поручения	Описание интерфейса	Отображение интерфейса
Линия и точка удлинения	◆ Точка P1: наклонное расстояние до первой точки измерения ◆ Точка P2: наклонное расстояние до второй точки измерения ◆ Азимут: полученный измерением азимут от точки стояния до измеряемой точки ◆ [[Измерение]: измерять координаты точки 1 или 2 или азимут измеряемой точки ◆ [Просмотр]: Просмотреть координаты измеренной точки ◆ [Сохранение]: сохранять координаты измеряемой точки	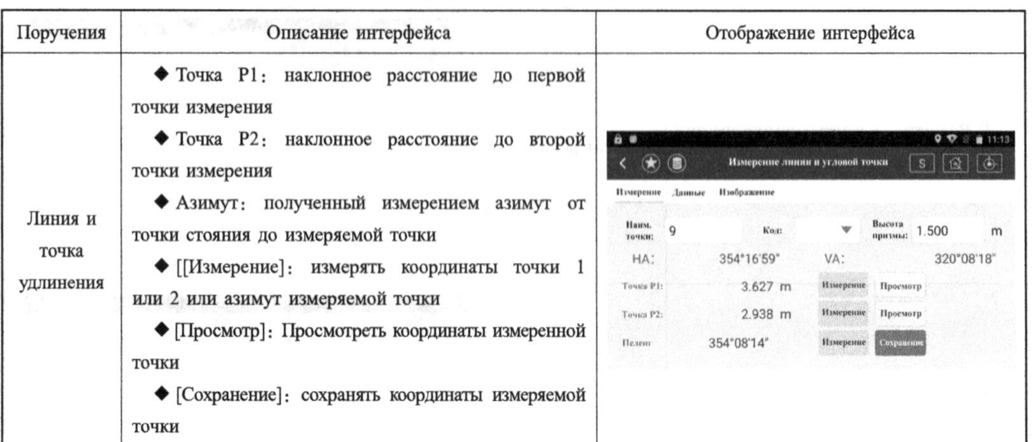

Табл. 7-6-14 Шаги измерения линии и угловой точки

Шаг операции	Клавиша	Отображение интерфейса
① После завершения строительства станции в главном меню нажимать [Сбор] и нажимать [Измерение линии и угловой точки].	Измерение линии и угловой точки	Меню сбора Центральная точка цилиндра Измерение противоположной стороны Линия и точка удлинения Измерение линии и угловой точки Измерение подвесной высоты
② Наводить на призму P_1, нажимать [Измерение].	Измерение	Измерение линии и угловой точки Измерение Данные Изображение Наим. точки: 5 Код: Высота призмы: 1.500 m HA: 012°25'55" VA: 071°06'24" Точка P1: 3.043 m Измерение Просмотр Точка P2: m Измерение Просмотр Пеленг Измерение Сохранение
③ Наводить на призму P_2, нажимать [Измерение].	Измерение	Измерение линии и угловой точки Измерение Данные Изображение Наим. точки: 4 Код: Высота призмы: 1.500 m HA: 332°32'16" VA: 304°57'50" Точка P1: 3.572 m Измерение Просмотр Точка P2: 3.094 m Измерение Просмотр Пеленг Измерение Сохранение

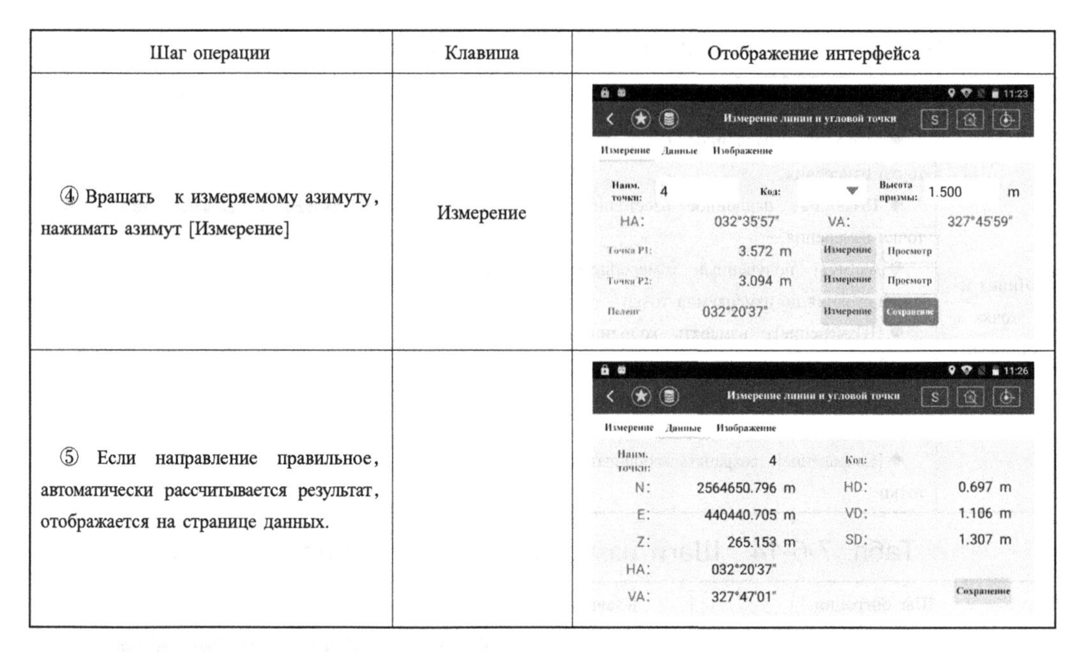

Шаг операции	Клавиша	Отображение интерфейса
④ Вращать к измеряемому азимуту, нажимать азимут [Измерение]	Измерение	11:23 Измерение линии и угловой точки Измерение Данные Изображение Наим. точки: 4 Код: Высота призмы: 1.500 m HA: 032°35'57" VA: 327°45'59" Точка P1: 3.572 m Измерение Просмотр Точка P2: 3.094 m Измерение Просмотр Пеленг 032°20'37" Измерение Сохранение
⑤ Если направление правильное, автоматически рассчитывается результат, отображается на странице данных.		11:26 Измерение линии и угловой точки Измерение Данные Изображение Наим. точки: 4 Код: N: 2564650.796 m HD: 0.697 m E: 440440.705 m VD: 1.106 m Z: 265.153 m SD: 1.307 m HA: 032°20'37" VA: 327°47'01" Сохранение

8. Измерение подвесной высоты

Как показано на рис. 7-6-8, измерять известную целевую точку, затем получать разность высот между точкой, которая находится в одинаковом горизонтальном положении с известной целевой точкой, и известной целевой точкой, путем непрерывного изменения вертикального угла, подробное описание интерфейса см. табл. 7-6-15, шаги см. табл. 7-6-16.

Измерение подвесной высоты интеллектуальным тахеометром NTS-552 с операционной системой Android

Табл. 7-6-15 Описание интерфейса измерения линии и угловой точки

Поручения	Описание интерфейса	Отображение интерфейса
Линия и точка удлинения	◆ dVD: разность между точкой измерения и расчетным VD. ◆ Вертикальный угол: вертикальный угол точки измерения ◆ Горизонтальное расстояние: горизонтальное расстояние точки измерения ◆ [Перестановка базы]: присваивать значение угла VA вертикальному углу ◆ [Измерение угла и расстояния]: повторно измерять расстояние и угол, ориентировать начальную точку	11:27 Измерение подвесной высоты Высота призмы: 1.500 m VA: 327°46'05" dVD: 1.501 m Перестановка базы Вертикальный угол: 327°46'18" Измерение угла и дальности Горизонтальное расстояние: 0.972 m

Табл. 7-6-16 Шаги измерения подвесной высоты

Шаг операции	Клавиша	Отображение интерфейса
① После завершения строительства станции на главном интерфейсе нажимать «Сбор», выпадать стройку подменю до «Измерение подвесной высоты».	Измерение подвесной высоты	Меню сбора Центральная точка цилиндра Измерение противоположной стороны Линия и точка удлинения Измерение линии и угловой точки Измерение подвесной высоты
③ Вводить высоту призмы.	Ввод высоты призмы	Измерение подвесной высоты Высота призмы: 1.500 m VA: 086°29′37″ dVD: m Вертикальный угол: Горизонтальное расстояние: m Перестановка базы Измерение угла и дальности
④ Вводить высоту призмы в графе «Высота призмы», наводить объектив на призму, нажимать кнопку «Измерение расстояния и угла», чтобы получить информацию о высоте, вертикальном угле и горизонтальном расстоянии. ⑤ Поднимать объектив вверх и наводить его на целевую точку, при этом dVD–высота целевой точки.	Измерение расстояния	Измерение подвесной высоты Высота призмы: 1.500 m VA: 321°06′17″ dVD: 7.167 m Вертикальный угол: 284°05′28″ Горизонтальное расстояние: 5.726 m Перестановка базы Измерение угла и дальности

【Обучение навыкам】

Топографическая съёмка эскизным методом тахеометра. Обучать пользоваться тахеометром NTS-552R8 при сборе полевых данных цифровой топографической съёмки, и импортировать данные в файл формата TXT или DAT.

Измерение реечных точек тахеометром

【Размышления и упражнения】

1. Кратко описать содержание рабочего эскиза.

2. Кратко описать шаги сбора данных с помощью тахеометра

Задача Ⅶ Разбивка тахеометра

【Ввод задачи】

Тахеометр использует функцию «Разбивка» встроенного программного обеспечения для расчета соответствующего азимутального угла и горизонтального расстояния по координатам, а затем рассчитывает горизонтальный угол. Определять точку путем разбивки угла и разбивки расстояния. Разбивка точки тахеометра — это разбивка полярных координат.

【Подготовка к задаче】

Рабочий процесс разбивки тахеометра (шаги 1-3 см. Задачу Ⅲ данного Проекта):

(1) Устанавливать прибор.

(2) Строить станцию.

(3) Проводить разбивку тахеометра.

(4) Проверять.

(5) Проводить ориентирование заднего вида и проверку.

Измеряя координаты точки разбивки, сравнивать измеренные значения с проектными значениями или проверять с использованием геометрических отношений между соседними точками и линиями, чтобы обеспечить надежность разбивки.

【Выполнение задачи】

Интерфейс меню разбивки тахеометра показан на рис. 7-7-1.

Функция разбивки точек интеллектуальным тахеометром NTS-552 с операционной системой Android

1. Разбивка точек

Схема разбивки точек тахеометра приведена на рис. 7-7-2:

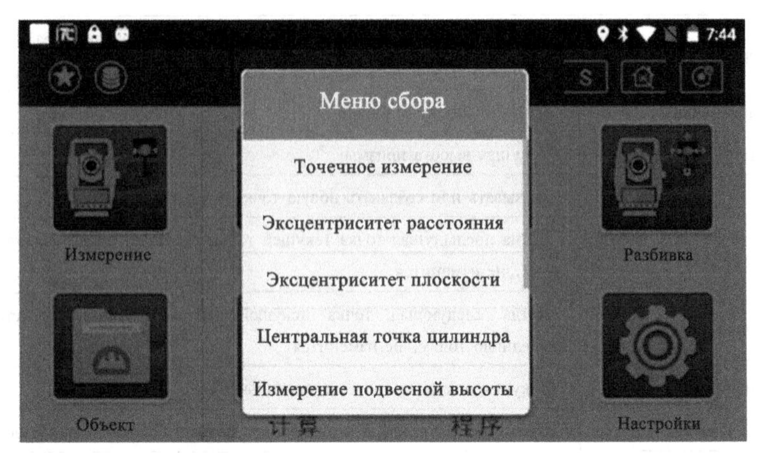

Рис. 7-7-1 Интерфейс меню разбивки тахеометра

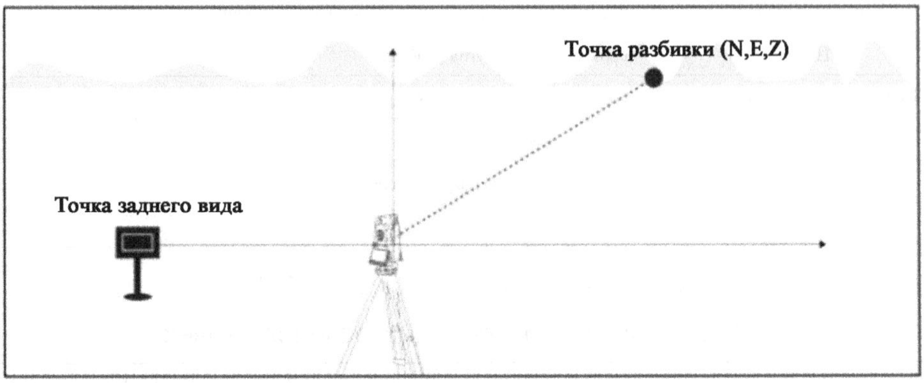

Рис. 7-7-2 Схема разбивки точек тахеометра

(При составлении данного чертежа расстояние от прибора до задней точки должно быть больше расстояния от прибора до точки разбивки)

Отображение и описание на экране разбивки точке см. табл. 7-7-1.

Табл. 7-7-1 Отображение и описание на экране разбивки точек

Отображение на экране	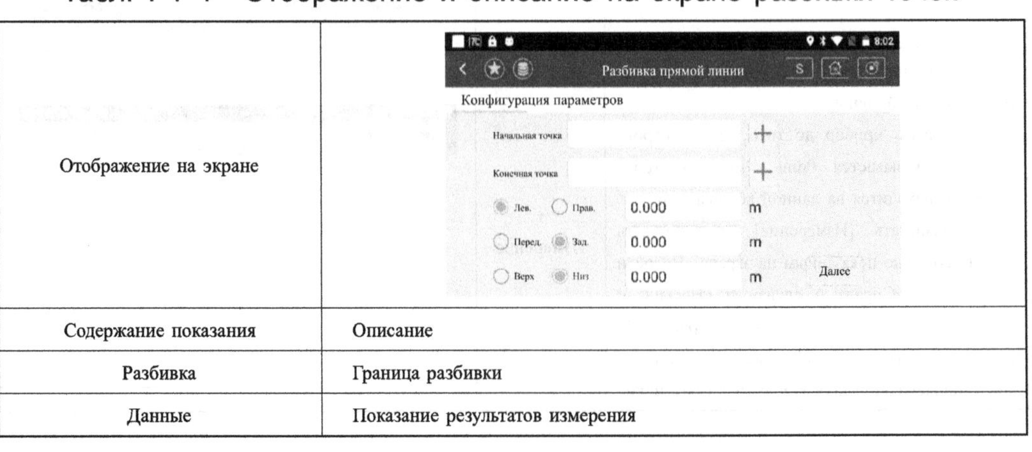
Содержание показания	Описание
Разбивка	Граница разбивки
Данные	Показание результатов измерения

Изображение	Показание графические отношения между точками разбивки, точками стояния и точками измерения
Название точки	Название точки разбивки
Высота призмы	Текущая высота призмы
+	Вызывать или создавать новую точку разбивки
Предыдущая точка	Когда предыдущая точка текущей точки разбивки представляет собой первую точку, не изменится
Следующая точка	Когда следующая точка текущей точки разбивки представляет собой последнюю точку, не изменится
Правильно	Текущее значение является правильным
Вращать налево, вращать направо	Угол, горизонтальный угол прибора должен поворачиваться влево или вправо
Сближение и отдаление	Расстояние сближения или отдаления призмы относительно прибора
Направо, налево	Расстояние перемещения призмы направо или налево
Выемка, насыпь	Расстояние перемещения призмы вверх или вниз
HA	Горизонтальный угол разбивки
Испытание на твердость	Горизонтальное расстояние разбивки
Z	Высота точки разбивки
Хранение	Сохранять предыдущее измеренное значение
Измерение	Контроль

Шаги операции разбивки точек приведен в табл. 7-7-2.

Табл. 7-7-2 Шаги операции разбивки точек

Шаг операции	Клавиша	Отображение интерфейса
① После завершения строительства станции в главном меню нажимать [Разбивка] и нажимать [Разбивка] для ввода операции разбивки целевой точки.	Разбивка Разбивка точек	
② Нажимать [+] и выбирать вызов или создание новой точки. ③ Вращать прибор до того, что в строке «dHA» показывается 0dms, то есть точка разбивки находится на данной коллимации. ④ Нажимать [Измерение], регулировать призму согласно показанным на экране «Впереди и позади», «Справа и слева» и «Насыпь и выемка», когда все три сообщения равны 0, то это означает, что положение призмы представляет собой положение точки разбивки.	+ Измерение	

Функция разбивки углового расстояния интеллектуальным тахеометром NTS-552 с операционной системой Android

2. Разбивка углового расстояния

Разбивка углового расстояния выполняется путем ввода значений расстояния HD, угла HA и высоты Z между штативом и точкой, подлежащей разбивке.

Шаги операции разбивки углового расстояния приведен в табл. 7-7-3

Табл. 7-7-3 Шаги операции разбивки углового расстояния

Шаг операции	Клавиша	Отображение интерфейса
① После завершения строительства станции в главном меню нажимать [Разбивка] и нажимать [Разбивка углового расстояния] для ввода операции разбивки целевой точки.	Разбивка Разбивка углового расстояния	Меню разбивки Разбивка точек Разбивка CAD Разбивка углового расстояния Разбивка линии направления Разбивка прямой линии
② Вводить соответствующие параметры по мере надобности, затем нажимать [Далее].	Следующий шаг	Разбивка углового расстояния Конфигурация параметров HA: 067°24'03" HD: 13.000 m DZ: 10 m Следующий шаг
③ Переходить на интерфейс разбивки и отображать данные по входным параметрам.		Разбивка углового расстояния Разбивка Значение Изображение Высота призмы: 1.500 m Измерение Хранение Предыдущий шаг dHA: -104°49'15" HA: 067°24'03" Ближе и дальше: m HD: 13.000 m Влево или вправо: m DZ: 13.000 m Выемка и засыпка: m
④ Вращать телескоп в соответствии с вычисленным параллаксом, чтобы найти правильный азимут, нажимать [Измерение], выполнить разбивку в соответствии с командой разбивки	Измерение	Разбивка углового расстояния Разбивка Значение Изображение Высота призмы: 1.500 m Измерение Хранение Предыдущий шаг dHA: -000°00'01" HA: 067°24'03" Назад ↑ : 9.779 m HD: 13.000 m Останов ■ : 0.000 m DZ: 13.000 m Засыпка ↑ : 10.126 m

3. Разбивка линии направления

Функция разбивки линии направления интеллектуальным тахеометром NTS-552 с операционной системой Android

Разбивка линии направления выполняется путем ввода азимутального угла, горизонтального расстояния и разности высот между точки, подлежащей разбивке, и известной точки для получения координат одной точки разбивки.

Отображение и описание на экране см. табл. 7-7-4.

Табл. 7-7- 4 Отображение на экране и описание

Отображение на экране	
Содержание показания	Описание
Название точки	Вводить или вызывать одну точку в качестве известной точки
Азимут	Азимутальный угол от известной точки до точки, подлежащей разбивке
Горизонтальное расстояние	Горизонтальное расстояние между точкой, подлежащей разбивке, и известной точкой
Разность высоты	Разность высот между точкой, подлежащей разбивке, и известной точкой
Следующий шаг	Завершать ввод и переходить к следующей операции разбивки

Описание в других точках разбивки.

Шаги операции разбивки линии направления приведен в табл. 7-7-5.

Табл. 7-7-5 Шаги операции разбивки линии направления

Шаг операции	Клавиша	Отображение интерфейса
① После завершения строительства станции в главном меню нажимать [Разбивка] и нажимать [Разбивка линии направления] для ввода операции разбивки целевой точки	Разбивка Разбивка линии направления	

Шаг операции	Клавиша	Отображение интерфейса
② После ввода соответствующих параметров нажимать [Далее].	Следующий шаг	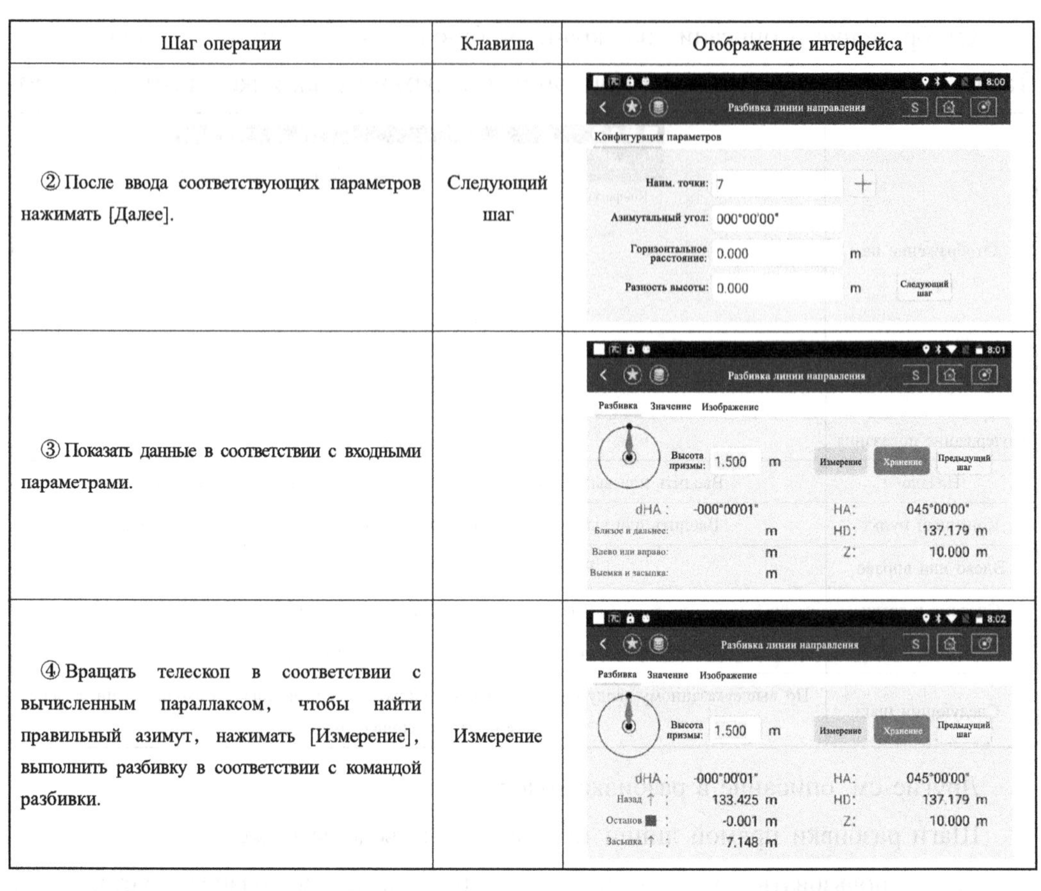
③ Показать данные в соответствии с входными параметрами.		
④ Вращать телескоп в соответствии с вычисленным параллаксом, чтобы найти правильный азимут, нажимать [Измерение], выполнить разбивку в соответствии с командой разбивки.	Измерение	

4. Разбивка прямой линии

Разбивка прямой линии выполняется с помощью двух известных точек и входа трех расстояниях отклонения прямой линии, образованной этими двумя точками для получения координат точки, подлежащей разбивке, как показано на рис. 7-7-3.

Функция прямолинейной разбивки интеллектуальным тахеометром NTS-552 с операционной системой Android

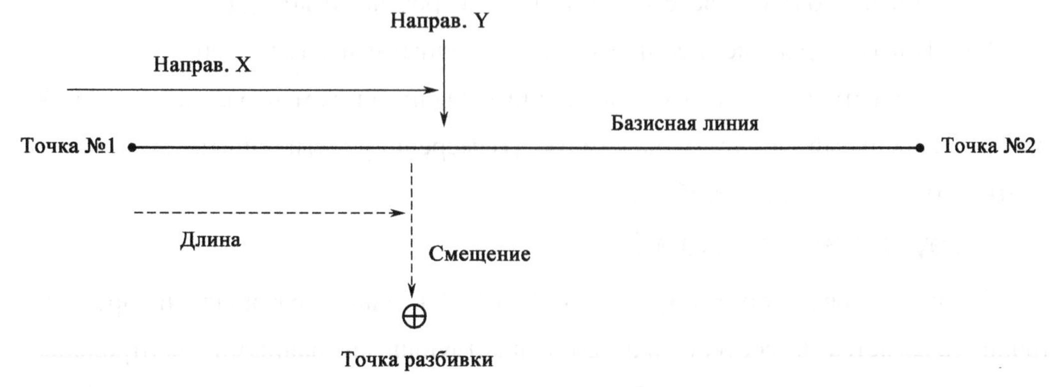

Рис. 7-7-3 Схема разбивки прямой линии

Отображение и описание на экране разбивки прямой линии см. табл. 7-7-8.

Табл. 7-7-6 Отображение и описание на экране разбивки прямой линии

Отображение на экране	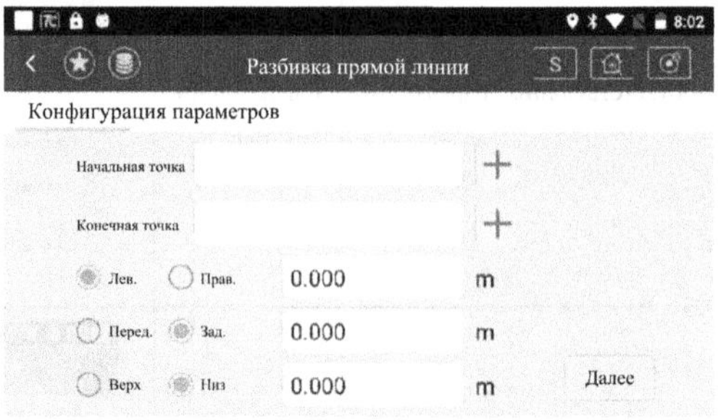 Разбивка прямой линии Конфигурация параметров Начальная точка Конечная точка Лев. Прав. 0.000 m Перед. Зад. 0.000 m Верх Низ 0.000 m Далее
Содержание показания	Описание
Начало	Вводить или вызвать одну известную точку в качестве начальной точки
Конечный пункт	Вводить или вызвать одну известную точку в качестве конечной точки
Влево или вправо	Расстояние отклонения влево или вправо
Спереди и сзади	Расстояние отклонения вперед или назад
Вверх и вниз	Расстояние отклонения вверх или вниз
Следующий шаг	По вышеуказанному вводу рассчитывать координаты точки разбивки и входить в интерфейс разбивки следующего шага

Другие см. описание в разбивке точек.

Шаги разбивки прямой линии тахеометра приведены ниже:

(1) Использовать две известные точки в качестве базиса, установить прибор в одной известной точке в качестве начальной точки, после завершения строительства станции нажать кнопку «Разбивка» в главном меню, потом нажать кнопку «Разбивка прямой линии» для входа в операцию разбивки целевой точки.

(2) Вводить или вызвать начальную точку, вводить или вызвать другую известную точку в качестве конечной точки, и наводить на конечную точку.

(3) После ввода соответствующих параметров нажимать [Далее].

(4) Показать данные в соответствии с входными параметрами.

(5) Вращать телескоп в соответствии с вычисленным параллаксом, чтобы найти правильный азимут, нажимать [Измерение], выполнить разбивку в соответствии с командой разбивки.

【Обучение навыкам】

Разбивка точке тахеометра NTS-552R8 Завершать разбивку и проверку точки тахеометра в соответствии со существующими данными контрольных точек и точки, подлежащей разбивке, и представлять журнал записей разбивки

и отчет о практической подготовке.

【Размышления и упражнения】

1. Какие факторы приводят к погрешности разбивки тахеометра ?

2. Какие меры следует принять для повышения точности разбивки тахеометра ?

Задача Ⅷ Проверка и калибровка тахеометра

【Ввод задачи】

При выпуске с завода приборы подлежат тщательной проверке и корректировке, соответствуют требованиями к качеству. Однако внутренняя конструкция прибора может быть подвергнута определенным воздействиям в результате дальней транспортировки или изменения окружающей среды, поэтому перед началом работы следует провести все проверки и корректировку прибора для обеспечения точности результатов работы.

【Подготовка к задаче】

Основная конструкция тахеометра, основные оси и геометрическое соотношение между ними аналогичны с электронным теодолитом и должны соответствовать следующим геометрическим соотношениям: Ось круглого уровня L’ L’ параллельна вертикальной оси VV прибора, ось цилиндрического уровня LL ортогональна вертикальной оси VV прибора, вертикальная ось VV прибора ортогональна поперечной оси телескопа HH, а коллимационная ось CC телескопа ортогональна поперечной оси HH. Поэтому проверка и калибровка тахеометра включают в себя следующее:

(1) Ось цилиндрического уровня алидады перпендикулярна вертикальной оси прибора

(2) Проверка и калибровка круглого уровня

(3) Проверка и коррекция пластинки с перекрестием телескопа

(4) Вертикальность коллимационной оси и поперечной оси (2 C)

(5) Проверка автоматической компенсации нулевой точки индекса круга

(6) Проверка и коррекция ошибки индекса круга (угол i) и настройки нулевой точки индекса круга

(7) Проверка и коррекция ошибки поперечной оси

(8) Проверка и коррекция лазерного отвеса

(9) Проверка постоянной (K) измерения расстояний прибора

(10) Проверка и коррекция степени совпадения коллимационной оси с генераторной электрооптической осью.

В том числе, выполнение задач по проверке школ в пунктах (1~) ~ (8) может быть осуществлено в соответствии с содержанием задачи 5 проекта 6.

【Выполнение задачи】

Постоянная измерения расстояния прибора

Постоянная прибора проверена при выпуске с завода, и скорректирована в машине, чтобы $K = 0$. Постоянная прибора редко меняется, но мы рекомендуем проводить эту проверку один или два раза в год. Эта проверка должна быть проведена на базисе, а также может проводиться следующим простым способом.

1. Проверка

1) Проверка

(1) Выбрать плоскую площадку для установки и выравнивания прибора в точке A, тщательно провести калибровку на земле точек B и C с интервалом 50м на одной и той же прямой линии с помощью вертикальной нити, и правильно установить отражающую призму или отражательный лист после центровки.

(2) После установки данных о температуре и атмосферном давлении прибора точно измерять горизонтальное расстояние AB, AC.

(3) Установить прибор в точке B и точно центрировать, точно измерить горизонтальное расстояние BC.

(4) Можно получить постоянную измерения расстояния прибора:

$$K = D_{AC} - \left(D_{AB} + D_{BC}\right) \quad \text{Формула 7-8-1}$$

K должен быть приближен к 0, если |K|>5мм, следует направить в

профессиональный орган для проведения строгого контроля, затем провести корректировку по контрольному значению.

2) Пункты для внимания контроля

(1) При контроле следует использовать вертикальную нить прибора для ориентирования, чтобы три точки A, B и C строго находились на одинаковой прямой линии;

(2) Знак центрирования, маркированный на земле точки B, должен быть четким;

(3) Центр призмы точки B должен совпадать с центром прибора;

(4) Центрировать и выравнивать призму и прибор при помощи основания, при перемещении прибора в точку B можно непосредственно устанавливать корпус на основание призмы для повышения точности контроля.

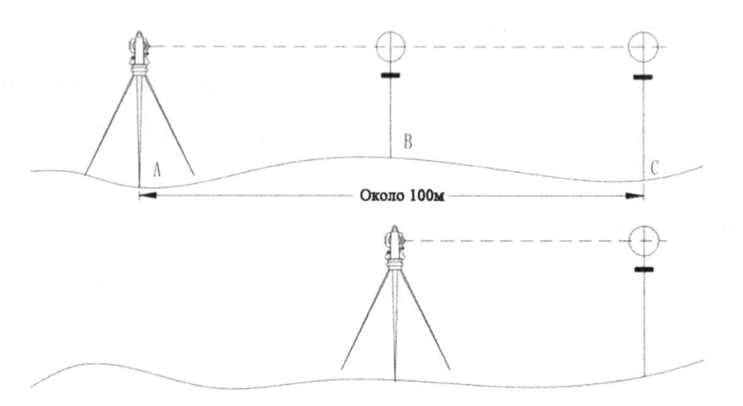

Рис. 7-8-1 Проверка значения постоянной K измерения расстояния тахеометра

2. Коррекция

После строгой проверки и подтверждения того, что постоянная K измерительного прибора не приближается к 0, это означает, что значение K изменяется. Если пользователь должен проводить корректировку, установить постоянную прибора в соответствии со значением комплексной постоянной K, как показано на рис. 7-8-2.

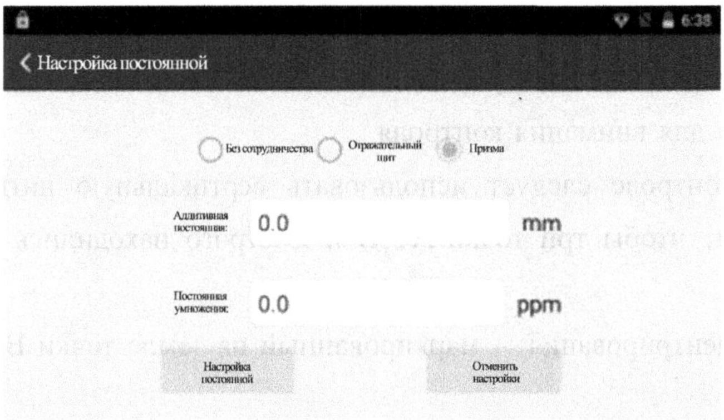

Рис. 7-8-2 Интерфейс аддитивной постоянной с и без призмы измерения расстояния тахеометра

◆ Аддитивная постоянная с призмой: постоянная K прибора, измеренная при наличии призмы

◆ Аддитивная постоянная без призмы: постоянная K прибора, измеренная без призмы

【Обучение навыкам】

Обучение проверке и калибровке тахеометра. Завершить общую проверку, коррекцию проверки тахеометра и представить журнал учёта проверок и коррекций.

【Размышления и упражнения】

Как рассчитывается постоянная измерения расстояния прибора тахеометра?

Проект Ⅷ

Техника измерений лазерной вертикали

【Описание проекта】

Вертикаль представляет собой измерительный прибор, который обеспечивает линию отвеса на основе линии тяжести. Этот проект использует лазерную вертикаль TRL402 в качестве примера, чтобы представить структуру и применение лазерной вертикали.

【Цели проекта】

(1) Ознакомиться с принципом работы лазерной вертикали.

(2) Освоить операцию лазерной вертикали.

(3) Освоить использования лазерной вертикали в строительстве.

Задача | Основная операция лазерной вертикали

【Ввод задачи】

Лазерная вертикаль использует характеристики сильной направленности и концентрации энергии лазерного луча для измерения небольшого горизонтального отклонения отлинии отвеса, выполнения точечной передачи линии отвеса и измерения вертикального контура предмета. Она в основном используется при строительстве высокоэтажного здания, строительстве башни и дымохода, установке крупногабаритного оборудования, измерении горизонтального смещения дамбы, строительном надзоре и наблюдении деформации.

【Подготовка к задаче】

Базовая структура лазерной вертикали в основном состоит из гелий-неоновой лазерной трубки, прецизионной вертикальной оси, передающего телескопа, уровня, основания, источника питания лазера и приемного экрана. Внешний вид и наименование частей лазерной вертикали TRL402

Основные функции лазерного коллиматора

приведены на рис. 8-1-1. Приемная мишень показана на рис. 8-1-2.

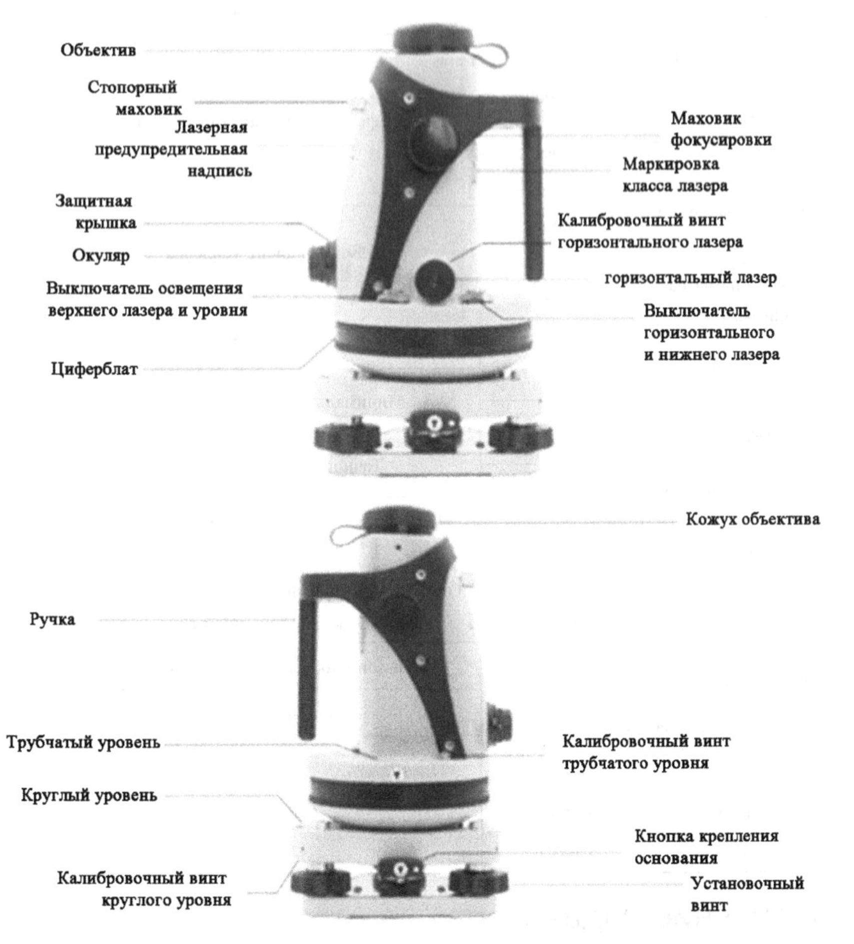

Рис. 8-1-1 Внешний вид и наименование частей лазерной вертикали TRL402

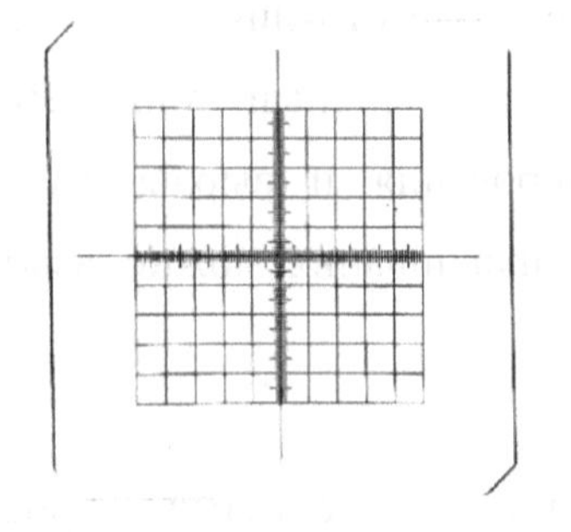

Рис. 8-1-2 Приемная мишень

Лазерная линия отвеса, проецируемая лазерной установкой, имеет одинаковый центр, ось и фокус с коллимационной осью телескопа. Основные технические параметры лазерной вертикали TRL402 приведеныв табл. 8-1-1.

Табл. 8-1-1 Основные технические параметры лазерной вертикали TRL402

Лазерная система		Оптическая система	
Верхняя лазерная установка			
Точность	1/45 000	Эффективный диаметр отверстия	36 мм
Эффективный пробег лазера (в дневное время)	150м		
Эффективный пробег лазера (в ночное время)	500м	Коэффициент усиления	24 раза
Диаметр светового пятна на расстоянии 40м	3мм		
Длина волны лазера	635 nm	Угол поля зрения	1° 30″
Класс лазера	Class ll	Минимальное расстояние на глаз	4, 0 мм
Нижняя лазерная установка		Точность трубчатого уровня	20″ /2 мм
Точность	0.5 мм/1 м	Ошибка в соосности коллимационной оси и вертикальной оси	≤ 2″
Класс лазера	650 nm	Ошибка в соосности лазерной оптической оси и коллимационной оси	≤ 5″
Длина волны лазера	Class ll	Диапазон рабочей температуры прибора	-10℃ -+40℃
Горизонтальная лазерная установка		Источник питания	3В
Точность	1мм/10м		
Длина волны лазера	635 nм	Вес прибора	2.7kg
Класс лазера	Class ll		

【Выполнение задачи】

Шаги операции лазерной вертикали следующие

1. Установка прибора

Устанавливать штатив в точке стояния, устанавливать прибор на штатив и затягивать центральный соединительный винт. Включать нижний лазерный выключатель, шаги центрирования и выравнивания см. Проект Ⅵ. После точного центрирования и выравнивания можно выключать лазерный отвес для экономии электроэнергии.

2. Наведение

На месте объекта установить сетчатую приемную лазерную мишень, вращать окуляр телескопа, чтобы крест пластинки с перекрестием был четким, затем вращать маховик фокусировки, чтобы образование изображения лазерной приемной мишени было четким на пластинке с перекрестием, и по мере возможности устранять параллакс, т.е., когда наблюдатель незначительно перемещает

линию зрения, между крестом и объектом не допускается заметное отклонение. В противном случае эти шаги должны продолжаться до отсутствия параллакса.

3. Центрирование вверх

Нажмить переключатель лазерной и пузырьковой подсветки, лазерный луч будет излучаться из телескопического зеркала объекта, фокусируя лазерный луч на лазерной мишени, при этом центр лазерного пятна является точкой проекции. Чтобы устранить ошибку при перемещении вала прибора, повернуть блок наводки прибора на 0°, 90°, 180°, 270°. В качестве конечного результата взять среднюю точку четырех точек проекции азимута. На рис. 8-1-3 Схема точки проекции приемной лазерной мишени.

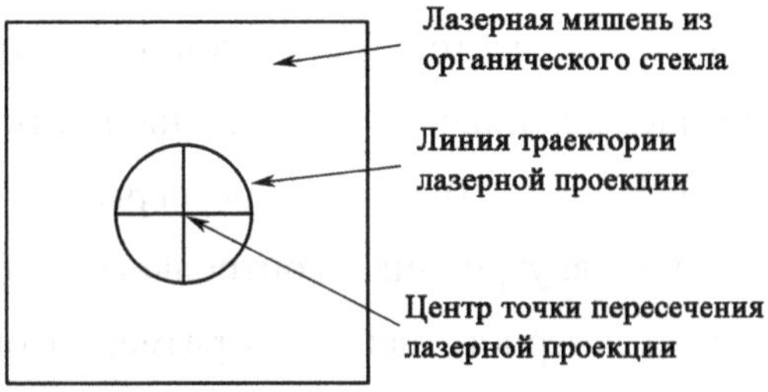

Лазерная мишень из органического стекла

Линия траектории лазерной проекции

Центр точки пересечения лазерной проекции

Рис. 8-1-3 Схема точки проекции приемной лазерной мишени

【Обучение навыкам】

Использовать лазерную вертикаль. Ознакомиться с наименованием и назначением частей прибора, тренировать эксплуатацию прибора.

【Размышления и упражнения】

1.Состав базовой структуры лазерной вертикали.

2. Какие меры принимаются для повышения точности центрирования?

Задача Ⅱ Применение лазерной вертикали

【Ввод задачи】

В зоне застройки с плотными заданиями или высокоэтажных зданиях использовать лазерную вертикаль для переноса оси. При использовании

лазерная вертикаль размещается на закладном знаке вспомогательной оси на нижнем этаже. Когда лазерный лучк вертикальному отвесу, необходимо только установить приемную мишень на отверстии для подключения лазерного центрира на соответствующем этаже, чтобы передать ось от нижнего этажа к высокому этажу.

【Подготовка к задаче】

Использовать метод внутреннего контроля для переноса оси, необходимо размещать 3 и более внутренних вспомогательных контрольных точек оси на фундаментном слое здания, называемых внутренними контрольными точками, и прокладывать знаки. Горизонтальная планировка внутренних контрольных точек приведенав рис.8-2-1, в месте, где соединительная линия внутренних контрольных точек параллельна главной оси здания и отклоняется от главной оси на расстоянии около 0,5-1, 0м, на перекрытии каждого этажа в вертикальном направлении внутренних контрольных точек резервируются отверстие для подключения лазерного центрира размером около 200мм × 200мм. Шаг должен быть выбран таким образом, чтобы точка оставалась вертикальной видимостью (не находилась под влиянием балки и других элементов) и горизонтальной видимостью (не находилась под влиянием колонны и т.д.). Как показано на рис.8-2-2, установить лазерную вертикаль в внутренней контрольной точке, при направлении лазерного луча в направлении вертикального отвеса, установить приемную мишень на отверстии для подключения лазерного центрира соответствующего этажа, чтобы передать плоскостное положение внутренней контрольной точки на строительный этаж, как основание для разбивки осей каждого этажа.

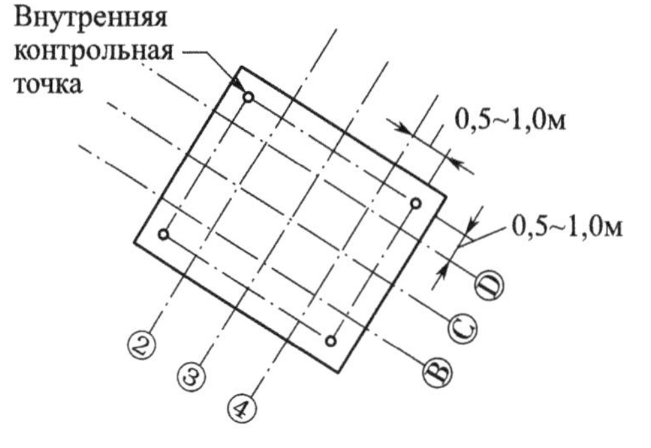

Рис. 8-2-1 Схема расположения внутренней контрольной точки

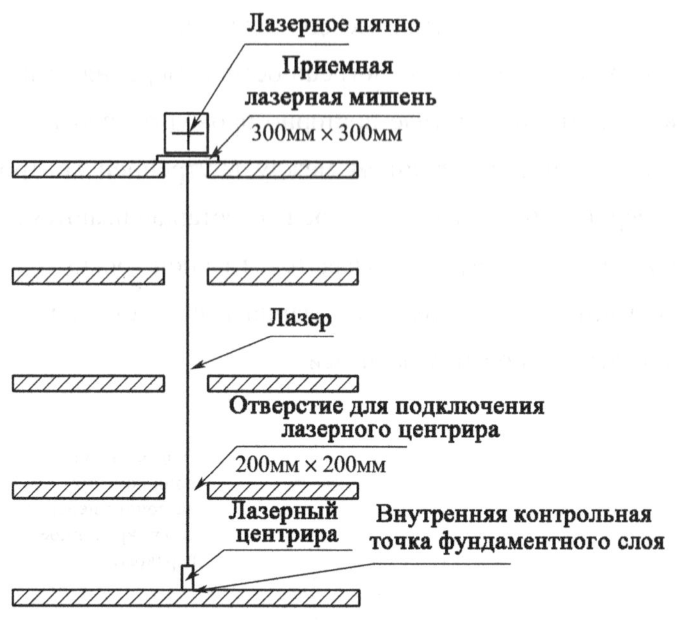

Рис. 8-2-2 Схема вертикальной передачи внутренней контрольной точки

【Выполнение задачи】

На рисунке 8-2-3 показан перенос оси высокоэтажного здания. Конкретные шаги переноса:

(1) Установить лазерную вертикаль на внутренней контрольной точке фундаментном слое здания для точного центрирования и выравнивания.

(2) Установить приемную лазерную мишень на соответствующем отверстии для подключения лазерного центрира на этаже точки, подлежащей переносу.

(3) Включить лазерный переключатель вертикали, из объектива телескопа будет излучаться лазерный луч, который будет проецироваться на приемную мишень, образуя красное световое пятно.

(4) Перемещать приемную мишень, чтобы центр мишени совпал с красным световым пятном, вращать алидаду прибора и проводить перенос точки в 4 азимутах, после определения конечной точки закреплять приемную мишень и отмечать вокруг резервного отверстия, при этом место центра мишени является точкой переноса вспомогательной контрольной точки оси на поверхности здания данного этажа.

(5) После завершения переноса всех внутренних контрольных точек использовать стальную линейку или тахеометр для проверки горизонтального

расстояния и горизонтального угла между точками переноса, если значение находится в допустимом диапазоне погрешности измерения, завершена работа переноса точки, в противном случае повторно проводить перенос.

(6) В соответствии с расстоянием между внутренней контрольной точкой и осью, на поверхности этажа точки оси восстанавливаются, и точки оси последовательно соединяются, что является главной осью здания, а затем другие оси разбиваются на поверхность здания в соответствии с главной осью для завершения вертикальной передачи оси.

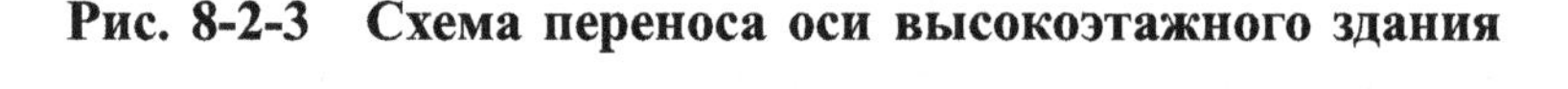
Рис. 8-2-3 Схема переноса оси высокоэтажного здания

【Обучение навыкам】

Перенос оси лазерной вертикали. Выбрать подходящую площадку, провести тренировку переноса трех и более точек, и проверить точность переноса.

【Размышления и упражнения】

1. Каковы меры предосторожности при расположении внутренней контрольной точки?

2. Как проверить внутреннюю контрольную точку после переноса на строительной слой?

Проект IX

Техника измерений GNSS

GNSS является аббревиатурой для глобальной навигационной спутниковой системы (Global Navigation Satellite System). Это общее название для всех глобальных навигационных спутниковых систем, работающих на орбите, включая глобальную систему позиционирования (GPS), ГЛОНАСС (GLONASS), Galileo (Galileo), спутниковую навигационную систему Бэйдоу (Beidou), а [illegible] системы [illegible] расширения глобальной [illegible] (EGNOS) [illegible] навигационного покрытия [illegible] (MSAS) [illegible]

[illegible] спутниковые навигационные системы, которые строятся [illegible]

[illegible] GNSS [illegible]

[illegible] глобальных [illegible] работах, [illegible] и других областях.

Этот проект использует приемник [illegible] GNSS [illegible] в качестве примера, чтобы представить составные части приемника GNSS, работу прибора и его применение в [illegible] измерениях.

[Цели проекта]

(1) Освоить [illegible] и роль компонентов приемника GNSS, правильно управлять приемником GNSS.

(2) Освоить методы контрольной съемки в статическом состоянии GNSS и [illegible] уметь использовать программное обеспечение для обработки данных [illegible] решения базисной линии и расчета уравнивания сети.

(4) Освоить рабочий процесс режима работы радиостанции RTK.

(5) Освоить методы использования GNSS-RTK для контрольной съемки и

【Описание проекта】

GNSS является аббревиатурой для глобальной навигационной спутниковой системы (Global Navigation Satellite System), Это общее название для всех глобальных навигационных спутниковых систем, работающих на орбите, включая глобальную систему позиционирования (GPS), ГЛОНАСС (GLONASS), Галилео (Galileo), спутниковую навигационную систему «Бэйдоу» (Beidou), и соответствующие дополняющие системы, например, WAAS (система расширения глобальной зоны), EGNOS (Европейская геостационарная служба навигационного покрытия), MSAS (многофункциональная система дифференциальной коррекции спутникового базирования) и т.д., также охватывает другие спутниковые навигационные системы, которые строятся и будут построены в будущем.

Для измерения GNSS за известное измерение принимается мгновенное положение спутника быстрого хода в небе, наблюдать расстояние между спутником и фазовым центром антенны приемника GNSS и вычислять координаты местоположения приемника с использованием способа обратной пространственной засечки.

GNSS может обеспечить всепогодное, круглосуточное и высокоточное ориентирование, навигацию и временную службу для глобальных пользователей, широко используется в области инженерной разбивки, топографической съемки, контрольной съемки и в других областях.

Этот проект использует приемник G7 GNSS South Chuangxiang в качестве примера, чтобы представить составные части приемника GNSS, работу прибора и его применение в инженерных изысканиях.

【Цели проекта】

(1) Освоить наименование, функцию и роль компонентов приемника GNSS, правильно управить приемником GNSS.

(2) Освоить методы контрольной съемки в статическом состоянии GNSS и уметь использовать программное обеспечение для обработки данных для решения базисной линии и расчета уравнивания сети.

(3) Освоить рабочий процесс режима работы радиостанции RTK.

(4) Освоить методы использования GNSS-RTK для контрольной съемки и ознакомиться с техническими требованиями и областью применения контрольной

съемки GNSS-RTK.

(5) Освоить рабочий процесс цифрового картографирования, уметь использовать GNSS-RTK с тахеометром для получения данных крупномасштабной топографической карты.

(6) Освоить использование GNSS-RTK для выполнения работ по разбивке.

Задача Ⅰ Основные операции приемника GNSS

【Ввод задачи】

Приемник GNSS является основным компонентом абонентского терминала системы GNSS, предназначен для приема радиосигналов, передаваемых спутниками GNSS, получения необходимой информации о навигации и местоположении и наблюдении, выполнения задач по навигации, местоположению и синхронизации после обработки данных.

Приемники GNSS по назначению подразделяются на навигационные приемники, геодезические приемники и приемники синхронизации. В данном задании в основном представлен геодезический приемник.

Основные функции приемника GNSS

【Выполнение задачи】

1. Общее описание

Приемник GNSS Chuangxiang в основном состоит из трех частей: главный блок, журнал и принадлежности. Схема измерительной системы Chuangxiang показана на рисунке 9-1-1.

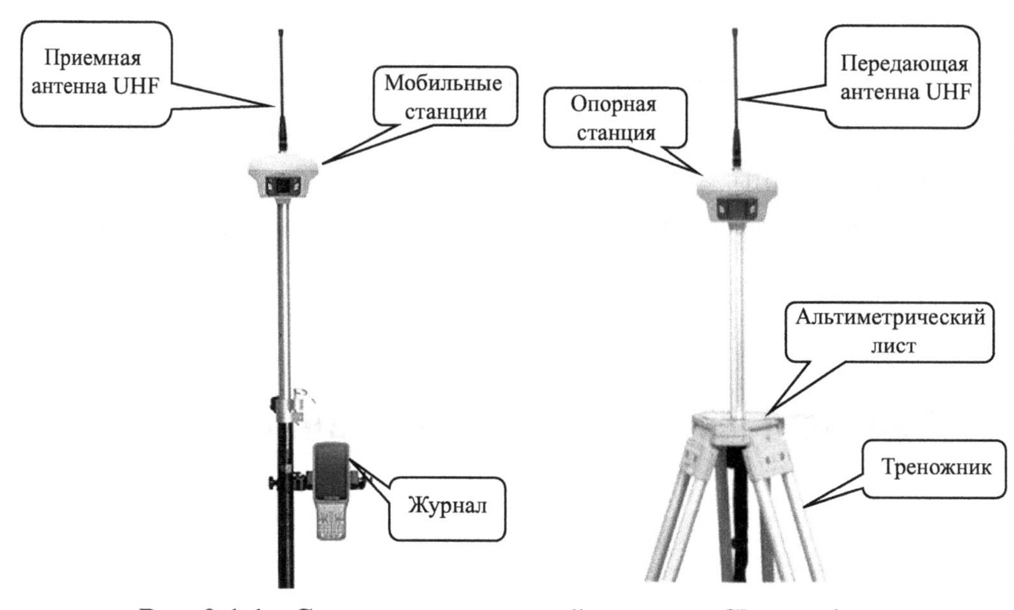

Рис. 9-1-1　Схема измерительной системы Chuangxiang

2. Описание главного блока

Форма приемника GNSS Chuangxiang показана на рисунках 9-1-2, 9-1-3 и 9-1-4.

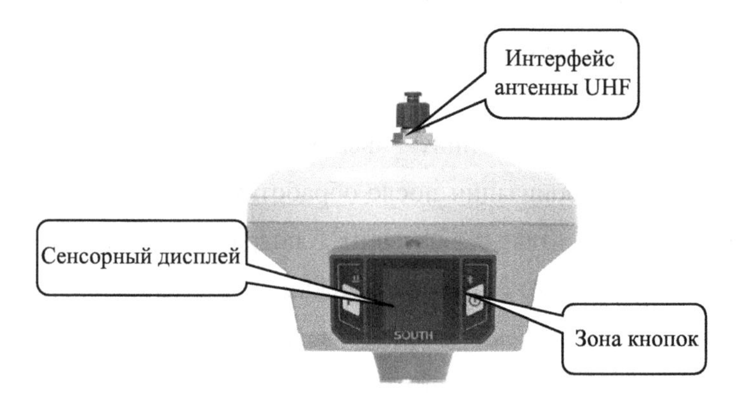

Рис. 9-1-2　Фасад приемника

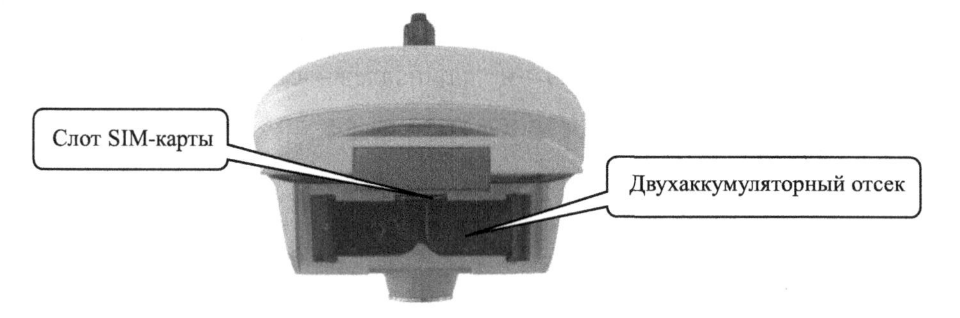

Рис. 9-1-3　Задняя сторона приемника

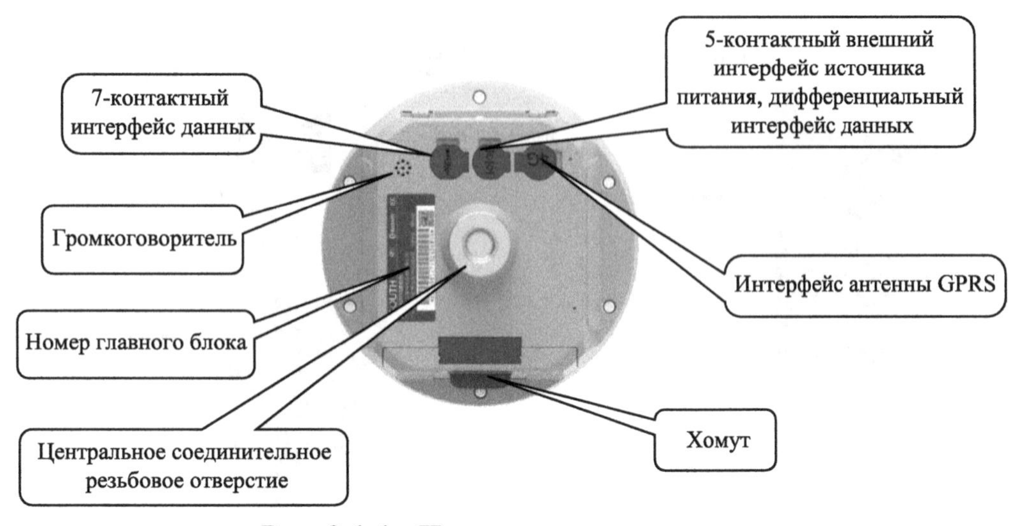

Рис. 9-1-4 Нижняя часть приемника

3. Кнопки и индикаторы

Индикаторы расположены с левой и правой сторон ЖК-экрана, индикатор передачи/приема данных — слева, индикатор Bluetooth — справа, кнопки расположены с левой и правой сторон ЖК-экрана, F — функциональная кнопка\кнопка переключения, ⏻ — кнопка подтверждения и кнопка выключения. Конкретная информация приведена в таблице 9-1-1:

Табл. 9-1-1 Информация о кнопках и индикаторах приемника

Пункты	Функция	Назначение или состояние
⏻	Включение и выключение, определение, изменение	Включение, выключение, определение пункта изменения, выбор содержания изменения
F	Перелистывание страниц, назад	Как правило, для выбора и изменения пунктов, возвращается к верхнему интерфейсу
	Индикатор Bluetooth	Индикатор постоянно горит при включении Bluetooth
	Индикатор данных	Режим радиостанции: мигать по интервалу приема или интервалу передачи Сетевой режим: быстрое мигание (10Гц) при наборе номера или подключении к WIFI и мигание в соответствии с интервалом приема или интервалом передачи после успешного набора

4. Журнал

1) Описание журнала

Операционный журнал, используемая с приемником GNSS Chuangxiang, является H6. Форма журнала показана на рисунках 9-1-5 и 9-1-6.

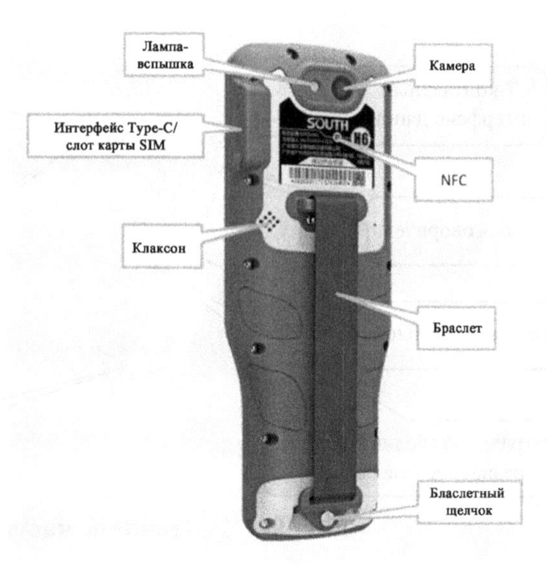

Рис. 9-1-5 Фасад журнала **Рис. 9-1-6 Задняя сторона журнала**

2）Сопряжение по Bluetooth

При включении главного блока выполняется следующая операция с журналом H6：страница операции на китайском языке показана на рисунке 9-1-7，страница операции на русском языке показана на рисунке 9-1-8.

（1）Необходимо открыть программное обеспечение «Engineering Star»，нажать «Конфигурация» и «Подключение прибора»

（2）Нажать на «Поиск» для поиска ближайших устройств Bluetooth.

（3）Выбрать устройство для подключения，нажать на «Подключение»，чтобы подключиться к Bluetooth.

Рис. 9-1-7 Сопряжение по Bluetooth

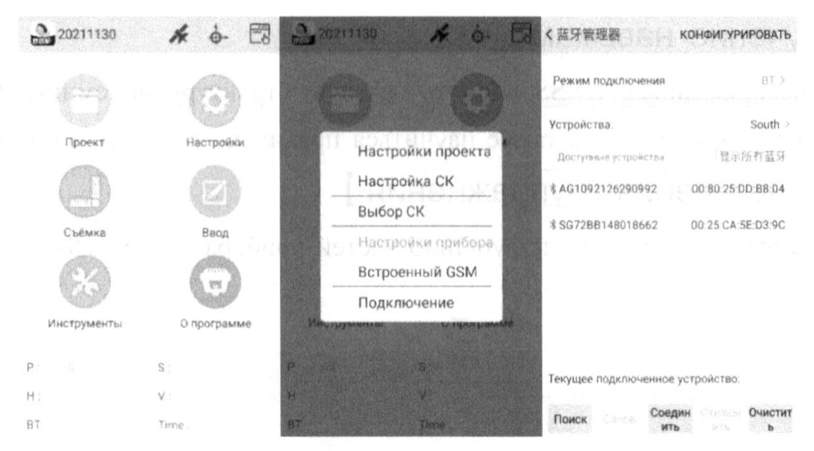

Рис. 9-1-8 Сопряжение по Bluetooth (изображение на русском языке)

5. Метод измерения высоты антенны

Существует четыре метода измерения высоты антенны: вертикальная высота, наклонная высота, высота штанги и высота испытательного листа, (см. рис. 9-1-9) .

Вертикальная высота (h_1): вертикальная высота (h_3) от земли до нижней части главного блока плюс высота (h_0) от фазового центра антенны до нижней части главного блока.

Наклонная высота (h_2): высота от середины резинового кольца до точки земли.

Высота штанги (h_3): высота центрировочной штанги под главным блоком, считанная по шкале на центрировочной штанге.

Высота испытательного листа (h_4): высота от точки земли до самой периферийной части альтиметрического листа.

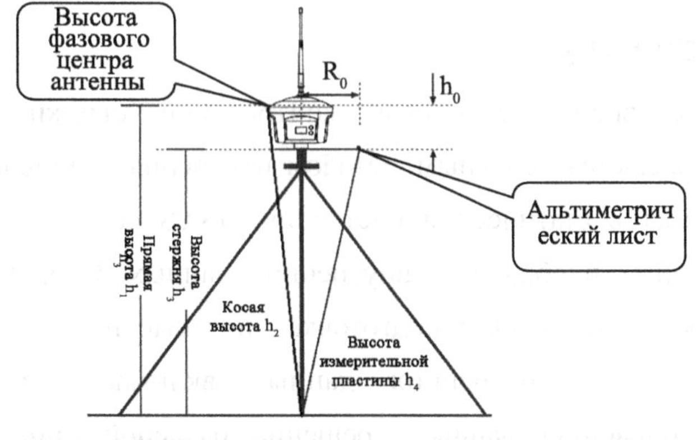

Рис. 9-1-9 Метод измерения высоты антенны

【Обучение навыкам】

Знание приемников GNSS. Понять базовую структуру приемника GNSS и роль каждого компонента, а также научиться правильно работать с прибором.

【Размышления и упражнения】

1. Указать наименование и функцию частей прибора (см. рис.9-1-10) .

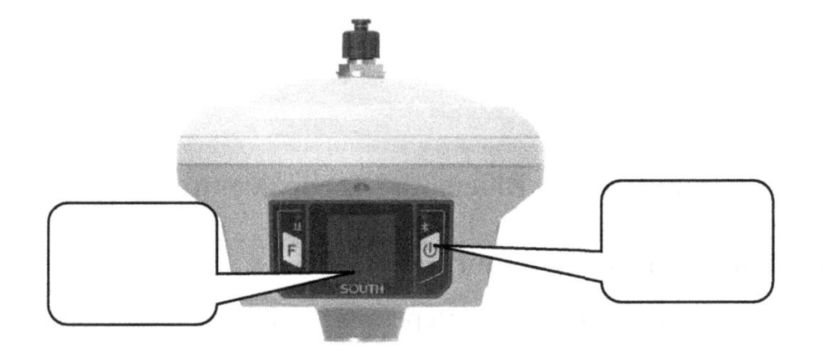

Рис. 9-1-10　Фасад приемника

2. Как применить панель управления для переключения режимов работы ?

Задача Ⅱ　Контрольная съемка в статическом состоянии GNSS

【Ввод задачии】

В настоящее время технология контрольной съемки в статическом состоянии GNSS является основным методом измерения планового обоснования. Контрольная съемка в статическом состоянии GNSS состоит из двух этапов: сбор полевых данных и обработка внутренних данных. Сбор полевых данных включает три процесса: полевая подготовка, полевые наблюдения и проверка результатов. Обработка внутренних данных включает четыре процесса: предварительная обработка данных, решение базисной линии, уравнивание сети и отчет о выходе.

【Подготовка к задаче】

1. Понятие

Статическое относительное позиционирование GNSS заключается в размещении двух или более приемников GNSS на нескольких стационарных станциях для одновременного наблюдения с целью получения базисного вектора между станциями. Обычно используется для контрольной съемки. Точные координаты других точек, подлежащих измерению, получают через известные контрольные точки.

2. Основные понятия графической композиции сети GNSS

(1) Период наблюдения: промежуток времени от начала приема спутниковых сигналов на станции до прекращения наблюдения и непрерывной работы, называемый периодом.

(2) Синхронное наблюдение: одновременное наблюдение одной и той же группы спутников двумя или более приемниками.

(3) Синхронный цикл наблюдения: замкнутый цикл, состоящий из базисных векторов, полученных синхронным наблюдением трех или более приемников, называемый синхронным циклом.

(4) Независимый цикл наблюдения: замкнутый цикл, состоящий из базисных векторов, полученных независимым наблюдением, называемый независимым циклом.

(5) Асинхронный цикл наблюдения: среди всех базисных векторов, составляющих многоугольный цикл, пока имеется асинхронный базисный вектор наблюдения, многоугольный цикл называется асинхронным циклом наблюдения, называемым асинхронным циклом.

(6) Независимые базисные линии: для синхронного цикла наблюдения N приемников GNSS существует J базисных линий синхронного наблюдения, где число независимых базисных линий равно N-1.

(7) Зависимые базисные линии: базисные линии, отличные от независимых базисных линий, называются зависимыми базисными линиями, а разница между общим количеством базисных линий и независимыми базисными линиями является количеством зависимых базисных линий.

3. Принципы размещения сети GNSS

Измерение GNSS делится на шесть классов: AA, A, B, C, D, E по

точности от высокого до низкого класса, обычно используются классы B, C, D, E. Стандарт и классификация точности измерения приведены в таблице 9-2-1.

Табл. 9-2-1 Стандарт и классификация точности измерения GNSS

Класс	постоянная ошибка	Погрешность пропорциональности, мм/км	Среднее расстояние между соседними точками/км	Назначение
AA	≤ 3	≤ 0.01	1000	Класс AA используется главным образом для глобальных геодинамических исследований, измерения деформации земной коры и точного определения орбиты. Классы AA и A могут служить основой для создания геоцентрических опорных рамок. Уровни AA, A и B могут быть использованы в качестве основы для создания национальной сети космического геодезического контроля.
A	≤ 5	≤ 0.1	300	Класс A используется главным образом для региональных геодинамических исследований и измерения деформации земной коры. Уровни AA, A и B могут служить основой для создания национальной сети космического геодезического контроля.
B	≤ 8	≤ 1	70	Класс B в основном предназначен для локального контроля деформации и различных точных инженерных измерений; Уровни AA, A и B могут служить основой для создания национальной сети космического геодезического контроля.
C	≤ 10	≤ 5	10~15	Класс C в основном предназначен для основных контрольных сетей для крупных и средних городов и инженерных измерений;
D	≤ 10	≤ 10	5~10	Классы D и E в основном используются для контрольной съемки средних и малых городов и поселков, а также для картографической съемки, кадастра, земельной информации, недвижимости, геодезической съемки, изысканий, строительства и т.д.
E	≤ 20	≤ 20	0.2~5	Классы D и E в основном используются для контрольной съемки средних и малых городов и поселков, а также для картографической съемки, кадастра, земельной информации, недвижимости, геодезической съемки, изысканий, строительства и т.д.

(1) Размещение сети GNSS должно осуществляться в соответствии с принципами оптимального проектирования в зависимости от ее цели, состояния

спутников во время эксплуатации, ожидаемой точности, надежности результатов опорной сети и эффективности работы.

(2) Как правило, замкнутая фигура должна быть сформирована из независимых ребер наблюдения, таких как один или несколько независимых циклов наблюдения или форма присоединенной трассы, чтобы создать более благоприятные условия для повышения надежности сети.

(3) В сети GNSS не требуется обозревать между точками, но это должно быть выгодно для управления шифрованием по обычному методу измерения.

(4) Вновь развернутая сеть GNSS должна по мере возможности проводить совместное измерение с существующими точками GNSS поблизости, по мере возможности соединяться с существующими опорными точками сети на земле, количество совпадающих точек в местах соединения должно быть не менее 3 и равномерно распределяться для надежного определения параметров преобразования между сетями GNSS и существующими сетями.

(5) Точка сети GNSS должны совместно измерять высотную отметку на основе существующих реперных точек. В сетях класса C измеряется одна точка отметки через каждые 3-6 точек, в сетях класса D и E определяется количество точек измерения в зависимости от конкретной ситуации. Совместное измерение высоты в сетях класса A и B выполняется методом нивелирования третьего и четвертого класса соответственно, а в сетях класса C-E — методом внеклассового нивелирования или методом с эквивалентной точностью.

4. Базисный вектор

Базисный вектор представляет собой дифференциальное значение наблюдения, сформированное с использованием данных синхронного наблюдения, собранных двумя или более приемниками, и трехмерную разность координат между двумя приемниками, рассчитанную методом оценки параметров. В отличие от длины стороны базисной линии, измеренной обычными наземными измерениями, базисный вектор является вектором, который имеет как длину, так и характеристики направления, а длина стороны базисной линии является скаляром только с характеристиками длины. Различия между обычными измерениями и базисными векторами измерений GNSS показаны на рис. 9-2-1.

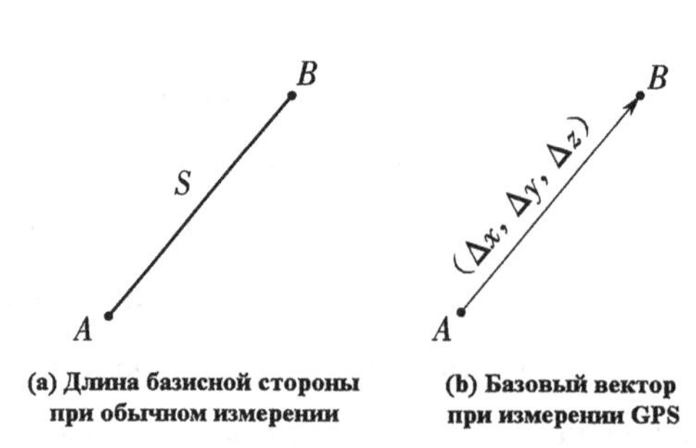

Рис. 9-2-1 Базисный вектор

5. Расчет характеристических условий сети GNSS

(1) Количество периодов наблюдения: $C=n \cdot m / N$, где n — количество точек сети, m — количество станций, установленных в каждой точке, N — количество приемников.

(2) Общее количество базовых линий: $J_{Об.} = C \cdot N \cdot (N-1)/2$

(3) Количество необходимых базовых линий: $J_{необх.} = n-1$

(4) Количество независимых базовых линий: $J_{незав.} = C \cdot (N-1)$

(5) Количество избыточных базовых линий: $J_{избыт.} = C \cdot (N-1) - (n-1)$

Для графика синхронизации, состоящего из N приемников GNSS, количество базисных линий GNSS, включенных в период времени, составляет:

$$J=\frac{N-1}{2}$$

Но только N-1 являются независимыми ребрами GNSS, а остальные являются независимыми ребрами.

6. Схема синхронной сети с несколькими приемниками

Когда работает более двух приемников, приемники на нескольких станциях могут одновременно наблюдать спутники общего вида в течение одного и того же периода времени. В это время геометрическая фигура, состоящая из ребер синхронного наблюдения, называется синхронной сетью или контуром синхронизации. График синхронной сети, образованный синхронным наблюдением N приемников, показан на рис. 9-2-2.

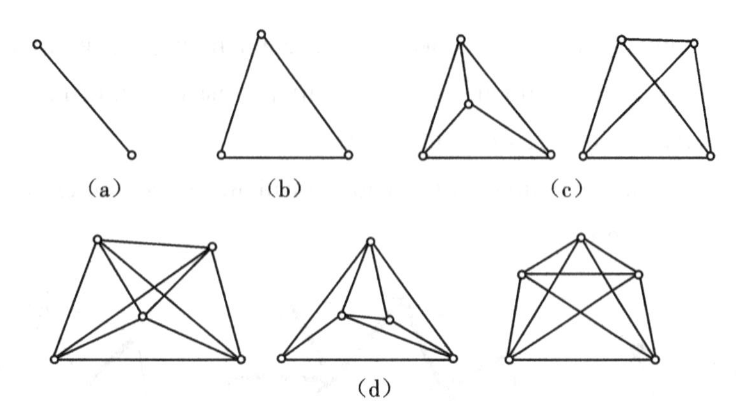

Рис. 9-2-2 График синхронной сети, образованный синхронным наблюдением N приемников

(a) N=2; (b) N=3; (c) N=4; (d) N=5

7. Схема наблюдения асинхронной сети с несколькими приемниками

При размещении опорной сети GNSS в городах или крупных и средних объектах, количество контрольных точек относительно велико, и из-за ограничения количества приемников трудно выбрать схему наблюдения синхронной сети. В это время несколько синхронных сетей должны быть соединены друг с другом, чтобы сформировать общую опорную сеть GNSS. Эта сеть GNSS, соединенная несколькими синхронными сетями, называется асинхронной сетью.

Схема наблюдения асинхронной сети зависит от количества работающих приемников и способа соединения между синхронной сетью. Различное количество приемников определяет сетевую структуру синхронной сети, а различные способы соединения синхронной сети приводят к различной сетевой структуре асинхронной сети. Поскольку уравнивание и оценка точности сети GNSS в основном определяются количеством асинхронных замкнутых циклов, образованных базисными линиями, наблюдаемыми в разные периоды времени, и величиной невязки, и не имеют ничего общего с длиной стороны базисной линии и углом, зажатым базисной линией, структура сети асинхронной сети тесно связана с избыточными наблюдениями. Асинхронная сеть трех приемников с различными способами соединения показана на рисунке 9-2-3:

(1) Асинхронная сеть с точечным соединением: асинхронная сеть с только одной точкой соединения между синхронными сетями называется асинхронной сетью с точечным соединением.

(2) Асинхронная сеть с боковым соединением: асинхронная сеть, соединенная базисной линией между синхронными сетями, называется асинхронной сетью с боковым соединением.

(3) Гибридная асинхронная сеть: гибридный метод соединения с точечным и боковым соединением.

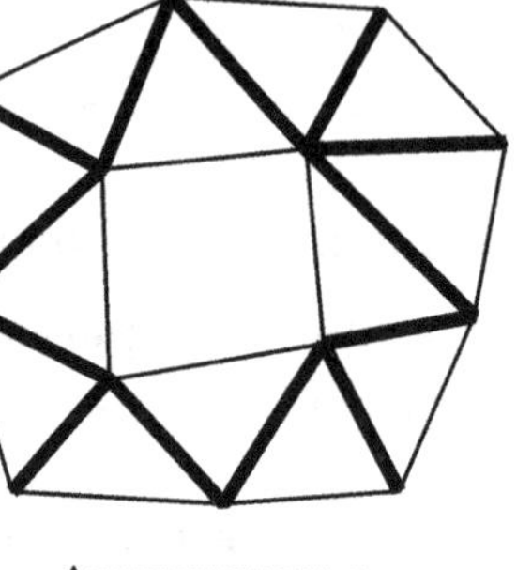

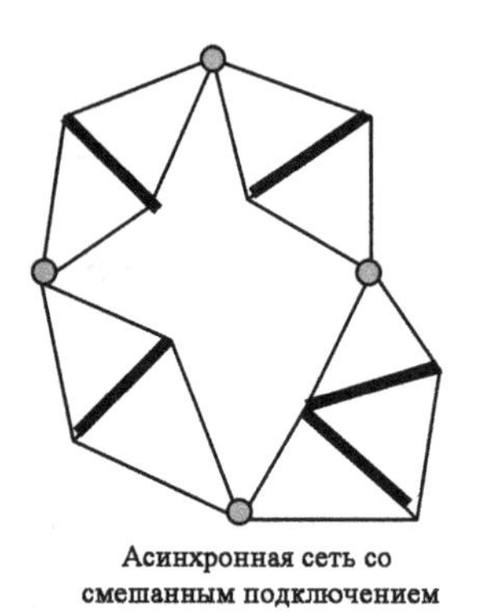

Рис. 9-2-3 Асинхронная сеть с различными способами соединения трех приемников

【Выполнение задачи】

1. Подготовительные работы

(1) Сбор данных контрольных съемок включает в себя таблицы результатов, описания сети опорных точек, карты расположения участков земли, карты трассы, инструкции по расчетам и технические сводки.

(2) Собранные данные топографической карты включают топографические карты различных масштабов и профессиональные карты в участке съемки и вокруг него.

(3) Если система координат и система высот собранных контрольных данных противоречивы, отношения преобразования между этими различными системами должны быть собраны и отсортированы.

Статистическая контрольная съемка GNSS

(4) При сборе данных необходимо определить возраст проведения съемки, операционную организацию, правила, систему координат и нуль высот, уровень съемки контрольных точек и оценку точности результатов, а также масштаб и качество карты.

2. Расположение опорной сети GNSS

1) Требования к выбору точек сети GNSS

(1) Точки должны быть расположены в более высоких точках, где легко установить приемное оборудование и где поле зрения широко доступно.

(2) Точечная цель должна быть заметной, и не должно быть препятствий выше 15° вокруг поля зрения, чтобы уменьшить блокировку или поглощение сигнала GNSS препятствиями.

(3) Точки должны быть удалены от мощных радиопередающих источников (например, телевизионных станций, микроволновых станций и т. д.), расстояние не менее 200м; Вдали от высоковольтных линий электропередачи и каналов передачи микроволновых радиосигналов расстояние должно быть не менее 50 м, чтобы избежать помех от электромагнитных полей к сигналам GNSS.

(4) Рядом с точками не должно быть больших площадей воды или объектов, которые сильно мешают приему спутниковых сигналов, чтобы уменьшить влияние эффектов многолучевости.

(5) Точки должны быть выбраны в местах с удобной транспортировкой, что способствует расширению и совместному измерению других методов наблюдения.

(6) Фундамент земли стабильный, что удобно для долгосрочного хранения точечных реперов.

(7) При выборе станции местная среда (рельеф местности, геоморфология, растительность и т. д.) вблизи станции должна быть максимально согласована с окружающей средой, чтобы уменьшить репрезентативные ошибки метеорологических элементов.

2) Выборочные работы

(1) Персонал по выбору участка должен провести рекогносцировочное изыскание в соответствии с техническим проектом и выбрать точки на местности в соответствии с требованиями. При использовании старой точки следует проверить стабильность и целостность старой точки, а также безопасность и доступность цели, и ее можно использовать только после соответствия требованиям.

(2) Форма сети должна способствовать синхронному наблюдению за краевым и точечным соединением.

(3) При необходимости нивелирования выбранной точки, персонал по выбору точки должен обследовать нивелирный маршрут на месте и представить соответствующие рекомендации.

3) Проектирование плотности сети GNSS

При разработке схемы сети GNSS требования к распределению точек GNSS также различны в соответствии с различными требованиями к задачам и объектам обслуживания, конкретные требования приведены в таблице 9-2-2:

Табл. 9-2-2 Расстояние между соседними точками в сети GNSS (км)

Пункты \ Степень	Класс Ⅱ	Класс Ⅲ	Класс Ⅳ	Уровень Ⅰ	Уровень Ⅱ
Минимальное расстояние между соседними точками	3	2, 5	1	0, 5	0, 5
Максимальное расстояние между соседними точками	27	15	6	3	3
Среднее расстояние между соседними точками	9	5	2	1	<1
Количество сторон замкнутого цикла или присоединенной трассы	≤6	≤8	≤10	≤10	≤10

4) Установка знаков на местности

В точках сети GNSS, как правило, следует установить репер как знак центра, чтобы точно определить местоположение точки, репер и знак точки должны быть стабильными и прочными для долгосрочного сохранения и использования. В районах обнажения коренных пород металлические знаки также могут быть встроены непосредственно в коренные породы. После закладки репера каждой точки следует представить описания сети опорных точек GNSS, как показано в табл. 9-2-3, и схему опорной сети GNSS, как показано на рис. 9-2-4.

Табл. 9-2-3 Описания сети опорных точек GNSS

Зона сети: Зона Пинлу　　Лист карты: 149E008013　Номер точки: C002

Название точки	Наньгэда	Степень	B	Приближенное местонахождение	B=34° 50′ L=111° 10′ H=484м		
Местоположение	пров. Шаньси, гор. Юньчэн, уезд Пинлу, пос. Чэнгуань, Горный район деревни Шанлинь			Ближайшее место жительства и расстояние	Гостиница в уезде Пинлу, 8 км от точки		
Тип земли	Горная местность	Качество почвы	Желгозем	Глубина мерзлоты		Глубина оттаивания	

<table>
<tr><td>Название точки</td><td>Наньгэда</td><td>Степень</td><td>B</td><td>Приближенное местонахождение</td><td colspan="3">B=34° 50′ L=111° 10′ H=484м</td></tr>
<tr><td colspan="2">Ближайшие телекоммуникационные средства</td><td colspan="2">Почтово-телеграфное отделение уезда Пинлу</td><td>Электроснабжение</td><td colspan="3">Деревня Шанлинь может ежедневно обеспечивать переменным током</td></tr>
<tr><td>Ближайший источник воды и расстояние</td><td colspan="3">В деревне Шанлинь имеется водопроводная вода, расстояние от точки 800м.</td><td>Источник камня</td><td>Вблизи точки</td><td>Источник песка</td><td>Уездная строительная компания</td></tr>
<tr><td>Ситуация с движением в этой точке (доступ к этой точке и ближайшая станция, название терминала и расстояние)</td><td colspan="3">На пароме из Саньмэнься через реку Хуанхэ, около 8 км на север до уезда Пинлу, Шаньси, затем на автобусе из уезда Пинлу около 7 км на юго-восток до деревни Шанлинь, затем пешком около 800 м до точки. В день ходит два автобуса, а добраться до точки можно на двухколесной рикше.</td><td>Транспортная схема</td><td colspan="3">N
Уезд Пинлу
Село Шанлин
Мяоцзинь
Паньнань
Хуанхэ
г. Саньменься
1:200 000</td></tr>
<tr><td colspan="4">Выбор точек</td><td colspan="4">Схема расположения точек</td></tr>
<tr><td>Ед. изм.</td><td colspan="3">Первая геодезическая группа Государственного управления геодезии и картографии</td><td colspan="4" rowspan="5">200
100
800
Село Шанлин
400
Паньнань
Ед. изм.: м
1:200 00</td></tr>
<tr><td>Выборщик</td><td>Ли Чун</td><td colspan="2">Дата: 5 июня 2000г.</td></tr>
<tr><td colspan="2">Необходимость привязки координат и высот</td><td colspan="2">Привязка высотной отметки</td></tr>
<tr><td colspan="2">Класс привязки и методика</td><td colspan="2">Нивелирование II класса</td></tr>
<tr><td colspan="2">Начальный репер и расстояние</td><td colspan="2">Номер точки II XI II 023, расстояние до данной точки составляет 1, 5км, километраж привязки составляет около 2км.</td></tr>
<tr><td colspan="4">Геологическое строение, тектоническая обстановка</td><td colspan="4">Схема топографического геологического строения</td></tr>
<tr><td colspan="4"></td><td colspan="4"></td></tr>
<tr><td colspan="4">Установка знаков на местности</td><td colspan="2">Разрез репера</td><td colspan="2">Планируемое положение приемной антенны</td></tr>
</table>

Название точки	Наньгэда	Степень	B	Приближенное местонахождение	B=34° 50′ L=111° 10′ H=484м
Ед. изм.		Первая геодезическая группа Государственного управления геодезии и картографии		40; 150; 15; 10; 120; 70; Ед. изм.: см	Антенна может быть размещена непосредственно на верхней поверхности пирса.
Персонал по установке знаков		Чжан Юн	Дата 2000.7.12		
Использование старых точек и обстоятельств		Использование оригинального пирса			
Хранитель		Чэнь Шэнмин			
Организация-хранитель и должность		Бухгалтер деревни Шанлинь, уезд Пинлу, провинция Шаньси			
Адрес хранителя		пров. Шаньси, уезд Пинлу, деревня Шанлинь			
Примечание					

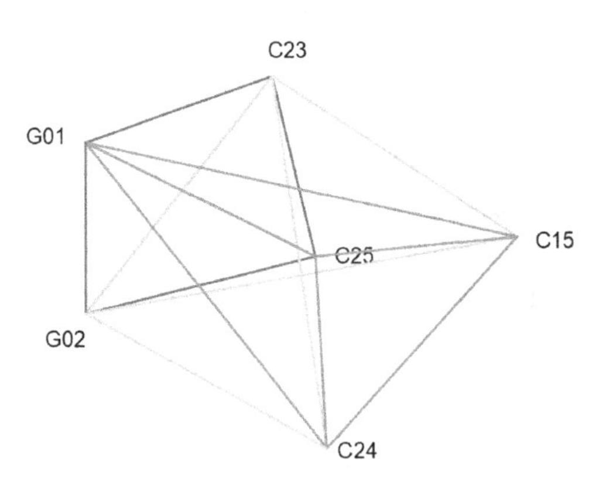

Рис. 9-2-4 Схема опорной сети GNSS

3. Разработка плана наблюдений

Оперативный диспетчер составляет план наблюдений в соответствии с рельефом местности и транспортными условиями участка съемки, применяемым методом GNSS, минимальным временем наблюдения проектного базиса и другими факторами, как показано в табл. 9-2-4. В соответствии с этой таблицей рабочим бригадам отдается распоряжение о проведении работ на соответствующем этапе, и любые необходимые корректировки вносятся в соответствии с фактическим ходом работ.

Табл. 9-2-4 Пример планирования работ по измерению GNSS

Период №	Время наблюдения	Номер/ наименование станции	Номер/ наименование станции	Номер/ наименование станции	Номер/ наименование станции
		№ машины	№ машины	№ машины	№ машины
1	8：50-9：30	G01	G02	C25	C23
		1	2	3	4
2	9：45-10：25	C15	G02	C24	C23
		1	2	3	4
3	10：40-11：20	C15	G01	C24	C25
		1	2	3	4

4. Полевые наблюдения

В процессе полевого наблюдения операторы должны соблюдать соответствующие требования:

(1) Группа наблюдения должна строго соблюдать диспетчерский приказ и одновременно наблюдать одну и ту же группу спутников в установленное время. В случае недостижения запланированного местоположения группы должны быть своевременно уведомлены об этом и согласованы с составителем плана наблюдений необходимые корректировки времени, и группа наблюдения не должна самовольно вносить изменения в план наблюдения.

(2) В течение одного периода наблюдения строго запрещается выполнять следующие операции: выключить приемник и перезапустить; провести самопроверку (если не обнаружены неисправности); изменить заданные параметры приемного устройства; изменить положение антенны; нажать на кнопку для закрытия и удаления файла и т.д.

(3) Во время наблюдения оператор не должен покидать станцию без разрешения и должен предотвращать вибрацию и перемещение приборов, приближение людей или других предметов, касание антенн или блокирование сигналов.

(4) Во время работы не следует использовать радиосвязь вблизи антенны. При необходимости использования средства радиосвязи должны находиться на расстоянии более 10 м от антенны. При транзите молнии следует остановить измерение и снять антенну во избежание удара молнии.

(5) Основные технические правила измерения GNSS на разных уровнях выполняются по табл. 9-2-5, а управление GNSS в городах и объектах

выполняется по табл. 9-2-6.

Табл. 9-2-5 Основные технические правила измерения GNSS на разных уровнях

Пункты \ Степень			AA	A	B	C	D	E
Вертикальный угол отсечки спутника по высоте (°)			10	10	15	15	15	15
Количество эффективных спутников, наблюдаемых одновременно			$\geqslant 4$	$\geqslant 4$	$\geqslant 4$	$\geqslant 4$	$\geqslant 4$	$\geqslant 4$
Общее кол-во эффективных наблюд. спутников			$\geqslant 20$	$\geqslant 20$	$\geqslant 9$	$\geqslant 6$	$\geqslant 4$	$\geqslant 4$
Кол-во наблюдения			$\geqslant 10$	$\geqslant 6$	$\geqslant 4$	$\geqslant 2$	$\geqslant 1,6$	$\geqslant 1,6$
Продолжительность периода (мин)	В статическом режиме		$\geqslant 720$	$\geqslant 540$	$\geqslant 240$	$\geqslant 60$	$\geqslant 45$	$\geqslant 40$
	Быстрая статика	Двухчастотный + код P (Y)	-	-	-	$\geqslant 10$	$\geqslant 5$	$\geqslant 2$
		Двухчастотный полноволновой	-	-	-	$\geqslant 15$	$\geqslant 10$	$\geqslant 10$
		Одночастотный или двухчастотный полуволновый	-	-	-	$\geqslant 30$	$\geqslant 20$	$\geqslant 15$
Интервал отбора проб (с)	В статическом режиме		30	30	30	10-30	10-30	10-30
	Быстрая статика		-	-	-	5-15	5-15	5-15
Эффективное время наблюдения любого спутника в течение периода (мин)	В статическом режиме		$\geqslant 15$	$\geqslant 15$	$\geqslant 15$	$\geqslant 15$	$\geqslant 15$	$\geqslant 15$
	Быстрая статика	Двухчастотный + код P (Y)	-	-	-	$\geqslant 1$	$\geqslant 1$	$\geqslant 1$
		Двухчастотный полноволновой	-	-	-	$\geqslant 3$	$\geqslant 3$	$\geqslant 3$
		Одночастотный или двухчастотный полуволновый	-	-	-	$\geqslant 5$	$\geqslant 5$	$\geqslant 5$

1. Наблюдение должно осуществлляться в каждый период времени, и спутники, время наблюдения которых соответствует требованиям, являются эффективными спутниками наблюдения;

2. При расчете общего количества эффективных спутников наблюдения количество эффективных спутников наблюдения за каждый период времени должно быть вычтено из количества повторяющихся спутников между ними;

3. Продолжительность периода наблюдения должна быть периодом времени между началом записи данных и окончанием записи;

4. Количество периодов наблюдения $\geqslant 1,6$ означает, что каждая станция наблюдает один период, и не менее 60% станций наблюдают еще один период.

Табл. 9-2-6 Основные технические требования к измерениям GNSS на разных уровнях

Пункты	Класс Способ	II	III	IV	Класс I	Класс II
Угол подъема спутника (°)	Относительно быстро	⩾ 15	⩾ 15	⩾ 15	⩾ 15	⩾ 15
Эффективное количество спутников наблюдения	Относительная	⩾ 4	⩾ 4	⩾ 4	⩾ 4	⩾ 4
	Быстрый	-	⩾ 5	⩾ 5	⩾ 5	⩾ 5
Кол-во наблюдения	Относительная	⩾ 2	⩾ 2	⩾ 2	⩾ 2	⩾ 1
Количество повторных станций	Быстрый	-	⩾ 2	⩾ 2	⩾ 2	⩾ 2
Продолжительность периода (мин)	Относительная	⩾ 90	⩾ 60	⩾ 45	⩾ 45	⩾ 45
	Быстрый	-	⩾ 20	⩾ 15	⩾ 15	⩾ 15
Интервал отбора данных (с)	Относительно быстро	10-60	10-60	10-60	10-60	10-60
PDOP	Относительно быстро	<6	<6	< 8	< 8	< 8

5. Записи полевых наблюдений

(1) Запись названия станции, название станции должно соответствовать фактическому положению точки.

(2) Запись номера периода, номер периода должен соответствовать фактическому наблюдению.

(3) Запись номера приемника должна точно отражать тип и конкретный номер используемого приемника.

(4) Запись времени начала и окончания, время начала и окончания должно быть UTC, а время и минута должны быть заполнены. При использовании местных стандартов следует проводить пересчет с UTC.

(5) Для записи высоты антенны взаимная разница высоты антенны, измеряемая до и после наблюдения, должна быть в пределах допустимого отклонения. Среднее значение принимается в качестве окончательного результата с точностью до 0, 001 м.

(6) Измерительный журнал должен быть записан карандашом на месте в соответствии с порядком работы, почерк должен быть четким, аккуратным и красивым, и его нельзя изменять или копировать последовательно. При обнаружении ошибок чтения и записи, можно аккуратно зачеркнуть, записать правильные данные и указать причины.

(7) Строго запрещается проводить дополнение или преследование после события, переплетать в книгу и передать ее для внутренней приемки.

Формат записи журнала полевого наблюдения GNSS приведен в таблице

9-2-7.

Табл. 9-2-7 Журнал полевого наблюдения GNSS

Ф.И.О. наблюдателя______ Дата «____»__________ _____ г. Название станции______ Номер станции______ Номер периода______ Погодные условия______	
Приближенные координаты станции: Долгота: E______ ° ______ ′ Широта: N______ ° ______ ′ Отметка: ______________	Данная станция является ☐ ______Новая точка ☐ ______Геодезическая точка ☐ ______Нивелирная точка ☐ ______________
Время записи: ☐ Пекинское время ☐ UTC ☐ Зональное время Время начала______ Время окончания______	
Номер приемника______ Номер антенны ______ Высота антенны: (м) ______ Контрольное значение после измерения______ 1.______ 2.______ 3.______ Среднее значение______	
Схема метода измерения высоты антенны	Схема станции и состояние препятствия
Запись о состоянии наблюдений 1. Напряжение батареи______ 2. Номер принимающего спутника______ 3. Отношение сигнал/шум (SNR) ______ 4. Неисправности______	
5.Примечание	

6. Передача данных

1) Вход пользователя в систему

Пользователь может подключиться к WIFI приемника GNSS Chuangxiang с помощью мобильного телефона, планшета, ПК и других устройств, открыть терминал управления веб-страницами Chuangxiang для передачи данных и других задач. Способ подключения WIFI показан на рисунке 9-2-5. Название горячей точки WIFI по умолчанию составляет четыре цифры после номера главного блока SOUTH_, горячая точка не имеет пароля и может быть подключена напрямую. IP-адрес веб-страницы на стороне веб-управления

10.1.1.1, имя пользователя и пароль для входа в систему: admin, страница входа в веб-систему показана на рисунке 9-2-6.

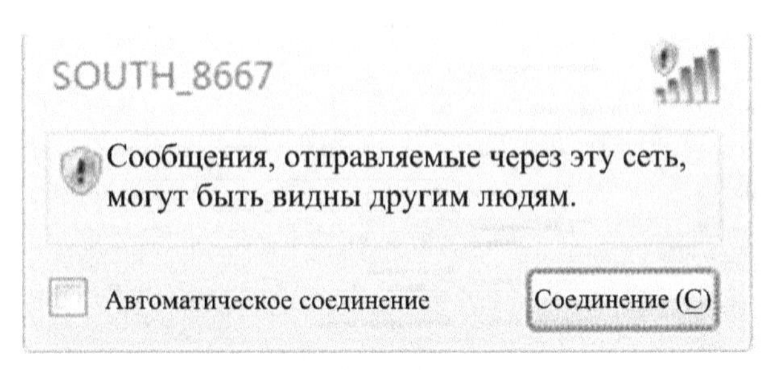

Рис. 9-2-5　Способ подключения WIFI

Рис. 9-2-6　Страница входа в веб-систему

2）Загрузка данных

Выбрать 【Запись данных】-【Настройки записи】, установить формат сохраненных данных, режим памяти, интервал выборки файлов, интервал эпохи данных, название точки и т.д., страница настройки записи показана на рисунке 9-2-7:

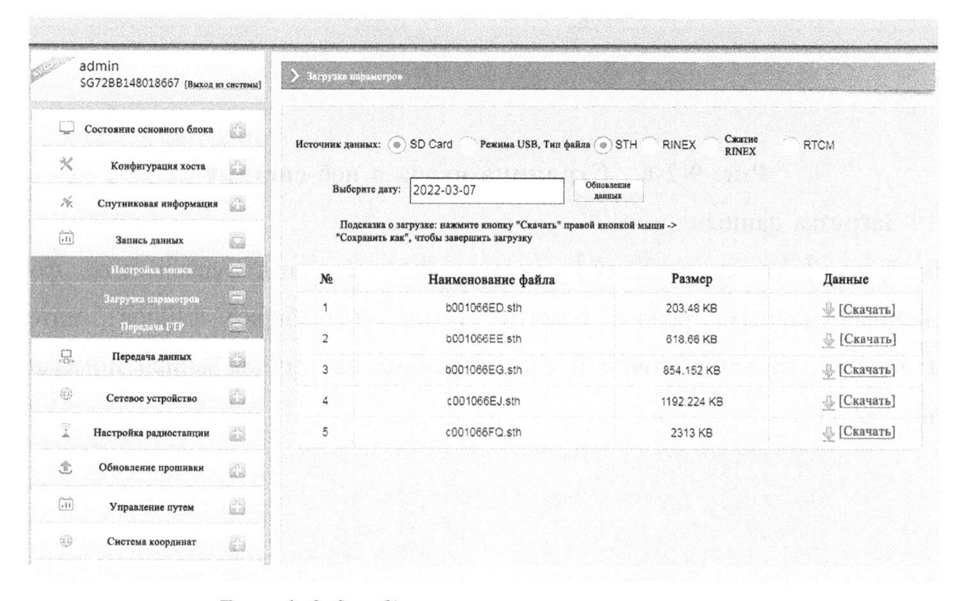

Рис. 9-2-7　Страница настройки записи

Выбрать 【Запись данных】-【Загрузка данных】, запросить собранные данные и загрузить их, выбрать соответствующую дату и нажать «Обновить данные», чтобы увидеть все данные статического наблюдения текущей даты. Страница загрузки данных показана на рисунке 9-2-8.

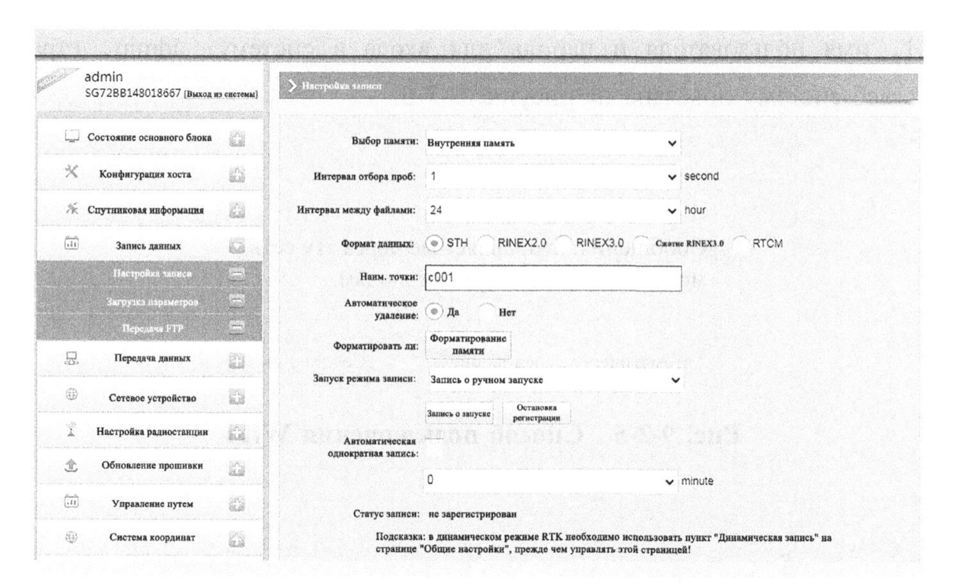

№	Наименование файла	Размер	Данные
1	b001066ED.sth	203.48 KB	[Скачать]
2	b001066EE.sth	618.66 KB	[Скачать]
3	b001066EG.sth	854.152 KB	[Скачать]
4	c001066EJ.sth	1192.224 KB	[Скачать]
5	c001066FQ.sth	2313 KB	[Скачать]

Рис. 9-2-8　Страница загрузки данных

7. Обработка статических данных

В настоящем докладе представлен общий процесс статической обработки данных с использованием в качестве примера программного обеспечения SGO

платформы обработки географических данных SouthMap.

（1）Новый объект, и установить систему координат, правила измерения и другую информацию об инженерных свойствах.

Программное обеспечение SGO платформы обработки географических данных SouthMap

（2）Импорт данных и редактирование информации о высоте антенны в файле.

（3）Обработка базисной линии, регулирование по информации об остаточной погрешности до тех пор, пока качество базисной линии не станет удовлетворительным.

（4）Уравнивание сети, расчет уравнивания сети после ввода информации о контрольных точках.

（5）Экспорт отчета о результатах.

1）Новый объект

Запустить программное обеспечение для обработки и войти в основную программу программной платформы. Основной интерфейс программного обеспечения SGO показан на рисунке 9-2-9.

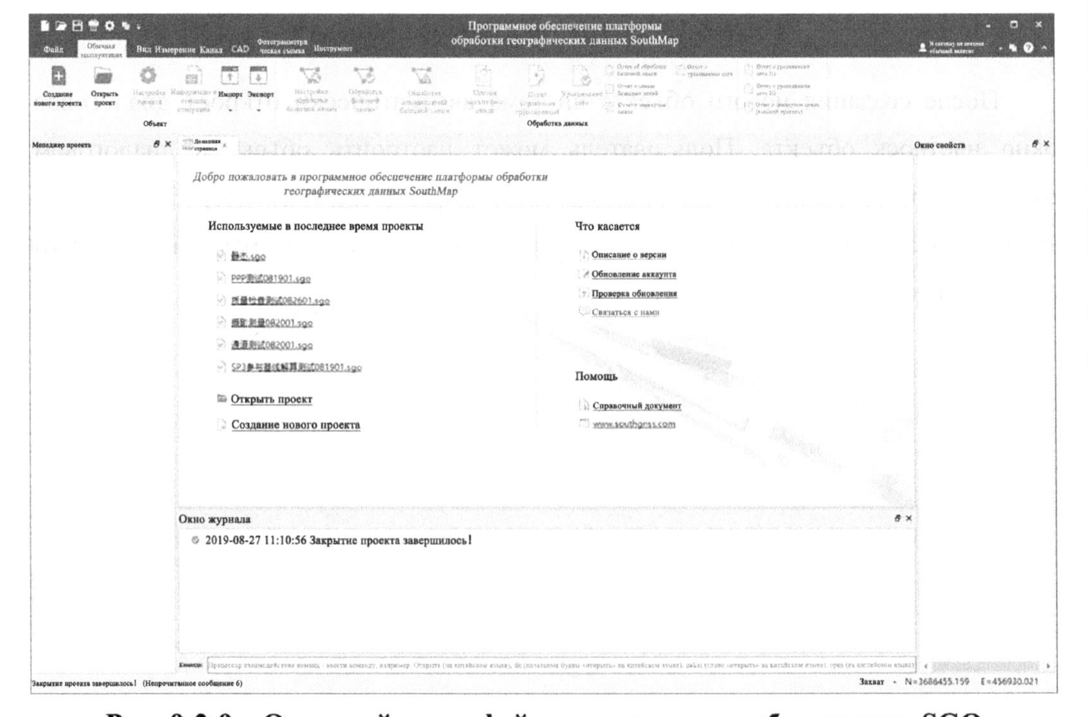

Рис. 9-2-9 Основной интерфейс программного обеспечения SGO

Нажать кнопку【Новый объект】в меню【Обычная операция】или кнопку

【Новый объект】в главной странице, чтобы выбрать систему единиц, ввести название проекта и выбрать путь хранения, нажать【Подтверждение】для завершения создания нового проекта. Страница операций нового объекта показана на рис. 9-2-10.

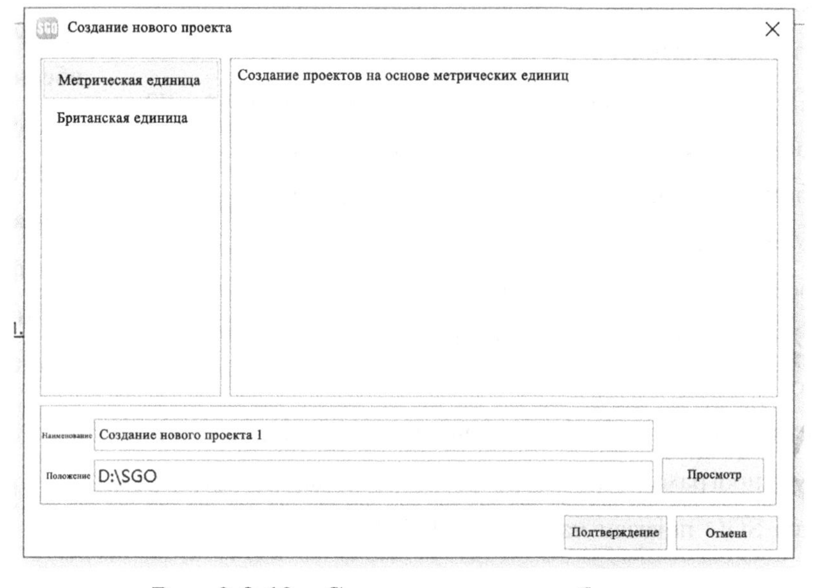

Рис. 9-2-10 Страница нового объекта

После создания нового объекта система автоматически откроет диалоговое окно настроек объекта. Пользователь может настроить объект в диалоговом окне в соответствии с ситуацией проекта и фактическими потребностями и выбрать правильную систему координат и метод проекции. Страница настройки объекта показана на рис. 9-2-11.

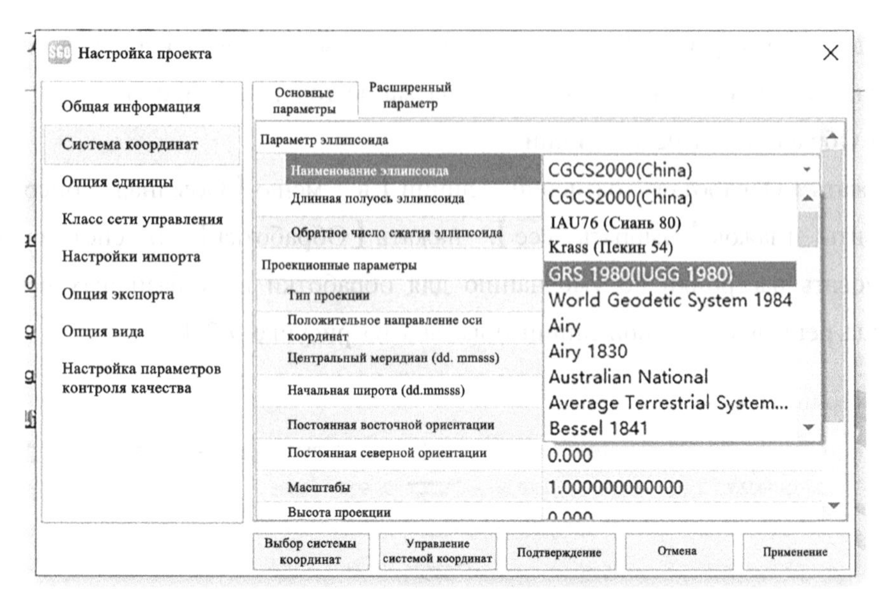

Рис. 9-2-11 Страница настройки объекта

После завершения настройки информации о объекте нажать 【Подтверждение】, чтобы завершить новый объект.

2) Импорт данных

После создания нового объекта последовательно нажать кнопку 【Импорт】-【Импорт файла наблюдаемого значения】в меню【Обычная операция】и выбрать【Импорт файла данных в формате STH или RINEX】. После загрузки данных появится диалоговое окно со списком файлов. В данном диалоговом окне можно выполнить изменение ID (название точки), выбор способа измерения высоты антенны. Диалоговое окно информации о станции показано на рис. 9-2-12.

Информация о станции наблюдения

	ID	Наим. файла	Время начала	Время окончания	Тип данных	Изготовитель	Тип антенны	Высота антенны	Способ измерения высоты антенны	Расчетная высота антенны	Серийный номер	Путь к файлу
1	G001	G001007Q.12O	2012-01-07 16:00:00	2012-01-07 16:59:59	Статическое состояние	Default	Ant	0.000	Справочная точка антенны	0.000		D:\SGO\Новый проект 1\G001007Q.12O
2	G002	G002007Q.12O	2012-01-07 16:00:00	2012-01-07 17:00:00	Статическое состояние	Default	Ant	0.000	Справочная точка антенны	0.000		D:\SGO\Новый проект 1\G002007Q.12O
3	G005	G005007Q.12O	2012-01-07 16:00:00	2012-01-07 17:00:00	Статическое состояние	Default	Ant	0.000	Справочная точка антенны	0.000		D:\SGO\Новый проект 1\G005007Q.12O
4	G007	G007007Q.12O	2012-01-07 16:00:01	2012-01-07 17:00:00	Статическое состояние	Default	Ant	0.000	Справочная точка антенны	0.000		D:\SGO\Новый проект 1\G007007Q.12O
5	JZ25	JZ25007Q.12O	2012-01-07 16:00:00	2012-01-07 17:00:00	Статическое состояние	Default	Ant	0.000	Справочная точка антенны	0.000		D:\SGO\Новый проект 1\JZ25007Q.12O

Выбор всех   Редактирование   Подтверждение   Отмена

Рис. 9-2-12 Информационная страница станции

Примечание: Прочитанный ID (название точки) является внутренним именем файла. Если внутреннее имя файла не соответствует фактическому требуемому названию точки, можно изменить ID в списке файлов. Если данные

представлены в формате RINEX, то можно открыть файл O непосредственно с помощью записной книжки и изменить название точки в файле O.

3) Обработка базисной линии

Нажать【Обработка базисной линии】в меню【Обычная операция】, установить флажок【Выбрать все】, нажать【Обработка】, и система будет использовать настройки по умолчанию для обработки всех базисных векторов. Страница решения базисной линии показана на рисунке 9-2-13.

Обработка базисной линии

		Базисная линия	Синхронное время	Тип решения	Фиксированный коэффициент	RMS(m)	HRMS(m)	VRMS(m)	Длина базисной линии (м)
1	✓	G001007Q-G002007Q	0 hour(s)59 min(s)59.0 sec(s)	Фиксированное решение	99.900	0.006	0.003	0.006	108.407
2	✓	G001007Q-G005007Q	0 hour(s)59 min(s)59.0 sec(s)	Фиксированное решение	71.535	0.006	0.003	0.005	537.971
3	✓	G001007Q-G007007Q	0 hour(s)59 min(s)58.0 sec(s)	Фиксированное решение	99.900	0.006	0.003	0.006	699.319
4	✓	G001007Q-JZ25007Q	0 hour(s)59 min(s)59.0 sec(s)						
5	✓	G002007Q-G005007Q	1 hour(s)0 min(s)0.0 sec(s)						
6	✓	G002007Q-G007007Q	0 hour(s)59 min(s)59.0 sec(s)						
7	✓	G002007Q-JZ25007Q	1 hour(s)0 min(s)0.0 sec(s)						
8	✓	G005007Q-G007007Q	0 hour(s)59 min(s)59.0 sec(s)						
9	✓	G005007Q-JZ25007Q	1 hour(s)0 min(s)0.0 sec(s)						
10	✓	G007007Q-JZ25007Q	0 hour(s)59 min(s)59.0 sec(s)						

Выбор всех
Примечание: «Недоступно» означает, что проверка софта дога этой базисной линии не удалась, обработка не поддерживается
Обработка
Остановка
Выключение
(4/10) Обработка базисной линии-G001007Q-JZ25007Q
9%

Рис. 9-2-13　Страница решения базисной линии

После завершения расчета всех базисных линий нажать【Закрыть】. При этом мы можем увидеть решение базисной линии в виде плоскости. Зеленый отрезок линии представляет базисную линию, которая квалифицирована для решения, а красный отрезок линии представляет базисную линию, которая не квалифицирована для решения. Решение базисной линии показано на рисунке 9-2-14.

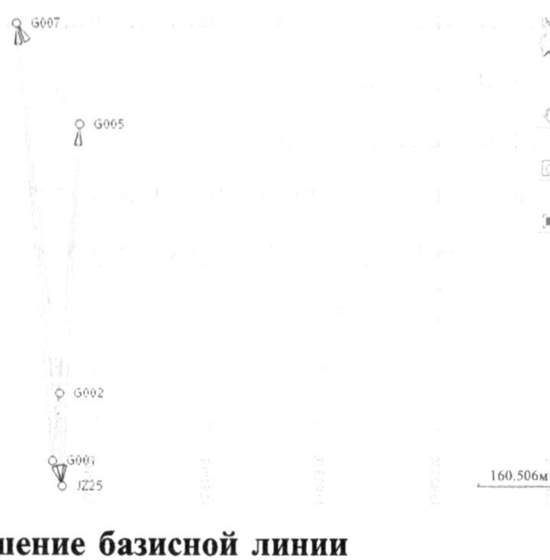

Рис. 9-2-14 Решение базисной линии

a) Обработка неподходящей базисной линии

Выбрать【Обычная операция】-【Обработка неподходящей базисной линии】, выбрать【Решение неподходящей базисной линии】, в окне атрибутов будут отображаться параметры решения соответствующих базисных линий; путем изменения параметров решения (интервал отбора проб, вертикальный угол отсечки, тип решения), повторно удалить неподходящие данные по графику остатков и пересчитать, можно сделать большинство решений базовых линий неподходящими.

b) Обработка неподходящего замкнутого цикла

После получения положительного результата решения базисной линии, нажать【Список замкнутого цикла】в панели инструментов для проверки состояния замыкания замкнутого цикла, страница списка замкнутого цикла показана на рис. 9-2-15.

ID	Тип	Качество	Невязка X (мм)	Невязка Y (мм)	Невязка Z (мм)	Невязка длины стороны (мм)	Длина кольца (м)	Относительная погрешность (ppm)	Допустимое отклонение составляющей (мм)	Допустимое отклонение замыкания (мм)
G005-G007-JZ25	Синхронное кольцо	Годно	0.052	-0.126	-0.008	0.137	1508.36	0.09059	27.137	47.003
G002-G007-JZ25	Синхронное кольцо	Годно	-0.01	0.122	-0.042	0.13	1480.71	0.08749	27.096	46.932
G002-G005-JZ25	Синхронное кольцо	Годно	0.009	-0.011	-0.013	0.02	1153.13	0.01721	26.663	46.181
G002-G005-G007	Синхронное кольцо	Годно	-0.033	-0.007	0.037	0.05	1215.03	0.04126	26.737	46.31
G001-G007-JZ25	Синхронное кольцо	Годно	-0.038	0.112	0.077	0.141	1481.86	0.09513	27.098	46.935
G001-G005-JZ25	Синхронное кольцо	Годно	-0.186	0.136	0.16	0.28	1156.71	0.24242	26.667	46.188
G001-G005-G007	Синхронное кольцо	Годно	0.199	-0.15	-0.091	0.266	1429.29	0.18608	27.021	46.802
G001-G002-JZ25	Синхронное кольцо	Годно	0.058	-0.019	-0.097	0.114	298.094	0.38373	26.027	45.08
G001-G002-G007	Синхронное кольцо	Годно	0.03	-0.029	0.022	0.047	1401.14	0.03379	26.982	46.733
G001-G002-G005	Синхронное кольцо	Годно	-0.137	0.128	0.077	0.203	1075.99	0.18836	26.576	46.03

Общее кол-во 10 Каждая страница 100 Первая страница Предыдущая страница 1/1 Следующая страница Последняя страница

Рис. 9-2-15 Список замкнутого цикла

В случае превышения допустимых пределов невязки необходимо провести повторное решение некоторых базисных линий в зависимости от решения базисной линии, а также конкретных обстоятельств расчета невязки. В случае

базисной линии с несколькими наблюдениями, базисная линия может быть опущена или удалена.

4) Уравнивание сети

После получения положительных результатов обработки базисной линии и замкнутого цикла проводится расчет уравнивания сети.

Нажать 【Обычная операция】【Редактирование контрольной точки】, выбрать номер точки в качестве контрольной точки, вводить координаты контрольной точки, страница редактирования контрольной точки показана на рис. 9-2-16.

Рис. 9-2-16 Редактирование контрольной точки

После ввода всей информации о контрольной точке нажать кнопку 【Уравнивание сети】в меню【Обычная операция】для расчета уравнивания сети.

5) Просмотр отчета

Нажать【Отчет о уравнивании сети】в меню【Обычная операция】для просмотра. Отчет о уравнивании сети показан на рис. 9-2-17.

SOUTH Отчет о уравнивании сети

2022-03-21 16:25:29

Заголовок отчета	
Наим. проекта:	2022-03-21 sfo
Организация реализации проекта:	Default
Время реализации проекта:	2022-03-21 14:34:27

Система координат	
Наим. эллипсоида:	CGCS2000
Длинная полуось эллипсоида:	6378137
Обратное число сжатия эллипсоида:	298.257222101004
Тип проекции:	Гаусс-Крюгер
Положительное направление оси координат:	Северо-Восток
Положительное направление оси координат:	0
Центральный меридиан:	114°00'00.00000"E
Начальная широта:	0°00'00.00000"N
Постоянная восточной ориентации:	500000
Постоянная северной ориентации:	0
Масштабы:	1
Высота проекции:	0
Средняя широта:	0°00'00.00000"N

Рис. 9-2-17 Отчет о уравнивании сети

После этого операция решения статических данных завершена.

【Обучение навыкам】

Обучение контрольной съемкой в статическом состоянии. Изучить рабочий процесс контрольной съемки в статическом состоянии GNSS, правильно управлять приемником и журналом, а также освоить программное обеспечение SGO для обработки потока данных.

【Размышления и упражнения】

1. Краткое описание того, как определить, установлен ли приемник GNSS в режим статического приема.

2. Подробное описание процесса обработки с использованием программного обеспечения SGO платформы обработки географических данных SouthMap.

Задача Ⅲ Основные операции RTK

【Ввод задачии】

Контрольная съемка в статическом состоянии имеет высокую точность, но

необходимо инвестировать несколько устройств для одновременного долгосрочного наблюдения, что подходит для таких задач, как высокоточная контрольная съемка и мониторинг деформации. Динамическое измерение в реальном времени (сокращенно Real Time Kinematic RTK) может предоставлять трехмерные координатные данные сантиметрового уровня в режиме реального времени и широко используется в контрольных съемках ниже четвертого уровня, цифровом картографировании и строительной разбивке. В данном задании в основном представлены основные операции RTK.

【Подготовка к задаче】

Динамическое измерение в реальном времени представляет собой технологию динамического дифференциального позиционирования фазы несущей в реальном времени, сочетающую технологию GNSS и технологию передачи данных, включая опорные и мобильные станции, которые уже широко используются в связи с удобством работы и высокой точностью.

Для измерения RTK применяются два метода: измерение RTK на одной опорной станции и измерение RTK в сети. В районе с созданной системой CORS, целесообразно использовать измерение RTK в сети. Измерение RTK на одной опорной станции является базовым режимом и имеет широкий диапазон применения. В данном проекте основное внимание уделяется объяснению встроенного режима работы радиостанции в измерении RTK на одной опорной станции.

1. Конфигурация системы RTK

1) Опорная станция

В течение определенного времени наблюдения один или несколько приемников устанавливаются на одной или нескольких станциях для постоянного слежения за спутниками наблюдения, а остальные приемники работают на мобильных станциях в пределах определенного диапазона этих станций, и эти стационарные станции называются опорными станциями.

2) Мобильные станции

Станция, установленная мобильным приемником, работающим в определенном диапазоне опорной станции.

3) Канал передачи данных

В системе RTK опорная станция и мобильная станция обмениваются

данными по каналу передачи данных, поэтому на опорной станции и мобильной станции предусмотрены модули передачи по каналу передачи данных, которые обычно делятся на модуль радиостанции и модуль сети.

2. Измерение RTK на одной опорной станции — режим работы встроенной радиостанции

Используя только одну опорную станцию, опорная станция и мобильная станция одновременно принимают сигналы от одного и того же спутника GNSS. Полученная от опорных станций информация о координатах спутниковых сигналов и станций передается приемникам мобильных станций в режиме реального времени по радиоканалам передачи данных, которые будут совместно решать полученные спутниковые сигналы и полученные сигналы опорных станций в режиме реального времени, получать приращение координат между опорными и мобильными станциями и рассчитывать координаты измерительных станций в режиме реального времени в указанной системе координат.

Установка радиорежима

【Выполнение задачи】

Рис. 9-3-1 Схема установки (встроенная радиостанция)

1. Установка опорной станции и настройка режима работы

1) Установка треножника

На опорной станции завинтить антенну UHF, закрепить главный блок с соединительным стержнем, закрепить соединительный стержень на треножнике с помощью альтиметрического листа или основания, опорная станция может быть установлена на известном месте, или может быть установлена станция в любой точке; при установке станции на известном месте, следует выравнивать и центрировать, высота антенны должна быть определена с точностью до 1мм.
) Запустить опорную станцию.

2) Сопряжение по Bluetooth (см. Задача I)

3) Установка опорной станции

Нажать [Конфигурация], нажать [Настройка прибора], нажать [Настройка опорной станции], появится подсказка «Переключить ли опорную станцию», нажать [Подтверждение], чтобы войти в интерфейс [Настройка опорной станции], нажать [Канал передачи данных], выбрать [Встроенную радиостанцию], нажать [Настройка канала передачи данных], нажать [Настройка канала], произвольно выбрать канал, обеспечить согласование опорной станции и мобильной станции, обратить внимание на то, чтобы не быть идентичным другим расположенным поблизости опорным станциям. Другие настройки по умолчанию. После завершения вышеуказанных настроек, нажать [Пуск] для завершения настройки опорной станции, при этом проверить нормальность мигания лампы данных главного блока опорной станции.

2. Установка мобильной станции и установка режима работы

1) Установка мобильных станций

Включить главный блок мобильной станции, установить антенну UHF, закрепить ее на центрировочной штанге и установить кронштейн журнала и журнал.

2) Сопряжение по Bluetooth

Подключить журнал к мобильной станции, если подключено оборудование, то сначала нажать кнопку «Отключить», затем выбрать оборудование, подлежащее подключению, и нажать кнопку «Подключить».

3.) Настройка мобильной станции

Нажать [Конфигурация], нажать [Настройка прибора], нажать [Настройка

мобильной станции], появится подсказка «Переключить ли мобильную станцию», нажать [Подтверждение], чтобы войти в интерфейс [Настройка мобильной станции], нажать [Канал передачи данных], выбрать [Встроенную радиостанцию], нажать [Настройка канала передачи данных], нажать [Настройка канала], выбать тот же канал, что и у опорной станции. Другие настройки по умолчанию.

После завершения вышеуказанных настроек, подождать, пока мобильная станция не достигнет фиксированного решения. Для последующих новых объектов, определения параметров преобразования и других операций, пожалуйста, обратиться к последующим задачам.

【Обучение навыкам】

Работа в режиме радиостанции RTK. Использовать приемник G7 GNSS Chuangxiang для завершения установка встроенного режима радиостанции RTK на одной опорной станции, после того как состояние решения становится «фиксированным решением», установка завершается.

【Размышления и упражнения】

1. Краткое описание процесса работы режима радиостанции GNSS-RTK.
2. Описание определения и принципа работы RTK.

Задача IV Контрольная съемка GNSS-RTK

【Ввод задачии】

GNSS-RTK может использоваться для контрольных съемок ниже четвертого класса, сбор полевых данных цифрового картографирования включает в себя топографические опорные съемки и сбор данных реечной точки, в данном задании в основном объяснять соответствующие правила и операции контрольных съемок GNSS-RTK.

【Подготовка к задаче】

1. Процесс контрольной съемки RTK

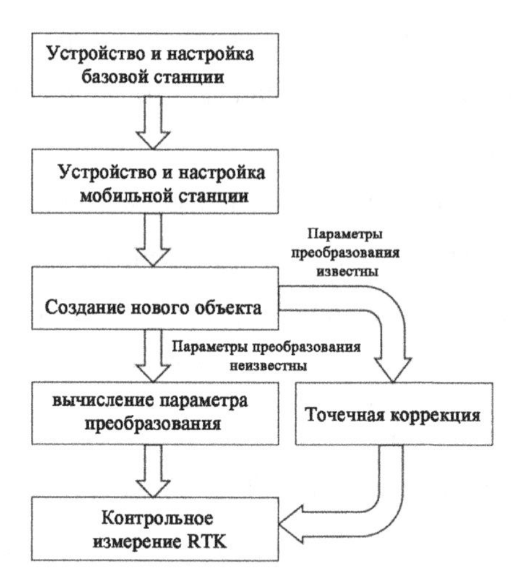

Рис. 9-4-1 Процесс контрольной съемки

1) Значение параметров преобразования

Данные, собранные приемником GNSS, представляют собой геодезические координаты, которые должны быть преобразованы в местные исходные координаты, что требует вычисления и настройки параметров преобразования координат с помощью программного обеспечения. Определение параметров преобразования в основном рассчитываются по четырем параметрам, семи параметрам и параметрам установки отметки. В данной книге основное внимание уделяется четырехпараметрическому преобразованию. При четырехпараметрическом расчете требуется участие в расчете не менее двух наборов координат разных систем координат двух и более контрольных точек, чтобы удовлетворить как минимум требования к контролю.

2) Точечная коррекция

Если параметры преобразования участка съемки известны или параметры преобразования получены самостоятельно, то при отключении питания или смене места опорной станции, не нужно повторно получать параметры преобразования, только установить мобильную станцию в известной точке для коррекции, после завершения коррекции провести необходимую проверку, только можно провести измерение.

2. Общие требования к технологии контрольной съемки RTK

Перед выполнением задачи контрольной съемки RTK следует собрать геоцентрические координаты, исходные координаты, параметры преобразования системы координат и результаты по высоте контрольных точек высокого уровня в участке съемки в соответствии с требованиями задачи для технического проектирования.

Классификация плановых опорных точек RTK по точности: контрольные точки уровня Ⅰ, контрольные точки уровня Ⅱ, контрольные точки уровня Ⅲ. Высотные опорные точки RTK классифицируются на внеклассовые высотные опорные точки по точности.

Плановые опорные точки уровня Ⅰ, уровня Ⅱ и уровня Ⅲ, а также внеклассовые высотные опорные точки подходят для создания контрольной основы для полевого цифрового картографирования, фотограмметрии и дистанционного зондирования, могут быть использованы в качестве исходной основы для топографической опорной съемки, привязки снимков и сбора данных о реечных точках.

Табл. 9-4-1 Основные требования к RTK-измерению состояния спутника

Состояние окна наблюдения	Количество спутников с вертикальным углом отсечки более 15 градусов	Значение PDOP
Хорошо	$\geqslant 6$	<4
Можно применить	5	$\geqslant 4$ и $\leqslant 6$
Недоступен	<5	>6

Рабочий радиус измерения RTK одной опорной станции не должен превышать 5км, наблюдение мобильной станции должно соответствовать требованиям. В процессе работы не допускается изменение параметров главного блока, положения и высоты антенны опорной станции.

3. Измерение контрольных точек RTK

Контрольная съемка RTK делится на измерение в плановой опорной точке и измерение в высотной опорной точке

1) Измерение в плановой опорной точке RTK

Выбор местоположения плановых опорных точек RTK выполняется согласно «Техническим правилам по динамическому измерению в реальном времени (RTK) с помощью глобальной системы позиционирования» и «Стандарту инженерной съемки». Основные технические требования к

измерению плановых опорных точек RTK должны соответствовать табл. 9-4-2.

Табл. 9-4-2 Основные технические требования к плановой опорной точке RTK

Уровень	Среднее расстояние между соседними точками/м	Средняя квадратическая ошибка по точкам/см	Относительная длина сторон Средняя квадратическая ошибка	Расстояние от опорной станции/км	Количество съемки	Исходная точка
Уровень Ⅰ	500	≤ ±5	≤ 1/20 000	≤ 5	≥ 4	Класс Ⅳ и выше
Уровень Ⅱ	300	≤ ±5	≤ 1/10 000	≤ 5	≥ 3	Уровень Ⅰ и выше
Уровень Ⅲ	200	≤ ±5	≤ 1/6000	≤ 5	≥ 2	Уровень Ⅱ и выше

Примечание 1: Средняя квадратическая ошибка по точкам относится к ошибке контрольной точки относительно ближайшей опорной станции.

Примечание 2: При измерении контрольных точек класса Ⅰ RTK одной опорной станции следует заменить опорную станцию не менее одного раза для наблюдения, количество наблюдений на каждой станции не менее 2 раз.

Примечание 3: Расстояние между соседними точками не должно быть менее 1/2 средней длины стороны данного класса.

a) Получение параметров преобразования системы координат участка съемки

(1) При получении параметров преобразования системы координат участка съемки можно непосредственно использовать известные параметры.

(2) При отсутствии известных параметров преобразования можно самостоятельно найти решение.

(3) Для решения параметров преобразования геодезической системы координат и исходной системы координат следует использовать результаты двух наборов систем координат с исходными точками высокого класса не менее 3 точек, выбранные исходные точки должны быть равномерно распределены и управлять всем участком съемки.

(4) При преобразовании следует проверить надежность исходной точки в соответствии с диапазоном участка съемки и конкретными условиями, применить рациональную математическую модель, произвести расчет и оптимизацию нескольких точек в комбинации.

(5) Решение параметров измерения и преобразования контрольных точек RTK не может быть выполнено методом коррекции точек на месте.

b) Требование к установке опорной станции для измерения RTK одной опорной станции

(1) При использовании радиостанции для передачи данных, опорная станция должна выбрать относительно высокое место в участке съемки.

(2) Следует проверить связь между радиостанциями опорных станций и мобильными станциями, проверить последовательность частот радиостанций, ввести в журнал точные координаты опорных станций, высоту и правильно установить такие параметры оборудования, как высота приборов, тип антенны, формат радиовещания и т.д.

c) Точечная проверка приемника мобильной станции должна соответствовать следующим требованиям:

(1) Перед началом работы следует провести проверку в точках одного и того же класса или высокого класса, не менее 2 точек.

(2) В случае сброса блокировки спутника или прерывания связи данных в процессе работы, следует проводить проверку в точках одного и того же класса или высокого класса, не менее 1 точки.

(3) Перед началом работы или после повторной установки опорной станции следует проверить как минимум одну известную точку одного класса или высокого класса, отклонение проверки положения в плоскости не более 50мм, отклонение проверки высоты не более 70мм.

(4) Точность сходимости плоскости одного наблюдения контрольной точки, установленной сборщиком данных, должна быть не более 2см, точность сходимости высотной опорной точки RTK должна быть не более ±3см.

(5) При наблюдении измерительной мобильной станции в плановой опорной точке RTK следует использовать треножник для центрирования и выравнивания, количество эпох каждого наблюдения должно быть не менее 20, интервал отбора проб должен составлять 2с~5с, отклонение проверки координат на плоскости и отклонение проверки по высоте каждого измерения должны соответствовать требованиям ≤ ±4см, затем принимать среднее значение в качестве окончательного результата.

d) Требование к контрольной съемке RTK должны проводиться методом многократных приемов и должны соответствовать следующим требованиям:

(1) До начала работы и между приемами следует инициализировать приемник, если время инициализации превышает 5min и не может получить фиксированное решение, следует перезапустить приемник для инициализации; Если фиксированное решение не может быть получено после перезапуска,

следует выбрать другое место для измерения.

(2) После получения фиксированного решения RTK и стабилизации сходимости следует записать наблюдаемые значения, наблюдаемые значения должны быть не менее 10, следует принять среднее значение в качестве результата данного приема; Регистрация широты и долготы должна быть с точностью до 0, 00 001 «, а регистрация координат и высот должна быть с точностью до 0, 00 лм.

(3) Число приемов должно соответствовать требованиям в таблице 9-4-2 настоящего стандарта, интервал между приемами должен быть более 60с.

(4) Абсолютная величина разности координат на плоскости между приемами не должна превышать 25мм, абсолютная величина разности по высоте не должна превышать 50мм; Среднее значение результатов приемов следует принимать в качестве окончательного результата наблюдения.

2) Измерение высотной опорной точка RTK

Закладка высотной опорной точка RTK обычно выполняется синхронно с плановой опорной точкой RTK, реперы могут совпадать, основные технические требования к измерению высотной опорной точки RTK должны соответствовать требованиям в табл. 9-4-3.

Табл. 9-4-3 Основные технические требования к измерению высотной опорной точки RTK

Класс	Средняя квадратическая ошибка по высоте/см	Расстояние от опорной станции/км	Количество наблюдений	Класс исходной точки
Класс V	⩽ ±3	⩽5	⩾3	Класс Ⅳ и выше

Примечание: 1. Средняя квадратическая ошибка по высоте относится к ошибке высоты контрольной точки относительно исходной точки.

Измерение высоты контрольной точки RTK получается путем вычитания аномалии высоты мобильной станции из геодезической высоты, измеренной мобильной станцией. Аномалии высоты мобильных станций могут быть получены с помощью математической подгонки и интерполяции модели уточнения квазигеоида. При применении метода подгонки, исходные точки подгонки обычно не менее 6 точек на равнине, исходной точки подгонки должны быть равномерно распределены вокруг и посередине участка съемки, расстояние между ними не должно превышать 5км, при большом колебании рельефа следует соответствующим образом увеличить количество исходных

точек подгонки в соответствии с топографическими особенностями участка съемки. Когда площадь участка съемки велика, следует использовать метод подгонки по зонам.

3) Обработка и проверка данных о результатах

Результаты измерения контрольных точек с использованием технологии RTK подлежат 100% внутренней проверке и полевому контролю не менее 10% от общего количества точек. Полевой контроль плановых опорных точек может осуществляться с помощью статической (быстрой статической) технологии определения координат спутниковым позиционированием соответствующего класса, измерения длины и угла стороны тахеометром и т.д., для полевого контроля высотных опорных точек могут применяться тригонометрическое нивелирование и геометрическое нивелирование соответствующего класса, контрольные точки должны быть равномерно распределены по участкам измерения. Результаты контроля должны соответствовать требованиям в табл. 9-4-4 и табл. 9-4-5.

Табл. 9-4-4 Основные технические требования к совместному измерению и проверке фиксированного края, фиксированного угла и хода тахеометра

Уровень	Проверка длины стороны		Проверка угла		Проверка координат
	Средняя квадратическая ошибка по дальности (мм)	Относительная средняя квадратическая ошибка длины стороны	Средняя квадратическая ошибка в определении угла («)	Угловая погрешность	Средняя квадратическая ошибка отклонения проверки координат/см
Уровень Ⅰ	⩽ 15	⩽ 1/14 000	⩽ ± 5	⩽ 14	⩽ ± 5
Уровень Ⅱ	⩽ 15	⩽ 1/7 000	⩽ ± 8	⩽ 20	⩽ ± 5
Уровень Ⅲ	⩽ 15	⩽ 1/5 000	⩽ ± 12	⩽ 30	⩽ ± 5

При повторном измерении методом RTK можно проводить два независимых измерения на одной и той же опорной станции или по одному независимому измерению на разных опорных станциях, и точность точки проверки должна быть проверена по следующей формуле. Средняя квадратическая ошибка в точке проверки не должна превышать 50мм.

$$M_{\Delta}=\sqrt{\frac{[\Delta S_i \Delta S_i]}{2n}}$$ Формула 9-4-1

где M_{Δ} – средняя квадратическая ошибка в точке проверки (мм);

ΔS_i – отклонение точки проверки от исходной точки в плоскости (мм);

N – количество точек проверки.

Табл. 9-4-5 Основные технические требования к контролю высоты

Отклонение проверки разницы в высоте/мм
$\leqslant 40\sqrt{L}$
Примечание: L — длина контрольного маршрута в км, при менее 1 км — по 1 км.

4. Топографическая опорная съемка RTK

1) Требование к основным техническим требованиям к топографической опорной съемке RTK .

(1) Для обозначения точки съемочного обоснования следует использовать деревянный столб, железный столб или другие временные знаки, при необходимости можно заложить определенное количество реперов.

(2) При плановой топографической опорной съемке RTK и наблюдении подвижной станцией следует применять центрирование и выравнивание треножником, количество эпох каждого наблюдения должно быть больше 10.

(3) При преобразовании системы координат участка съемки остаток преобразования координат на плоскости топографической опорной съемки RTK должен быть не более ±0.07мм на карте; Остаток подгонки высоты топографической опорной съемки RTK должен быть не более 1/12 от высоты сечения рельефа.

(4) Для топографической опорной съемки RTK можно применять режим съемки RTK одной опорной станции или режим съемки RTK в сети; Количество эффективных спутников во время работы должно быть не менее 6, количество эффективных спутников в системе с несколькими группировками должно быть не менее 7, значение PDOP должно быть менее 6, и должны быть приняты результаты фиксированного решения;

(5) Следует провести два независимых измерения в точках съемочного обоснования RTK, разница координат не более 0, 1мм на карте, разница высот должна менее 1/10 от высоты сечения рельефа, после соответствия требованиям следует принять среднее значение двух независимых измерений в качестве окончательного результата;

(6) Основные технические требования к топографической опорной съемке RTK должны соответствовать табл. 9-4-6;

(7) Другие требования одинаковы со съемкой вышеуказанных контрольных точек.

Табл. 9-4-6 Основные технические требования к топографической опорной съемке RTK

Класс	Расстояние между соседними точками (м)	Средняя квадратическая ошибка по точкам/мм	Погрешность на высоте	Расстояние от опорной станции/км	Количество наблюдений
Точка съемочного обоснования	⩾ 100	Расстояние на карте ⩽ ±0, 1	⩽ 1/10 высоты основного сечения	⩽ 5	⩾ 2

Примечание: 1. Средняя квадратическая ошибка по точкам относится к ошибке контрольной точки относительно ближайшей опорной станции.

2) Обработка и проверка данных о результатах

Результаты плановой топографической опорной съемки, измеренные с помощью технологии RTK, подлежат 100% внутренней проверке и полевому контролю не менее 10% от общего количества точек, для полевого контроля применяется тахеометр соответствующего класса для измерения длины и угла стороны или совместного измерения хода и т.д., контрольные точки должны быть равномерно распределены по середине и периметру участка съемки. Результаты контроля должны соответствовать требованиям табл. 9-4-7.

Табл. 9-4-7 Требования к точности плановой топографической опорной съемки RTK

Класс	Проверка длины стороны		Проверка угла		Проверка координат	Отклонение проверки высота
	Средняя квадратическая ошибка по дальности/мм	Относительная погрешность отклонения длины стороны	Средняя квадратическая ошибка в определении угла/ («)	Допустимые отклонения угла («)	Отклонение координат на плоскости на карте/мм	Отклонение проверки высота
Съемочное обосноване	⩽ ±20	⩽ 1/3000	⩽ ±20	60	⩽ ±0, 15	⩽ 1/7 высоты основного сечения

Результаты измерения высотной отметки точки съемочного обоснования, измеренные с помощью технологии RTK, подлежат 100% внутренней проверке и полевому контролю не менее 10% от общего количества точек. Полевой контроль должен проводиться тригонометрическим нивелированием, геометрическим нивелированием соответствующего класса и другими методами. Контрольные точки должны быть равномерно распределены в участке съемки.

Результаты контроля должны соответствовать требованиям табл. 9-4-8.

Табл. 9-4-8 Требования к точности высотной топографической опорной съемки RTK

Класс	Разность высот проверки/мм
Класс V	$\leqslant 50\sqrt{D}$

5. Точность RTK

Точность результатов измерения RTK состоит из номинальной ошибки приемника GNSS, ошибки параметров преобразования и индивидуальной ошибки.

(1) Номинальная точность приемника GNSS является постоянной ошибкой прибора.

(2) Параметры преобразования включают в себя четыре параметра и параметр подгонки высот. Величина ошибки зависит от расположения точки, применяемого способа подгонки и измеренной ошибки.

(3) Индивидуальные ошибки в основном связаны с ошибками центрирования и ошибками ввода данных.

[Выполнение задачи]

Измерение контрольной точки с помощью «Engineering Star»

В соответствии с основными техническими требованиями проводить настройку измерения в контрольных точках разных уровней, и проверять результаты контрольного измерения.

1. Установка опорной станции (содержание см. Задача Ⅲ)

2. Установка мобильной станции

В данном случае, в отличие от задачи Ⅲ, сбор данных в контрольной точке требует использования треножников для установки мобильных станций, а остальные аналогичны задаче Ⅲ.

3. Конфигурация параметров

«Engineering Star» управляет программным обеспечением в форме инженерных файлов, и все программные операции выполняются в рамках определенного объекта. Каждый раз, когда вводится программное обеспечение «Engineering Star», программное обеспечение автоматически вводится в инженерный файл при последнем использовании «Engineering Star».

1) Новый объект

В нормальных условиях перед началом съемки и строительства области каждый раз необходимо создавать новый инженерный файл, соответствующий текущему инженерному изысканию. Конкретные шаги показаны в таблице 9-4-9.

Табл. 9-4-9 Шаги нового строительства

Поручения	Шаги	Отображение интерфейса «Engineering Star»
Новый объект	Нажать кнопку [Объект] Нажать кнопку [Новый объект], чтобы установить наименование объекта (текущая дата по умолчанию является наименованием объекта) Новые объекты будут сохранены в рабочем пути по умолчанию «\SOUTHGNSS_EGStar \». (Если нужно применить предыдущие объекты, можно выбрать режим применения, потом нажать кнопку «Выбрать объекты применения», выбрать нужные инженерные файлы и нажать кнопку «Подтверждение».)	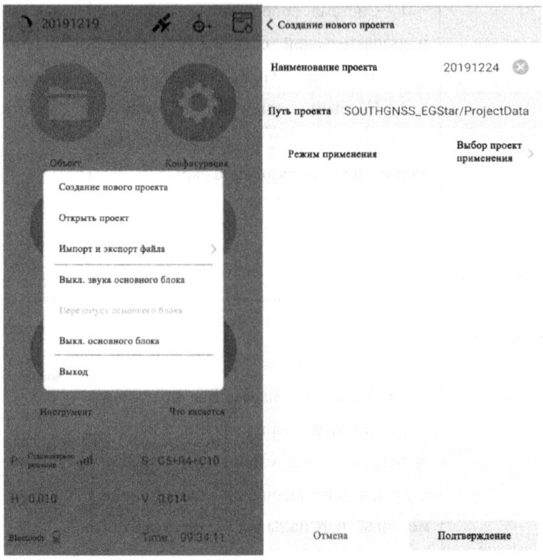

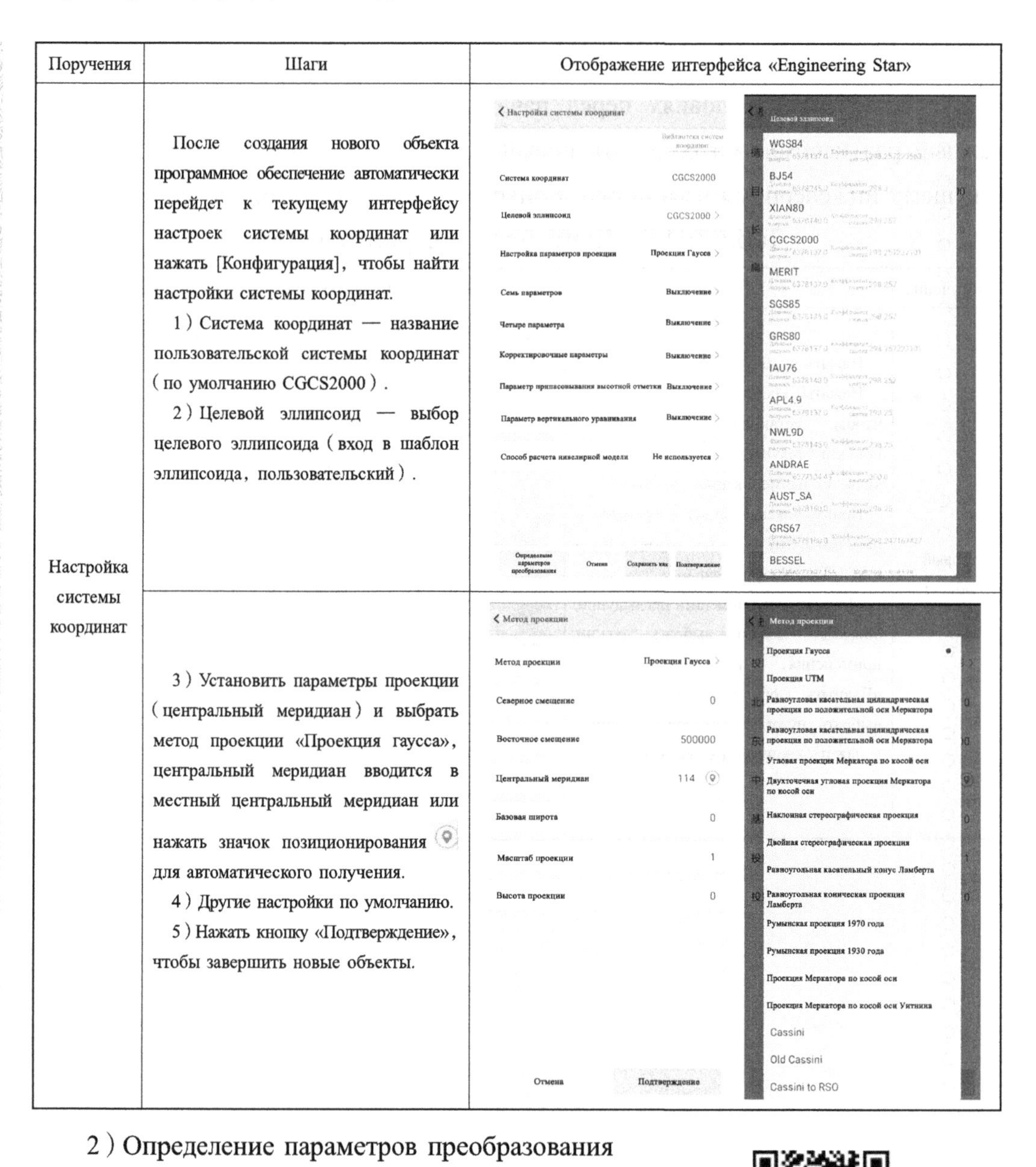

Поручения	Шаги	Отображение интерфейса «Engineering Star»
Настройка системы координат	После создания нового объекта программное обеспечение автоматически перейдет к текущему интерфейсу настроек системы координат или нажать [Конфигурация], чтобы найти настройки системы координат. 1) Система координат — название пользовательской системы координат (по умолчанию CGCS2000). 2) Целевой эллипсоид — выбор целевого эллипсоида (вход в шаблон эллипсоида, пользовательский).	Настройка системы координат Система координат CGCS2000 Целевой эллипсоид CGCS2000 Настройка параметров проекции Проекция Гаусса Семь параметров Выключение Четыре параметра Выключение Корректировочные параметры Выключение Параметр приписовывания высотной отметки Выключение Параметр вертикального уравнивания Выключение Способ расчета нивелирной модели Не используется Определение параметров преобразования Отмена Сохранить как Подтверждение Целевой эллипсоид WGS84 BJ54 XIAN80 CGCS2000 MERIT SGS85 GRS80 IAU76 APL4.9 NWL9D ANDRAE AUST_SA GRS67 BESSEL
	3) Установить параметры проекции (центральный меридиан) и выбрать метод проекции «Проекция гаусса», центральный меридиан вводится в местный центральный меридиан или нажать значок позиционирования для автоматического получения. 4) Другие настройки по умолчанию. 5) Нажать кнопку «Подтверждение», чтобы завершить новые объекты.	Метод проекции Метод проекции Проекция Гаусса Северное смещение 0 Восточное смещение 500000 Центральный меридиан 114 Базовая широта 0 Масштаб проекции 1 Высота проекции 0 Отмена Подтверждение Метод проекции Проекция Гаусса Проекция UTM Равноугловая касательная цилиндрическая проекция по положительной оси Меркатора Равноугловая касательная цилиндрическая проекция по положительной оси Меркатора Угловая проекция Меркатора по косой оси Двухточечная угловая проекция Меркатора по косой оси Наклонная стереографическая проекция Двойная стереографическая проекция Равноугольная касательный конус Ламберта Равноугольная коническая проекция Ламберта Румынская проекция 1970 года Румынская проекция 1930 года Проекция Меркатора по косой оси Проекция Меркатора по косой оси Уитника Cassini Old Cassini Cassini to RSO

2) Определение параметров преобразования

Определение параметров преобразования с помощью «Engineering Star»

Четыре параметра в программном обеспечении «Engineering Star» относятся к параметрам преобразования между геодезической системой координат в эллипсоиде и системой координат строительной съемки, выбранной в настройке проекции. Особое внимание необходимо уделять тому, что в качестве контрольных точек, участвующие в вычислении, в принципе необходимо применять не менее двух точек. Уровень контрольных точек и

распределение точек напрямую определяют диапазон контроля четырех параметров. Идеальный диапазон контроля четырех параметров обычно находится в пределах 20-30 км^2 (см. рис. 9-4-10) .

Табл. 9-4-10 Шаги определения параметров преобразования

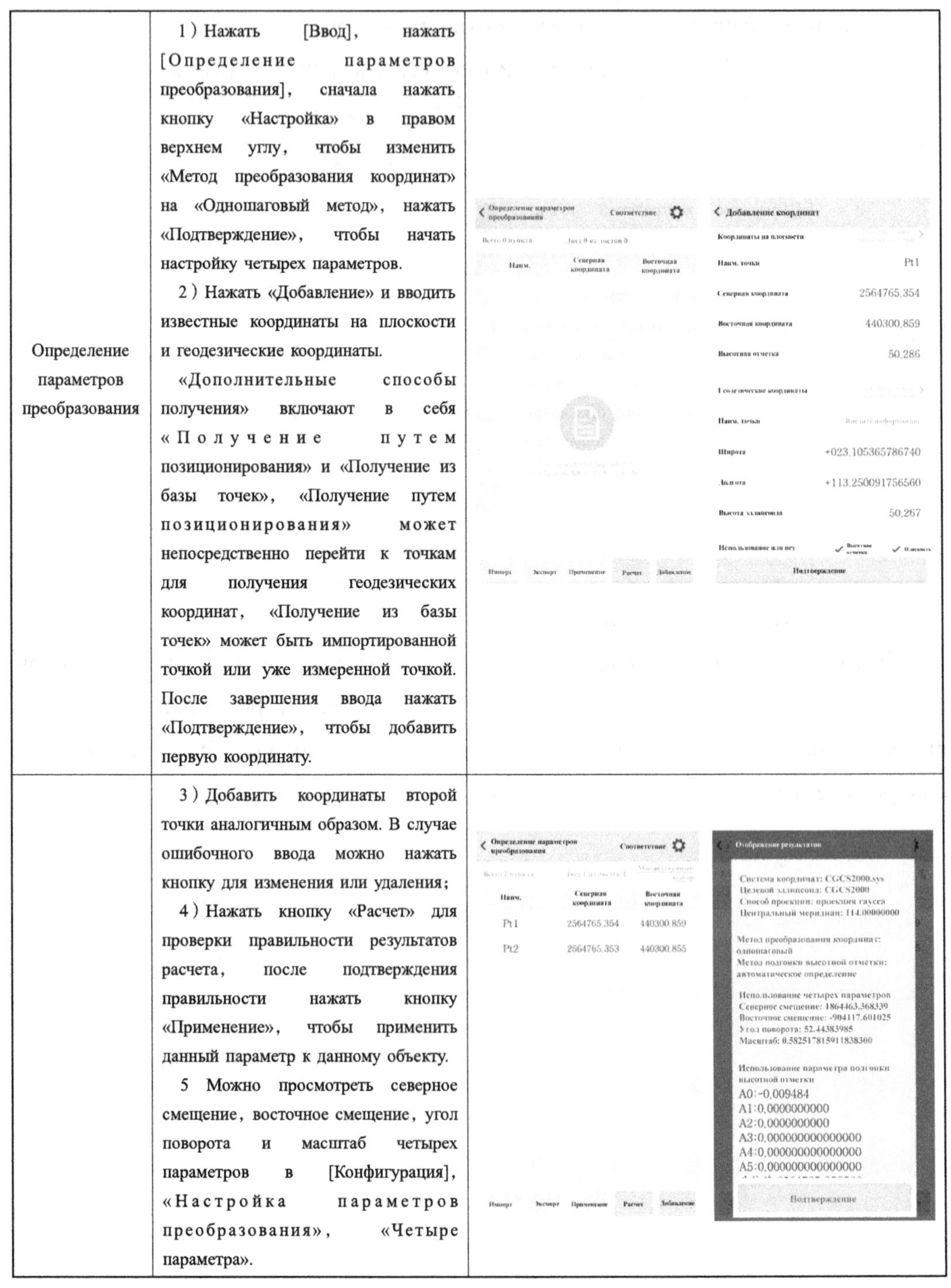

Определение параметров преобразования	1) Нажать [Ввод], нажать [Определение параметров преобразования], сначала нажать кнопку «Настройка» в правом верхнем углу, чтобы изменить «Метод преобразования координат» на «Одношаговый метод», нажать «Подтверждение», чтобы начать настройку четырех параметров. 2) Нажать «Добавление» и вводить известные координаты на плоскости и геодезические координаты. «Дополнительные способы получения» включают в себя «Получение путем позиционирования» и «Получение из базы точек», «Получение путем позиционирования» может непосредственно перейти к точкам для получения геодезических координат, «Получение из базы точек» может быть импортированной точкой или уже измеренной точкой. После завершения ввода нажать «Подтверждение», чтобы добавить первую координату.	
	3) Добавить координаты второй точки аналогичным образом. В случае ошибочного ввода можно нажать кнопку для изменения или удаления; 4) Нажать кнопку «Расчет» для проверки правильности результатов расчета, после подтверждения правильности нажать кнопку «Применение», чтобы применить данный параметр к данному объекту. 5 Можно просмотреть северное смещение, восточное смещение, угол поворота и масштаб четырех параметров в [Конфигурация], «Настройка параметров преобразования», «Четыре параметра».	

Примечание: остаток преобразования координат на плоскости топографической опорной съемке RTK не должен превышать ±0.07мм на карте. Остаток подгонки высоты топографической опорной съемке RTK не должен превышать 1/12 высоты основного сечения.

3) Конфигурация сбора данных контрольных точек

Табл. 9-4-11 Шаги конфигурации сбора данных контрольных точек

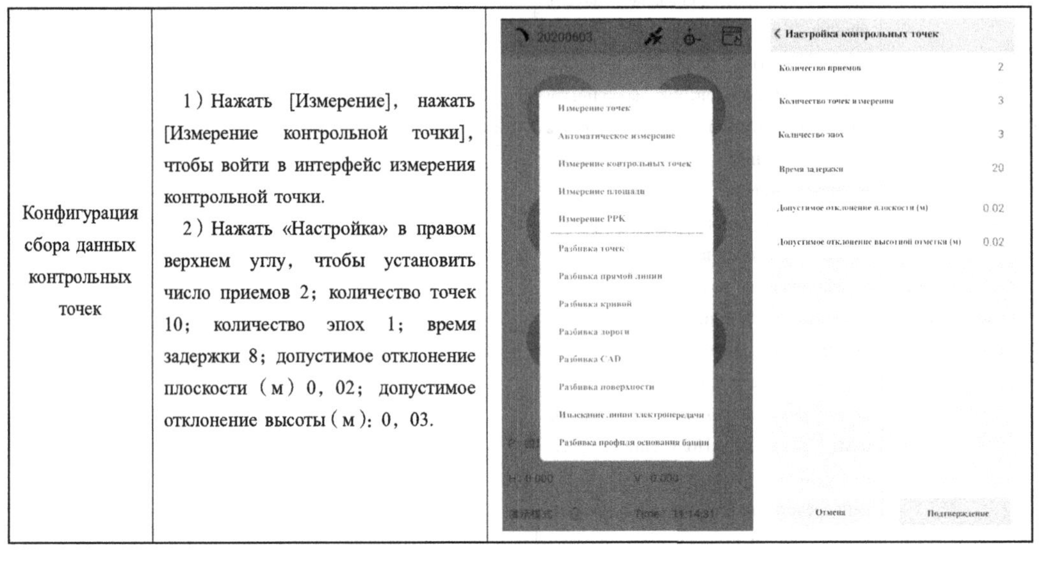

Конфигурация сбора данных контрольных точек	1) Нажать [Измерение], нажать [Измерение контрольной точки], чтобы войти в интерфейс измерения контрольной точки. 2) Нажать «Настройка» в правом верхнем углу, чтобы установить число приемов 2; количество точек 10; количество эпох 1; время задержки 8; допустимое отклонение плоскости (м) 0, 02; допустимое отклонение высоты (м): 0, 03.	

4. Измерение контрольных точек

Внимание: для топографической опорной съемки RTK, для мобильной станции следует применять треножник и основание, строго центрировать и выравнивать, количество эпох каждого наблюдения должно быть больше 20, конкретные шаги приведены в табл. 9-4-12.

Табл. 9-4-12 Шаги измерения контрольных точек

Измерение контрольных точек	Нажать «Начало», показанное выше на правом рисунке, тогда начнется сбор данных, после завершения сбора данных появится интерфейс, показанный на правом рисунке, нажать «Подтверждение», появится «Просмотреть ли отчет об измерении контрольной точки GPS», нажать «Подтверждение», после чего будет создан отчет об измерении контрольной точки GPS.	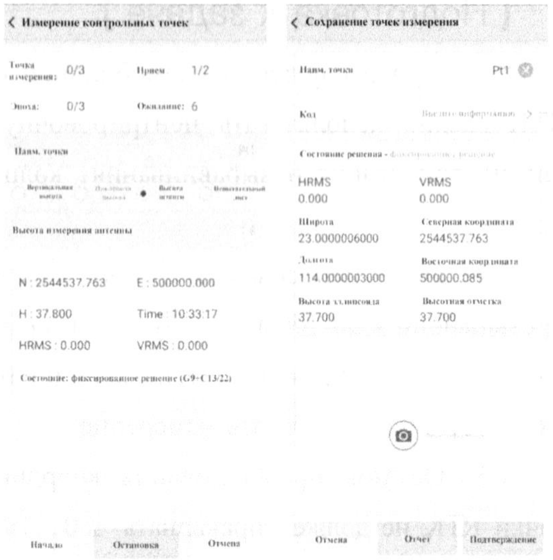 Измерение контрольных точек: Точка измерения: 0/3; Прием 1/2; Эпоха: 0/3; Ожидание: 6; Наим. точки; Высота измерения антенны; N: 2544537.763; E: 500000.000; H: 37.800; Time: 10:33:17; HRMS: 0.000; VRMS: 0.000; Начало; Остановка; Отмена. Сохранение точек измерения: Наим. точки Pt1; Код; HRMS 0.000; VRMS 0.000; Широта 23.0000006000; Северная координата 2544537.763; Долгота 114.0000003000; Восточная координата 500000.085; Высота эллипсоида 37.700; Высотная отметка 37.700; Отмена; Отчет; Подтверждение

【Обучение навыкам】

Топографическая опорная съемка RTK. Измерения в точке съемочного обоснования будут выполнены с помощью встроенного режима радиостанции RTK на одной опорной станции.

【Размышления и упражнения】

1. Каковы правила проверки точки приемника мобильной станции при контрольной съемке RTK？

2. Кратко описать шаги контрольной съемки RTK.

Задача Ⅴ Съемка GNSS-RTK

【Ввод задачии】

Топографическая съёмка предоставляет топографические карты различного масштаба для городов, горнопромышленных районов и различных объектов для удовлетворения потребностей городского планирования и различного экономического строительства. Технология RTK может быть использована для

сбора реечных точек при топографической съемке.

【Подготовка к задаче】

(1) При наблюдении на мобильной станции для измерения реечной точки RTK можно использовать центрировочную штангу с фиксированной высотой для центрирования и выравнивания, количество эпох наблюдения должно быть больше 5.

(2) При непрерывном сборе данных о реечных точках рельефа, превышающих 50 точек, следует повторно инициализировать и проверить одну точку совпадения, при разнице координат точек проверки не более 0, 5мм на карте, можно продолжать измерение.

(3) Остаток преобразования координат на плоскости измерения реечной точки RTK не должен превышать ±0, 1мм на карте, остаток подгонки высоты измерения реечной точки RTK не должен превышать 1/10 высоты основного сечения. Основные технические требования к измерению реечной точки RTK приведены в табл. 9-5-1.

Табл. 9-5-1 Основные технические требования к измерению реечной точки RTK

Класс	Средняя квадратическая ошибка по точкам/мм	Погрешность на высоте	Расстояние от опорной станции/км	Количество наблюдений
Реечная точка	Расстояние на карте ≤ ±0, 5	≤ 1/10 высоты основного сечения	≤ 10	≥ 1

【Выполнение задачи】

1.Установить и настроить режим работы опорной станции и мобильной станции (подробное содержание см. Задание Ⅲ Введение в режим работы RTK).

2.Составить полевые эскизы (см. соответствующее содержание съемки тахеометром в задании Ⅵ проекта Ⅶ).

3.Топографическая опорная съемка (подробное содержание см. Задание Ⅳ Контрольная съемка GNSS-RTK).

Сбор данных о контрольных точках с помощью GNSS-RTK

4.Измерить реечную точку.

Поставить мобильную станцию на характерную точку геоморфологии измеряемого объекта, открыть программное обеспечение «Engineering Star», нажать [Измерение], нажать [Измерение точки], стабилизировать

центрировочную штангу, поддерживать пузырь в середине, нажать «Плавно», вводить название точки (при продолжении измерения название точки будет автоматически суммироваться), высоту штанги, нажать «Подтверждение», чтобы завершить сбор данных, и указать номер точки в соответствующем положении эскиза.

5. Экспорт данных

1) Открыть программное обеспечение «Engineering Star», нажать [Объект], нажать [Импорт и экспорт файла], нажать [Экспорт файла результата], вводить имя файла экспорта и выбрать тип файла для экспорта (общий выбор: данные результатов измерений *.dat). Или экспорт в [Ввод] — [База координат].

2) Соединить журнал с компьютером, скопировать экспортированные файлы*.dat данных результатов измерений в пути/storage/emulated/0/SOUTHGNSS_EGStar/Export или в другой выбранный каталог, выполнить внутреннюю картографическую работу в программном обеспечении для рисования в соответствии с полевым эскизом. Обратиться к содержанию проекта X в этом руководстве для картографирования внутренних работ.

【Обучение навыкам】

Сбор данных о реечных точках GNSS-RTK. Цифровые топографические карты будут измеряться с использованием встроенного режима радиостанции RTK с одной опорной станцией.

【Размышления и упражнения】

1. Каковы основные технические требования к измерению реечной точки RTK?

Задача VI Разбивка GNSS-RTK

【Ввод задачии】

Строительная разбивка относится к измерительной работе по разбивке положения и высоты инженерного здания на проектном чертеже на местности с

использованием определенных измерительных приборов и методов. В данном задании описывается метод разбивки точек GNSS-RTK.

【Подготовка к задаче】

1. Разбивка точек

Если координаты точки разбивки известны, файл координат может быть импортирован непосредственно в программное обеспечение журнала, или координаты точки разбивки могут быть введены непосредственно в базу координат для разбивки.

2. Линейная разбивка

Линейная разбивка обычно используется для разбивки дренажа опор, прямых линий и т. д. Согласно навигационной информации интерфейса можно быстро добраться до намеченной прямой линии. Использование двух точек позволяет определить одну прямую линию, а использование одной точки и одного азимута — одну прямую линию.

【Выполнение задачи】

1. Разбивка точек

（1）Операция: измерение → разбивка точек, вход в интерфейс разбивки, как показано на рис. 9-6-1.

（2）Нажать «Цель», чтобы войти в базу точек разбивки, как показано на рисунке 9-6-2.

（3）Выбрать точку для разбивки, нажать «Разбивка точек», нажать «Опции», выбрать «Диапазон подсказки», выбрать 1м, тогда текущая точка переместится в пределах 1м от целевой точки, система выдаст голосовую подсказку.

Разбивка точек с поммощью GNSS-RTK

（4）Расстояние перемещения в трех направлениях будет предложено на главном интерфейсе разбивки.

（5）При разбивке точек, подключенных к текущей точке, можно не входить в базу точек разбивки, нажать «Верхняя точка» или «Нижняя точка», чтобы выбрать в соответствии с подсказкой.

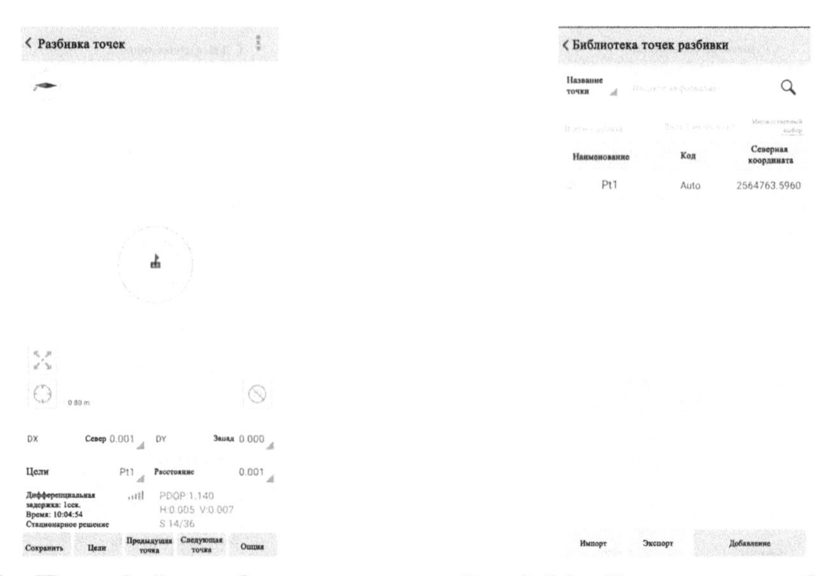

Рис. 9-6-1 Интерфейс разбивки точек **Рис.9-6-2 База точек разбивки**

2. Линейная разбивка

(1) Щелкнуть « Измерение » → « Линейная разбивкае, чтобы войти в интерфейс линейной разбивки, как показано на рис. 9-6-3.

(2) Нажать «Цель», если существует отредактированный файл линии разбивки, выбрать линию, подлежащую разбивке, и нажать кнопку «Подтверждение», как показано на рисунке 9-6-3. Если в базе координат разбивки линий отсутствует файла разбивки линий, нажать «Добавление», вводить начальные и конечные координаты линий, чтобы сгенерировать файл разбивки в базе координат разбивки онлайн, как показано на рисунке 9-6-4.

(3) В главном интерфейсе линейной разбивки будет указана информация о вертикальном расстоянии, пробеге, северном и восточном расстояниях между текущей точкой и целевой линией (можно нажать кнопку отображения, появится множество опций, которые можно отображать, можно выбрать нужную опцию)). Как и при точечной разбивке, в «опции» можно выполнить настройку линейной разбивки.

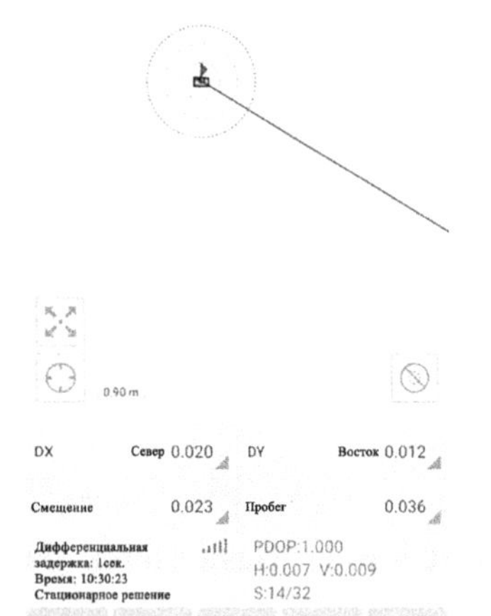

Рис.9-6-3 Интерфейс линейной разбивки

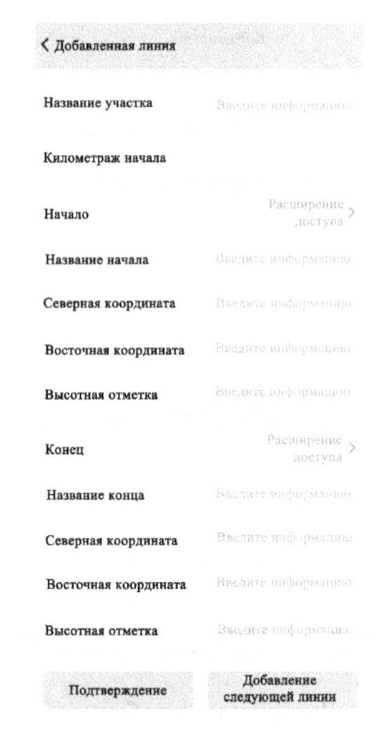

Рис.9-6-4 Добавление интерфейса линии

【Обучение навыкам】

Разбивка точек RTK. Для выполнения работ по разбивке точек используется программное обеспечение «Engineering Star».

【Размышления и упражнения】

1. Краткое описание процедуры разбивки точки.

Проект X

Платформа производства базовых географических информационных данных SmartGIS Survey EDU для составления крупномасштабной топографической карты

【Описание проекта】

Платформа обработки базовых географических данных SmartGIS Survey объединяет функции преобразования, обработки, анализа, контроля качества, раздачи, хранения и выпуска базовых географических данных, подходит для крупномасштабного топографического картирования, создания базы базовых географических данных, анализа, преобразования и раздачи пространственных данных.

【Цель проекта】

(1) Освоить основные операции по программному обеспечению «SmartGIS Survey EDU».

(2) Освоить процесс внутреннего составления крупномасштабной топографической карты.

Задача Ⅰ Процесс составления цифровой топографической карты

【Подготовка к задаче】

1. Основные понятия

Математический метод для проецирования всей земли или объекта в определенной области земли вдоль направления отвесной линии на поверхность эталонного эллипсоида и установления функциональных отношений между точками, соответствующими поверхности эталонного эллипсоида и плоскости, называется картографической проекцией. Метод применения картографической проекции с учётом влияния кривизны Земли предусматривает построение масштабно уменьшенной всей земли или объекта в определенной области земли на плоскости. Схема, полученная таким способом, называется картой.

Схема, полученная путём горизонтальной проекции объектов и рельефов на поверхности земли (проекции на горизонтальной плоскости по направлению

отвесной линии) на чертеже в соответствии с определенным масштабом, называется топографической картой.

2. Масштабы

Проекция объекта или рельефа на поверхности земли (волнистая поверхность) на плоскость масштабно уменьшается и рисуется на карте. Отношение длины прямой линии на топографической карте к горизонтальной протяженности соответствующей прямой линии на земле называется масштабом топографической карты.

Размер масштаба измеряется отношением масштаба. Его размер обратно пропорционален значению знаменателя. Чем меньше значение знаменателя, тем больше масштаб и тем подробнее содержание карты.

3. Разграфка и нумерация топографических карт

Разграфка и нумерация топографической карты-это разделение поверхности Земли на аккуратные, однородные по размеру, трапециевидные (прямоугольные или квадратные) плитки по линиям широты и долготы (или линиям координатной сетки) указанным методом. Каждая плитка называется трапецией и присвоена номером в едином порядке.

4. Условные обозначения топографической карты

Объекты и рельефы на земле представлены различными символами на топографической карте, которые в совокупности называются условными обозначениями топографической карты.

5. Классификация символов

1) Символ масштаба

Символ полного уменьшения в масштабе: символ объекта, длина и ширина которого могут быть выражены в масштабе после уменьшения объекта в масштабе;

Символ частичного уменьшения в масштабе: после того, как объект уменьшен в масштабе, его длина может быть выражена в масштабе, а ширина не может быть выражена в масштабе;

Символ без уменьшения в масштабе: после того, как объект уменьшен в масштабе, его длина и ширина не могут быть выражены в масштабе.

2) Символ состояния пространственного распространения

Точечный символ: это символ, используемый для обозначения объектов с малой площадью (например, нефтехранилище, метеорологическая станция и

т.д.) и точечных объектов (например, контрольный пункт и т.д.), которые не могут быть представлены в масштабе. Размер и форма символа не зависят от масштаба карты, он имеет только значение позиционирования.

Линейный символ: это символ, который обозначает объекты распространяющиеся в линейной или полосовой форме, например, реки, длина которых может быть выражена в масштабе, но ширина, как правило, не может быть выражена в масштабе, и ее необходимо соответствующим образом преувеличивать. Его форма и цвет представляют качественные характеристики объекта, а его ширина часто отражает уровень или значение объекта. Такие символы могут представлять положение распространения, расширенную форму и длину объекта, но не может представлять ширину объекта.

Площадный символ: символ, который может отображать предел распространения объекта в масштабе карты. Контурные линии (сплошные, прерывистые или пунктирные линии) используются для обозначения предела распространения объекта, форма которого похожа на плоскую фигуру объекта, а площадь в пределах контурных линий окрашивается цветами или обозначается описательными символами для обозначения его характера и количества, а его длина, ширина и площадь могут быть измерены по графику.

3) Символ аннотации

Символы аннотации используются для указания наименований деревень, городов, школ, железных дорог и автомагистралей и их местонахождений; предусматривают использование цифр для указания высотных отметок горизонталей и топографических точек, а также этажности домов; использование стрелок для обозначения направления потока воды; использование специальных символов (как указано на топографической карте) для обозначения типов растений или фруктовых деревьев в пределах сухопутной границы. Такие символы называются символами аннотации. Эти символы не указывают размер и местоположение объекта, они просто объясняют природу объекта и являются дополнительными примечаниями к символам объектов и рельефов.

6. Цвет топографической карты

Топографические карты 1: 500, 1: 1000, 1: 2000 могут быть многоцветными или монохромными в зависимости от потребностей, многоцветные карты выполняются в четырех цветах: голубом, пурпурном,

желтом и черном (CMYK), которые разделяются по установленным значениям цвета.

7. Коррекция приборной станции

Тип ошибки, на которую нацелена коррекция приборной станции, может быть ошибкой ввода данных в приборную станцию, или ошибкой ввода данных точки заднего вида или ошибкой ввода данных обоих. Во всех случаях речь идет об одной и той же задаче, то есть о том, что точки на фактической земле имеют два набора координат: один правильный набор координат, один неправильный набор координат, и положение фактической точки на земле остается неизменным, что служит основой для осуществления коррекции приборной станции.

Основные функции «SmartGIS Survey» EDU

【 Выполнение задачи 】

1. Процесс производства крупномасштабных топографических карт (см. рис. 10-1-1) .

1. Создание проекта
2. Чтение данных точек измерения
3. Рисование предмета на местности
4. Рисование изолиний
5. Украшение формата чертежа
6. Украшение рамки чертежа
7. Печать и выпуск чертежа

Рис. 10-1-1 Процесс построения карт «SmartGIS Survey»

Процесс управления:

1) Создание порядка реализации проекта

(1) В графе меню «Создать проект» или ввести в командной строке: «createworkspace».

(2) При открытии окна «Создать проект» выбрать путь к целевому проекту, шаблон проекта и целевую систему координат.

(3) Нажать кнопку “OK” для создания нового проекта.

Процесс построения крупномасштабных топографических карт с помощью программного обеспечения «SmartGIS Survey» EDU

Рис. 10-1-2　Создание окна проекта

Создайте проект с использованием базового шаблона местности. Программное обеспечение может предоставить шаблон «Базовой топографической карты 1: 1000», который определяет структуру базы данных в соответствии со стандартом GB/T 20 258.1-2019 «Словарь данных основных географических информационных элементов. Часть 1: масштаб 1: 500, 1: 1000, 1: 2000», и устанавливает символы для разных кодов в соответствии со стандартом GB/T 20 257.1-2017 «Условные обозначения национальной карты базового масштаба. Часть 1: Условные обозначения топографической карты масштабом 1: 500, 1: 1000, 1: 2000».

2）Считывание данных о точке измерения

Ввести координатные точки, сохраненные в форматах txt и dat, в слой точек измерения карты, и точки измерения могут быть отображены в виде высотных точек, контрольных точек или контурных линий триангуляции（см. рис. 10-1-3）.

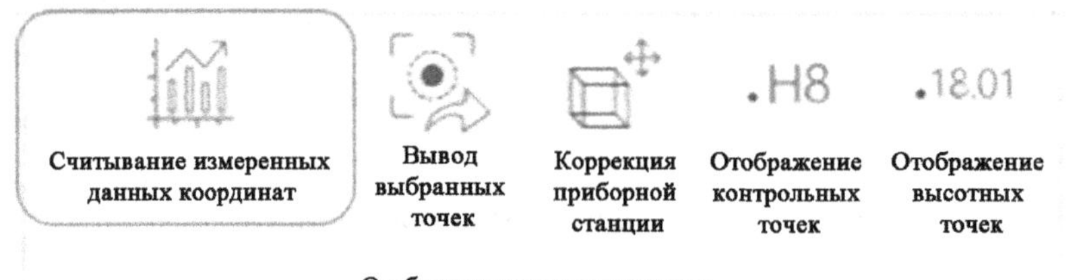

Рис. 10-1-3　Интерфейс считывания данных о точке измерения

а）Считывание измеренных данных координаты

Получить информацию о координатах из файлов dat, txt, csv для генерации точечных объектов.

（1）Нажать специальную инструментальную графу «Считывание

измеренных данных координат», чтобы открыть диалоговое окно считывания измеренных данных координат (см. рис. 10-1-4) .

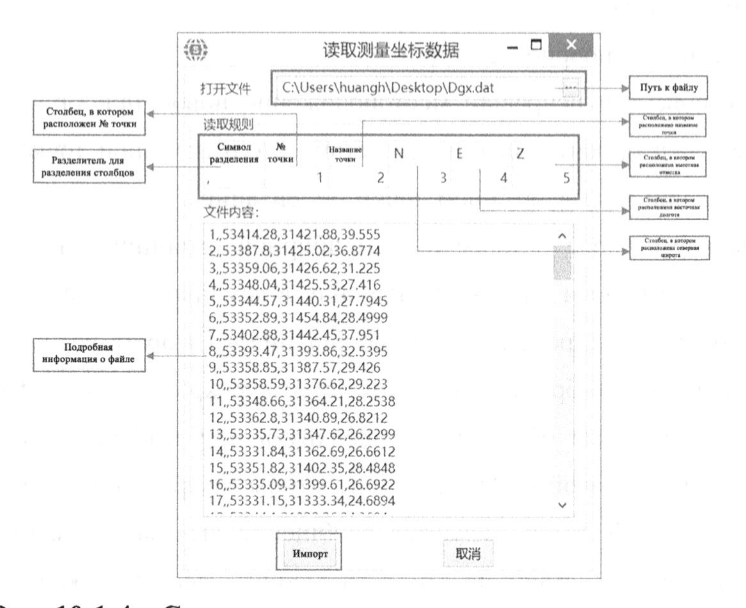

Рис. 10-1-4 Считывание измеренных данных координат

(2) Ввести путь к файлу для чтения, выбрать измеренные полевые данные, установить правила чтения и нажать «Ввод» для ввода измеренных данных.

b) Отображение контрольных точек

Выбрать точку измерения и отобразите ее на карте как указанную контрольную точку.

(1) Щелкнуть поле «Отображение контрольных точек» на специальной инструментальной панели и при этом откроется диалоговое окноо тображения контрольных точек.

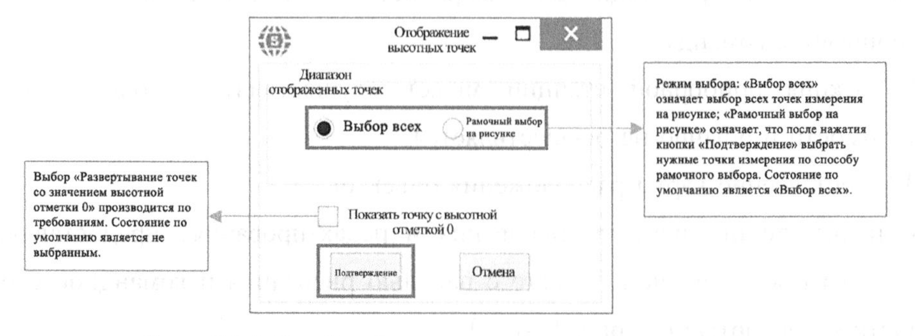

Рис. 10-1-5 Отображение контрольных точек

（2）После установки предела отображаемых точек и типа кодирования контрольных точек, нажать кнопку «ОК», чтобы создать контрольные точки и отобразить их на карте.

C）Коррекция приборной станции

Выбрать объект и исправьте местоположение новой приборной станции и направления точки ориентации в соответствии с его исходной точкой измерения приборной станции и направлением точки ориентации.

（1）Щелкнуть поле «Коррекция приборной станции» на специальной инструментальной панели или ввести команду в командной строке: «modizhan».

（2）В командной строке появится сообщение «[Выбрать все（A） Выбрать многоугольники（K）Выбрать многоугольники перекрестно（J）]. Пожалуйста, выбрать корректируемые объекты: », щелкнуть или выбрать корректируемые объекты, щелкнуть правой кнопкой мыши, чтобы завершить выбор.

（3）В командной строке появится сообщение «Назначить местоположение исходной приборной станции» о назначении местоположения исходной приборной станции для выбранного объекта.

（4）В командной строке появится сообщение «Назначить местоположение исходной точки ориентации» о назначении местоположения исходной точки ориентации для выбранного объекта.

（5）В командной строке появится сообщение «Назначить корректированное местоположение приборной станции» о назначении корректированного местоположения приборной станции для выбранного объекта.

（6）В командной строке появится сообщение«Назначить корректированное направление точки ориентировки». После назначения корректированного направления точки ориентации для выбранного объекта завершается коррекция и заканчивается команда.

Коррекция приборной станции может осуществляться только по мере необходимости и обычно не осуществляется.

3）Составление карты расположения объектов

Используйте инструменты рисования и редактирования, предоставляемые программным обеспечением, вместе с панелью рисования и командной строкой для построения карты（см. рис. 10-1-6）.

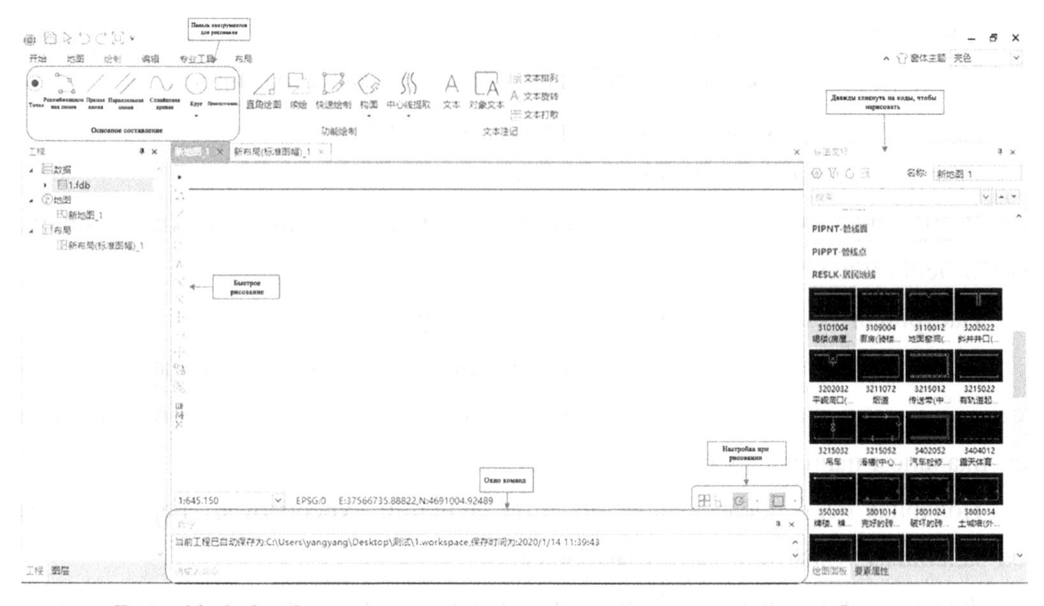

Рис. 10-1-6 Окно построения карты расположения объектов

а) Картографирование

На планшете отображаются условные обозначения объектов, проводится поиск и выбор соответствующих кодов объектов, в результате чего на карте изображаются объекты данного типа (см. рис. 10-1-7) .

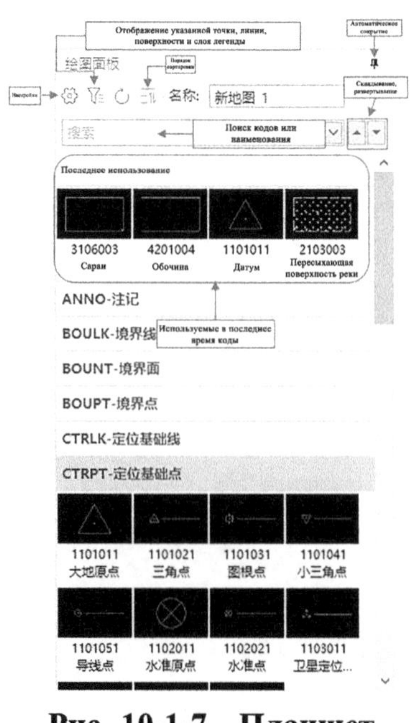

Рис. 10-1-7 Планшет

Перед картографированием выполнить соответствующие настройки для

удобства картографирования.

Интерфейс планшета облегчает выбор кода при картографировании:

Складываться: все коды складываются по слоям.

Развернуться: отображаются все коды.

Размещение очереди: допускается размещение очереди слоев на планшете по наименованиям.

Настройки, связанные с процессом редактирования:

Ортогональный режим: при нанесении линейных или площадных объектов после их вскрытия они могут быть нанесены только в горизонтальном и вертикальном направлениях.

Полярная ось: после включения этой функции курсор будет перемещаться под заданным углом при картографировании.

Захват: для управления функцией включения захвата во время рисования и редактирования, типами узлов, участвующих в захвате, конкретные шаги нижеследующие:

Взять построение чертежа построенного здания на пример:

(1) Найти код построенного здания в строке поиска на планшете или выполнить поиск в строке команд, найти код и дважды щелкнуть его для его выбора;

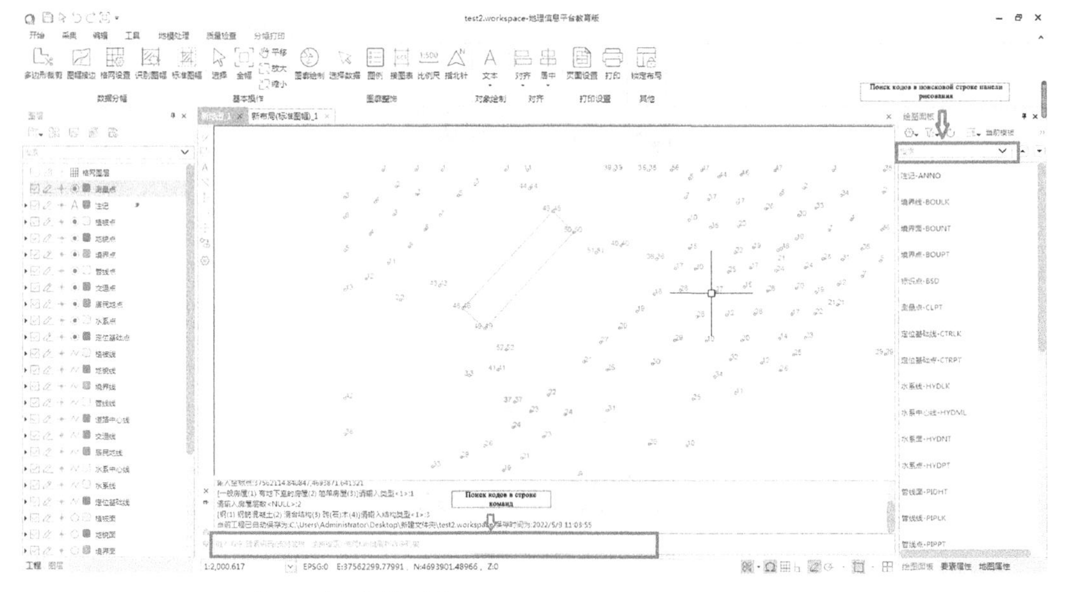

Рис. 10-1-8 Панель поиска на планшете

(2) В области картографирования выбрать номер точки сбора,

соответствующий географическому объекту, и командную панель, при этом выдается сообщение о построении карты по точкам и дальше нажать правую кнопку для завершения картографирования.

(3) Заполнить значения атрибутов в соответствии с командной строкой, такие как тип дома, этажность, структура этажа и т. д (см. рис. 10-1-9).

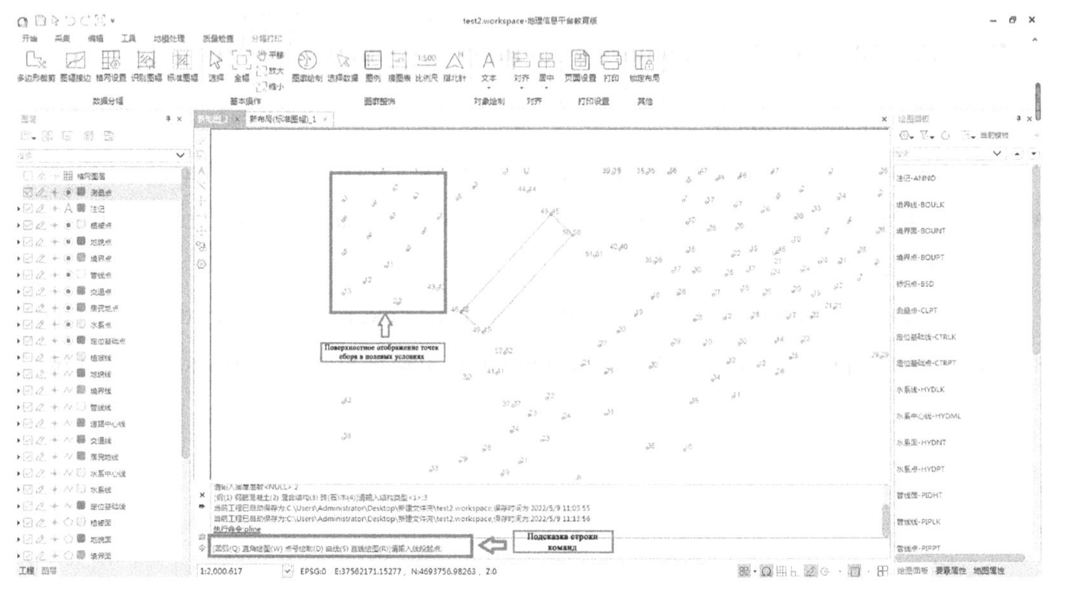

Рис. 10-1-9 Подсказка загрузки командной строки

b) Преобразование кода

Преобразовать код объекта в код целевого объекта. Допускается преобразование между объектами одного и того же геометрического типа, например взаимное преобразование между точечными объектами. Допускается преобразование замкнутых линейных объектов в поверхностные объекты, а поверхностные объекты — в линейные объекты, конкретные шаги нижеследующие:

(1) В пункте «Настройки» на планшете выбрать «Разрешить преобразование кода».

(2) После выбора объекта на карте щелкнуть преобразуемый код целевого объекта один раз на планшете.

(3) Появится диалоговое окно «Хотите ли вы преобразование кода», нажать «Да» для завершения преобразования кода.

до преобразования　　　　　　после преобразования

Рис. 10-1-10　Преобразование различных точечных объектов в реперы

c) Добавление записи

Выбрать «Сбор»-«Текстовая запись», нажать «Текст» A или ввести «Текст» в командной строке, или дважды щелкнуть код записи на планшете для картографирования.

Откроется диалоговое окно «Настройка текста», в котором можно выполнять настройку текста. После завершения настройки нажать кнопку «ОК».

Рис. 10-1-11　Диалоговое окно по настройке текста

4) Построение изогипс

a) Отображение высотной точки

(1) Щелкнуть «Сбор»-»Отображение точки измерения»-»Отображение высотной точки», откроется диалоговое окно. Диалоговое окно по отображению высотной точки показано на рисунке 10-1-12.

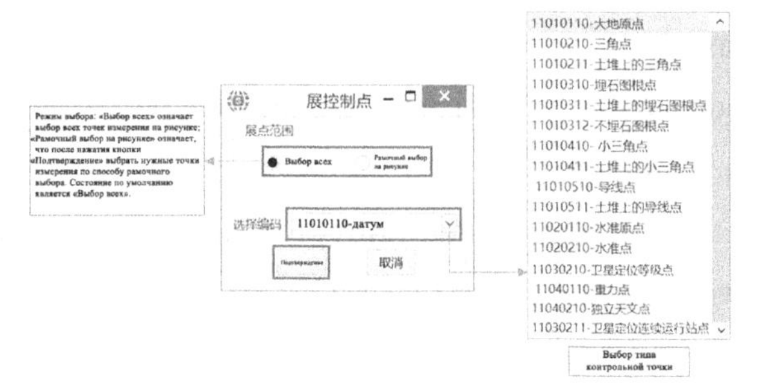

Рис. 10-1-12　Диалоговое окно по отображению высотной точки

(2) После выбора точки измерения в диапазоне отображенных точек, нажать кнопку «ОК» для создания высотной точки и отображения ее на карте.

b) Создание треугольной сетки

(1) Щелкнуть "Обработка географической модели" -" Треугольная сетка" -" Создание треугольной сетки", при этом откроется диалоговое окно. Построить треугольную сетку, как показано на Рис. 10-1-13.

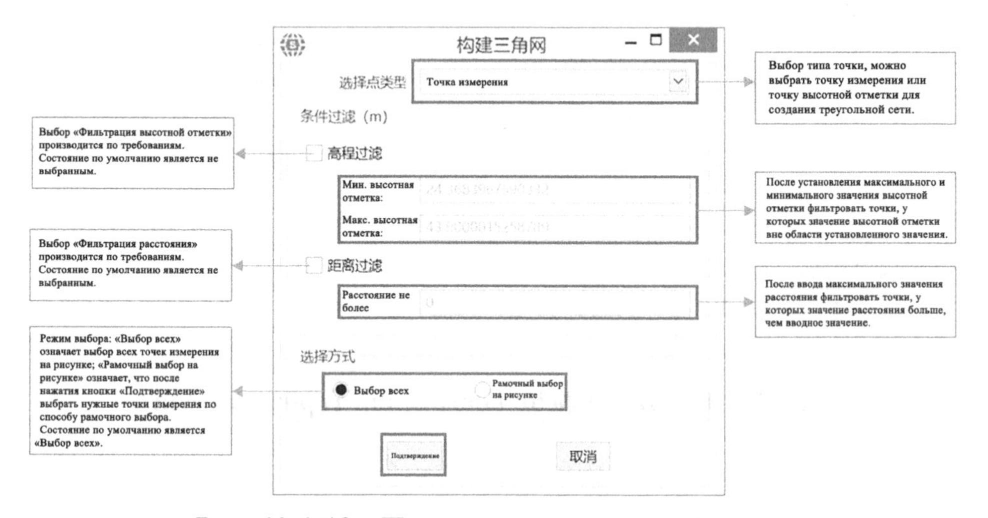

Рис. 10-1-13 Построение треугольной сетки

(1) Нажать «Обработка географической модели»-«Треугольная сетка»-«Фильтрация треугольной сетки»/«Удаление треугольной сетки» для редактирования треугольной сетки. Эффект, полученный после фильтрации треугольной сетки, показан на рисунке 10-1-14.

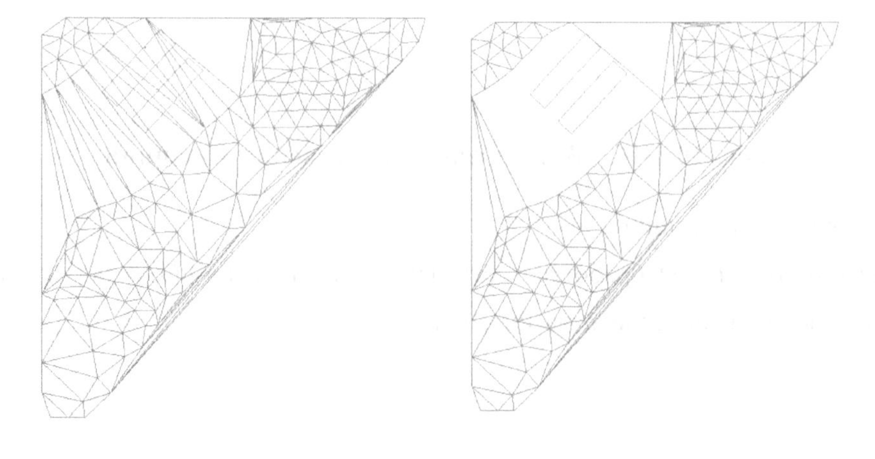

Рис. 10-1-14 Эффект, полученный после фильтрации треугольной сетки

c) Построение изолиний

Нажать «Обработка географической модели»-«Изолиния»-«Построение изолинии», чтобы открыть диалоговое окно построения горизонтатели (см. рис.10-1-15) . Визуализация построения изолиний показана на рисунке 10-1-16.

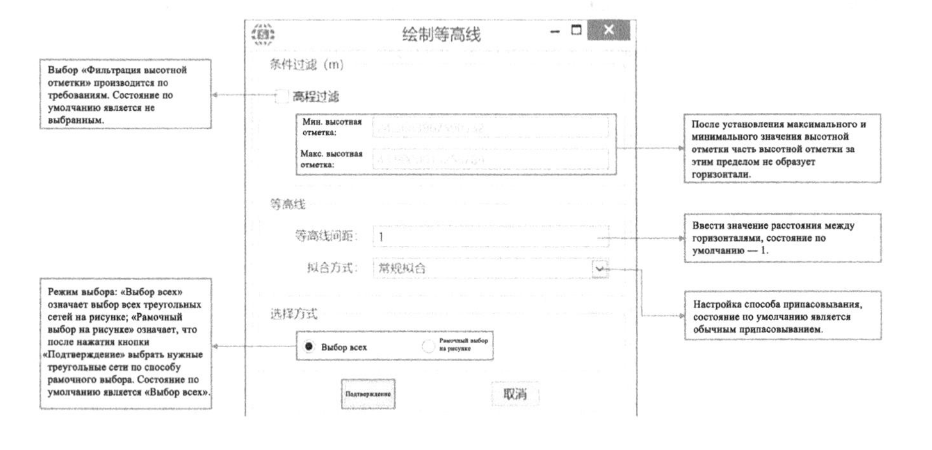

Рис. 10-1-15 Интерфейс построения горизонтатели

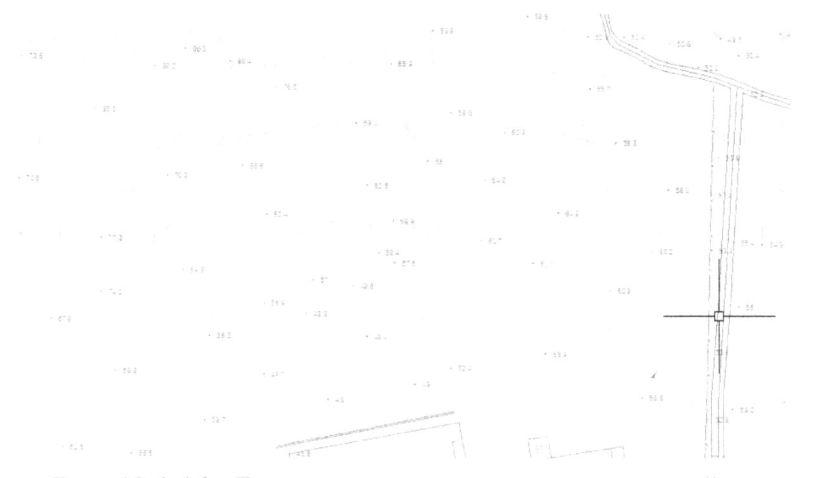

Рис. 10-1-16 Визуализация построения изолиний

d) Отметка изолинии

Нажать пункты «Обработка географической модели»-«Отметка изолинии». Отметка изолинии приведена на Рис.10-1-17.

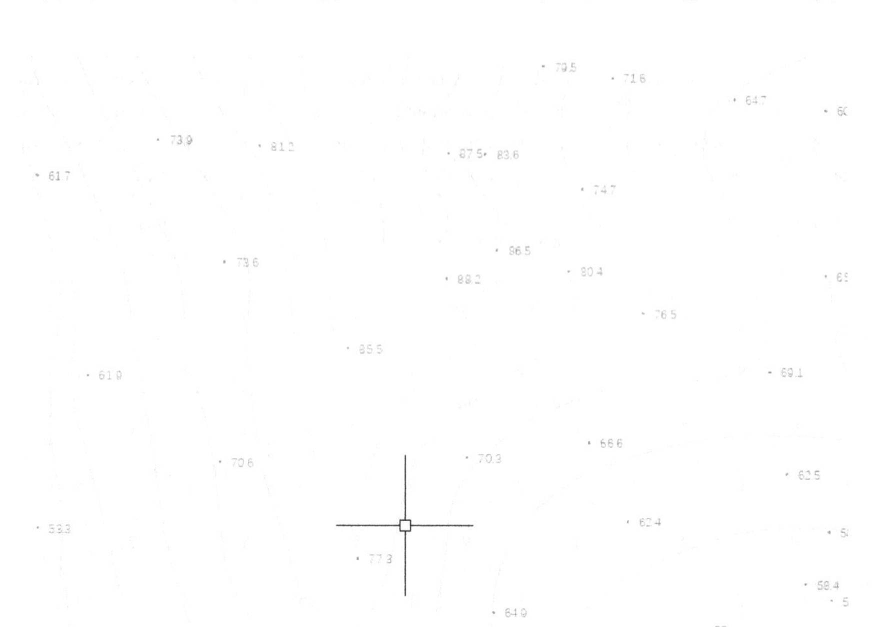

Рис. 10-1-17 Отметка изолинии

5) Оформление карты

Оформление топографической карты относится к различным техническим работам по украшению и нормализации содержания карты (включая внутреннюю и внешнюю часть карты) на более поздней стадии съемки топографической карты. Оформление топографической карты должно выполняться в соответствии с требованиями нормативного документа « Схемы национальных карт основного масштаба. Часть 1. Схемы топографических карт масштаба 1: 500, 1: 1000, 1: 2000 » .

Инструменты для оформления и редактирования карты приведены в табл. 10-1-1 и табл. 10-1-2.

Табл. 10-1-1 Инструмент для оформления и редактирования карты № 1

Нажать пункты «Редактировать»-«Редактировать узлы», чтобы отредактировать узлы линейного или площадного объекта		Нажать «Редактировать»-«Редактировать линии», чтобы обрезать, прервать, удлинить линейный объект.		Нажать «Редактировать»-«Редактировать площадь», чтобы отредактировать линейный объект, например, резка, пряжка т.д.	
Содержит следующие инструменты:		Содержит следующие инструменты:		Содержит следующие инструменты:	
Функция	Символ кнопки управления	Функция	Символ кнопки управления	Функция	Символ кнопки управления
Мобильный узел		Обрезка нитей		Площадное разделение	
Удалить узел		Удлинение линии		Вставка островка	

Нажать пункты «Редактировать»-«Редактировать узлы», чтобы отредактировать узлы линейного или площадного объекта		Нажать «Редактировать»-«Редактировать линии», чтобы обрезать, прервать, удлинить линейный объект.		Нажать «Редактировать»-«Редактировать площадь», чтобы отредактировать линейный объект, например, резка, пряжка т.д.	
Добавить новый узел		Разрыв линии		Коррекция карниза	
Переместить первый узел		Обратный выбор вектора		Удаление островка	
Разбавление узлов		Замыкание линии		Прямоугольная коррекция	
Пересекающаяся точка сложения		Отменить замыкание линии		Площадная обрезка	
Восстановление точки подвески		Ломаная линия			
Многоконечное пересечение		Подгонка			
Сращивание конечной точки линии					

Табл. 10-1-1 Инструмент для оформления и редактирования карты № 2

Нажать «Редактировать»-«Редактировать площадь», чтобы отредактировать линейный объект, например, резка, пряжка т.д.		Нажать пункты «Редактировать»-«Точная настройка символа», чтобы более точно и разумно настроить отображение символов точек, линий и площадей на карте.	
Содержит следующие инструменты:		Содержит следующие инструменты:	
Функция	Символ кнопки управления	Функция	Символ кнопки управления
Площадное разделение		Точная настройка символа заполнения площади	
Вставка островка		Редактирование символов	
Коррекция карниза		Сброс символа	
Удаление островка		Угол	
Прямоугольная коррекция		Характерная точка	
Площадная обрезка		Точка линейного переключения	

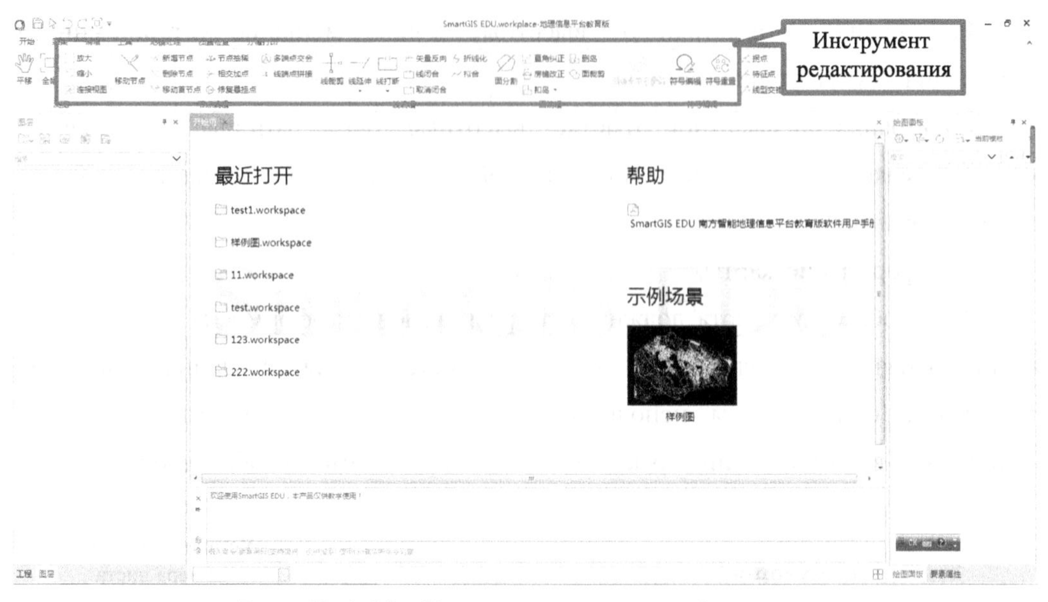

Рис. 10-1-18 Редактирование графы меню

Нажать пункты «Сбор»-«Высотная фильтрация», чтобы отфильтровать и разбавить высотные точки на карте определенным образом.

1. Нажать поле «Высотная фильтрация» на специальной панели инструментов.

2. В командной строке появится сообщение «[Выбрать все（A） Выбрать многоугольники（K）Выбрать многоугольники перекрестно（J）]. Пожалуйста, выбрать фильтруемые высотные точки: », щелкнуть правую кнопку мыши после выбора и при этом появится диалоговое окно «Высотная фильтрация»（см. рис. 10-1-19）.

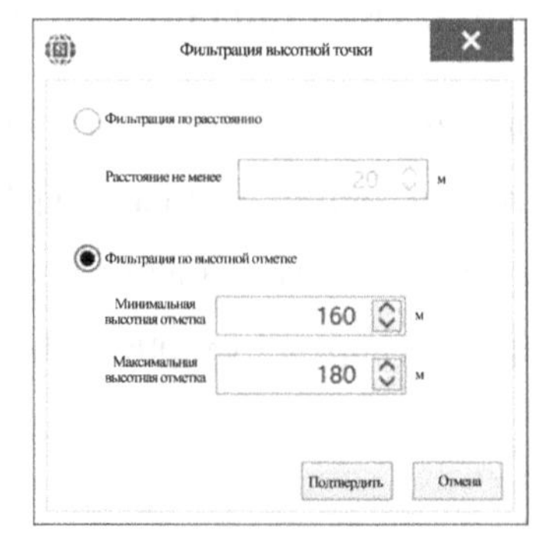

Рис. 10-1-19 Диалоговое окно высотной фильтрации

3. Установить способ фильтрации высотных точек, нажать кнопку «OK», чтобы завершить операцию по фильтрации высотных точек.

Фильтрация по расстоянию: высотные точки, меньшие установленного расстояния, будут отфильтрованы.

Фильтрация по высотной отметке: высотные точки, которые не находятся между максимальной и минимальной высотными точками, будут отфильтрованы.

6) Оформление карты

После обработки карта должна быть разграфлена и оформлена для создания карты. Сначала используйте «Настройки сетки» для создания масштаба разграфки, сетки, затем используйте «Стандартный лист», чтобы создать компоновку в соответствии с рекомендациями программного обеспечения.

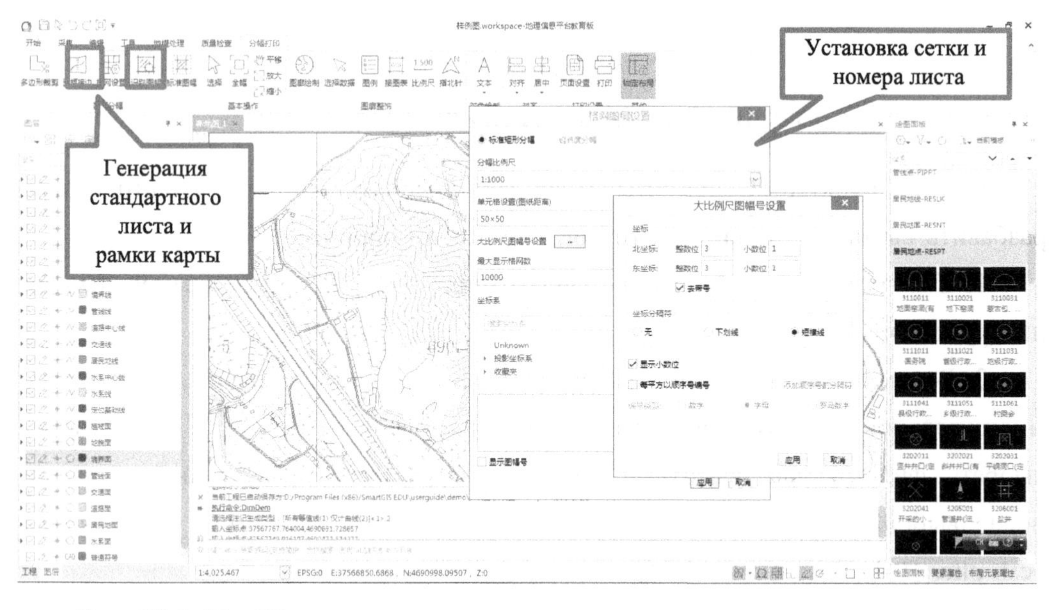

Рис. 10-1-20 Процесс создания стандартного листа и рамки карты

В диспетчере проектов выбрать вновь сгенерированную компоновку, откройте его и просмотрить сгенерированный эффект компоновки в окне визуальной компоновки, а также вы можете дополнительно изменить и настроить сгенерированную рамку карты (см.рис. 10-1-21) .

Рис. 10-1-21 Изменение рамки карты

7）Печатание карты

Вывести графику на странице компоновки в формате PDF и распечатайте ее с помощью принтера и графопостроителя（см. рис. 10-1-22，23）.

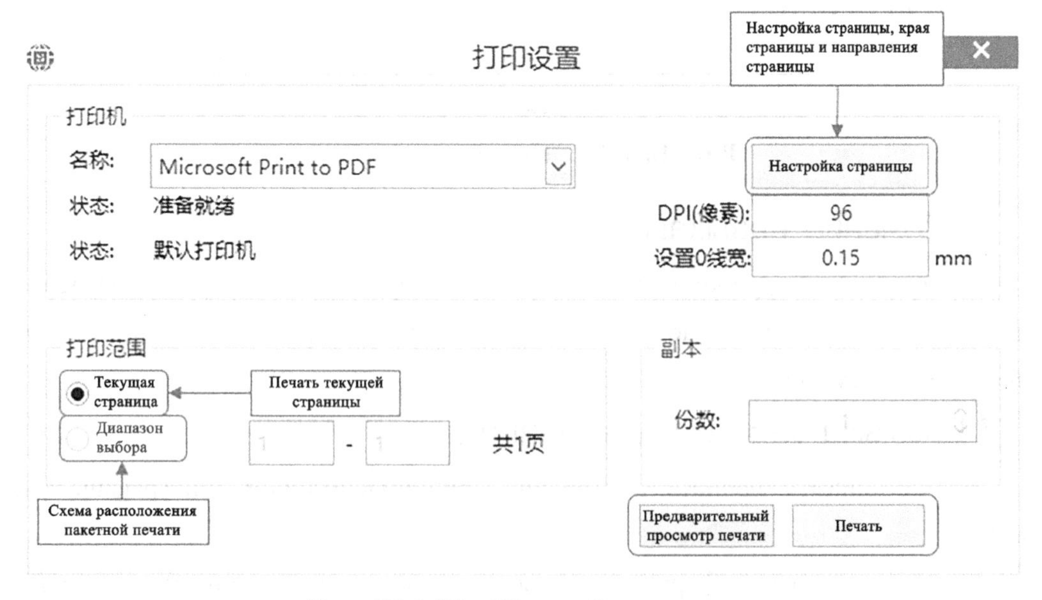

Рис. 10-1-22 Настройки печати

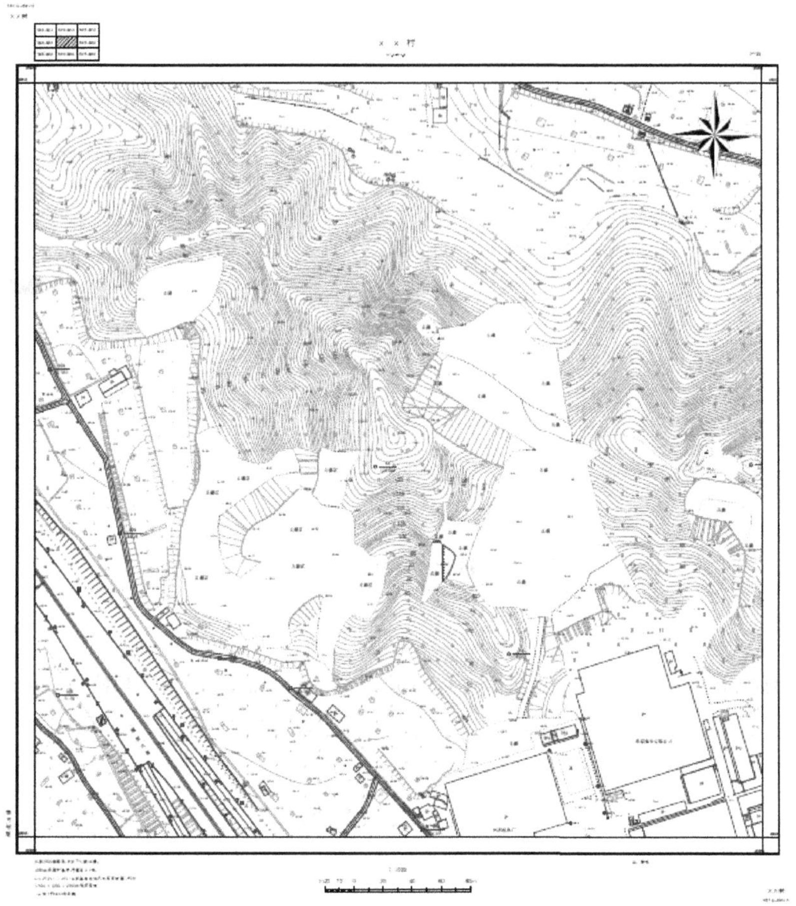

Рис. 10-1-23　Печатание карты

【Обучение навыкам】

Построение крупномасштабных топографических карт. Обучение построению крупномасштабных топографических карт с использованием SmartGIS Survey EDU.

【Размышления и упражнения】

Кратко описать процесс построения крупномасштабной топографической карты.

Описать в краткой форме определение коррекции станции и то, каким образом она может быть произведена.

Проект XI

Обучение виртуальному моделированию

【Описание проекта】

Программное обеспечение для эксперимента по виртуальному моделированию использует технологию виртуальной реальности для создания измерительного оборудования. Пользователь выполняет когнитивное изучение структуры устройства и работу устройства в виртуальной среде для реализации сбора данных в виртуальной среде.

【Цели проекта】

В виртуальной среде моделирования:

(1) Научиться использовать электронный уровень и освоитьпроцесс измерения уровня.

(2) Научиться использовать приемник GNSS В виртуальной среде моделирования, освоитьправила устройства базовой станции, мобильной станции, параметры преобразования, мастер коррекции, сбор координатных данных, ввод и вывод данных и другие операции.

(3) Научиться использовать приемник GNSS В виртуальной среде моделирования для контрольной съемки, освоитьсхему расположения точек съёмочного обоснования и правила сбора координатных данных точек съёмочного обоснования

(4) Научиться использовать тахеометр и освоитьтакие операции В виртуальной среде моделирования, как центрирование и выравнивание, сбор координат, ввод и вывод данных.

Задача Ⅰ Практическое обучение моделированию нивелировки

【Ввод задачии】

Программное обеспечение для эксперимента по моделированию нивелирования использует технологию виртуальной реальности для создания

электронного уровня, штатива, линейки, линейки из индиевой стали и другого оборудования для реализации полного процесса обучения нивелированию в виртуальной среде.

【Подготовка к задаче】

(1) Маршрут прикрепленного уровня: начиная от репера с известной высотной отметкой, нивелировать по трассе, и наконец, произвести привязку к другому реперу с известной высотной отметкой.

(2) Замкнутый нивелирный маршрут: начиная от репера с известной высотной отметкой, нивелировать по трассе и возвращаться к исходному реперу.

(3) Ответвление нивелирного маршрута: начиная с определенного репера, после нивелирования на нескольких станциях, оно не прикрепляется к другим реперам и не закрывается к исходному реперу.

(4) Последовательность калиброванной визирной линейки для нечетных станций в соответствии с «Госправилами нивелирования 1-го и 2-го уровня» (GB/T 12 891—2006):

Линейка заднего вида, линейка переднего вида, линейка переднего вида, линейка заднего вида

Последовательность наведения на рейку для четных станций измерения туда и обратно:

Линейка переднего вида, линейка заднего вида, линейка заднего вида, линейка переднего вида

【Выполнение задачи】

1. Осведомленность об интерфейсе программного обеспечения

После загрузки программного обеспечения наблюдается вход в начальный интерфейс, который содержит следующие модули: Руководство, Про, Настройка, Выход, Начало (см. рис. 11-1-1).

Основные функции программного обеспечения для имитационного моделирования нивелировки

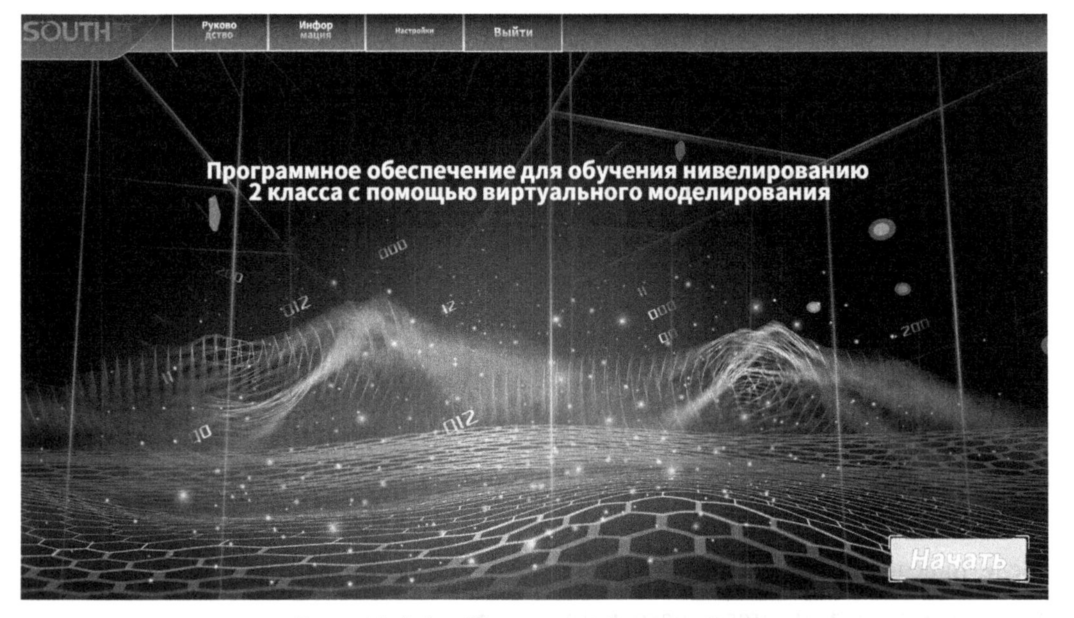

Рис. 11-1-1　Начальный интерфейс

(1) Нажать модуль «Руководство», чтобы войти в страницы «Руководство по применению клавиш» и «Описание символов»;

(2) Нажать модуль «Про», чтобы отобразить информацию о версии программного обеспечения, производителе программного обеспечения и т. д.;

(3) Нажать модуль «Настройка», чтобы перейти на страницы настройки окна, разрешения, качества изображения, языка, звуковых эффектов и музыки;

(4) Нажать модуль «Выход» для выхода на рабочий стол;

(5) Нажать модуль «Начало», чтобы войти в сценарий практического обучения (см. рис. 11-1-2). В сценарии практического обучения нажать кнопку «ESC», чтобы вернуться в главное меню или выйти из программного обеспечения. Нажать «V», чтобы заблокировать или разблокировать мышь;

(6) «Навигационная карта», показывающая местоположение фигуры;

(7) «Описание клавиши», показывающее руководство по применению клавиш;

Рис. 11-1-2 Интерфейс практического обучения

(8) Нажать кнопку «Рюкзак» или «TAB», чтобы отобразить инструменты и приборы (см. рис. 11-1-3) .

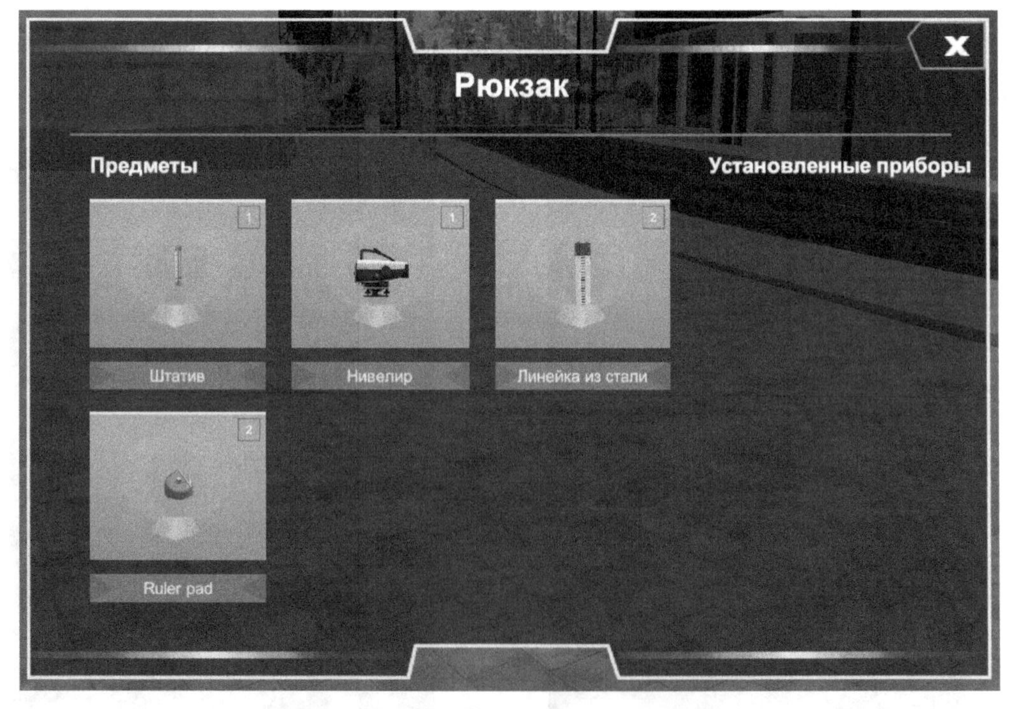

Рис. 11-1-3 Интерфейс рюкзака

(9) Нажать клавишу «Карта» или «M», чтобы отобразить карту области съемки (см. рис. 11-1-4) .

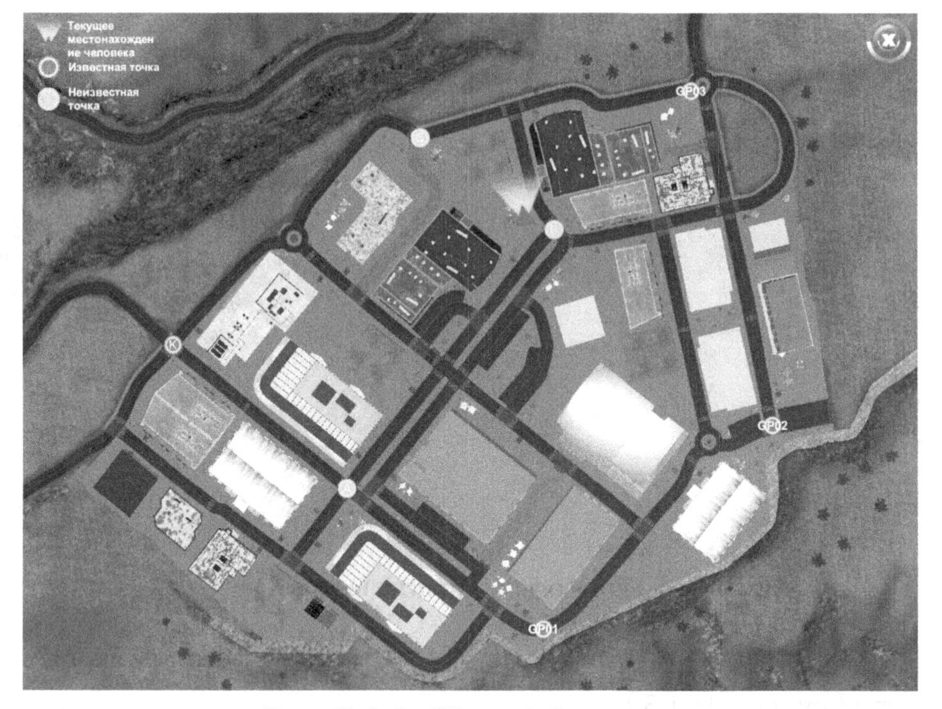

Рис. 11-1-4　Интерфейс карты

(10) Нажать клавишу «Запись» или «Т», чтобы отобразить журнал нивелирования второго уровня и таблицу ошибок высотной отметки;

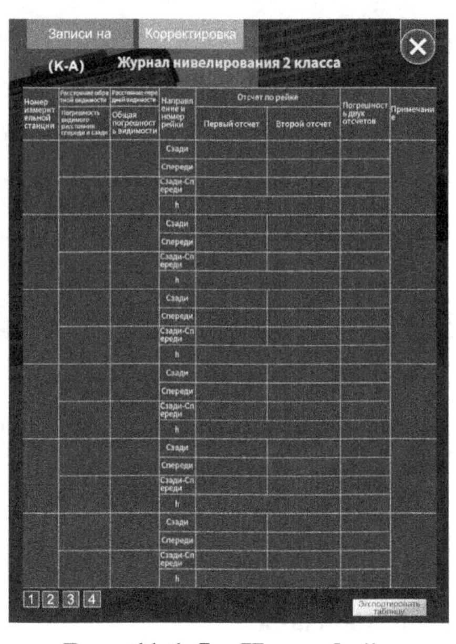

Рис. 11-1-5　Интерфейс журнала нивелирования

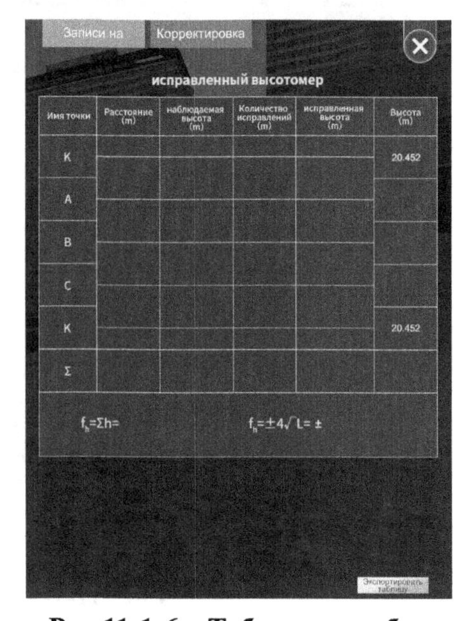

Рис.11-1-6　Таблица ошибок высотной отметки

(11) Нажать клавишу «Задача» или «Р», чтобы отобразить задачу «Работа по замкнутой линии нивелирования второго уровня», и нажать «Начало экзамена» для проведения оценки (см. рис. 11-1-7) .

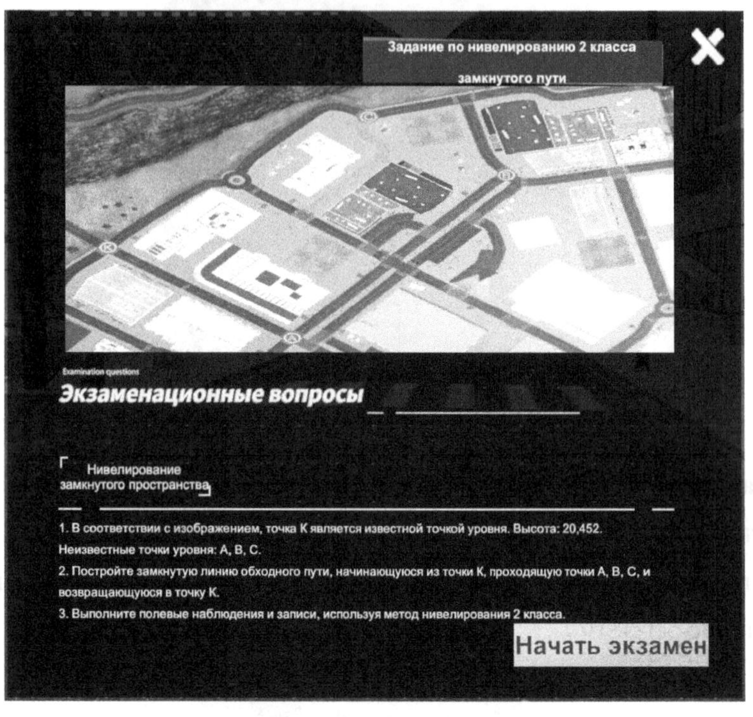

Рис. 11-1-7 Интерфейс задачи

(12) «Колонка количества шагов» показывает расстояние между фигурой и нивелиром, нивелиром и линейкой из индиевой стали (один шаг составляет около 0, 75 м) (см. рис. 11-1-8) .

Рис. 11-1-8 Колонка количества шагов

2. Монтаж линейки из индиевой стали

(1) Нажать клавишу «Рюкзак» или «ТАВ», переместить курсор к подушке линейки, удалить подушку линейки и поместить подушку линейки (предметы могут быть размещены зеленым цветом) .

(2) Откройте «рюкзак», чтобы вынуть линейку из индиевой стали, поместить линейку из индиевой стали на подушку линейки, и линейку из индиевой стали также можно поместить непосредственно на измерительный винт (см. рис. 11-1-8) .

Рис. 11-1-9　Монтаж линейки из индиевой стали

3. Установка нивелира

(1) Откройте «Рюкзак», выньте штатив и поместить штатив.

(2) Откройте «Рюкзак», чтобы вынуть нивелир и поместить нивелир на штатив (см. рис. 11-1-10) .

Рис. 11-1-10　Установка нивелира

4. Эксплуатация нивелира

(1) После установки нивелира нажать клавишу «F», чтобы войти в интерфейс управления нивелиром.

Описание кнопки:

[F] — покидание операции по прибору

[Q] [E] — поворот поля зрения влево и вправо

[W] [S] — перемещение поля зрения вперед и назад

[A] [D] — подъём и спуск поле зрения

[J] [L] — поворот нивелира влево и вправо

[Space] — сброс

[T] — открытие журнала

[1] Линейка из индиевой стали, обращенная к нивелиру ①

[2] Линейка из индиевой стали, обращенная к нивелиру ②

[3] Линейка из индиевой стали ①, обращенная к нивелиру

[4] Линейка из индиевой стали ②, обращенная к нивелиру

(2) Нажать кнопку включения, чтобы включить прибор.

(3) Выровняйте нивелир. Переместить мышь к установочному винту и переместить ролик мыши, чтобы повернуть установочный винт и расположить пузырь в середине (см. рис. 11-1-11).

(4) Переместить курсор к винту фокусировки окуляра и переместить ролик мыши, чтобы получить четкое перекрестие (см. Круглое окно в верхнем левом углу).

(5) Переместить курсор к винту фокусировки объектива и переместить ролик мыши, чтобы отрегулировать резкость изображения (см. Круглое окно в верхнем левом углу).

(6) Переместить мышь к горизонтальному винту микродвижения и переместить ролик мыши для микродвижения.

Рис. 11-1-11 Выравнивание нивелира

Рис. 11-1-12 Фокусировка окуляра

Рис. 11-1-13 Фокусировка объектива

Рис. 11-1-14 Горизонтальное микродвижение

5. Замкнутая нивелирная съемка

Нажать клавишу «Задача» или «P», чтобы отобразить задачу «Работа по замкнутой линии нивелирования второго уровня». Начиная от известного репера K, через три неизвестного репера A, B, C возвращается к точке K.

Конкретный порядок управления:

(1) Нажать «Карта» или «M», чтобы открыть карту, и нажать точку K, чтобы перенести ее в эту точку.

(2) Поместить линейку из индиевой стали ① на измерительный винт в точке K.

(3) Переместиться в место на расстоянии от линейки из индиевой стали ① ≥3м и ≤50м (один шаг в программном обеспечении составляет около 0, 75м), чтобы установить нивелир.

Программное обеспечение для имитационного моделирования замкнутой нивелирной съёмки

(4) Переместить его впереди нивелира и установить линейку из индиевой стали ② (разность прямой видимости сзади и спереди составляет ≤1, 5м).

(5) Нажать «F1» для позиционирования нивелира, переместить курсор к нивелиру, нажать «F», чтобы войти в интерфейс управления нивелиром, после выравнивания нивелира нажать кнопку включения для включения прибора.

(6) Нажать «Измерение», «Измерение линии», «Нивелирование второго класса», «Работа», ввести наименование работы и имя геодезиста, затем нажать «Подтверждение», нажать «Линия», ввести наименование линии/наименование начальной точки/высотную отметку начальной точки, нажать

«Подтверждение», нажать «Начало». Согласно правилам, последовательность калиброванной визирной линейки для нечетных станций — задняя, передняя, передняя, задняя. Нивелир выдает соответствующие подсказки, B обозначает калиброванную заднюю визирную линейку, F обозначает калиброванную переднюю визирную линейку.

(7) В режиме F, нажать клавиатуру «1» для обращения нивелира к линейке из индиевой стали ①, нажать клавиатуру «3» для обращения нивелира к линейке из индиевой стали ①, после фокусировки нажать «E», чтобы повернуть поле зрения вправо, нажать боковую красную кнопку измерения для считывания показания задней линейки, нажать «T», чтобы открыть журнал и заполнить данные, нажать «Подтверждение» на экране нивелира.

(8) Нажать клавиатуру «2» для обращения нивелира к линейке из инидевой стали ②, нажать клавиатуру «4» для обращения нивелира к линейке из инидевой стали, после фокусировки нажать «E» для вращения поля зрения вправо, нажать боковую красную кнопку измерения для считывания показания передней линейки, нажать «T», чтобы открыть журнал и заполнить данные, нажать «Подтверждение» на экране нивелира.

(9) Повторить шаг (8), чтобы выполнить второе чтение передней визирной линейки.

(10) Повторить шаг (7) и выполнить второе чтение задней визирной линейки.

(11) Нивелир выдает подсказку «Подтвердить сохранение? » Нажать «OK», чтобы сохранить информацию о первой приборной станции.

(12) После завершения работы по данной приборной станции переместить станцию. Нажать «F» для покидания операции по нивелиру, переместить курсор к штативу, нажать «R», чтобы поднять уровень и штатив, перейти на следующую приборную станцию и снова Установить нивелир.

(13) Нажать «F2» для позиционирования линейки из индиевой стали ①, нажать «R», чтобы подобрать линейку из индиевой стали ①, нажать «X» для уборки линейки из индиевой стали ① в рюкзак, переместить ее в подходящее положение для нивелира, установить линейку из индиевой стали ① , а линейка из индиевой стали ② находится в неподвижном положении; Согласно правилам, последовательность калиброванной визирной линейки для второй приборной станции: передняя, задняя, задняя, передняя.

(14) Повторить шаг (5) для управления нивелиром.

(15) Повторить шаг (7), чтобы выполнить первое чтение передней визирной линейки.

(16) Повторить шаг (8), чтобы выполнить первое чтение задней визирной линейки.

(17) Повторить шаг (8) и выполнить второе чтение задней визирной линейки.

(18) Повторить шаг (7) и выполнить второе чтение передней визирной линейки.

(19) Повторить шаг (11), чтобы сохранить информацию о второй приборной станции.

(20) Последующая работа продолжается до тех пор, пока она не будет завершена.

(21) После выполнения задачи нажать «Завершить экзамен». После представления результатов система автоматически оценит результаты.

【Обучение навыкам】

Обучение виртуальному моделированию второго уровня. Освойте метод применения электронного нивелира и процесс нивелирования второго уровня.

【Размышления и упражнения】

1.Как быстро открыть рюкзак и карту в программном обеспечении?

2.Как регулировать окуляр и объектив нивелира в программном обеспечении?

Задача Ⅱ Обучение моделированию измерения GNSS

【Ввод задачии】

Программное обеспечение для эксперимента по моделированию измерения GNSS использует технологию виртуальной реальности для создания приемника GNSS и его аксессуаров, которые могут выполнять когнитивное обучение

компонентов приемника и реализовывать полное обучение процессу измерения GNSS в виртуальной среде.

【Подготовка к задаче】

На основе оборудования приёмника G7 GNSS создается крупномасштабная виртуальная трехмерная полевая среда с использованием приемника GNSS для сбора данных, чтобы реализовать виртуальную работу и обработку данных во всем процессе сбора данных и поддержать взаимодействие.

【Выполнение задачи】

1.Осведомленность об интерфейсе программного обеспечения

Рис. 11-2-1 Начальный интерфейс

(1) Нажать «Настройки», чтобы установить изображение обучающего программного обеспечения, разрешение, оконный режим и т.д.

(2) Нажать «Про» для просмотра информации о версии.

(3) Нажать «Выход», чтобы выйти из программного обеспечения.

(4) Нажать «Изучение», чтобы изучить структуру компонентов прибора.

Основные функции программного обеспечения для имитационного моделирования измерения GNSS

(5) Нажать «Тренировка», чтобы ознакомиться со структурой компонентов инструмента.

(6) Нажать «Оценка», чтобы оценить эффект изучения компонентов инструмента.

(7) Нажать «Операция», чтобы войти в операционный интерфейс.

(8) Нажать «Измерение», чтобы войти в сценарий практического обучения.

2. Интерфейс обучения

Рис.11-2-2 Интерфейс обучения

Нажать «Обучение», чтобы войти в интерфейс обучения, узнать наименования компонентов прибора, и учиться тремя способами.

(1) Способ № 1: Нажать кнопку списка слева, чтобы выбрать изучаемые компоненты.

(2) Способ № 2: дважды щелкнуть мышью на компоненты прибора, чтобы учиться в соответствии с выданными подсказками.

(3) Способ № 3: нажать «Авто» в верхнем правом углу и следуйте порядку воспроизведения для обучения.

Нажать «Возврат», чтобы вернуться к основному интерфейсу программного обеспечения.

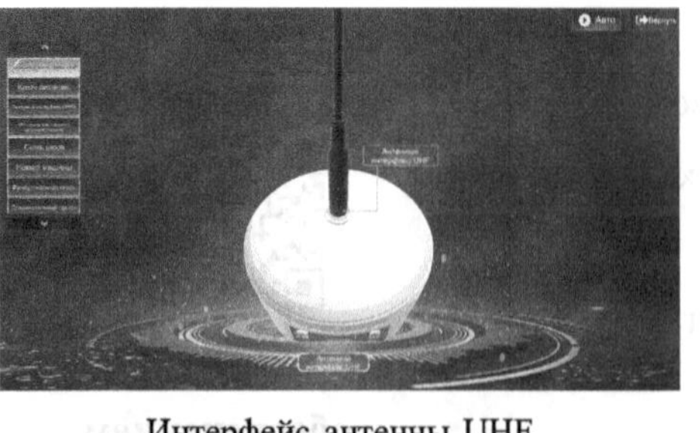

Интерфейс антенны UHF

Кнопка электропитания

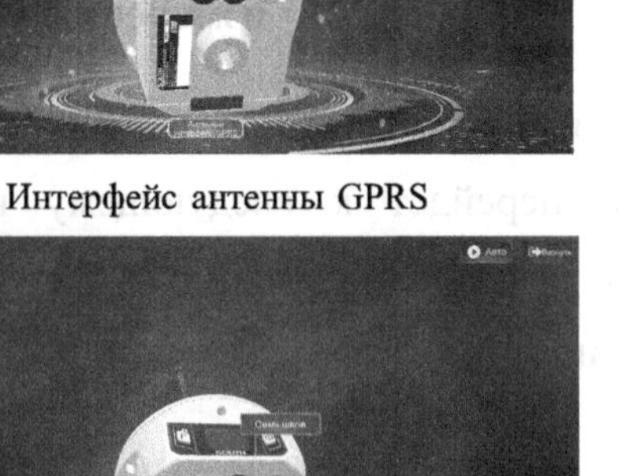

Интерфейс антенны GPRS

Пятиконтактный внешний порт электропитания

Семиконтактный порт передачи данных

Номер хоста

Функциональная клавиша

Соединительное резьбовое отверстие

Сенсорный экран

Рис. 11-2-3 Схема расположения компонентов

3. Интерфейс тренировки

Нажать «Тренировку», чтобы войти в интерфейс тренировки, щелкнуть список слева, выбрать изучаемые компоненты, и дважды щелкнуть местоположение компонента на приемнике.

Работа с программным обеспечением приемника GNSS для имитационного моделирования измерений GNSS

4. Интерфейс оценки

Нажать «Оценка» для входа в интерфейс оценки, нажать на левый список для начала оценки, длительно нажать левую кнопку мыши для перетаскивания, поворота прибора, дважды щелкнуть компонент для выделения ее, нажать «Подтверждение», при этом программное обеспечение автоматически перейдет к следующему вопросу, после завершения нажать «Представить результаты», нажать «Просмотреть результаты», появится табель успеваемости.

5. Интерфейс управления

Нажать «Оценка», чтобы войти в интерфейс оценки;

(1) Нажать «Вертикальное вращение», при этом прибор вращается в вертикальном направлении;

(2) Нажать «Горизонтальное вращение», при этом прибор вращается в горизонтальном направлении;

(3) Нажать «Свободное вращение», при этом прибор вращается в любом направлении;

(4) Нажать «Сброс», и при этом инструмент вернется в какое-то фиксированное положение;

(5) Нажать «Возврат», чтобы вернуться к основному интерфейсу программного обеспечения.

Рис. 11-2-4 Интерфейс управления

6. Интерфейс сценария измерения

Используйте приёмник GNSS в сценарии практического обучения для сбора данных с точки зрения первого человека, восстановления процесса работы в реальном измерении. Нажать «Измерение», чтобы войти в сценарий обучения. В сценарии обучения нажать «ESC», чтобы вернуться в главное меню или выйти из программного обеспечения. Нажать «V», чтобы заблокировать или разблокировать мышь.

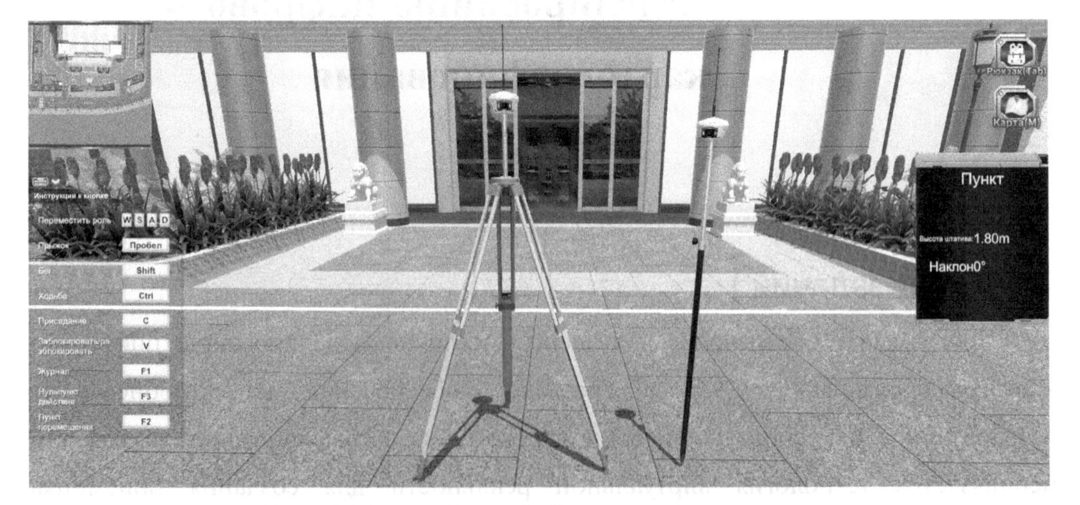

Рис. 11-2-5 Интерфейс сцены измерения

(1) «Окно навигации», которое отображает текущее местоположение;

(2) Нажать «Описание клавиши», чтобы отобразить страницу освещения кнопок быстрого доступа;

(3) Нажать «Рюкзак» или «Tab», чтобы открыть рюкзак;

(4) Нажать «Карта» или «М», чтобы отобразить карту.

Конкретный метод применения приемника GNSS см. проект IX для дальнейшего изучения.

【Обучение навыкам】

Обучение виртуальному моделированию применения приёмника GNSS. Узнать наименования и функции компонентов приемника GNSS, изучить основные операции по приемнику GNSS, использовать приемник GNSS для сбора данных.

【Размышления и упражнения】

1. Кратко указать наименования компонентов приемника GNSS.

2. Как установить режим работы приемника GNSS в программном обеспечении ?

Задача Ⅲ Практическое обучение моделированию цифрового картографирования

【Ввод задачии】

Программное обеспечение для эксперимента по моделированию цифрового картографирования — это программное обеспечение на стороне ПК, разработанное на основе обучения цифровому картографированию, в котором используется технология виртуальной реальности для создания приемника GNSS и тахеометра, который может завершить компоновку точек съёмочного обоснования и сбор данных о разбитых точках в виртуальной среде.

【Подготовка к задаче】

Процесс цифрового картографирования:

(1) Установка базовой станции.

(2) Установка мобильной станции.

(3) Определение параметров преобразования.

(4) Контрольная съемка по съёмочной сети.

(5) Сбор данных о разбитых точках.

(6) Экспорт данных.

(7) Данные вводятся в SmartGIS Survey EDU для обработки, подробное объяснение см. в данной книге «Проект X: Производство базовых географических данных SmartGIS Survey EDU».

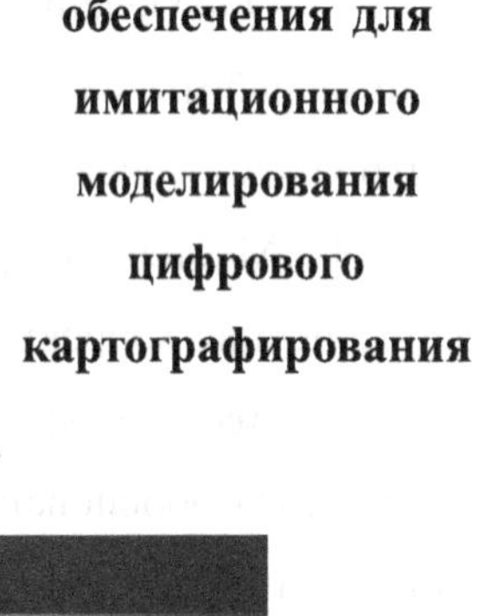

Основные функции программного обеспечения для имитационного моделирования цифрового картографирования

【Выполнение задачи】

1. Осведомленность об интерфейсе программного обеспечения

После загрузки программного обеспечения можно войти в начальный интерфейс, как показано на Рис. 11-3-1, включаются модули «Трейнинг-лагерь», «Руководство», «Про», «Настройка», «Выход», «Начало».

Рис. 11-3-1 Начальный интерфейс

(1) Нажать «Трейнинг-лагерь», чтобы войти в программу обучения;

(2) Нажать «Руководство», чтобы войти в страницу описания клавиш быстрого доступа;

(3) Нажать модуль «Про», чтобы отобразить информацию о версии программного обеспечения, производителе программного обеспечения и т. д.;

(4) Нажать «Настройка», чтобы выбрать оконный режим, разрешение,

качество изображения, звуковой эффект и т. д., И нажать «Подтверждение», чтобы сохранить настройки;

(5) Нажать модуль «Выход» для выхода на рабочий стол;

(6) Нажать «Начало», чтобы войти в сценарий практического обучения.

2. Осведомленность в трейнинг-лагере

Нажать «Трейнинг-лагерь», чтобы войти в программу обучения. В программу обучения существует шесть уровней обучения, которые позволяют освоить инструкцию по эксплуатации прибора.

(1) Установка базовой станции – обучение сборке базовой станции.

(2) Установка мобильной станции — обучение сборке мобильной станции.

(3) Определение параметров преобразования — обучение настройке режима работы радиостанции, определение параметров преобразования и сбор контрольных точек.

(4) Мастер коррекции — обучение настройке режима работы сети, одноточечная коррекция

(5) Ввод и вывод данных — вывод данных контрольной точки/точки съёмочного обоснования и данных о разбитых точках из журнала, ввод данных контрольной точки/точки съёмочного обоснования в тахеометр.

(6) Установка тахеометра — обучение сборке, центрированию и выравниванию тахеометра.

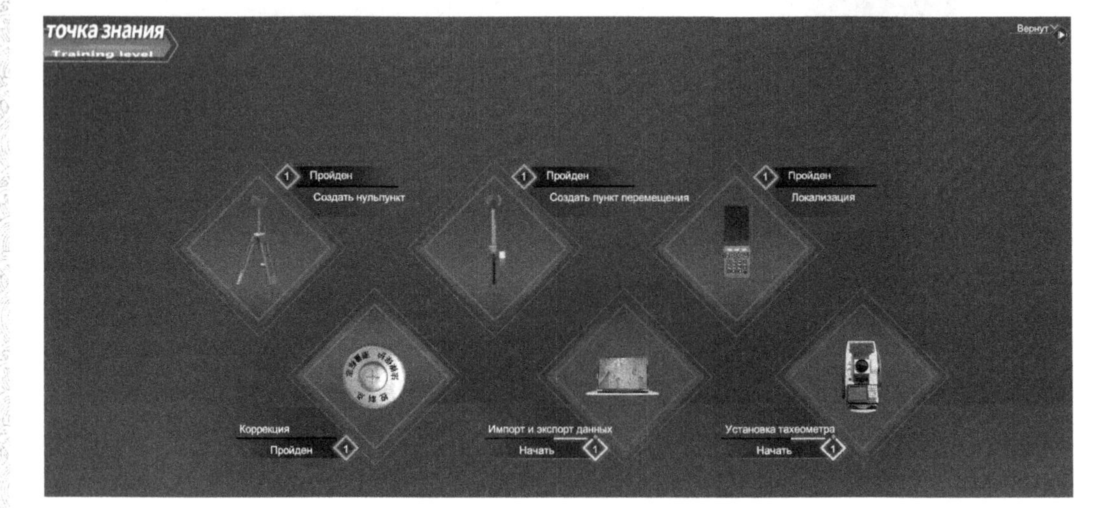

Рис. 11-3-2 Интерфейс трейнинг-лагеря

Рис. 11-3-3 Интерфейс монтажа базовой станции

Введение в интерфейс установки базовой станции

(1) Нажать «Рюкзак» или «Таб», чтобы показать предметы, необходимые для обучения на текущем уровне.

(2) Нажать «Описание клавиш» для отображения страницы освещения клавиш быстрого доступа.

(3) Нажать «Колонка шагов», чтобы показать порядок выполнения операций на текущем уровне обучения.

(4) Нажать «Возврат», чтобы вернуться к интерфейсу трейнинг-лагеря.

После завершения обучения на текущем уровне «Пройден» отображается под уровнем обучения, и пройденный уровень обучения также можно повторить.

(2) Установка подвижных станций: обучение сборке подвижных станций.

Оперативные шаги по установке контрольного пункта и контрольно-пропускного пункта «Установка передвижной станции» показаны на рис. 11-3-4.

(3) Поиск параметров преобразования: обучение установке рабочего режима радиостанции, поиску параметров преобразования, сбору контрольной точки, операция показана в рис.11-3-5.

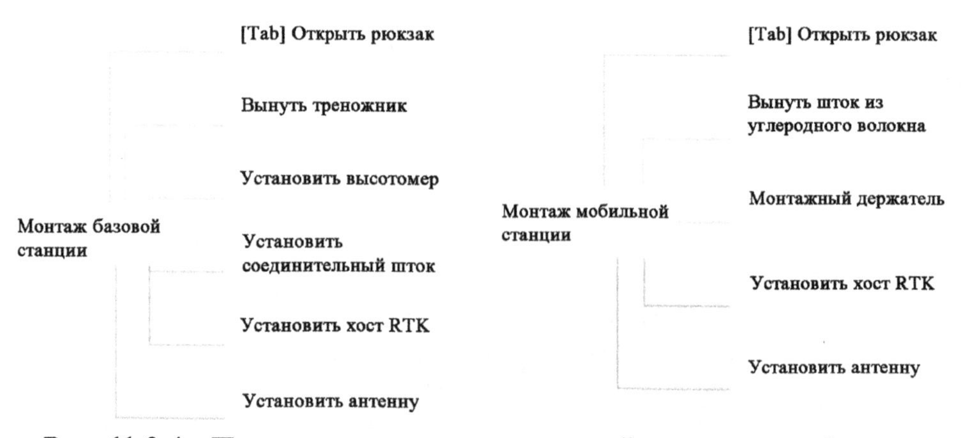

Рис. 11-3-4 Порядок выполнения операций на уровнях обучения «Установка базовой станции» и «Установка мобильной станции».

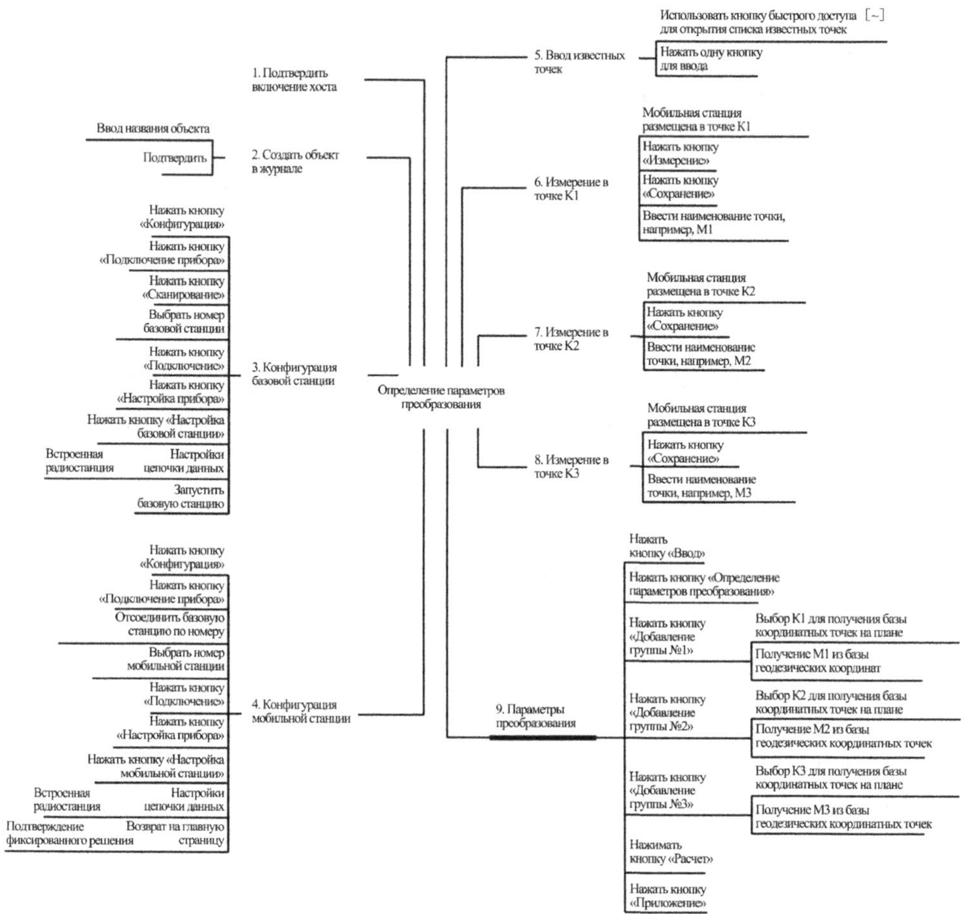

Рис. 11-3-5 Порядок выполнения операций на уровне обучения «Определение параметров преобразования»

(4) Мастер коррекции: Обучить установке режима работы сети, коррекции в одной точке, шаг операции показан на рис.11-3-6.

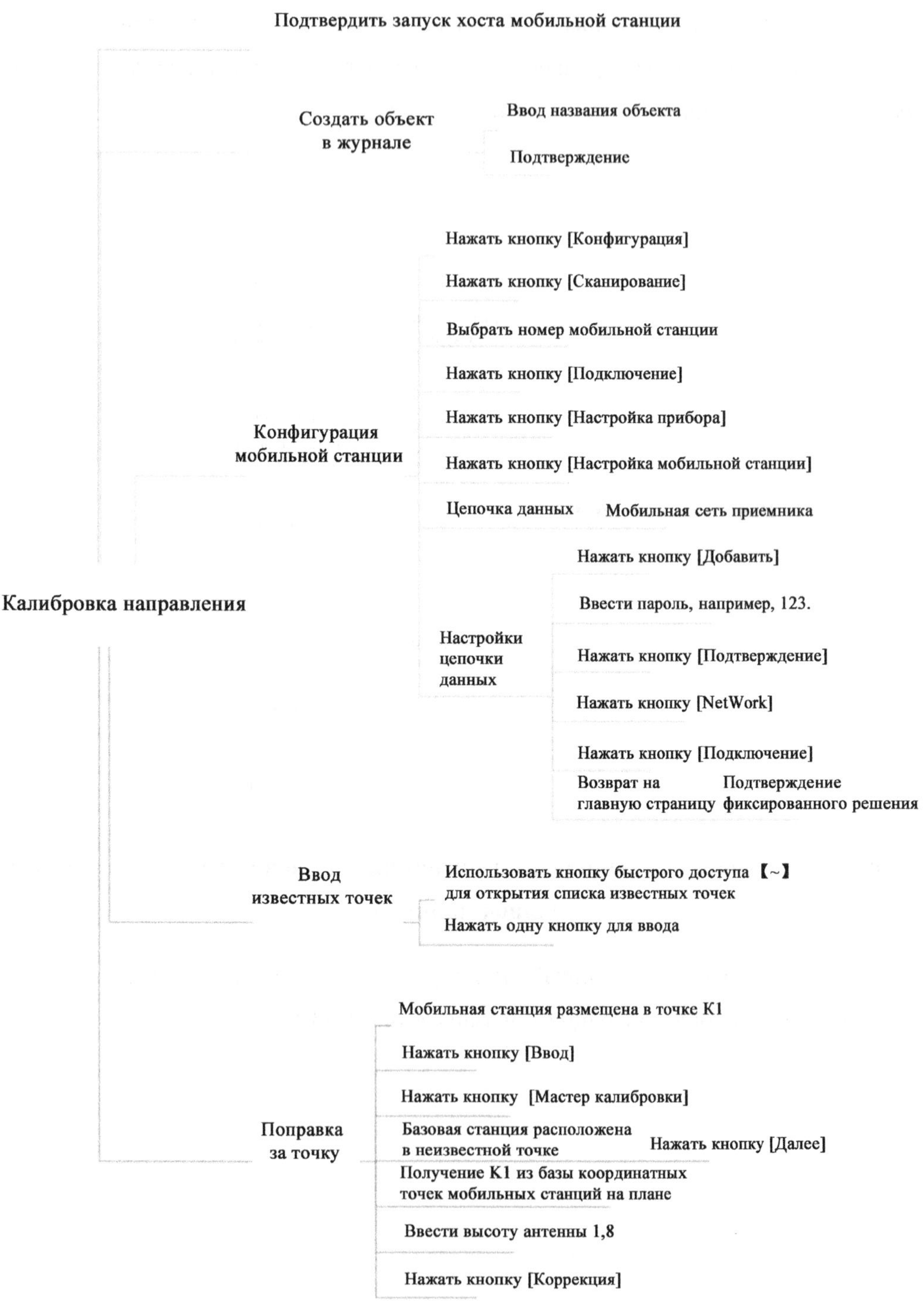

Подтвердить запуск хоста мобильной станции

Калибровка направления

- Создать объект в журнале
  - Ввод названия объекта
  - Подтверждение
- Конфигурация мобильной станции
  - Нажать кнопку [Конфигурация]
  - Нажать кнопку [Сканирование]
  - Выбрать номер мобильной станции
  - Нажать кнопку [Подключение]
  - Нажать кнопку [Настройка прибора]
  - Нажать кнопку [Настройка мобильной станции]
  - Цепочка данных — Мобильная сеть приемника
  - Настройки цепочки данных
    - Нажать кнопку [Добавить]
    - Ввести пароль, например, 123.
    - Нажать кнопку [Подтверждение]
    - Нажать кнопку [NetWork]
    - Нажать кнопку [Подключение]
    - Возврат на главную страницу — Подтверждение фиксированного решения
- Ввод известных точек
  - Использовать кнопку быстрого доступа 【~】 для открытия списка известных точек
  - Нажать одну кнопку для ввода
- Поправка за точку
  - Мобильная станция размещена в точке K1
  - Нажать кнопку [Ввод]
  - Нажать кнопку [Мастер калибровки]
  - Базовая станция расположена в неизвестной точке — Нажать кнопку [Далее]
  - Получение K1 из базы координатных точек мобильных станций на плане
  - Ввести высоту антенны 1,8
  - Нажать кнопку [Коррекция]

Рис. 11-3-6 Порядок выполнения операций на уровне обучения «Мастер коррекции»

（5）Импорт и экспорт данных：тренируйте экспорт данных контрольной точки/корневой точки рисунка и данных разбитой точки в ручной книге, импортируйте данные контрольной точки/корневой точки рисунка в полный тахометр，шаг операции показан на рис.11-3-7.

Рис. 11-3-7 Порядок выполнения операций на уровне обучения «Ввод и вывод данных»

（6）Установить станционный прибор：обучать сборке и выравниванию станционного прибора，операция показана в рис.11-3-8.

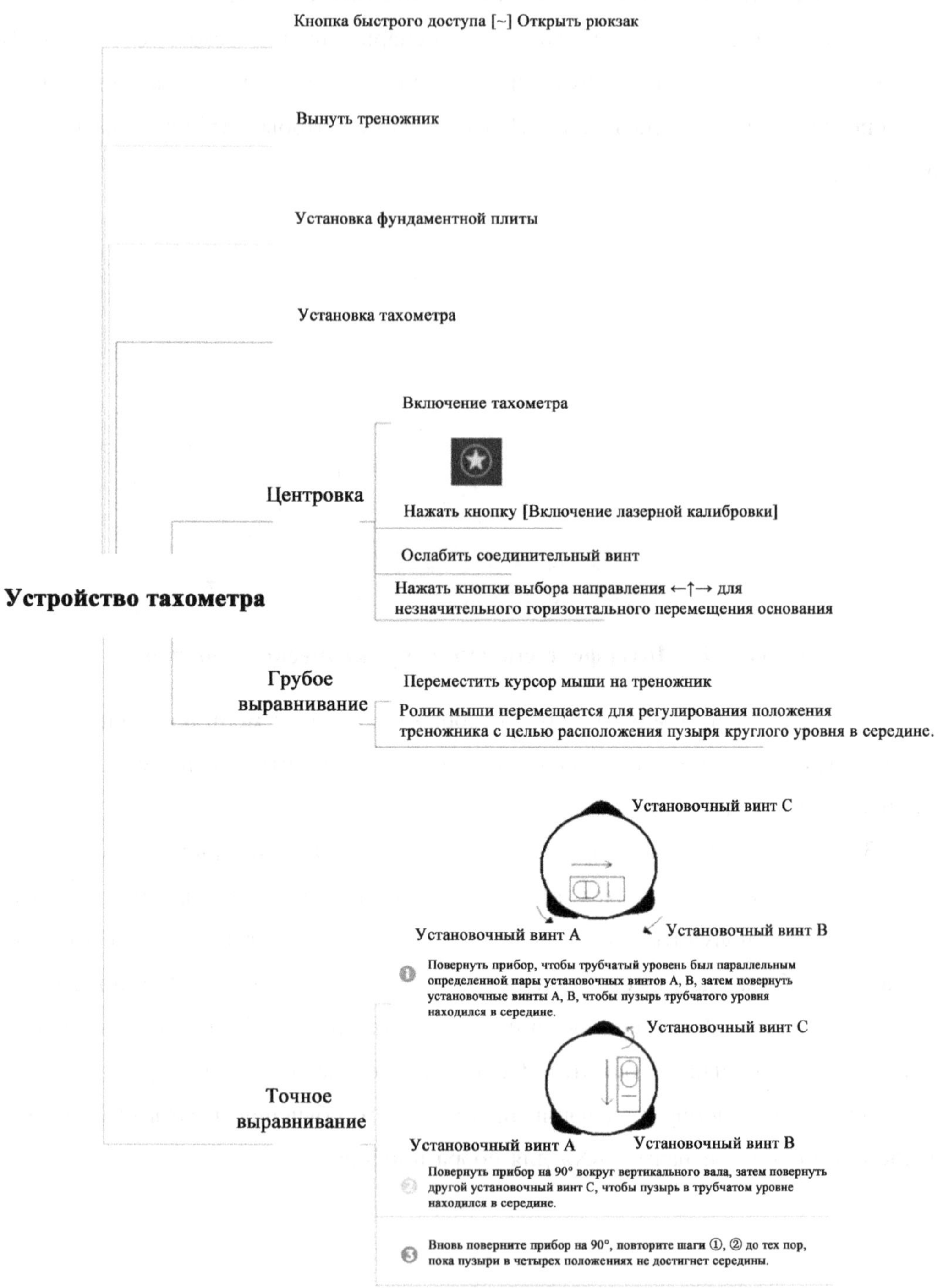

Кнопка быстрого доступа [~] Открыть рюкзак

Вынуть треножник

Установка фундаментной плиты

Установка тахометра

Включение тахометра

Центровка

Нажать кнопку [Включение лазерной калибровки]

Ослабить соединительный винт

Устройство тахометра

Нажать кнопки выбора направления ←↑→ для незначительного горизонтального перемещения основания

Грубое выравнивание

Переместить курсор мыши на треножник

Ролик мыши перемещается для регулирования положения треножника с целью расположения пузыря круглого уровня в середине.

Установочный винт C

Установочный винт A

Установочный винт B

❶ Повернуть прибор, чтобы трубчатый уровень был параллельным определенной пары установочных винтов A, B, затем повернуть установочные винты A, B, чтобы пузырь трубчатого уровня находился в середине.

Установочный винт C

Точное выравнивание

Установочный винт A

Установочный винт B

❷ Повернуть прибор на 90° вокруг вертикального вала, затем повернуть другой установочный винт C, чтобы пузырь в трубчатом уровне находился в середине.

❸ Вновь поверните прибор на 90°, повторите шаги ①, ② до тех пор, пока пузыри в четырех положениях не достигнет середины.

Рис. 11-3-8 Порядок выполнения операций на уровне обучения «Монтаж тахеометра»

3.Осведомленность о сценарии практического обучения

Нажать «Начало», чтобы войти в сценарий практического обучения. В сценарии обучения нажать «ESC», чтобы вернуться в главное меню или выйти из программного обеспечения. Нажать «V», чтобы заблокировать или разблокировать мышь.

Рис. 11-3-9 Интерфейс сценария практического обучения

(1) «Окно навигации», которое отображает текущее местоположение;

(2) Нажать «Описание клавиши», чтобы отобразить страницу освещения кнопок быстрого доступа;

(3) Нажать «Рюкзак» или «Tab», чтобы открыть рюкзак. «Столбец предметов» слева перечисляет все инструменты и приборы в виде списка, который можно получить одним щелчком мыши, а число в верхнем левом углу каждого прибора указывает оставшееся количество. Справа «Установленный прибор», нажать «Позиционирование», вы можете отправить его на прибор одним щелчком мыши, нажать «Сбор» для сбора прибора в рюкзак. При приближении к прибору в сценарии практического обучения нажать «R», чтобы подобрать прибор, и нажать «X» для сбора прибора.

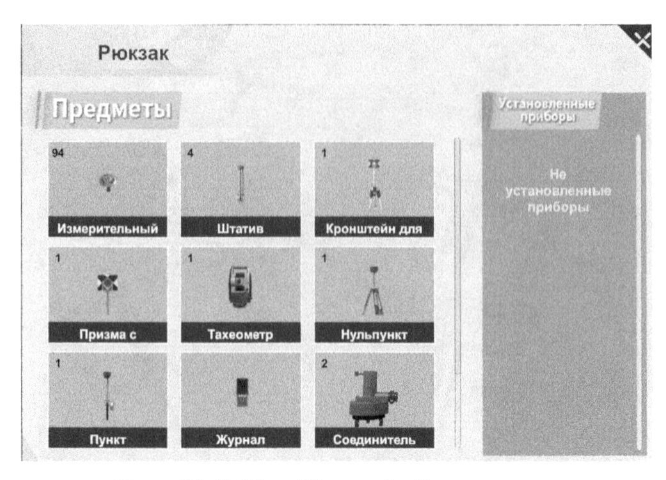

Рис. 11-3-10 Интерфейс рюкзака

(4) Нажать поле «Карта» или «М», чтобы открыть карту, щелкнуть точку съёмочного обоснования /контрольную точку на карте и одним щелчком мыши перенести ее в окрестности этой точки.

① Красные круглые точки являются контрольными точками (известными точками), которые используются для «Определения параметров преобразования» приемником GNSS;

② Желтые круглые точки являются точками съёмочного обоснования (компоновка точек съёмочного обоснования выполняется с помощью измерительного винта, измерение трехмерных координат точек съёмочного обоснования выполняется при помощи приемника GNSS для устройства тахометра и призмы);

③ Треугольник – текущее положение фигуры.

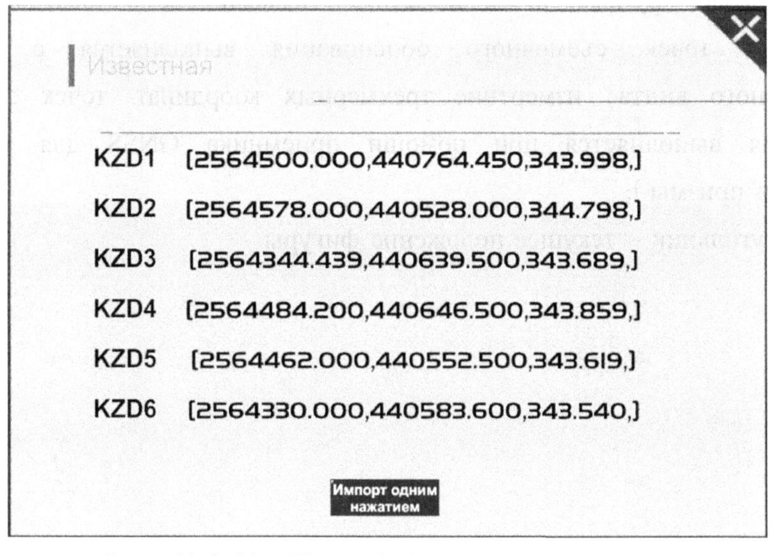

Рис. 11-3-11　Интерфейс карты

(5) Нажать «Известная точка», чтобы отобразить координаты известных точек, нажать «Ввод одним щелчком», чтобы ввести известные точки в базу управления координатами RTK в журнале и базу управления координатами тахеометра.

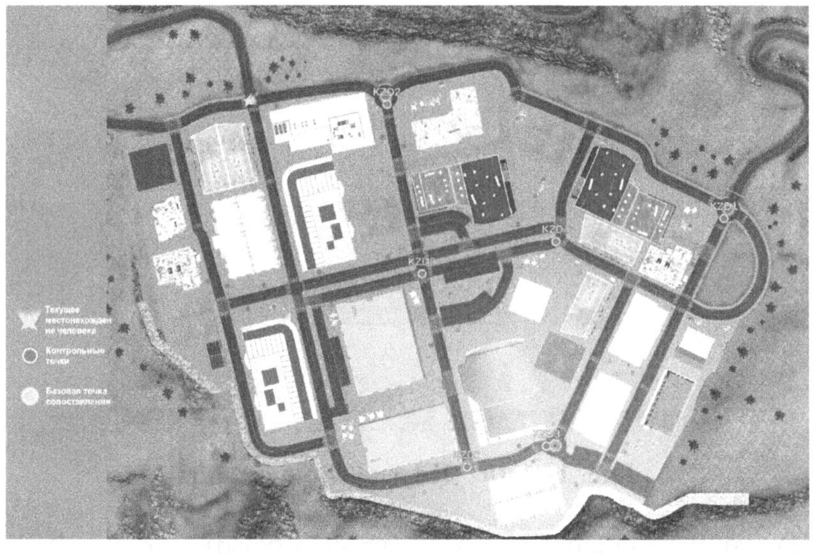

Рис. 11-3-12　Интерфейс известных точек

4. Эксплуатация тахеометра

После установки станционного прибора в одной известной точке, установить призму в другой известной точке, открыть рюкзак нажатием « tab»,

вынуть призму опоры, поставить ее на известную точку, нажать « f3 » для операции с призмой опоры, нажать клавишу « E», чтобы она была направлена на направление станционного прибора, нажать правый нижний угол « измерить высоту прибора», чтобы проверить высоту прибора и записать высоту прибора, после этого нажать « f2», чтобы переключиться на интерфейс операционного станционного прибора.

① Переместить курсор к винту форсировки объектива, переместить ролик мыши для регулировки четкости изображения (см. маленькое круглое окно в верхнем левом углу, которое может быть увеличено);

② Переместить курсор к винту форсировки объектива, переместить ролик мыши для регулировки четности перекрестия (см. круглое маленькое окно в верхнем левом углу);

③ Регулировать горизонтальный и вертикальный тормозные винты, чтобы тахеометр был обращен к призме;

④ Ползунок регулировки скорости вращения в правом нижнем углу может использоваться для регулировки амплитуды угла поворота горизонтального угла и амплитуды угла поворота телескопа, выполнить операции с помощью «J, L, I, K».

Описание кнопки:

«F» — покидание операции по прибору

«W» «S» — перемещение поля зрения вперед и назад

«A» «D» — подъём и спуск поле зрения

«Q» «E» — поворот поля зрения влево и вправо

«J» «L» вращает тахеометр влево и вправо

«I» «K» вращает телескоп вверх и вниз

«Space» выполняет операции по панели управления тахометром

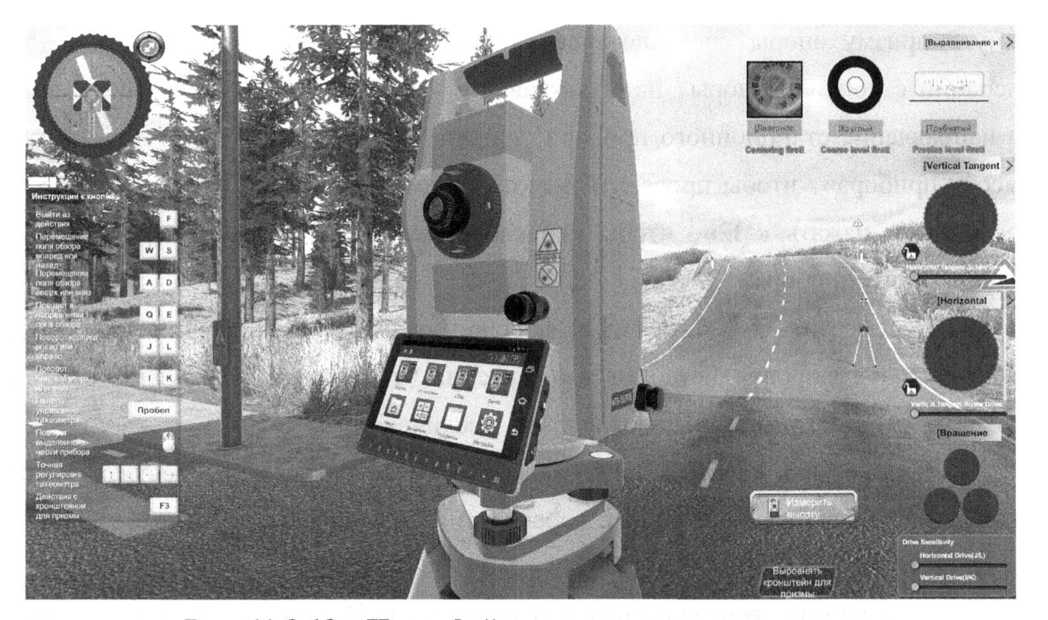

Рис. 11-3-13 Интерфейс управления тахеометром

5. Конкретный порядок сбора данных приемником GNSS

(1) Нажать «Начало», чтобы войти в сценарий практического обучения.

(2) Установить приемник GNSS, настроить режим работы для достижения состояния фиксированного решения, новый проект одинаков с проектом Ⅸ.

Сбор данных GNSS через программное обеспечение для имитационного моделирования цифрового картографирования

(3) Определить параметры преобразования, нажать «Известная точка», нажать «Ввод одним щелчком», чтобы ввести известную точку в базу управления координатами в журнале. При приближении к мобильной станции, нажать【R】, чтобы подобрать мобильную станцию, нажать【M】, чтобы открыть【Карту】, нажать на известную точку K1 на карте, чтобы передать ее, расположить мобильную станцию в точке съёмочного обоснования K1, переместить курсор на журнал, нажать【F】, чтобы открыть журнал, нажать【Измерение】,【Измерение контрольной точки】,【Сохранение】, ввести наименование точки【M1】. Таким же образом измеряются контрольные точки K2, K3. Нажать «Ввод», «Определение параметров преобразования», «Добавление», координаты плоскости «Дополнительный способ получения» и «Получение базы точек», выбрать K1, геодезические координаты «Дополнительный способ получения» и «Получение

базы точек» выбрать M1, тем же способом добавьте две группы точек K2 и K3, нажать «Расчет» и «Применить», нажать «Подтверждение», чтобы применить данный параметр к текущему проекту.

(4) Контрольная съемка: расположить точки съёмочного обоснования в соответствии с условиями на месте, откройте рюкзак для извлечения измерительного винта, и используйте приемник GNSS для измерения его трехмерных координат с целью установки тахеометра и призмы. Нажать «Измерение», «Измерение контрольной точки», «Сохранение», ввести наименование точки и нажать «Начало», «Сохранение». Правила присвоения наименований результатам контрольных точек: как правило, K1, K2... Присвоение наименования KN

(5) Сбор разбитых точек: используйте приемник GNSS для сбора координат разбитых точек, а координаты дороги, рельефа местности и т. д. могут быть собраны с помощью приемника GNSS. Нажать «Измерение», «Измерение точки», «Сохранение», после ввода наименования точки нажать «Сохранение», правила присвоения наименования разбитой точке: как правильно, G1, G2... Присвоение наименования GN .

(6) Вывод результатов измерений: нажать «Файл», «Ввод и вывод файлов», «Вывод файлов результатов», ввести наименование файла, выбрать нужный тип файла, нажать «Подтверждение», и результаты измерений будут сохранены по указанному пути.

(7) В процессе сбора полевых данных эскизы должны быть нарисованы одновременно, чтобы облегчить последующее внутреннее картографирование.

6. Конкретный порядок сбора данных тахометра

(1) Монтаж тахеометра: установить тахеометр в точке съёмочного обоснования P1, открыть рюкзак и извлечь штатив, установить базовое шасси и разместить тахеометр.

(2) ★ Центрирование: нажать «E», чтобы повернуть поле зрения вправо, длительно нажать левую кнопку мыши для включения прибора, и нажать «Space» для выполнения операций по панели управления тахометром. Нажать « », чтобы включить лазерное наведение и диагональную точку под лазером. Ослабьте соединительный винт штатива, нажать четыре клавиши со стрелками, чтобы слегка переместить основание для центровки прибора.

(3) Грубое выравнивание: переместить курсор к штативу, ослабьте

телескопический винт штатива, используйте ролик для скольжения телескопического штатива, чтобы расположить пузырьки уровня в середине, затем затянуть телескопический винт штатива.

（4）Точное выравнивание: повернуть тахеометр, чтобы трубчатый уровень был параллелен соединению одной пары установочных винтов, дважды щелкнуть мышью, чтобы выбрать эту пару установочных винтов, подвинить колесо мыши, чтобы сделать пузырь посередине, повернуть прибор вокруг вертикальной оси на 90°, затем повернуть третий установочный винт, чтобы расположить пузырьки в середине, затем повернуть прибор на 90° в противоположном направлении для наблюдения того, расположены ли пузыри в середине.

Сбор данных тахеометра через программное обеспечение для имитационного моделирования цифрового картографирования

（5）Ввод координат контрольной точки и точки съёмочного обоснования: ввести координаты контрольной точки и точки съёмочного обоснования, собранные приемником GNSS, в тахеометр, щелкнуть【 】, открыть базу управления координатами тахеометра, выбрать формат файла, щелкнуть【Ввод】, выбрать файл данных для ввода, щелкнуть【F】для покидания операции.

（6）Установка призмы: открыть карту, нажать поле «Самонастройка контрольной точки съёмочного обоснования P2», установить призму кронштейна в точке съёмочного обоснования P2 в качестве призмы заднего вида, нажать【F】для управления призмой кронштейна, нажать【E】для наблюдения за тахеометром, нажать【Измерить высоту призмы】для просмотра и записи высоты призмы, нажать【F】для покидания операции.

（7）Новый проект: нажать «F2», чтобы управлять тахеометром, нажать «Проект» и «+», ввести наименование проекта, нажать «Завершение», чтобы вернуться к основному интерфейсу.

（8）Строительство станции: нажать «Строительство станции», «Строительство станции в известной точке», нажать «+» и «Вызов» приборной станции, чтобы выбрать координаты известной точки, установить точку заднего вида таким же образом, ввести высоту прибора и высоту зеркала, нажать «Выравнивание с призмой на опоре», нажать «Настройка» для завершения строительства станции.

(9) Проверка заднего вида: после завершения строительства станции нажать «Проверка заднего вида» и «Измерение» для проверки, существует ли превышение предела.

(10) Сбор данных тахеометра: при сборе данных тахеометра можно выбрать призменный режим или режим без сотрудничества. При измерении здания можно использовать режим без сотрудничества. Нажать «Сбор» и «Точечное измерение», выбрать «Нет сотрудничества », повернуть прибор для обращения его к углу здания, с помощью лазерного наведения выполнить направляющие операции «J, L, I, K». После обращения к цели ввести наименование точки, правила присвоения наименования: как правило, Q1, Q2... Присвоить наименование QN , нажать «Измерение и сохранение» для сохранения данных. При измерении отдельных объектов можно выбрать «призменный режим », открыть рюкзак и вынуть одностержневую призму, поместить ее в измеряемой точке, обратить тахеометр к призме для измерения и регистрации координатных значений.

(11) Вывод данных тахеометра: нажать « », чтобы открыть базу управления координатами тахеометра, выбрать формат файла и нажать «Вывод».

(12) После окончания полевых работ все данные, собранные приемником GNSS и тахеометром, вводятся в программное обеспечение для формирования карт, чтобы завершить следующие внутренние работы по картографированию.

(13) В процессе сбора полевых данных эскизы должны быть нарисованы одновременно, чтобы облегчить последующее внутреннее картографирование.

【Обучение навыкам】

Выполнить обучение на шести уровнях в трейнинг-лагере, провести контрольную съемку с помощью приемника GNSS, провести съемку фрагментов с помощью приемника GNSS и тахеометра, собрать данные о местности и рельефе на открытых площадках с помощью приемника GNSS, собрать данные о зданиях и сооружениях при помощи тахеометра.

【Размышления и упражнения】

1.Как использовать приемник GNSS в программном обеспечении для преобразования координат?

2.Как использовать тахеометр для строительства станции в программном обеспечении?

Справочные литературы

[1] Ли Сянминь. Инженерно-строительная геология [M]. Пекин: Издательство машиностроительной промышленности, 2016.

[2] Вэй Цзин. Инженерно-строительная геология（Вер. 2）[M]. Пекин: Издательство машиностроительной промышленности, 2014.

[3] Чэнь Дунцзо, Сюй Лили. Инженерно-строительная геология [M]. Сиань: Издательство Северо-западного политехнического университета, 2014.

[4] Хун Бо. Кадастр и съемка недвижимости [M]. Пекин: Издательство геодезии и картографии, 2010.

[5] Министерство жилищного строительства и развития городских и сельских районов КНР. Стандарты инженерных изысканий: GB50026-2020 [S]. Пекин: Китайское плановое издательство.

[6] Министерство жилищного строительства и развития городских и сельских районов КНР. CJJ/T 8-2011. Правила городской геодезии [S].Пекин: Китайское издательство строительной промышленности, 2012.

[7] Главное государственное управление КНР по контролю качества, инспекции и карантину. Правила нивелирования Ⅲ и Ⅳ классов: GB/T12898.200 9 [S].Пекин: Китайское издательство стандартов, 2009.

[8] Ли Яньшуан. Инженерно-строительная геология [M]. Пекин: Издательство «Народная связь и коммуникации», 2015.

[9] Инь Яого, Го Баоюй, Ван Сяомин. Геодезия гражданского строительства（Вер. 3）[M]. Ухань: Издательство Уханьского университета, 2021

[10] Чжоу Цзянчжэнь. Съемка по предварительным графическим данным GNSS [M]. Издательство геодезии и картографии, 2013.

[11] Главное государственное управление КНР по контролю качества, инспекции и карантину. Правила измерения Глобальной системы позиционирования（GPS）: GB/T 18 314-2009. [S]. Пекин: Китайское издательство стандартов, 2009.

[12] Государственное управление геодезии и картографии. Правила составления технического резюме геодезии и картографии: CH/T 1001-2005 [S]. Пекин:

Китайское издательство стандартов，2006.

[13] Лю Жэньчжао，Ма Сяо. Технология цифрового картографирования [M]. Ухань：Издательство Уханьского университета，2021.

[14] Государственное управление геодезии и картографии. Технические условия проведения динамической съемки в реальном масштабе времени（RTK）GPS：CH/T 2009-2010 [S]. Пекин：Издательство геодезии и картографии，2010.

[15] Главное государственное управление КНР по контролю качества，инспекции и карантину. Правила полевого цифрового картографирования 1：500 1：1000 1：2000：GB/T 14 912-2017 [S]. Пекин. Китайское издательство стандартов，2017.